21世纪高等学校规划教材

Internet应用从入门到精通

陈郑军 主编
敖开云 李健苹 副主编

21st Century University Planned Textbooks

人民邮电出版社
北京

图书在版编目（CIP）数据

Internet应用从入门到精通 / 陈郑军主编. -- 北京 : 人民邮电出版社, 2011.2 （2018.8重印）
21世纪高等学校规划教材
ISBN 978-7-115-23358-5

Ⅰ. ①I… Ⅱ. ①陈… Ⅲ. ①因特网—高等学校—教材 Ⅳ. ①TP393.4

中国版本图书馆CIP数据核字(2010)第134749号

内 容 提 要

本书共分 7 章，分别介绍了计算机网络和 Internet 的基本概念；各种常见的接入 Internet 的方式方法；浏览器的基本使用方法，以及一些主流浏览器的重要配置操作；电子邮件服务；搜索引擎的常见类型和工作原理；电子商务的基本知识和国内电子商务情况；在使用 Internet 时其他常用的各种工具软件和技术。全书注重理论与实践的结合。

本书可作为高职高专、成人院校非计算机专业的教材，也可供普通本科和专科学生以及网络爱好者学习参考。

21 世纪高等学校规划教材
Internet 应用从入门到精通

◆ 主　　编　陈郑军
　副 主 编　敖开云　李健苹
　责任编辑　潘春燕
　执行编辑　桑　珊
◆ 人民邮电出版社出版发行　　北京市崇文区夕照寺街 14 号
　邮编　100061　　电子函件　315@ptpress.com.cn
　网址　http://www.ptpress.com.cn
　北京七彩京通数码快印有限公司印刷
◆ 开本：787×1092　1/16
　印张：17　　　　　2011 年 2 月第 1 版
　字数：447 千字　　2018 年 8 月北京第13次印刷

ISBN 978-7-115-23358-5

定价：33.00 元

读者服务热线：(010)67170985　印装质量热线：(010)67129223
反盗版热线：(010)67171154

前　言

计算机网络是信息技术的核心，是信息社会的命脉和基础。Internet 则是计算机网络技术的最重要应用。计算机网络技术的飞速发展，Internet 应用的逐步普及推动了人们交往方式的变革，克服了人类信息交往在时空、文化和语言上的障碍，改变了人类的工作、学习和生活方式。可以预见，计算机网络理论和技术的不断变化与 Internet 应用的更广泛普及，必将对整个社会的发展产生更加深远的影响。

为使读者掌握 Internet 的基本知识和加强读者的 Internet 实践技能，而编写了此书。本书以开阔的视野和独特的角度，在准确、清晰、系统而又全面阐述基本原理、概念、技术和理论的前提下，着重从实用化的角度对 Internet 的各个方面理论与应用技术进行了介绍，同时，还介绍了 Internet 发展的一些最新态势。

本书共分 7 章，第 1 章介绍计算机网络和 Internet 的常见术语。第 2 章介绍各种常见的接入 Internet 的方法，详细介绍各种接入方式和具体接入步骤。第 3 章介绍最基本的 Internet 访问工具——浏览器，介绍主流浏览器的基本使用方法，以及一些重要配置操作。第 4 章介绍电子邮件服务，详细介绍电子邮箱申请和使用各种方式进行电子邮件的收发。第 5 章介绍搜索引擎的常见类型和工作原理，详细介绍如何使用百度搜索我们需要的资料。第 6 章介绍电子商务的基本知识和国内电子商务情况，详细介绍了淘宝账号申请、支付宝充值、网上购物。第 7 章介绍在使用 Internet 时其他常用的各种工具软件和技术，详细介绍了即时通信软件 QQ 和下载工具迅雷与电驴。

本书在写作上图文并茂，循序渐进地引领学生掌握 Internet 的基础理论和各种常用工具软件，特别适用于自学。本书可作为高职高专、成人院校教材，也可供非计算机专业普通本科和专科学生以及对 Internet 感兴趣人士学习参考。

本书第 1 章～第 3 章由敖开云编写，第 4 章由李健苹编写，第 5 章～第 7 章由陈郑军编写。本书的主编和校稿工作由陈郑军承担，敖开云、李健苹担任副主编。

本书在编写过程中还得到许多同行专家的关心和帮助，南旭光对本书的编写提出了很多宝贵意见和建议。在此，特对他们的大力支持与热情的帮助表示诚挚的谢意。

限于水平，书中难免会有不当或错误之处，请广大读者批评指正。

编　者

2010 年 7 月

目　录

第 1 章 Internet 概述

本章中介绍有关计算机网络的一些基本的知识，包括网络分类及其组成、Internet 的基本概念、网络的体系结构及通信协议、Internet 使用的 IP 地址和域名等。

1.1 计算机网络基础

1.1.1 计算机网络的产生与发展

计算机网络诞生于 20 世纪 50 年代中期，60 年代是广域网从无到有并迅速发展的年代；80 年代，局域网取得了长足的进步，已日趋成熟；90 年代，一方面广域网和局域网的紧密结合使得企业网络迅速发展，另一方面构成了覆盖全球的信息网络——Internet，为 21 世纪信息社会奠定了基础。

计算机网络的发展经历了一个从简单到复杂的过程，从为解决远程计算信息的收集和处理而形成的联机系统开始，发展到以资源共享为目的而互连起来的计算机群。计算机网络的发展又促进了计算机技术和通信技术的发展，使之渗透到社会生活的各个领域。到目前为止，其发展过程大体上可分为以下四代。

1. 第一代（20 世纪 50 年代）：以单机为中心的通信系统

以单台计算机为中心的远程联机系统，构成面向终端的计算机通信网。

1946 年世界上第一台电子计算机 ENIAC 在美国诞生时，计算机技术与通信技术并没有直接的联系。20 世纪 50 年代初，美国为了自身的安全，在美国本土北部和加拿大境内，建立了一个半自动地面防空系统 SAGE（赛其系统），进行了计算机技术与通信技术相结合的尝试。

人们把这种以单台计算机为中心的联机系统称为面向终端的远程联机系统。该系统是计算机技术与通信技术相结合而形成的计算机网络的雏形，因此也称为面向终端的计算机通信网。20 世纪 60 年代初美国航空订票系统 SABRE-1 就是这种计算机通信网络的典型应用。该系统由一台中心计算机和分布在全美范围内的 2 000 多个终端组成，各终端通过电话线连接到中心计算机上。

具有通信功能的单机系统的典型结构是计算机通过多重线路控制器与远程终端相连，如图 1-1 所示。

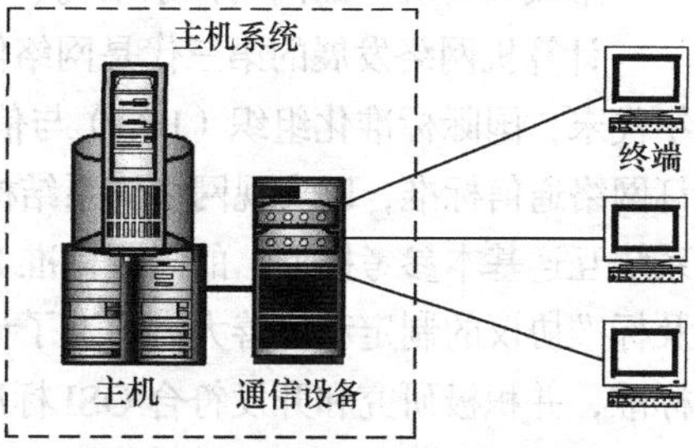

图 1-1 具有远程通信功能的单机系统

上述单机系统主要有以下两个缺点。

① 主机既要负责数据处理，又要管理与终端的通信，因此主机的负担过重。

② 由于一个终端单独使用一根通信线路，造成通信线路利用率低。此外，每增加一个终端，线路控制器的软硬件都要做出很大的改动。

为减轻主机的负担，可在通信线路和计算机之间设置一个前端处理设备——前端处理机（FEP）。FEP 专门负责与终端之间的通信控制，而让主机进行数据处理。为提高通信效率，减少通信费用，在远程终端比较密集的地方增加一个集中器，集中器的作用是把若干个终端经低速通信线路集中起来，连接到高速线路上，然后，经高速线路与 FEP 连接，FEP 和集中器由小型计算机承担。这种结构也称为具有远程通信功能的多机系统，如图 1-2 所示。

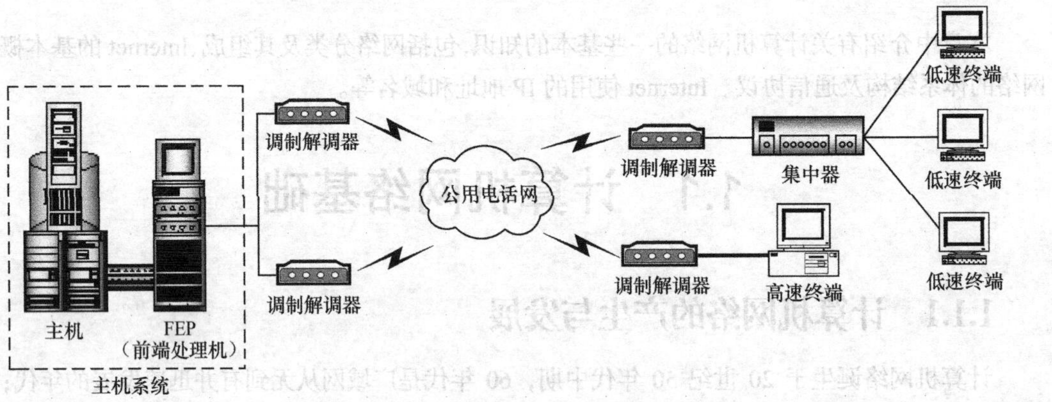

图 1-2 具有远程通信功能的多机系统

2. 第二代（20 世纪 60 年代末）：多个计算机互连的通信系统

多个自主功能的主机通过通信线路互连，形成资源共享的计算机网络。

为了克服第一代计算机网络的缺点，提高网络的可靠性和可用性，人们开始研究将多台计算机相互连接的方法。20 世纪 60 年代末出现了多个计算机互连的计算机网络，这种网络将分散在不同地点的计算机经通信线路互连。主机之间没有主从关系，网络中的多个用户可以共享计算机网络中的软硬件资源，故这种计算机网络也称共享系统资源的计算机网络。第二代计算机网络的典型代表是 20 世纪 60 年代美国国防部高级研究计划局的网络 ARPANet（Advanced Research Project Agency Network）。以单机为中心的通信系统的特点是网络上的用户只能共享一台主机中的软硬件资源，而多个计算机互连的计算机网络上的用户可以共享整个资源子网上所有的软硬件资源，如图 1-3 所示。

3. 第三代（20 世纪 70 年代末）：国际标准化的计算机网络

形成具有统一的网络体系结构、遵循国际标准化协议的计算机网络。

计算机网络发展的第三代是网络体系结构的形成与网络协议的国际化和标准化。20 世纪 70 年代末，国际标准化组织（ISO）与信息处理标准化技术委员会成立了一个专门机构，研究和制订网络通信标准，以实现网络体系结构的国际标准化。1984 年，ISO 正式颁布了一个称为“开放系统互连基本参考模型”的国际标准 ISO 7498，简称 OSI RM，即著名的 OSI 7 层模型。OSI RM 及标准协议的制定和完善大大加速了计算机网络的发展。很多大的计算机厂商相继宣布支持 OSI 标准，并积极研究和开发符合 OSI 标准的产品。

遵循国际标准化协议的计算机网络具有统一的网络体系结构，厂商需按照共同认可的国际标准开发自己的网络产品，从而保证不同厂商的产品可以在同一个网络中进行通信。这就是"开放"的含义。

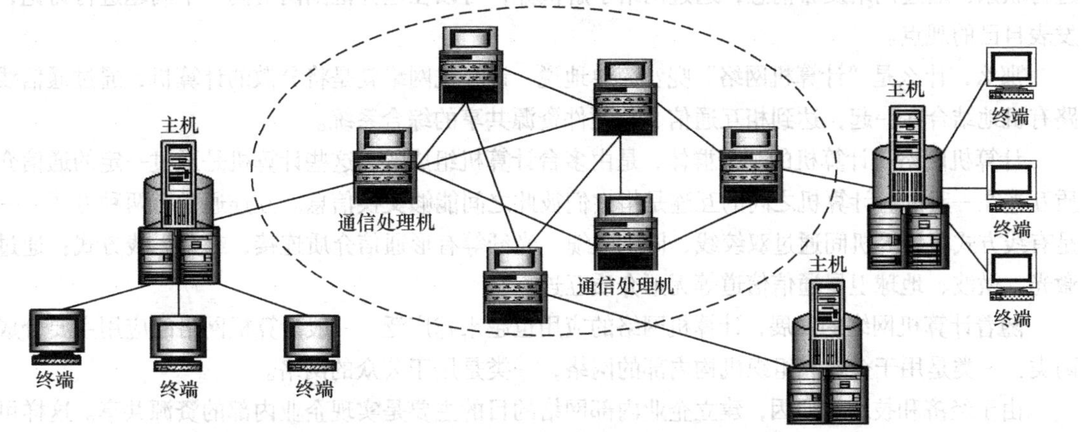

图 1-3　多个自主功能的主机通过通信线路互连

目前存在着两种占主导地位的网络体系结构：一种是 ISO 提出的 OSI RM（开放系统互连基本参考模型）；另一种是 Internet 所使用的事实上的工业标准 TCP/IP RM（TCP/IP 参考模型）。

4. 第四代（始于 20 世纪 80 年代末）：互联网络与高速网络

向互连、高速、智能化方向发展的计算机网络。

从 20 世纪 80 年代末开始，计算机网络技术进入新的发展阶段，其特点是：互连、高速和智能化。计算机网络的发展主要表现在以下 3 个方面。

① 发展了以 Internet 为代表的互联网。

② 发展高速网络。1993 年，美国政府公布了"国家信息基础设施"行动计划（National Information Infrastructure，NII），即"信息高速公路计划"。这里的"信息高速公路"是指数字化大容量光纤通信网络。这种网络可以把政府机构、企业、大学、科研机构和家庭的计算机连为一体。美国政府又分别于 1996 年和 1997 年开始研究更加快速可靠的互联网 2（Internet 2）和下一代互联网（Next Generation Internet）。可以说，网络互连和高速计算机网络正成为最新一代计算机网络的发展方向。

③ 研究智能网络。随着网络规模的增大与网络服务功能的增多，各国正在开展智能网络（Intelligent Network，IN）的研究，以便更加合理地进行各种网络业务的管理，真正以分布和开放的形式向用户提供服务。

智能网的概念是美国于 1984 年提出的，智能网的定义中并没有人们通常理解的"智能"含义，它仅仅是一种"业务网"，目的是提高通信网络开发业务的能力。它的出现引起了世界各国电信部门的关注，国际电联（ITU）在 1988 年开始将其列为研究课题。1992 年，ITU-T 正式定义了智能网，制定了一个能快速、方便、灵活、经济、有效地生成和实现各种新业务的体系。该体系的目标是应用于所有的通信网络，即不仅可应用于现有的电话网、N-ISDN 网和分组网，还适用于移动通信网和 B-ISDN 网。随着时间的推移，智能网的应用将向更高层次发展。

1.1.2　计算机网络的定义

自从 1946 年第一台计算机出现以来，到今天，计算机无论从功能还是从应用等方面的发展都是非常惊人的。现在，计算机的应用非常普遍，已经深入到人们日常生活中的各个方面。特别是由于计算机网络的发展，整个世界已经被大大地改变了。现在，人们已经非常习惯于通过网络进行联系，通过网络发布消息，通过网络了解世界，可以在世界范围内对同一个问题进行讨论，发表自己的观点。

那么，什么是“计算机网络”呢？简单地说，计算机网络就是将分散的计算机，通过通信线路有机地结合在一起，达到相互通信、软硬件资源共享的综合系统。

计算机网络是计算机的一个群体，是由多台计算机组成的，这些计算机是通过一定的通信介质互连在一起的，计算机之间的互连是指它们彼此之间能够交换信息。互连通常有两种方式，一是有线方式：计算机间通过双绞线、同轴电缆、光纤等有形通信介质连接，二是无线方式：通过激光、微波、地球卫星通信信道等无形介质互连。

随着计算机网络的发展，计算机网络的应用也越来越广泛。一般计算机网络的应用主要分成两类：一类是用于企业和组织机构内部的网络，一类是用于公众的网络。

由于经济和技术的原因，建立企业内部网络的目的主要是实现企业内部的资源共享。这样可以使企业内部的各个部门无论其物理位置在什么地方，都可以“无距离”地使用网络上的资源：程序、设备和数据。

另外，对于像银行、军队、航空、核电站等部门来说，系统运行的可靠性和安全性都是非常重要的，通过将重要的文件备份在多个地方，使用多处理机技术，在一台计算机崩溃的情况下，其余的计算机可以继续运行，因此可以较大地提高系统的可靠性。在企业内部建立网络还有一个原因是为了节约经费。企业经营者可以通过多台功能强大的个人计算机来构建系统，完成一些小型机甚至大型机的功能，因为个人计算机的性价比大大超过小型机和大型机。

在 20 世纪 70 年代和 80 年代早期，许多大公司都是通过购买功能强大的主机，让公司职员通过终端连接到主机上，访问主机上的数据和程序。当后来个人计算机功能大大提高、计算机网络可以提供更高的性能价格比时，计算机网络开始流行起来。20 世纪 90 年代，计算机网络开始进入人们的日常生活，Internet 更是广泛应用于世界的各个领域，并且已经大大地改变了人们的生活方式。通过公众网络，人们可以访问并同远程的数据库进行交互。比如：人们可以使用远程登录来管理自己的银行、证券户口，使用电子方式支付账单；可以在家中通过浏览网上的信息购买物品，现在网上已经可以提供高清晰度的产品图像，甚至三维的视频图像，可以让客户对产品有一个非常具体形象的认识；此外，还可以实现网上虚拟旅游等。

人们对新闻的了解也更及时、完整了。新闻是在线的，并且是实时的，突破了旧的新闻传播概念，基本上没有新闻的制作周期，也不像电视，一定要到新闻时间才能看。人们可以通过网络随时了解发生在整个世界的事情，也可以对自己感兴趣的新闻做一个专题的阅读，网络会提供相关的报道（而电视基本上不会提供详细的相关报道），不用像报纸一样，需要自己去查阅。而数字式在线图书馆也将大大发展，甚至有完全替代印刷出版物的趋势。

另外，人们可以通过访问应用信息系统而获得指示和各种实用的信息，如获得天气信息、旅游信息；从当前大量使用的 WWW（万维网）上，人们可以获得有关艺术、体育、政府、军事、历史等方面的信息；网络的出现也改变了人们接受教育的形式，通过网络，人们可以接受远程教育；学生可以通过网络在家学习，可以根据自己的学习情况安排学习进度，选择学习的课程，这样，偏远地方的人们也可以接受最好的教师的教育。

通过网络进行的远程医疗也可以造福很多人，已经实现了在美国通过网络和专用的医疗设备对法国的病人进行手术的实验。这样，只要有设备，无论病人在什么地方，都可以通过网络享受最好的专家的医疗服务。

电子邮件（E-mail）的使用现在已很普遍。调查表明，在我国每个上网的人平均拥有两个以上的电子信箱地址。

我国的上网人数已超过 2 亿。许多人的工作已经离不开电子邮件了。人们通过电子邮件相互联系、传送数据，现在的电子邮件除了文本以外，还可以传送语音、图像、视频。其功能已经大大超过传统的电话、传真等提供的功能。

参加新闻组，可以使对同一个问题感兴趣的人知道世界上其他地方的人们的想法。现在，参加新闻组的人也越来越多。在新闻组中，有人发表一篇文章，其余的人就可以看到。由于网络的多媒体的实时传送功能，可以用来召开虚拟的视频会议，并共同完成一件工作，如相距很远的多个人可以共同设计一个产品。

在娱乐业，网络也起着巨大的影响，网络游戏正占据着许多人的娱乐时间，人们在网络游戏中扮演着各种角色，游戏的参与性大大加强。视频点播也是将来大力发展的业务。

虽然网络综合信息、通信和娱乐的能力正以无法想象的方式极大地改变世界，但是，网络带来的问题也越来越严重，它的发展引起了新的社会、种族和政治问题。网络黑客已经对国家安全带来很大的危险；由于大家的日常生活同网络越来越紧密，人们的隐私权也受到很大的威胁；网上传播的内容有许多是同国家法律相抵触的；网络在给人们的生活带来方便的同时，也使生活更加依赖网络，使人们更加脆弱。

1.1.3 计算机网络的功能

计算机网络不仅使计算机的作用范围超越了地理位置的限制，而且也增大了计算机本身的威力，这是因为计算机网络具有以下功能和作用。

1. 数据通信

数据通信是在计算机与计算机之间传送各种信息，包括文字信件、新闻消息、咨询信息、图片资料等，这是计算机网络最基本的功能。利用这一功能，可以将分散在各个地区的单位或部门用计算机网络联系起来，进行统一调配、控制和管理。

2. 资源共享

资源共享是计算机网络最重要的功能。“资源”是指网络中所有的软硬件和数据资料。“共享”是指网络中的用户都能够部分或全部地使用这些资源。例如，某些地区或部门的数据库（如飞机票、饭店客房等）可供全网使用，某些部门设计的软件可供需要的地方有偿或无偿调用。

3. 远程传输

计算机与计算机之间能快速地相互传送信息，这是计算机网络的最基本功能。在一个覆盖范围较大的网络中，即使是相隔很远的计算机用户也可以通过计算机网络互相交换信息。这种通信手段不仅是对电话、信件和传真等现有通信方式的补充，而且具有很高的实用价值。一个典型的例子是通过 Internet 可以把信息发送到世界范围内的任何一个用户，而所需费用却比电话和信件少得多。

4. 集中管理

由于计算机网络提供的资源共享能力，使得在一台或多台服务器上管理其他计算机上的资源成为可能。这一功能在某些部门显得尤为重要，如银行系统通过计算机网络，可以将分布于各地的计算机上的财务信息传到服务器上实现集中管理。事实上，银行系统之所以能够实现“通存通兑”，就是因为采用了网络技术。

5. 实现分布式处理

网络技术的发展，使得分布式处理成为可能。对于大型的课题，可以分解为若干个子问题或子任务，分散到网络的各个计算机中进行处理。这种分布处理能力对于一些重大课题的研究开发具有重要的意义。

6. 负载平衡

负载平衡是指工作被均匀地分配给网络上的各台计算机上。当某台计算机负担过重或该计算机正在处理某项工作时，网络可将新任务转交给空闲的计算机来完成，这种处理方式能均衡各计算机的负载，提高信息处理的实时性。

1.1.4 计算机网络的分类

要学习网络，首先就要了解目前的主要网络类型，分清哪些是初学者必须掌握的，哪些是目前的主流网络类型。

网络的分类标准有很多种，如按网络的地理位置分类、按网络的拓扑结构分类、按传输介质分类、按网络使用的目的分类、按服务方式分类以及其他分类方法。其中，按网络的地理位置分类是一种大家都认可的通用网络划分标准。按这种标准可以把各种网络类型划分为局域网、城域网、广域网和互联网 4 种。局域网一般来说只能是一个较小区域内，城域网是不同地区的网络互连，不过在此要说明的一点就是这里的网络划分并没有严格意义上地理范围的区分，只能是一个定性的概念。下面简要介绍这几种计算机网络。

1. 局域网

局域网（Local Area Network，LAN）是最常见、应用最广的一种网络，常被用于连接公司办公室和一个单位内部的计算机，以便实现资源共享和交换信息。现在，局域网随着整个计算机网络技术的发展和提高得到充分的应用和普及，几乎每个单位都有自己的局域网，有的甚至家庭中都有自己的小型局域网。很明显，所谓局域网，就是在局部地区范围内的网络，它所覆盖的地区范围较小。局域网在计算机数量配置上没有太多的限制，少的可以只有两台，多的可达几百台。一般来说，在企业局域网中，工作站的数量在几十到两百台左右。在网络所涉及的地理距离上一般来说可以是几米至 10 千米以内。局域网一般位于一个建筑物或一个单位内，不存在寻径问题，不包括网络层的应用。

这种网络的特点是，连接范围窄、用户数少、配置容易、连接速率高。目前，速率最快的局域网要算 10Gbit/s 以太网了。IEEE 的 802 标准委员会定义了多种主要的 LAN 网：以太网（Ethernet）、令牌环网（Token Ring）、光纤分布式接口网络（FDDI）、异步传输模式网（ATM）以及最新的无线局域网（WLAN）。

计算机构成局域网的拓扑结构，主要有以下 3 种。

（1）总线型网络

用一条称为总线的主电缆，将所有计算机连接起来的布局方式，称为总线型网络，如图 1-4 所示。所有网上计算机都通过相应的硬件接口直接连在总线上，任何一个结点的信息都可以沿着总线向两个方向传输扩散，并且能被总线中任何一个结点所接收。由于其信息向四周传播，类似于广播电台，故总线网络也被称为广播式网络。总线上传输信息通常多以基带形式串行传递，每个结点上的网络接口板硬件均具有收、发功能，接收器负责接收总线上的串行信息将其转换成并行信息送到微机工作站，发送器是将并行信息转换成串行信息广播发送到总线上。当总线上发送信息的目的地址与某结点的接口地址相符合时，该结点的接收器便接收信息。总线只有一定的负载能力，因此总线长度有一定限制，一条总线也只能连接一定数量的结点。

总线型网具有的特点为：结构简单，可扩充性好，当需要增加结点时，只需要在总线上增加一个分支接口便可与分支结点相连，当总线负载不允许时还可以扩充总线；使用的电缆少，且安装容易；使用的设备相对简单，可靠性高；维护难，分支结点故障查找难。

在总线两端连接的器件称为端结器（或终端匹配器），主要与总线进行阻抗匹配，最大限度吸收传送端部的能量，避免信号反射回总线产生不必要的干扰。

总线型网络结构是使用广泛的结构，也是最传统的一种主流网络结构，适合于信息管理系统、办公自动化系统领域的应用。

（2）环形网络

环形网中各结点通过环路接口连在一条首尾相连的闭合环形通信线路中，环路上任何结点均可以请求发送信息。请求一旦被批准，便可以向环路发送信息。环形网中的数据按照设计主要是单向，同时也可是双向传输。由于环线公用，一个结点发出的信息必须穿越环中所有的环路接口，信息流中目的地址与环上某结点地址相符时，信息被该结点的环路接口所接收，而后信息继续流向下一环路接口，一直流回到发送该信息的环路接口结点为止，如图 1-5 所示。

图 1-4　总线型网络拓扑结构模型

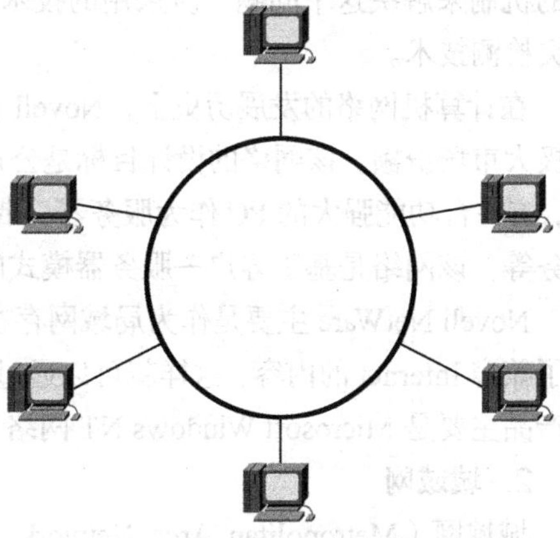

图 1-5　环形网络拓扑结构模型

环形网具有的特点为：信息流在网中是沿着固定方向流动的，两个结点仅有一条道路，故简化了路径选择的控制；环路上各结点都是自举控制，故控制软件简单；由于信息源在环路中是串行地穿过各个结点，当环中结点过多时，势必影响信息传输速率，使网络的响应时间延长；环路是封闭的，不便于扩充；可靠性低，一个结点故障，将会造成全网瘫痪；维护难，对分支结点故障定位较难。

环形网也是微机局域网络常用拓扑结构之一，适合信息处理系统和工厂自动化系统。1985 年 IBM 公司推出的令牌环形网（IBM Token Ring）是其典范。在 FDDI 得以应用推广后，这种结构会进一步得到采用。

（3）星形网络

星形拓扑是由中央结点为中心与各结点连接组成的，各结点与中央结点通过点到点的方式连接。中央结点（又称中心转接站）执行集中式通信控制策略，因此中央结点相当复杂，负担比各站点重得多，如图 1-6 所示。

在星形网中，任何两个结点要进行通信都必须经过中央结点控制，因此中央结点的主要功能有 3 项。

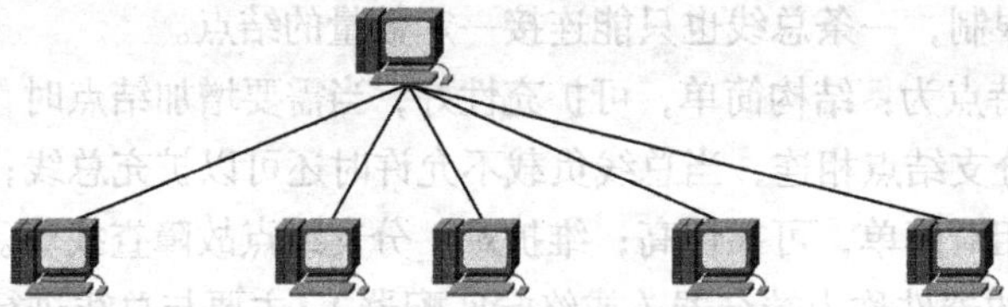
图 1-6　星形网络拓扑结构模型

① 为需要通信的设备建立物理连接，要求通信的站点发出通信请求后，控制器要检查中央转接站是否有空闲的通路，被叫设备是否空闲，从而决定是否能建立双方的物理连接。

② 在两台设备通信过程中要维持这一通路。

③ 当通信完成或者不成功要求拆线时，中央转接站应能拆除上述通道。

星形网具有的特点为：结构简单，便于管理；控制简单，便于建网；网络延迟时间较小，传输误差较低。但缺点也是明显的：成本高、可靠性较低、资源共享能力也较差。

对于局域网来说，无论是什么结构，有一点很重要，就是都采用广播式传播消息的技术。即使在任意一时刻，网络上都只有一台机器可以发送信息。如果有两台机器要发送信息，就需要一定的机制来解决这个问题。所采用的技术叫做信道共享技术。常用的技术有令牌环和载波监听/冲突检测技术。

在计算机网络的发展历史上，Novell NetWare 具有重要的地位。它曾经占据了公司内部网络的极大市场份额。该网络的设计目标是公司的主机小型化，转换为 PC 网络。在 Novell NetWare 中，有一台功能强大的 PC 作为服务器，带有一些 PC 作为客户机。服务器提供文件服务、数据库服务等。该网络是基于客户—服务器模式的。

Novell NetWare 主要是作为局域网存在的。后来由于 Internet 的飞速发展，公司在协议中也添加了兼容 Internet 的内容，这样就可以通过服务器直接上 Internet 了。现在占据市场份额较大的网络产品主要是 Microsoft Windows NT 网络。

2. 城域网

城域网（Metropolitan Area Network，MAN）基本上是一种大型的局域网，因为它使用的是与局域网类似的技术。城域网有自己单独的标准，叫分布式队列双总线，所有的计算机都连接在两条单向的总线上。城域网的拓扑结构如图 1-7 所示。目的计算机在发送者的右方使用上面的总线，反之，则使用下方的总线。

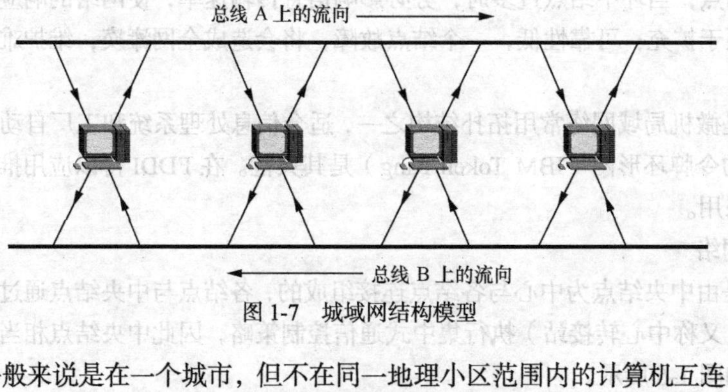

图 1-7　城域网结构模型

这种网络一般来说是在一个城市，但不在同一地理小区范围内的计算机互连。这种网络的连接距离可以在 10～100km，它采用的是 IEEE 802.6 标准。MAN 与 LAN 相比扩展的距离更长，连接的计算机数量更多，在地理范围上可以说是 LAN 的延伸。在一个大型城市或都市地区，一个

MAN 通常连接着多个 LAN，如连接政府机构的 LAN、医院的 LAN、电信的 LAN、公司企业的 LAN 等。由于光纤连接的引入，使 MAN 中高速的 LAN 互连成为可能。

城域网多采用 ATM 技术做骨干网。ATM 是一种用于数据、语音、视频以及多媒体应用程序的高速网络传输方法。ATM 包括一个接口和一个协议，该协议能够在一个常规的传输信道上，在比特率不变及变化的通信量之间进行切换。ATM 也包括硬件、软件以及与 ATM 协议标准一致的介质。ATM 提供一个可伸缩的主干基础设施，以便能够适应不同规模、速度以及寻址技术的网络。ATM 的最大缺点就是成本太高，所以一般在政府城域网中应用，如邮政、银行、医院等。

3. 广域网

广域网（Wide Area Network，WAN）是一种在很大地理范围上的网络，通常在一个国家里建立。在这个网络上的计算机被称作主机（host），所有的主机通过通信子网连接，通信子网简称子网。

子网的功能就是将消息从一台主机传送到另一台主机。在大多数的广域网中，子网由两个不同的部分组成，一个部分是节点交换机，它最通用的名称是路由器，是一种特殊的计算机，可以连接多条线路，它的作用是为各个分组寻找到达目的机的路由；另一个部分是传输线路，它在机器中传送比特。路由器和传输线路就组成了通信子网。所有的路由器都是利用存储转发的方式发送分组的，图 1-8 所示为广域网的结构模型。

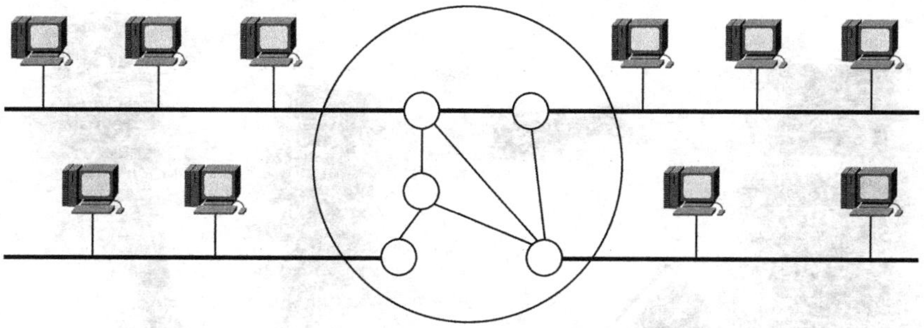

图 1-8　广域网结构模型

在图 1-8 中，大的圆圈区域内是通信子网部分，其中的小圆圈代表路由器。每个局域网都连接到一个路由器上。对于广域网来说，路由器的拓扑位置是一个重要的问题，可以是星形、环形、网状和树形拓扑。

4. 互联网

将不同的网络（局域网、城域网和广域网）通过一种特殊的计算机连接起来，所有这些连接的网络就称为互联网。

互联网因其英文单词“Internet”的谐音，又称为“因特网”。在互联网应用如此发展的今天，它已是人们每天都要打交道的一种网络，无论从地理范围，还是从网络规模来讲，它都是最大的一个网络。从地理范围来说，它可以是全球计算机的互连，这种网络最大的特点就是不定性，整个网络的计算机每时每刻随着人们网络的接入在不断地变化。当用户连在互联网上的时候，计算机可以算是互联网的一部分，一旦当用户断开互联网的连接时，计算机就不属于互联网了。但它的优点也是非常明显的，就是信息量大、传播广，无论身处何地，只要连上互联网就可以对任何可以连网的用户发出信函和广告。

1.1.5 计算机网络的传输介质

传输介质是网络中传输数据、连接各网络站点的实体，在网络中常用的传输介质有同轴电缆、双绞线、光纤和无线传输介质。

1. 同轴电缆

同轴电缆由内导体、外屏蔽层、绝缘层及外部保护层组成。

总线结构网络使用的网线是同轴电缆细缆或粗缆，如图 1-9 所示。接头使用 BNC 头和 T 型接头，如图 1-10 所示，BNC 头用于连接主机，T 型头用于串接总线并与连接主机的 BNC 头相连，实现对总线的分接。

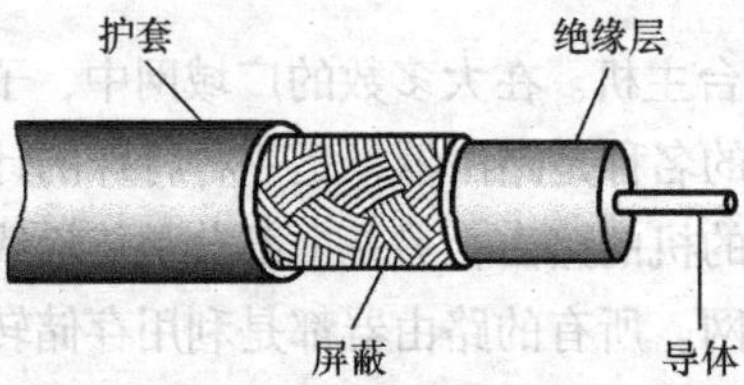

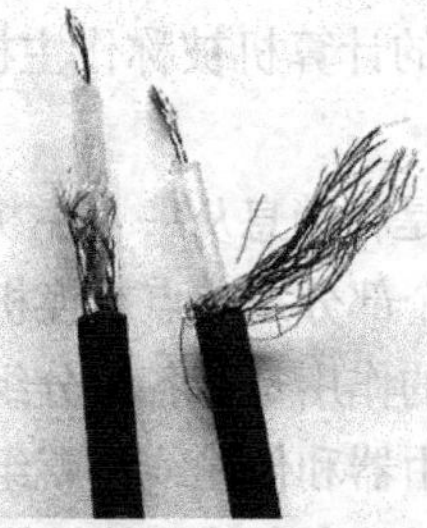

图 1-9 同轴电缆

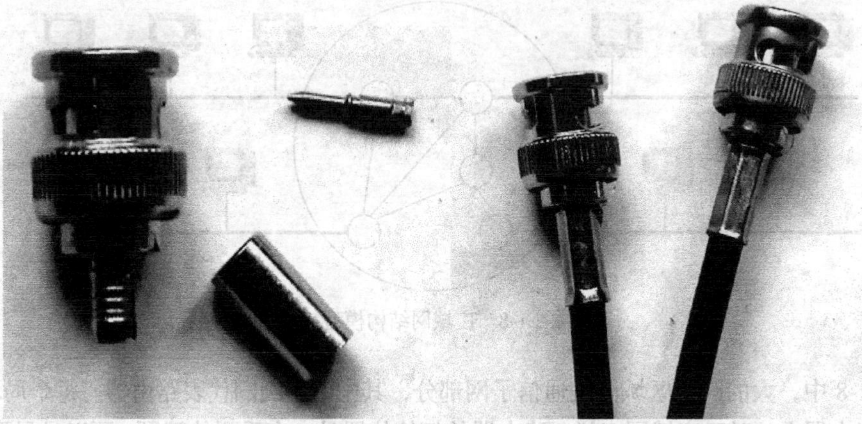

图 1-10 BNC 头和 T 型接头

对于同轴电缆细缆，遵循 10Base-2 标准，每一网络段的总线长度最长为 180m，最高传输率为 10Mbit/s；粗缆遵循 10Base-5 标准，总线长度可达 500m。总线与工作站之间的连接距离不应超过 0.2m，总线上工作站与工作站之间不应小于 0.46m。

共享式以太网采用广播方式通信，总线长度和工作站数目都是有限制的，一般为 30 台左右。总线型结构网络连接的可靠性很差，只要有一台工作站出现网络故障，都会造成整个网络瘫痪。

2. 双绞线

双绞线是将一对或一对以上的双绞线封装在一个绝缘外套中而形成的一种传输介质，是目前网络最常用到的一种布线材料。为了降低信号的干扰程度，电缆中的每一对双绞线一般是由两根绝缘铜导线相互扭绕而成的，双绞线也因此而得名。双绞线一般用于星形网的布线连接，两端安装有 N-45 接头（俗称水晶头），用于连接网络其他设备，如图 1-11 所示。

图 1-11　RJ-45 水晶头和双绞线

双绞线的 RJ-45 接头制作时，双绞线的线序遵循 EIA/TIA 568A 和 EIA/TIA 568B 两种标准，T568A 标准制作的双绞线传输速率可达 10Mbit/s，而 T568B 标准制作的双绞线传输速率可达 100Mbit/s。目前局域网传输速率一般是 100Mbit/s，因此网线制作通常采用 T568B 标准，两端的线序相同，其线序如下。

EIA/TIA 568B 线序

1 脚	2 脚	3 脚	4 脚	5 脚	6 脚	7 脚	8 脚
白橙	橙	白绿	蓝	白蓝	绿	白棕	棕

3. 光纤

与其他传输介质相比较，光纤的电磁绝缘性能好，信号衰变小，频带较宽，传输距离较远。光纤主要是在要求传输距离较长，布线条件特殊的情况下用于主干网的连接。光纤以光脉冲的形式来传输信号，因此材质也以玻璃或有机玻璃为主。光纤由纤芯、包层和护套组成。光纤的结构和同轴电缆很类似，也是中心为一根由玻璃或透明塑料制成的，周围包裹着保护材料，根据需要还可以将多根光纤合并在一根光缆里面。

4. 无线传输介质

使用特定频率的电磁波作为传输介质，可以避免有线介质（双绞线、同轴电缆、光纤）约束，组成无线网络。目前，计算机网络中最常用的无线传输介质有以下 3 种。

- 无线电：信号频率在 30MHz ~ 1GHz。
- 微波：信号频率在 2GHz ~ 40GHz。
- 红外线：信号频率在 3 × 1 011Hz ~ 2 × 1 014Hz。

随着便携式计算机的增多，无线传输介质的应用越来越普及。

1.2　Internet 概述

1.2.1　Internet 的概念

Internet 是世界上最大、覆盖面最广的计算机网络。它将全世界的各种计算机网络连接在一起形成一个全球性网络。在我国，Internet 又称因特网、国际互联网。

现在，Internet 已经成为人们获取信息、实现信息交流的重要途径。人们利用 Internet 可以检索和浏览信息、收发电子邮件、阅读电子新闻和电子杂志，可以在网上聊天、听音乐、看电影，可以实现网上购物、远程教育、远程医疗等。

1.2.2 Internet 的起源与发展

Internet 起源于美国，前身是美国国防部资助建成的 ARPANET 网络，始建于 1969 年，该项目实现了信息的远程传送和广域分布式处理，并比较好地解决了异地网络互连的技术问题，为 Internet 的诞生和以后的发展奠定了基础。

1980 年，由美国国防部通信局和高级研究计划管理局研制成功的 TCP/IP 正式投入使用。1983 年初，国防部高级研究计划管理局要求所有与 ARPANET 相连的主机采用 TCP/IP。

1986 年，美国国家科学基金会（NSF）将全美国建立的 5 大超级计算机中心用通信干线连接起来，组成了基于 IP 的计算机通信网络 NSFNET，并以此作为 Internet 的基础，实现同其他网络的连接。后来，其他部门的计算机网逐渐加盟 Internet。

20 世纪 90 年代，万维网（World Wide Web）超文本服务的普及，使 Internet 更进一步壮大，Internet 上的信息量也急剧上升，这又进一步地推动了 Internet 的发展。

1992 年 1 月，因特网协会（Internet Society）成立。人们把所有互连的网络集合看成是 Internet。如果一台计算机运行 TCP/IP，有一个 IP 地址（可能是通过调制解调器向 Internet 服务供应商临时获得的一个 IP 地址），并且可以向 Internet 上的所有其他计算机发送信息，就认为该计算机在 Internet 上。

20 世纪 90 年代中期，物理学家蒂姆·伯纳斯·李（Tim Berners-Lee）发明了 WWW。它使数以百万计的非计算机专业的用户使用 Internet。主页在 Internet 上大量出现。Internet 的应用进入了一个全新的时期。

现在，浏览器（如 Internet Explorer 6.0）具有可处理流行音频和视频以及所有种类的其他时髦功能。总之，Internet 发展到现在，已经渗透到社会生活中的方方面面了。人们可以通过 Internet 了解到生活中所需的各种信息，如最新的天气情况，世界各地的新闻杂志，娱乐休闲等；还可以在家购物，进行一些电子商务活动和收发电子邮件；还可以从网上得到各种资料，如软件、工具、教材、文献、电影、流行音乐等。现在的 Internet 可以说是应有尽有。

根据 Hobbies Internet Timeline 数据，Internet 的主机数目由 1984 年的 1 000 增长到 1992 年的 100 万，1997 年则已超出 1 600 万，1999 年达到 4 300 万，2000 年达到 3 亿，并以 100%的增长速度发展，而到现在已经远不止这个数字。

随着 Internet 商业化以及万维网（WWW）的出现，Internet 逐渐走向民用。网络的出现，改变了计算机的工作方式。对用户来说，Internet 不仅使他们不再被局限于分散的计算机上，同时也使他们脱离特定网络的约束。任何人只要进入 Internet，就可以利用其中各个网络和各种计算机上难以计数的资源，同世界各地的人们自由通信和交换信息，以及去做通过计算机能做的任何事情。

1.2.3 Internet 的基本概念

Internet 是全球最大的计算机网络，它是当今信息社会的一个巨大的信息资源宝藏。作为未来全球信息高速公路的基础，Internet 已成为各国通往世界的一个信息桥梁。下面简单介绍 Internet 的几个概念。

1. TCP/IP

在每个计算机网络中，都必须有一套统一的协议，否则计算机之间无法进行通信。协议是网络中各台计算机进行通信的一种语言基础和规范准则，它定义了计算机交换信息所必须遵循的规则。TCP/IP（Transmission Control Protocol/Internet Protocol）原来是专为美国 ARPA 网设计的，目的是使不同厂家生产的计算机能在共同网络环境下运行，现已发展成为 Internet 的开放式通信协议标准，即要求 Internet 上的计算机均采用 TCP/IP。

2. 传输控制协议

当用户使用浏览器在 Internet 这个高速公路纵横驰骋时，还需要用到诸如 HTTP、FTP 之类的传输控制协议来准确寻找资源、获取文件，这类传输控制协议就好像是公路上的交通标志一样，如果不了解它，将无法到达希望去的地方。下面将详细介绍一下这些协议。

（1）HTTP

HTTP（Hyper Text Transport Protocol），又称为超文本传输协议。它是 Internet 上进行信息传输时使用最为广泛的一种通信协议，所有的 WWW 程序都必须遵循这个协议标准。它的主要作用就是对某个资源服务器的文件进行访问，包括对该服务器上指定文件的浏览、下载、运行等，也就是说通过 HTTP 可以访问 Internet 上的 WWW 的资源。例如，http://www.cqdd.cq.cn/jxc2/zyweb/ssyj/B051B11.htm，表示用户想访问一个文件名叫 B051B11.htm 的网页，该网页存放在 http://www.cqdd.cq.cn 这样一个资源服务器上。

（2）FTP

FTP（File Transfer Protocol），又称为文件传输协议。该协议是从 Internet 上获取文件的方法之一，它是用来让用户与文件服务器之间进行相互传输文件的，通过该协议用户可以很方便地连接到远程服务器上，查看远程服务器上的文件内容，同时还可以把所需要的内容复制到用户所使用的计算机上；另一方面，如果文件服务器授权允许用户可以对该服务器上的文件进行管理，用户就可以把本地的计算机上的内容上传到文件服务器上，让其他用户进行共享，而且还能自由地对上面的文件进行编辑操作，如对文件进行删除、移动、复制、更名等。

举例说明：ftp://ftp.chinayancheng.net/pub/test.exe

该例子表示用户想要下载的文件存放在名为“ftp.chinayancheng.net”这个计算机上，而且该文件存放在该服务器下的 pub 子目录中，具体要下载的内容是 test.exe 这个程序。

（3）Telnet 协议

Telnet 协议，又称为远程登录协议。该协议允许用户把自己的计算机当作远程主机上的一个终端，通过该协议用户可以登录到远程服务器上，使用基于文本界面的命令连接并控制远程计算机，而无需 WWW 中的图形界面的功能。用户一旦用 Telnet 与远程服务器建立联系，该用户的计算机就享受远程计算机本地终端同样的权利，可以与本地终端同样使用服务器的 CPU、硬盘及其他系统资源。

除了远程登录计算机外，Telnet 还常用于登录 BBS 和进行远程分布式协作运算等方面。登录 BBS 的案例将在后续章节中介绍。

（4）News 协议

News（News Group）协议，又称为网络新闻组协议。该协议通过 Internet 可以访问成千上万个新闻组，用户可以读到这些新闻组中的内容，也可以写信给这些新闻组，各种信息都存储在称之为“Usenet”新闻服务器的计算机中。

网络新闻组讨论的话题包罗万象，从政治、经济、科技、文化、人文、社会等各方面的信息，用户可以很方便地找到一个与自己兴趣、爱好相符合的新闻组，并在其上表达自己的观点，案例见后续章节。

（5）WAIS 协议

WAIS（Wide Area Information Servers）协议，又称为广域信息服务器协议。该协议是在 Internet

上搜索信息的深层方式，它提供与广域信息服务器数据库有关的超级链接，打开超级链接，用户可以从 Internet 上的任何一个数据库中查询或获取信息。

（6）Gopher 协议

Gopher 协议，又称为一种信息查询系统协议。该协议定义了 Internet 上的一种信息查询系统，该系统类似 WWW 的菜单系统，只不过它是纯文本方式，使用它上面的菜单可以搜索到有关的网络信息；另外，用户还可以方便地从一个 Gopher 服务器转移到另一个 Gopher 服务器上进行信息的检索和拷贝。

3. Internet 地址

Internet 是一个庞大的网络，在这样大的网络上进行信息交换的基本要求是计算机、路由器等都要有一个唯一可标识的地址，就像日常生活中朋友间通信必须有地址一样。所以，连接到 Internet 上的每一台计算机都有自己的地址。地址的表示方式有两种：一种是 IP 地址，一种是域名。

（1）IP 地址

在 Internet 上为每台计算机指定的地址称为 IP 地址。IP 地址是在 TCP/IP 中所规定的 Internet 网中每个结点都要有一个统一格式的地址，这个地址就称为符合 IP 的地址，IP 地址是唯一的，就好像是人们的身份证号码，必须具有唯一性。因此，Internet 上每台计算机都有唯一的 IP 地址。

IP 地址具有固定、规范的格式。目前广泛采用的是 IPv4 版本 IP 地址，它是由 32 位二进制数组成，分成 4 段，其中每 8 位构成一段，这样每段所能表示十进制数的范围最大不超过 255，段与段之间用“.”隔开。为方便表达和识别，IP 地址是以十进制数形式表示的，每 8 位为一组用一个十进制数表示。例如，重庆广播电视大学的 IP 地址为：61.186.170.100。

TCP/IP 用 32 位地址标识主机所在网络中的位置，IP 地址由网络地址和主机地址两部分构成，网络地址代表该主机所在的网络号，主机地址代表该主机在该网络中的一个编号，其格式如图 1-12 所示。

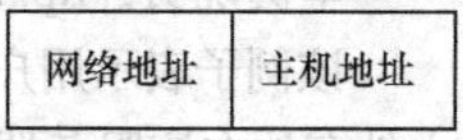

图 1-12　IP 地址的格式

在 32 位地址中，根据网络地址及主机地址所占的位数不同，IP 地址可分为 5 类，如图 1-13 所示。

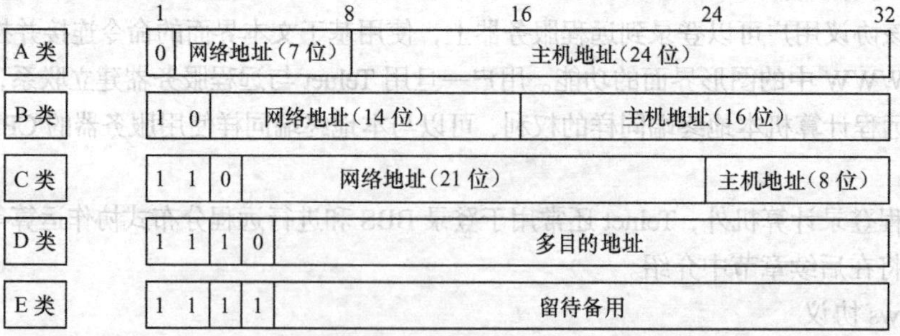

图 1-13　IP 地址的分类

① A 类地址：网络地址所占位数少，而主机地址位数多，因此 A 类的网络最多可拥有 127 个，每一个 A 类网中可拥有的主机数则是最多的，可容纳 $2^{24}-2$ 台主机。

② B 类地址：网络地址采用 14 位二进制编码表示，可有 $2^{14}-2$ 个 A 类网络，每个网络可有 $2^{16}-2$ 台主机。

③ C 类地址：网络地址和主机地址分别占 21 位和 8 位，网络数众多，但每个 C 类网可容纳的主机数仅有 254 台，即 $2^{8}-2$ 台；C 类的网络数为 $2^{20}-2$ 个。

④ D 类地址：用于多目的传输，是一种比广播地址稍弱的形式，支持多目的传输技术。

⑤ E 类地址：用于将来的扩展之用。

除了以上 5 类 IP 地址外，还有几种具有特殊意义的地址。

① 广播地址：TCP/IP 协议规定，主机地址各位均为“1”的 IP 地址用于广播，通常称为广播地址。广播地址用于同时向网络中的所有主机发送消息。广播地址本身，根据广播的范围不同，又可细分为直接广播地址和有限广播地址。

- 直接广播地址：32 位 IP 地址中给定的网络地址，直接对给定的网络进行广播发送。这种地址直观，但必须知道信宿网络地址。
- 有限广播地址：32 位 IP 地址均为“1”，表示向源主机所在的网络进行广播发送，即本网广播，它不需要知道网络地址。

② “0”地址：TCP/IP 规定，32 位 IP 地址中网络地址均为“0”的地址，表示本地网络。

③ 回送地址：用于网络软件测试以及本地机进程间通信的地址，是网络地址为“11111110”的地址。无论什么程序，只要采用回送地址发送数据，TCP/IP 软件立即返回它，不进行任何网络的传送。

（2）子网掩码

TCP/IP 标准规定：每一个使用子网的网点都选择一个除 IP 地址外的 32 位的位模式。位模式中的某位置为 1，则对应 IP 地址中的某位为网络地址中的一位；位模式中的某位置为 0，则对应 IP 地址中的某位为主机地址中的一位。这种位模式称作子网掩码。

子网掩码的最大用途是让 TCP/IP 协议能够快速判断两个 IP 地址是否属于同一个子网。子网掩码可以用来判断寻径算法条件。例如，下面的两个 IP 地址 178.1.5.3 和 178.1.5.11，则使用下面的子网掩码 255.255.255.0。对于该 IP 地址及子网掩码，判断寻径算法条件的过程如下。

① 若信宿 IP 地址和子网掩码相对应，就把数据报发送到本地网络上。

② 若信宿 IP 地址和子网掩码不对应，就把数据报发送到和信宿 IP 地址相应的网关上。

子网掩码中的“1”和“0”并不是以字节为单位的，例如，某一子网掩码编码为 255.255.224.0，则表示该子网中有 13 位主机地址。

子网掩码一方面可以用来判断两个 IP 地址是否属同一子网，另一方面也可以用来找出子网的地址。例如，假设有两个 IP 地址 222.16.8.3 和 222.16.8.11，则对应的二进制分别表示如下。

- 十进制：222.16.8.3

二进制：11011110.00010000.00001000.00000011

- 十进制：222.16.8.11

二进制：11011110.00010000.00001000.00001011

子网掩码：

十进制：255.255.255.0

二进制：11111111.11111111.11111111.00000000

若要判断这两个 IP 地址是否属于同一子网，其操作是将每个 IP 地址与子网掩码按位进行与逻辑运算，如果所得的结果相同，则表示两个 IP 地址属于同一子网，否则属于不同子网。

222.16.8.3 地址按位与运算后为： 11011110.00010000.00001000.00000000

222.16.8.11 地址按位与运算后为：11011110.00010000.00001000.00000000

因此，这两个 IP 地址属于同一子网。

子网掩码用于求子网地址时，也采用按位与运算。例如，带有掩码 255.255.255.0 的某个 C

类 IP 地址 222.16.9.254，为找到子网地址，可按以下方式进行运算。

IP 地址	11011110	00010000	00001001	11111110
子网掩码	11111111	11111111	11111111	00000000
结果	11011110	00010000	00001001	00000000
逻辑地址	222	15	9	0

（3）域名

在 Internet 上，对于众多的以数字表示的一长串 IP 地址，人们记忆起来是很困难的。因此，便引入了域名的概念。通过为每台主机建立 IP 地址与域名之间的映射关系，就可以避开难以记忆的 IP 地址，而使用域名来唯一标识网上的计算机。域名和 IP 地址的关系就像是一个人的姓名和他身份证号码之间的关系，显然，记忆一个人的姓名要比身份证号码容易得多。

域名格式为：主机名.机构名.网络名.最高层域名。例如，重庆广播电视大学的域名为 www.cqdd.cq.cn。

域名在书写时没有大小写之分，完整的域名不超过 255 个字符。虽然域名地址也是唯一的，但连接在 Internet 上的计算机还是通过 IP 地址进行的，它必须经过域名服务器进行域名的转换，有时可能会出错，出现连接失败，所以使用域名地址连接时效率较 IP 地址低些，但是使用时要比 IP 地址方便。

1.2.4 下一代 Internet 协议—— IPv6

IPv6 是下一代的 Internet 协议，它的提出最初是因为随着 Internet 的迅速发展，IPv4 定义的有限地址空间将被耗尽，地址空间的不足必将妨碍 Internet 的进一步发展。另外，随着移动 Internet 的发展，要享受移动 Internet 上的各种服务，IPv6 是关键。当每个人都携带一个或多个移动终端时，IPv6 将为所有的移动终端提供唯一的 IP 地址。

1. IPv6 与 IPv4 的比较

IPv4 发展到今天已经使用了 30 多年，它的地址位数为 32 位，即最多有 $2^{32}-1$ 台计算机可以连到 Internet 上。IPv6 中的地址位数为 128 位，即有 $2^{128}-1$ 个地址。另外，在 IPv6 的设计过程中除了一劳永逸地解决了地址短缺问题外，还考虑了在 IPv4 中解决不好的其他问题，主要有端到端 IP 连接、服务质量（QoS）、安全性、多播、移动性、即插即用等。与 IPv4 相比，IPv6 具有以下优点。

① 更小的路由表。IPv6 的地址分配一开始就遵循聚类（Aggregation）的原则，这使得路由器能在路由表中用一条记录表示一片子网，大大减小了路由器中路由表的长度，提高了路由器转发数据包的速度。

② 增强的组播支持以及对流的支持。这使得网络上的多媒体应用有了长足发展的机会，为服务质量（QoS）控制提供了良好的网络平台。

③ 加入了对自动配置的支持。这是对 DHCP 的改进和扩展，使得网络（尤其是局域网）的管理更加方便和快捷。

④ 更高的安全性。在使用 IPv6 的网络中，用户可以对网络层的数据进行加密，并对 IP 报文进行校验，这极大地增强了网络安全。

IPv6 同时还改进和提高了 IP 包的基本报头格式。这种简化的包结构是对 IPv4 的一个主要改进之处，它有助于弥补 IPv6 长地址占用的带宽。IPv6 的 16 字节地址长度是 IPv4 的 4 字节地址长度的 4 倍，但 IPv6 报头的总长度只有 IPv4 报头总长度的 2 倍。IPv6 报头所含字段少，而且报头长度固定，使路由器的硬件实现更加简单。与 IPv4 不同，IPv6 网络中，在路由过程中不对数据包进行分割，从而进一步减小了路由负载。这些改进使 IPv6 能够在一个合理的开销范围内，适应 Internet 流量的指数级增长速度。

2. IPv6 的应用和发展前景

随着 IPv6 标准化进程的加快，具有 IPv6 特性的网络设备和网络终端以及相关硬件平台的推出，IPv6 技术在以下关键领域将很快或已经得到应用。

（1）3G 业务

由于 IP 的诸多优点和全球 IP 浪潮的冲击，3G 演变为全 IP 网络的趋势越来越明显。为了满足永远在线的需要，每一个要接入 Internet 的移动设备都将需要两个唯一的 IP 地址来实现移动 Internet 连接，本地网络分配一个静态 IP 地址，连接点分配第二个 IP 地址用于漫游。GPRS 和 3G 作为未来移动通信蓝图中的核心组成部分，对 IP 地址的需求量极大，只有 IPv6 才能满足这种需要。

（2）IP 电信网

Internet 极大促进了 IP 电信网的发展。目前，越来越多的人相信，未来的电信网将是基于 IP 技术的网络。当然，IP 电信网不是简单地将现有 Internet 的 IP 技术照搬过来，在网络结点设备做一些冗余备份，以增加网元设备的稳定性就万事大吉了，而必须是对 IP 网彻底的变革。

Internet 的主要任务是实现计算机互连，用户在此基础上可以获得一些服务（这种服务不是网络运营商提供的），网络是“尽力而为”地提供传输服务，无服务质量保证，亦无售后服务保证，安全问题由用户自行解决。由于理念上存在巨大的差距，因而 IP 电信网绝不可能简单地照搬过来。

（3）个人智能终端

经济的快速发展带动了个人电子设备的发展，呼机、手机、PDA 到智能手机，有连网能力、集成数据、语音和视频的个人智能终端已经出现。随着智能终端用户群的快速增长，将形成对 IP 地址的巨大需求。

（4）家庭网络

家用网关的数量目前在快速增长，IBM、Cisco、SUN、Microsoft、3COM 都在进行家庭网络方面的项目。IEEE 1394 和蓝牙等新技术已经被开发用于移动和家庭用途，那些加入了处理器的设备越来越具备和网络相连的条件。

由于 IPv6 拥有巨大的地址空间，即插即用易于配置，对移动性的内在支持，事实上，IPv6 非常符合由大量各种细小设备组成的网络而不是由价格昂贵的计算机组成的网络。随着为各种设备增加网络功能的成本的下降，IPv6 将在连接由各种简单装置的超大型网络中运行良好，这些简单设备可以不仅仅是手机和 PDA，还可以是存货管理标签机、家用电器、信用卡等。因此，拥有 IPv4 丰富使用经验的公司希望将其技术延伸和扩展到 IPv6 的领域中时，必须注意到，IPv6 网络从根本上不同于 IPv4 网络，不仅仅是更大的网络，而且连在网络上的将是更便宜、更简单、更小巧的设备。

（5）在线游戏

游戏业是一个很大的产业，在线游戏又是游戏业的一个明显的发展趋势，使得玩家能够和跨地域的玩伴展开竞赛，而不再是局限在同一房间里。

在线游戏需要把分散在不同地域的用户连接起来，并保证安全、隐私和计费的需要。由于缺少足够的 IP 地址，IPv4 的网络无法满足在线游戏 P2P 的需求。另外，在线游戏必须支持固定和移动两种网络接入方式。采用基于 IPv6 的游戏终端主要是和游戏服务器进行交互，几乎不需要访问原来大量的 IPv4 的服务器，这也非常符合 IPv6 网络早期的“相互连接的孤岛”的架构。

从 IPv4 过渡到 IPv6 以后，网格计算、高清晰电视、远程医疗等都将可以被整合在一起，使 Internet 真正成为信息高速公路。但 IPv6 在推进过程中，还有一些问题有待解决，例如如何调整 IP 上层的协议以及 IPv6 的安全模型等。

1.3 Internet 常见信息服务

Internet 的价值不在于其庞大的规模或所应用的技术含量，而在于其所蕴涵的海量信息资源和方便快捷的通信方式。Internet 向用户提供了各种各样的信息服务，这些信息服务均是基于向用户提供不同的信息而实现的。Internet 向用户提供的这些功能也被称为“互联网的信息服务”或“互联网的资源”。Internet 提供的服务包括 WWW 服务，电子邮件（E-mail）服务，文件传输（FTP）服务，远程登录（Telnet）服务，新闻论坛（Usenet）服务，新闻组（News Group）服务，电子布告栏（BBS）服务，Gopher 搜索服务，文件搜寻（Archie）服务，等等。全球用户可以通过 Internet 提供的这些信息服务，工作效率得到提高，生活更加愉悦。这里简单地介绍最常用的几种服务。

1.3.1 万维网服务

1. 万维网简介

在 Internet 上，万维网（World Wide Web，WWW）有时也叫“全球信息网”，是目前 Internet 上最受用户欢迎的一种服务，WWW 并不是一种特殊的计算机网络，它是 Internet 的一部分，是一个大规模的联机式的信息储藏所，可以方便用户在 Internet 上搜索和浏览信息。正是由于 WWW 的出现，才使 Internet 最近几年在全球范围得到空前的普及。

WWW 是一个分布式的超媒体系统，之所以说它是超媒体系统，是因为它不仅包含了文本信息，还包含了如图形、图像、语音、动画甚至活动视频图像等多种信息。WWW 通过超文本传输协议（HTTP）向用户提供多媒体信息，所提供信息的基本单位是网页。网页放在服务器上，当上网时，就可以用浏览器访问服务器上的网页。WWW 的用户界面非常友好，比较有名的 WWW 客户程序有 Netscape、Internet Explore、Mosaic 等。第 3 章将介绍 Internet Explore 8.0 浏览器的使用方法。

2. WWW 的一些重要概念

WWW 可以说是人们在 Internet 中最经常打交道的，Internet 上无数的网站组成了 WWW，它最大的特点是超链接，人们浏览网页时只要单击上面的链接，就可以去到也许是几千里或者几万里以外的另一个网站上浏览信息。下面就介绍几个 WWW 的相关概念。

（1）超文本与超链接

没有超链接就没有 WWW。Internet 上的每一个超链接都有一个起点。在一个页面中，超链接的起点可以是一个字或几个字，或一幅图，甚至是一段文字。在浏览器所显示的页面上，超链接的起点是很容易识别的。对于以文字作为超链接的起点时，这些文字往往用不同的颜色显示，可以按用户的喜好设置，一般的文字用黑色字时，超链接起点往往使用蓝色字，甚至还加上下画线（一般由浏览器来设置）。超链接的一个更重要特征是无论是文字链接还图片链接，当移动鼠标指针到达任一超链接时，箭头就会变为手形，如图 1-14 所示，当鼠标指针移到超链接“开放教育本科”位置时，鼠标指针变为手形且由蓝色变为黄色。此时只要单击鼠标，就可链接到它指向的网页了。

图 1-14 超文本链接

超文本标记语言（Hyper TextMarkup Language，HTML），又称为超文本设置标记语言，其中，Markup 就是“设置标记”的意思。网页都是用 HTML 格式写成的。产生 HTML 文件有两种方法，一种是使用字处理软件手动编写，一种是使用网页制作工具。在网页制作中掌握 HTML 是十分必要的。

超链接是一个指针，它从一个对象指向另一个对象，当用户单击原对象，通过超链接就跳转到目标对象。通常创建超链接的对象主要是文本，也可以使用图片、动画等多种对象。这种超文本和多媒体的结合就是常说的超媒体。正是超链接的应用，使 WWW 提供的信息变得丰富多彩。

（2）网页和主页

网页是网站的组成部分，浏览网站的基本单元就是网页（Web Page），它包含了用户通过客户端浏览器浏览到的 Web 服务器上的信息内容。近年来，网页发展了 3 种类型。

① 静态网页：网页主要局限于文字信息，而且用户只能浏览服务器系统管理员事先编好的超级链接信息，信息量受到限制。

② 图文并茂网页：网页上不仅可以浏览到文字，还可以浏览到精美的图像或声音等多媒体，网页上可进行简单查询、网页访问计数等功能。

③ 动态网页：利用 Web 机制使用后台数据库与 Web 服务器结合，由后台数据库提供实时数据更新和数据查询服务。

主页（Home Page）是特殊的网页，和网页严格来说是两个不同的概念。每一个 HTML 文档都是一个网页，主页也是一个 HTML 文档，但它是一个站点中所有网页的首页，通常主页都命名为 index.htm、default.htm 等，注意，主页的名称必须由远程服务器的名称决定，当用户使用浏览器访问一个站点时，必须输入该站点的 URL。例如，http://www.cqdd.cq.cn，该 URL 只是指明了远程主机地址，却没有指明访问的具体文件，为什么用户能够看到目标站点的画面呢？这是因为主机在解释地址时如果发现没有指明要访问的具体文件，则认为是要访问站点的主页。所以说，主机上默认的主页名称是固定的。例如，如果 http://www.cqdd.cq.cn 是主机地址，它默认的主页名称是 index.htm，则在浏览器中输入 http://www.cqdd.cq.cn，实际上相当于输入 http://www.cqdd.cq.cn/index.htm。

（3）统一资源定位器

统一资源定位器（Uniform Resource Locator，URL）是对可以从 Internet 上得到的资源的位置和访问方法的一种简洁表示。为了解决怎样标识分布在整个 Internet 上的 WWW 文档，WWW 使用统一资源定位符（URL）来标识 WWW 上的各种文档，并使每一个文档在整个 Internet 的范围内具有唯一的标识符 URL。对于在 Internet 上访问的各种网页，都有一个唯一的 URL，即 Internet 地址。

每个 URL 分为两个部分：访问方式和位置。

① 访问方式。访问方式用于告诉浏览器当前页面所用的协议或语言，目前，URL 可使用如下多种访问方式。

- ftp://表示文件传送协议。
- http://表示超文本传送协议。
- gopher://表示 Gopher 协议。
- mailto://表示电子邮件地址。
- telnet://表示用于交互式会话。
- file://表示特定主机的文件名。

② 位置。位置表示某个网页或资源的位置。它包括负责管理该站点的组织名称，后缀则标识该组织的类型和地址所在的国家或地区。例如，地址“http://www.cqdd.cq.cn”所表示的信息如下。

- http://表示使用 HTTP 访问方式。
- www 表示该站点在 WWW 服务器上。
- cqdd 表示服务器名，是重庆广播电视大学的服务器名。
- cq 表示地区名，表示重庆。
- cn 属于中国大陆地区。

标识组织类型的也称为通用顶级域名，最早的顶级域名共 6 个，其中，com 表示公司企业；net 表示网络服务机构；org 表示非赢利性组织；edu 表示教育部门；gov 表示政府部门；mil 表示军事部门。

由于 Internet 上用户的急剧增加，现在又新增加了如下 7 个通用域名。

- frim 表示公司企业。
- shop 表示销售公司和企业。
- web 表示突出万维网活动的单位。
- arts 表示突出文化。

以下是娱乐活动的单位的域名。

- rec 表示突出消遣、娱乐活动的单位。
- info 表示提供信息服务的单位。
- nom 表示个人。

3. WWW 的工作方式

在 WWW 上，对包含文字、语音、图像、动画等信息通常可以称为“网页”的特殊文件进行查看，查看这些网页的工具软件称为浏览器。浏览器软件有很多，比较有名的浏览器有 Internet Explore 浏览器、360 安全浏览器、Google Chrome 浏览器、TT 浏览器、搜狗浏览器等。浏览的过程是，浏览器将使用者的要求发送给服务器端的程序，服务器端的程序按照要求进行处理后将信息传送回来，再由浏览器将回送的信息进行解释并显示在使用者的计算机屏幕上。

1.3.2 电子邮件服务

电子邮件（E-mail，又称电子函件）是 Internet 提供的一项最基本服务，也是用户使用最广泛的 Internet 工具之一。电子邮件是一种利用计算机网络进行信息传递的现代化通信手段，其快速、高效、方便、价廉等特点使得人们越来越热衷于这项服务。

通过 Internet 上的电子邮件，可以与世界上任何一个角落的网络用户在网上互通信息，并且随着电子邮件软件功能的不断增强，用户还可以发送经计算机处理过的声音，图像，影像等多媒体信息。

电子邮件地址的典型格式是：用户名@主机名，这里@之前是用户自己选择代表自己的字符组合或代码即用户名，@之后是为用户提供电子邮件服务的服务商名称，如 aokaiyun@cqdd.cq.cn。其中，aokaiyun 表示用户名，cqdd.cq.cn 表示重庆广播电视大学服务器主机名。第四章中将详细介绍电子邮件的接收和发送方法与步骤。

1.3.3 文件传输服务

在 Internet 上，很多站点提供了许多的免费资源，包括程序、文章、音乐和图片等。如果用户希望获取这些资源，最常用的就是到 FTP 站点上去下载取得。进行 FTP 传输的软件工具也很多，常用的有 CuteFTP、NetAnts 等。

1. 文件传输协议

文件传输协议（File Transfer Protocol，FTP）是 Internet 上使用的最广泛的文件传输协议。FTP 提供交互式访问，允许客户指明文件的类型与格式，并允许文件设置存取权限。FTP 屏蔽了各种计算机之间的差异，因而适合于在异构网络中的任意计算机之间传送文件。利用 FTP，用户可以将远程计算机上的文件下载（Download）到自己的机器上，也可以将本机上的文件上传（Upload）到远程计算机上。

FTP 是 Internet 中仍然在使用的最古老的协议之一。在 Internet 发展的早期阶段，用 FTP 传送文件大约占整个 Internet 通信量的 60%，而由电子邮件和域名系统产生的通信量还要小于 FTP 所产生的通信量。后来，随着 WWW 的迅速发展，到了 1995 年，WWW 的通信量超过了 FTP。

FTP 系统实际上由两部分组成。

① 服务器，它响应客户请求、传送文档。

② 文件系统，服务器文档扫描调用区域。

2. FTP 的工作原理

FTP 服务是 FTP 服务器提供的。FTP 服务器始终侦听 FTP 请求，FTP 通常是在 INETD（系统超级服务）进程下运行的，INETD 监听各个常用服务端口，对于 FTP 一般控制的 TCP 端口 21，当 FTP 客户程序访问一个服务器时，首先发送一个 TCP 包到目标主机的 21 端口，INETD 接收到这个 TCP 包后，从所请求的端口号确定启动 FTP 服务，生成子进程并执行 FTPd 的一个拷贝。如果同时有其他客户的 FTP 请求，INETD 同样地分配给一个 FTPd 来处理。

3. FTP 的特点

FTP 是 Internet 的应用协议之一，是文件共享协议中的一个大类，即复制整个文件。其特点是，若要存取一个文件，就必须先获得一个本地文件的副本。如果要修改这个文件，则只能对文件的副本进行修改，修改完成后，再将文件的副本传送回原站点。

FTP 使用客户服务器模式。在 Internet 上，要实现在不同的两个机器之间传送文件，必须分别在两个机器上运行两个独立的程序，一个是客户程序，另一个是服务器程序。其中，运行客户程序的计算机称为客户机，而运行服务器程序的计算机称为服务器。由于 FTP 采用客户服务器方式，所以，Internet 上就有很多 FTP 服务器，它存放着大量可供下载的文件并且运行服务器程序，一个 FTP 服务器程序进程可同时为多个客户程序提供服务。

4. FTP 服务器的种类

FTP 服务器按传输模式可分为两种：匿名 FTP 服务器和非匿名 FTP 服务器。

（1）匿名 FTP 服务器

匿名 FTP 服务器是指用户不需要主机的账号和密码即可进入 FTP 服务器，任意访问和下载文件。Internet 上大部分免费软件和共享软件都是通过匿名 FTP 服务器向广大用户提供的。

登录 FTP 主机时，只需以 anonymous 或 guest 作为登录账号，而将用户的电子邮件地址作为密码输入即可登录到 FTP 服务器。如果使用 anonymous 或 guest 都无法登录到 FTP 主机，则表示该主机不提供 FTP 服务。

（2）非匿名 FTP 服务器

非匿名 FTP 服务器是指用户必须有用户名和口令才能登录。非匿名服务器一般只供内部使用，要访问这些服务器，用户必须事先向该服务器系统管理员申请用户名和口令。

5. 使用浏览器访问 FTP

在没有任何专用 FTP 工具软件时，可以使用浏览器传输文件，只是使用这种方式的传输速度和功能都不如专用的 FTP 工具软件好。

如果已经知道某 FTP 的地址，就可以在浏览器的地址栏中直接输入地址，然后按回车键。如果该 FTP 服务器是匿名服务器，用户马上就可以看到该服务器根目录下的目录及文件资料。如果该 FTP 服务器是非匿名服务器，用户就要先输入该服务器管理员提供的用户名及密码，当用户名和对应的密码正确时，用户才可以正式登录此服务器，进行相关的文件操作。

使用浏览器访问 FTP 可以方便地查看服务器上的文件，并上传或下载文件。例如，登录重庆电大的一个 FTP 服务器，其操作步骤如下。

① 打开 Internet Explorer 浏览器，在地址栏中输入 FTP 地址：ftp://www.cqdd.cq.cn/chat，然后按回车键，弹出如图 1-15 所示的“登录身份”对话框。

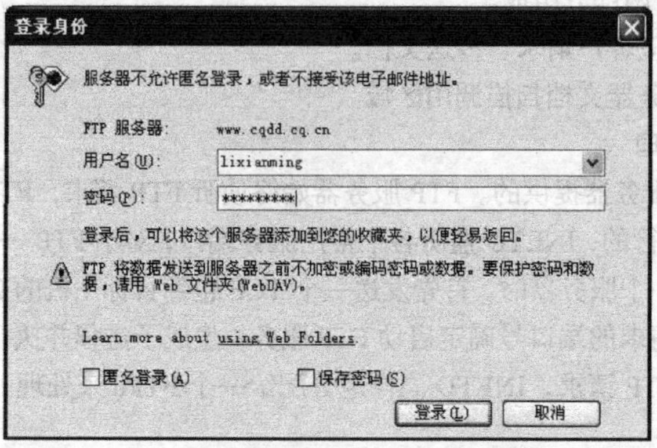

图 1-15 “登录身份”对话框

② 在该对话框中输入用户名和密码，单击“登录”按钮，登录到指定的 FTP 服务器站点，如图 1-16 所示。

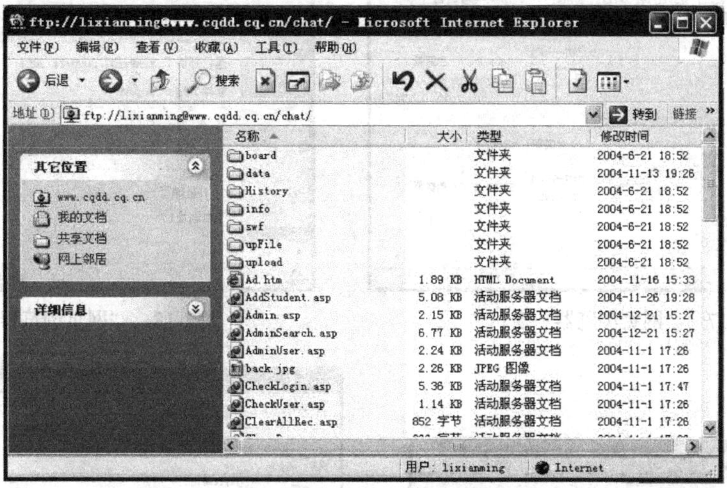

图 1-16 “FTP 浏览器”窗口

③ 登录到 FTP 站点后，用户就可以在 Internet Explorer 上浏览 FTP 网站，并可从网站上下载文件。用户可以进入到自己感兴趣的目录，查看是否有要下载的文件，如果有，用户就可以从服务器下载到自己的计算机上，如果用户有上传文件的权限，还可以将自己的文件上传到 FTP 站点上。上传、下载文件的方法很简单，跟使用 Windows 系统的资源管理器的方法完全相同，采用“复制”、“粘贴”即可。

6. 直接从网页上下载文件

现在很多网站服务商都把供用户下载的文件制作成网页的超链接，这样，用户就可以通过浏览器直接通过超链接进行下载。当然，那些只能通过命令访问的 FTP 服务器不能使用 Internet Explorer 的这项功能，要下载软件，就必须先登录到该站点。

当某软件建立了和该网站的超链接，并可以利用 Internet Explorer 下载时，该超链接一般标有“单击下载”、“单击此处开始下载”等字样，并且用不同的颜色表示出来，用户只要单击这些链接，就可以开始下载软件了。利用 Internet Explorer 内嵌 FTP 服务下载软件，方法很简单。其操作步骤如下。

① 首先打开需要下载文件的网页，如在网页“http://192.168.252.135/Soft/system/List_2.html”下载文件压缩工具“WinRAR3.9”，先在浏览器的地址栏输入网址：http://192.168.252.135/Soft/system/List_2.html，按回车键，出现如图 1-17 所示的“浏览器”窗口。

② 在网页上，将鼠标指针置于要下载软件的超级链接“WinRAR3.9”处，单击鼠标左键，弹出如图 1-18 所示的“浏览器”窗口。

③ 在网页上，将鼠标指针置于要下载软件的超级链接“下载地址 1”处，单击鼠标左键，弹出如图 1-19 所示的“文件下载”对话框。

④ 单击“保存”按钮，弹出如图 1-20 所示的“另存为”对话框，在该对话框中选择好保存文件的目录。

⑤ 单击“保存”按钮，弹出如图 1-21 所示的“文件下载进度条”对话框，开始把该文件复制到用户的计算机上，在这里，可以知道该文件已下载的进度和网络的传输速度。

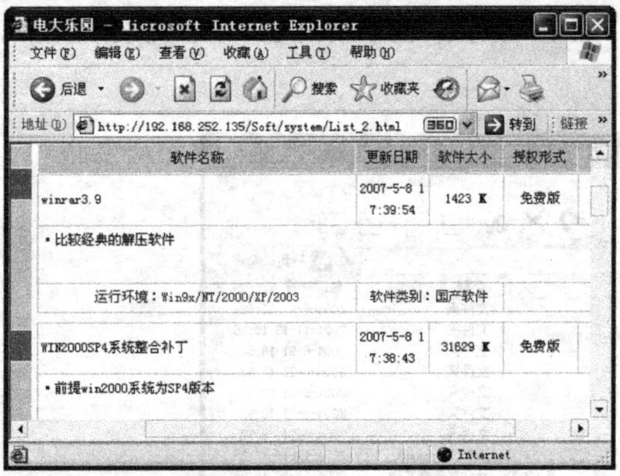

图 1-17 “网页浏览器”窗口

图 1-18 “网页浏览器”窗口

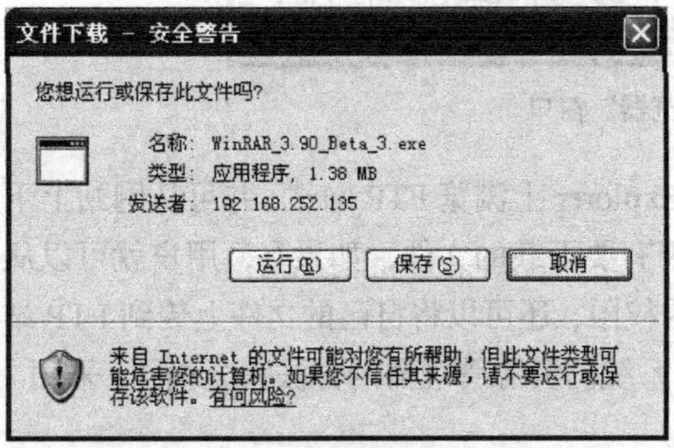

图 1-19 “文件下载”对话框

图 1-20 “另存为”对话框

7. 利用 FTP 客户端程序登录 FTP 服务器

登录 FTP 服务器的方法主要有两种：一种是利用 Internet Explorer 浏览器登录（前面已介绍），另一种是利用 FTP 客户端程序登录 FTP 服务器。

利用 FTP 客户端程序登录 FTP 服务器的软件也很多，下面通过 CuteFTP 软件来介绍利用客户端程序登录 FTP 服务器上传、下载文件的方法。

（1）CuteFTP 5.0 中文版的安装

安装步骤如下。

① 双击安装程序，打开程序安装向导对话框，弹出如图 1-22 所示的“许可证协议”对话框。

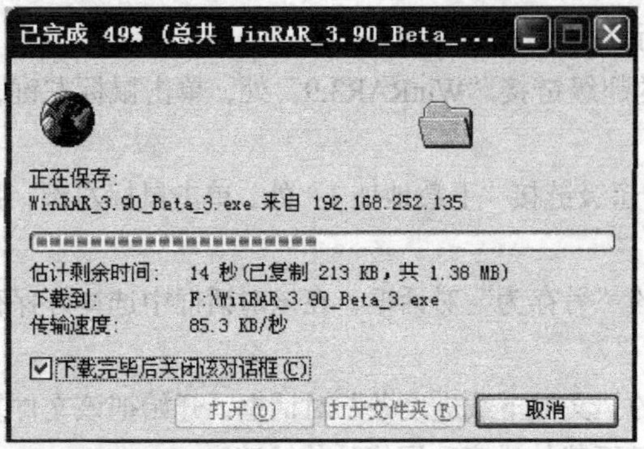

图 1-21 “文件下载进度条”对话框

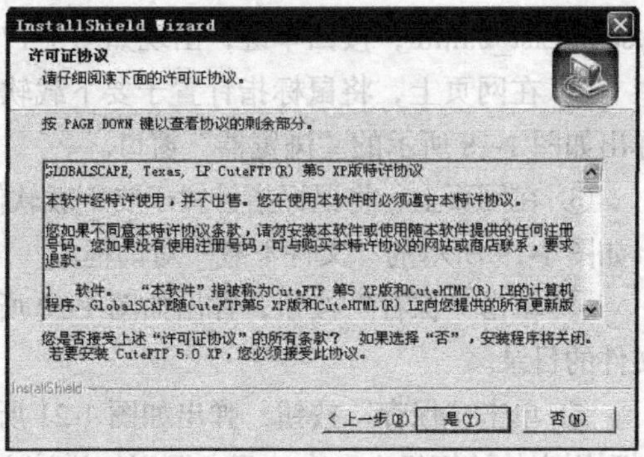

图 1-22 “许可证协议”对话框

② 单击“是”按钮，弹出如图 1-23 所示的“选择目的地位置”对话框，在该对话框中，用户可以选择软件的安装路径，在此选择默认路径。

③ 单击“下一步”按钮，弹出如图 1-24 所示的“安装状态”对话框，在该对话框中有一个安装进度条，当进度条到达百分之百位置后，表示安装完成。

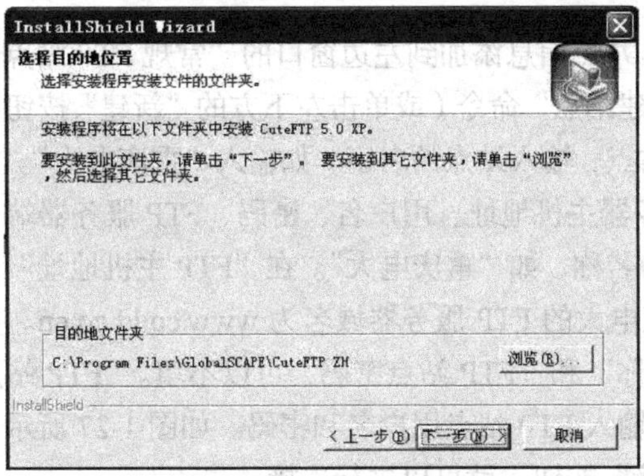

图 1-23 “选择目的地位置”对话框

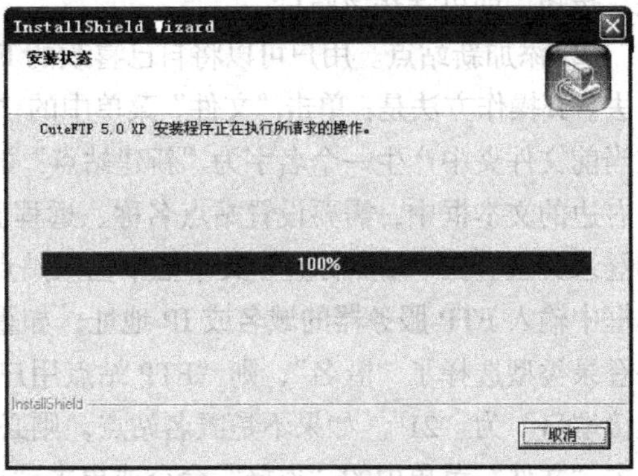

图 1-24 “安装状态”对话框

（2）CuteFTP 5.0 中文版的启动

安装完成后，单击“开始”菜单，选择“程序”→“GlobleSPACE”→“CuteFTP”命令，就会打开 CuteFTP 5.0 中文版的主窗口，如图 1-25 所示。CuteFTP 的主窗口由 4 个窗口组成，顶部水平窗口显示 FTP 命令及所连接 FTP 站点的连接信息，通过此窗口用户可以了解到当前的连接状态，如该站点给用户的信息是否处于连接状态，是否支持断点续传正在传输的文件，等等。中间左边的窗口显示的是本地硬盘上传及下载所在的目录，中间右边的窗口显示的是所连接的 FTP 服务器的目录和文件信息。底部的窗口用于临时存储传输文件和显示传输队列信息。

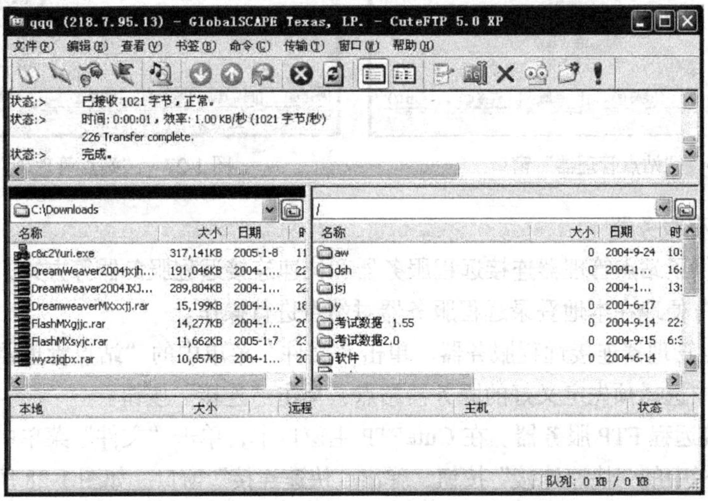

图 1-25 主窗口

（3）CuteFTP 的站点管理器

CuteFTP 站点管理器主要用于管理远程 FTP 服务器，使用它可以添加、删除和编辑 FTP 服务器的站点信息。掌握了 CuteFTP 的基本用法后，便可用 CuteFTP 对自己的 FTP 网站进行方便的管理。

① 单击主窗口“文件”菜单中的“站点管理器”菜单项，弹出如图 1-26 所示的“站点设置”窗口。

CuteFTP 站点管理器左边的窗口包含预先定义好的文件夹和站点，右边显示当前站点的设定信息。CuteFTP 预先设定了一些免费或共享的 FTP 站点，单击文件夹内的某一站点，再单击“连接”按钮，即可连接该站点。

② 添加新站点。用户可以将自己喜欢的 FTP 站点信息添加到左边窗口的“常规 FTP 站点”中去。其操作方法是：单击“文件”菜单中的“新建站点”命令（或单击左下方的“新建”按钮），在当前文件夹中产生一个名字为“新建站点”的站点，输入站点的名字，如输入“重庆电大”。窗口右边的文本框中，需要设置站点名称、远程服务器主机地址、用户名、密码、FTP 服务器端口和登录类型。在“站点标签”文本框中输入站点的名称，如“重庆电大”。在“FTP 主机地址”文本框中输入 FTP 服务器的域名或 IP 地址，如重庆电大的 FTP 服务器域名为 www.cqdd.cq.cn。如果登录类型选择了“匿名”，则“FTP 站点用户名称”和“FTP 站点密码”可以不填。“FTP 站点连接端口”为“21”。如果不是匿名站点，则必须输入 FTP 站点用户名和密码。如图 1-27 所示，单击“文件”菜单中的“连接”命令或单击“连接”按钮，就可以进行连接。

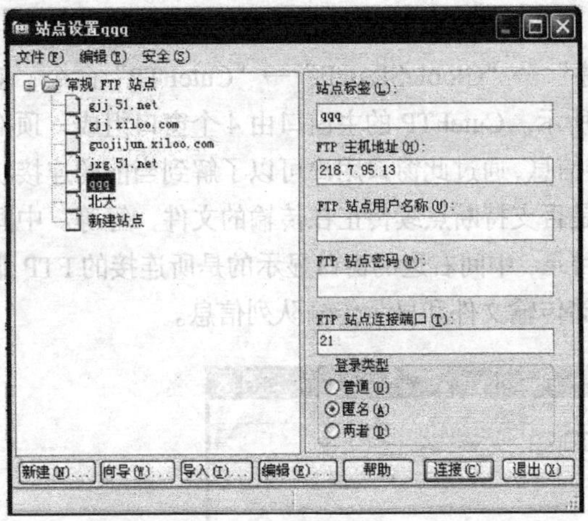

图 1-26 “站点管理器”窗口

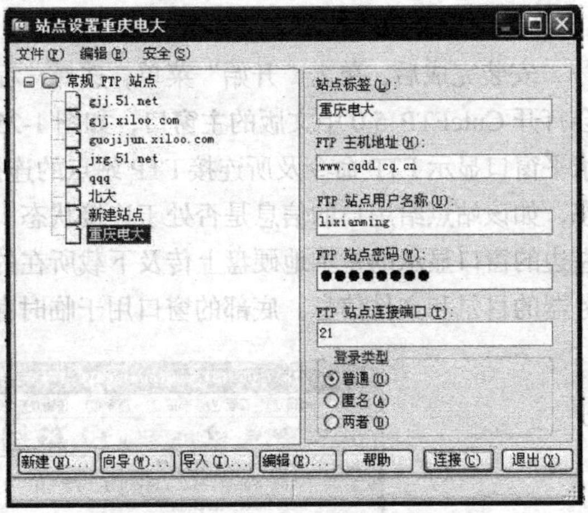

图 1-27 “站点管理器”窗口

（4）连接远程服务器

CuteFTP 提供了站点管理器连接远程服务器和快速连接远程服务器等方式，利用 CuteFTP 的这一功能，可以方便地在本地登录远程服务器对站点进行操作。

① 通过站点管理器连接远程服务器。单击“文件”菜单中的“站点管理器”命令，从“站点管理器”窗口中选择预先定义好的服务器站点，单击“连接”按钮。

② 快速连接远程 FTP 服务器。在 CuteFTP 主窗口中，单击“文件”菜单中的“快速连接”命令或单击工具栏中的“快速连接”按钮，弹出“快速连接”窗口。如图 1-28 所示，输入相关信息，单击工具栏上“快速连接”按钮开始连接。

③ 断开连接、重新连接远程服务器和停止连接远程服务器。在文件传输过程中，如果要中断文件传输，则单击“文件”菜单中的“断开”命令，或单击工具栏中的“断开”按钮；若要重新连接，单击“文件”菜单中的“重新连接”命令或工具栏中的“重新连接”按钮即可，则恢复中断的连接；单击工具栏中的“停止”按钮，则停止与服务器的连接和停止传输文件。

（5）文件传输

CuteFTP 有几种方法可以实现文件的上传和下载。在文件传输过程中，CuteFTP 主窗口的底部会显示传输速度、剩余时间、已用时间、完成传输的百分比等信息。如果在文件传输过程中因为某些原因传输被中断，可以使用 CuteFTP 的断点续传功能，在文件中断处继续传输，断点续传功能在传输较大的文件时非常有用。只有经过注册的 CuteFTP 才能使用断点续传功能，并且所连接的 FTP 服务器要支持断点续传的功能。在进行续传时，本地计算机中的文件名要与远程服务器中的文件名相同。

下面介绍几种文件传输方法。

① 用鼠标拖放传输文件。在 CuteFTP 主窗口中，选中需要传输的文件，拖动文件到指定目录中，如果是从服务器向本地目录拖动，系统提示是否下载选定的文件，如图 1-29 所示，单击“是”按钮即开始下载文件。

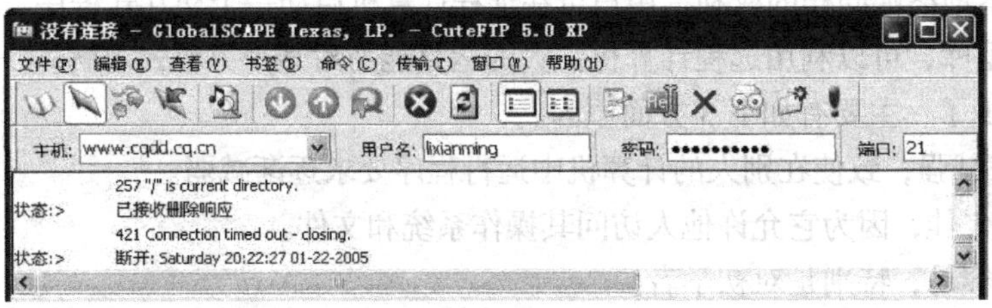

图 1-28 “快速连接”窗口

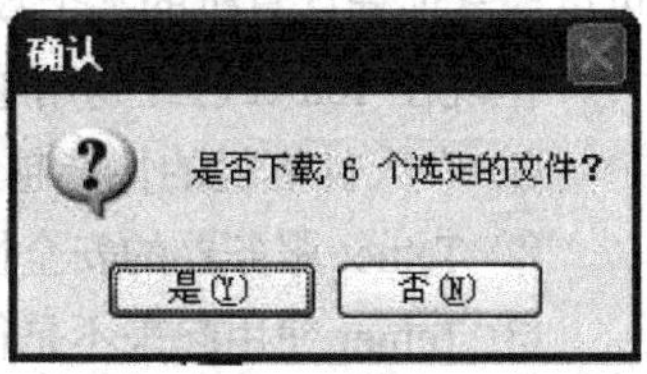

图 1-29 “确认”对话框

② 用菜单/工具栏传输文件。在 CuteFTP 主窗口中，选中需要传输的文件，单击“传输”菜单中的“下载”、“上传”命令，或单击工具栏中的“下载”、“上传”按钮即可。

③ 利用队列传输文件。在 CuteFTP 主窗口中，选中传输文件，单击“传输”菜单中的“队列”子菜单，进一步选择“添加到队列”项，或者单击鼠标右键，在弹出的快捷菜单中选择“添加到队列”项，文件将被添加到 CuteFTP 主窗口中底部的队列窗口中。用户可以将不同路径中的本地或远程的多个文件添加到队列窗口中。单击“传输”菜单中的“传输队列”命令，或单击工具栏中的“传输队列”按钮，队列窗口中的文件开始传输，如图 1-30 所示。单击“传输”菜单中的“队列”子菜单，进一步选择“从队列中删除”，可将不需要传输的文件从队列中删除。

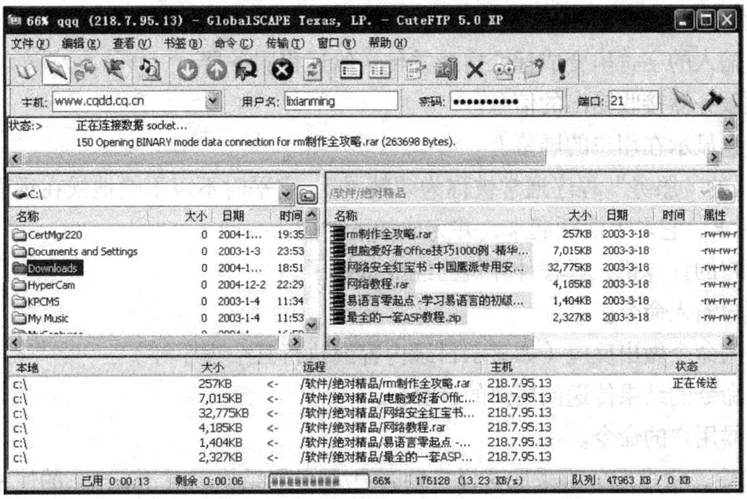

图 1-30 “传输队列”窗口

1.3.4 远程登录服务

1. 远程登录的概念

以前，很少有人买得起计算机，更甭说买功能强大的计算机了。所以，当时人们采用一种叫做Telnet的方式来访问Internet，也就是把自己的低性能计算机连接到远程性能好的大型计算机上，一旦连接上，他们的计算机就仿佛是这些远程大型计算机上的一个终端，自己就仿佛坐在远程大型机的屏幕前一样输入命令，运行大机器中的程序。人们把这种将自己的计算机连接到远程计算机的操作方式叫做“登录”，称这种登录的技术为远程登录（Telnet）。

Telnet是Internet的远程登录协议的意思，它让用户坐在自己的计算机前通过Internet登录到另一台远程计算机上，这台计算机可以在隔壁的房间里，也可以在地球的另一端。当用户登录上远程计算机后，用户的计算机就仿佛是远程计算机的一个终端，就可以用自己的计算机直接操纵远程计算机，享受远程计算机本地终端同样的权利。用户可在远程计算机启动一个交互式程序，可以检索远程计算机的某个数据库，可以利用远程计算机强大的运算能力对某个方程式求解。

但现在Telnet已经越用越少了，主要有如下3方面原因。

① 个人计算机的性能越来越强，致使在别人的计算机中运行程序要求逐渐减弱。

② Telnet服务器的安全性欠佳，因为它允许他人访问其操作系统和文件。

③ Telnet使用起来不是很容易，特别是对初学者。

但是，Telnet仍然有很多优点，如果用户的计算机中缺少什么功能，就可以利用Telnet连接到远程计算机上，利用远程计算机上的功能来完成用户要做的工作，可以这么说，Internet上所提供的所有服务，通过Telnet都可以使用。

不过，Telnet的主要用途还是使用远程计算机上所拥有的信息资源，如果用户的主要目的是在本地计算机与远程计算机之间传递文件，则使用FTP会有效得多。

2. Telnet的工作原理及功能

当用户用Telnet登录进入远程计算机系统时，事实上启动了两个程序，一个叫Telnet客户程序，它运行在用户的本地机上，另一个叫Telnet服务器程序，它运行在要登录的远程计算机上。本地机上的客户程序要完成如下功能。

① 建立与服务器的TCP连接。

② 从键盘上接收用户输入的字符。

③ 把用户输入的字符串变成标准格式并传送给远程服务器。

④ 从远程服务器接收输出的信息。

⑤ 把该信息显示在用户的屏幕上。

远程计算机的“服务”程序通常被称为“精灵”，它平时不声不响地候在远程计算机上，一旦接到用户的请求，它马上活跃起来，并完成如下功能。

① 通知用户的计算机，远程计算机已经准备好了。

② 等候用户输入命令。

③ 对用户的命令做出反应（如显示目录内容或执行某个程序等）。

④ 把执行命令的结果传送回用户的计算机。

⑤ 重新等候用户的命令。

在Internet中，很多服务都采取这样一种客户/服务器结构。对Internet的使用者来讲，通常只要了解客户端的程序就够了。

3. 用 Telnet 登录远程计算机

用 Telnet 登录远程计算机，在 Windows 操作系统下，可使用 Windows 或者 WINNT 目录下的 telnet.exe 文件（说明：Windows XP 操作系统在 Windows\System32 目录下）。

操作步骤如下。

① 首先连接到 Internet。

② 运行登录软件 telnet.exe，弹出如图 1-31 所示的“Telnet”窗口。

③ 选择“连接”菜单中的“远程系统”菜单项，弹出如图 1-32 所示的“连接”对话框。

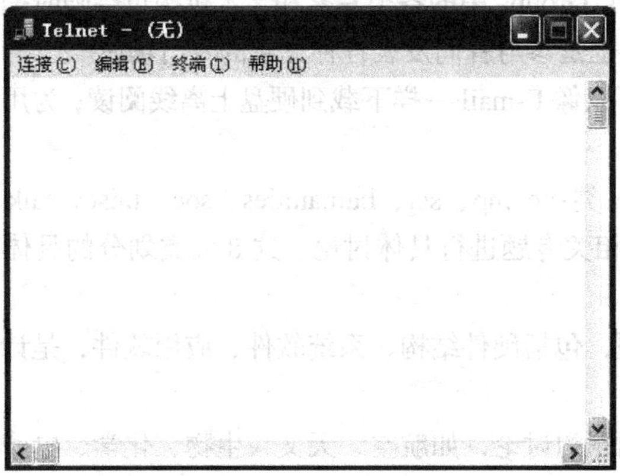

图 1-31 “Telnet”窗口

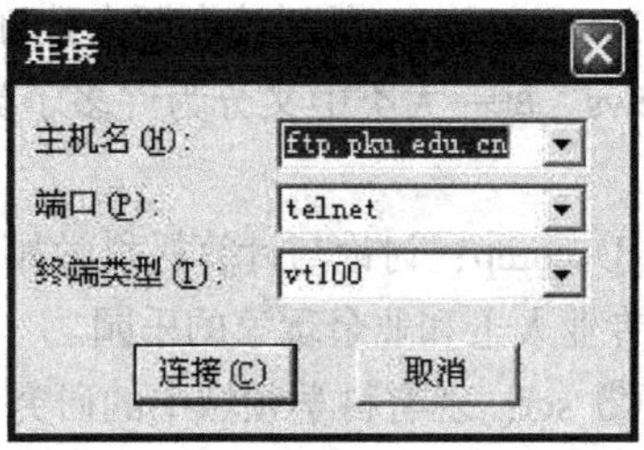

图 1-32 “连接”对话框

④ 在该对话框中输入主机名、选择端口和终端类型，然后，单击“连接”按钮，就会与 Telnet 的远程主机进行连接，连接成功后，计算机会提示用户输入用户名和密码，若连接的是一个 BBS、Archie、Gopher 等免费服务系统，则可以通过输入 bbs、archie 或 gopher 作为用户名，就可以进入远程主机系统。

这样，Telnet 已经为用户架起了通向远程主机的桥梁，现在用户可以完全依照远程主机的命令行直接操作远程计算机。

1.3.5 新闻组

1. 新闻组简介

Internet 作为一个通过计算机网络建立起来的信息系统，它提供信息的方式多种多样，其中包括 WWW、FTP、Gopher、Archie 等。应当说，这些方式均可以为访问者提供最新的各类信息资料。但是，对于那些想获取有关某一领域或专业的各类讨论意见的专业人员来说，上述方法往往很难满足他们的工作要求。

在 Internet 的发展过程中，经过众多参与者的不断努力和改善，为需要进行专题研究和讨论的使用者们开辟了一个专门的服务领域，这就是新闻组（Usenet），其中包含的若干新闻组又被称为 News Group。

Usenet 是在 1979 年由美国北卡洛莱纳州迪克大学的几个学生在 Unix 操作系统上建立起来的，主要用于相互交换信息的计算机网络。他们称最初建立起来的这样的系统为 Usenix。经过不断探索，这个网络为越来越多的专家、机构和各方人士所接受，并称其为 Usenet（Usenix net）。

虽然 Usenet 是一个网络，但它却不同于 Internet。Usenet 中的信息实际上是通过各种不同的物理网络结构来相互传递的，如 Internet、BBS 或其他。实际上，可以通过 Internet 的网络传输协议在 Internet 中浏览 Usenet 上的各类信息。而且，那些不可以访问 Internet 的用户也可以通过其他方式访问 Usenet。Usenet 的另一个特点是，它是一个独立的网络，不属于任何组织或个人。它通过 NNTP（Network News Transfer Protocol，网络新闻传输协议）在那些专门提供各类 News 的 News Sever 之间传递信息。

作为一种为访问者提供专业性十分集中、主题明确的信息服务方式，Usenet 目前在世界上是参与者最多、素质最高的应用领域。许多美国和欧洲的国际著名高等学校、研究机构、大企业以及政府机构均加入了 Usenet 的日常讨论。在 Usenet 中，访问者不仅可以掌握最新、最快的专业信息，而且若遇到任何困难或任何问题，News Groups 中的各类专家和学术机构也会随时提供各种咨询意见和服务方案。同时，News Groups 也是参与者们发表各种见解的专门场所。

另外，Usenet 有一个最大的好处是信息可以像 E-mail 一样下载到硬盘上离线阅读，为用户省下不少的银子。

News Groups 的讨论专题大致可以分为 8 类：comp、sci、humanities、soc、misc、talk、rec 及 news。每一大类中又分为许多子类，针对相关专题进行具体讨论。这 8 大类划分的具体范围如下。

① comp：讨论与计算机科学相关的主题，包括硬件结构、系统软件、应用软件，是计算机科学专业人士和业余玩家的乐园。

② sci：现有科学领域中的研究与应用问题的讨论，如航空、天文、生物、化学、电子学、能源、环境等。

③ humanities：艺术和人文学科中的各类专业人员和业余爱好者们的讨论题目。

④ soc：社会及人文科学方面的专题讨论。

⑤ misc：一些较难被分类至其他大项的主题。

⑥ talk：针对一般具有争议性问题的探讨，如保护动物、中东问题、政治理论等。

⑦ rec：业余活动及休闲娱乐的信息交流，如艺术、哲学、运动、诗词等。

⑧ news：讨论网络新闻（Netnews）本身及其所使用的软件问题。

除此之外，还有其他的一些 News Groups，其中包括 alt、clari、k12 等各种题目。这些 News Groups 的不同之处在于，Usenet 中大目录的信息比较集中，而这些小目录的内容则是包罗万象的。

在每个新闻组中，网友们就自己关心的话题进行讨论、提问或解答，由于知名新闻组中常有高水平的网友参与，因此新闻组用户往往能够在此得到高质量的信息服务，如提问“如何刻录中文文件名的光盘”，一天之内就会有几位刻录高手详细指点。或者用户有二手计算机零件需要出售或者更换，只需在“二手电脑”组张贴帖子，就可能找到满意的买家。对某个新闻组感兴趣的人可以用邮件方式参加新闻组的讨论，实际上每个新闻组都是个人向新闻组服务器所投递邮件的集合。大多数新闻组服务器都允许网友免费登录，任何人随时都可以加入新闻组、投递或阅读邮件。

由于许多新闻组服务器之间、新闻组服务器与 BBS 站之间定期交换数据（转信），因此当用户利用访问新闻组的客户端软件，登录到某个公开的新闻组服务器上，就可以预订其中的某些新闻组，随时获得最新信息。新闻组的威力也是不容低估的，由于新闻组拥有稳定而广泛的互联网用户群体，用户参与积极，消息传播迅速，渗透效果极佳，因此深受高水平网络用户的青睐。轰动全国的恒升笔记本电脑事件等重要新闻都是最先在热门新闻组中透露出来然后才广为流传的。新闻组与 Web-BBS 对比，BBS（也称论坛）比新闻组更常见，用户会在某个商业网站或者个人主页上发现 Web 界面的 BBS，在这里可以浏览标题、张贴问题或者解答疑问，一切都是以网页形式实现，通过浏览器操作。对初学者而言，简单方便是 Web-BBS 的最大优点。

但是，在基于 Web 的 BBS 上，一切操作都是在线的，这样就决定了用户不能下载大量文章，不能离线阅读和写信。在普遍采用拨号上网、网络费用昂贵的国内，由于 Web-BBS 不可避免地延长用户的上网时间，势必造成一定的费用负担。那么，与 BBS 相比，新闻组有哪些优势呢？

新闻组采用了如下一些高效率的管理运行机制。

① 用户每次利用新闻组客户端软件下载的都是新标题和新文章，除非用户指定，否则不会重复下载。

② 理论上，用户可以一次将新闻组服务器上的所有新闻组的全部标题和文章下载至本地硬盘，信息量非常大，而且所下载文章的时间跨度大。

③ 访问新闻组和浏览主页、发送电子邮件、下载和 FTP 上传文件可以同时进行，能够最大限度地利用网络带宽，相对降低上网费用。

④ 切断网络连接后，用户可以在本地阅读、回复文章，这些离线操作无需支付上网费用。

⑤ 新闻组客户端软件能够对各种新闻组信息进行有效的组织，方便用户查询、阅读、回应，能够提高用户信息处理效率。

⑥ 更重要的是，一个知名的新闻组服务器或新闻组，栏目设置丰富，主持人（版主）管理认真负责，提供服务稳定可靠，与其他服务器定期动态交流，能够吸引众多网络用户积极参与，产生良性互动效应，从而使每个新闻组用户都能得到高质量的网络信息服务，而这一点，正是各层次 Internet 用户对新闻组的根本需求。

很多用户一旦加入新闻组，就很少再去基于 Web 的 BBS。在热门的新闻组中，许多从未见面的专家热心地解答相关领域的问题，精华区有数不清的精彩文章等待下载，每个人都可以把自己的得意之作贴上去供大家分享。挑选合适的新闻组服务器，订阅有兴趣的新闻组，在所订阅的新闻组中先下载标题，对感兴趣的标题作下载标记，这些取舍完全取决于用户。进一步，所有订阅、阅读、标记、回应文章等低速度的手工操作都可以安排在离线时期进行，从而做到了在线高速收发新闻组数据，离线处理新闻组信息。

与 E-mail 相同的通信原理，决定了新闻组是 Internet 上性价比极佳的应用服务。对于熟悉 BBS 的用户，立刻就能领会新闻组的优点。

2. 新闻组与 Web-BBS 的比较

新闻组与 Web-BBS 的比较如表 1-1 所示。

表 1-1 新闻组与 Web-BBS 的比较

比较项目	新闻组	Web-BBS
所需软件	浏览器中集成的工具，如 Outlook Express 或者 Netscape Navigator 的 News；Free agent、Xnews、Gravity	普通浏览器
在线下载所有栏目	能	不能
在本地硬盘保留所有标题及文章	能	不能，每次访问均需重复下载数据
申请笔名和密码	一般不需要	必须申请才能张贴文章
访问大跨度时间之内的文章	能，可以查阅大量珍贵历史资料，当然是该服务器的历史文章	不能，张贴的文章若历时稍久便不能被其他用户访问
用户提问和回答的有效性	高，由于可以在服务器中长久保留，所以文章基本不受时间限制	低，一般只有当天上网的用户能看到该文章，过几天该文章便被挤出标题窗口

续表

比 较 项 目	新 闻 组	Web-BBS
离线阅读、回复文章	能，可节约上网费用	不能
跨组交叉张贴同一文章	能，但不推荐	一般不能
能否提高主机访问	不能明显提高，但拥有稳定增长的客户群体	能迅速有效提高
能否节省用户上网费用	能有效节省费用	直接导致费用增加

3. 用户访问新闻组的基本步骤

① 选择和安装新闻组客户端软件，并进行相应的设置。

② 使用客户端软件登录到某个新闻组服务器。首次登录后需要下载新闻组列表，从中挑选和订阅感兴趣的新闻组。由于服务器上通常拥有众多的新闻组，订阅可以保证用户仅下载需要的数据。

③ 下载已订阅新闻组的标题和文章，同时发出自己的新文章和回应文章。下载时可以选择只下载标题或者下载全部文章，下载新标题后还可以根据标题进行标记，有选择地下载文章。

④ 若还访问其他新闻组服务器，重复以上两个步骤。结束访问之后，切断网络连接。

⑤ 离线操作，阅读文章和标题，将标题标注下载标记以便下次上网时下载，在相应的新闻组张贴（Post）新文章或者对某个标题的回应（Follow），对某个组内用户发信或者回信。

第②步～第④步是在线操作，主要目的是成批迅速地下载新闻组的文章和标题，同时成批地张贴文章。第⑤步在切断网络连接后离线操作，主要目的是从容地阅读和张贴文章，耐心地写信和回信，这个步骤耗时最长，因此节约的网络费用也最明显。

常用的访问新闻组的客户端软件有中文版的 Outlook Express 和 Netscape Navigator 的 News，以及第三方软件：Free Agent、Xnews、Gravity 等。尽管最优秀的工具都在第三方软件之列，但是中文版 Outlook Express 集成在操作系统中，同时支持 E-mail 与新闻组收发，比较适合于国内初学者学习新闻组知识，所以本文以此为例详述其使用方法。在入门之后，用户可以选择更好的第三方工具。

4. 设置账号

设置新闻组账号，需知道要连接的新闻服务器名，可以在网上找到许多新闻组资源。

在这里有必要提一下，新闻组使用的是 NNTP 而不是 HTTP，新闻组的 URL 是以 new://开头的，当在网上找到了相关的链接，用 IE 浏览器单击该链接时，将自动打开 Outlook Express，提示在该账号上没有预定任何新闻组，并要求用户选择是否预定，如图 1-33 所示。

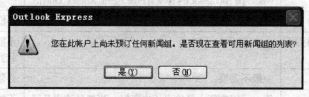

图 1-33 “是否预定新闻组”对话框

也可以手动设置，操作步骤如下。

① 打开 Outlook Express，选择菜单栏上的“工具”选项，如图 1-34 所示。

② 选择“账户”命令，弹出如图 1-35 所示的“Internet 账户”对话框，并选择“新闻”标签。

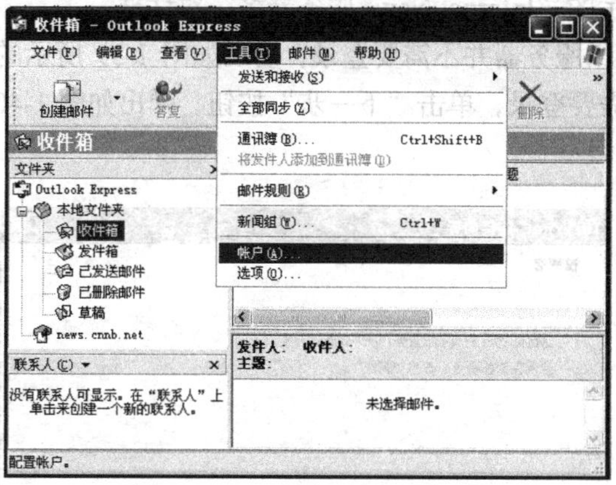

图 1-34 “Outlook Express”窗口

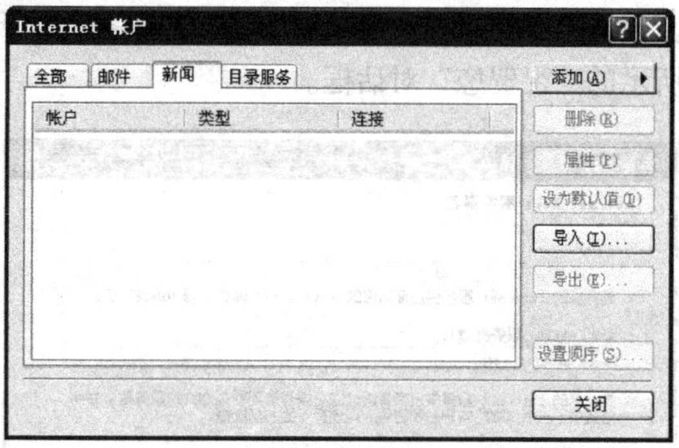

图 1-35 “Internet 账户”对话框

③ 单击“添加”按钮，弹出如图 1-36 所示的“Internet 账户”对话框。

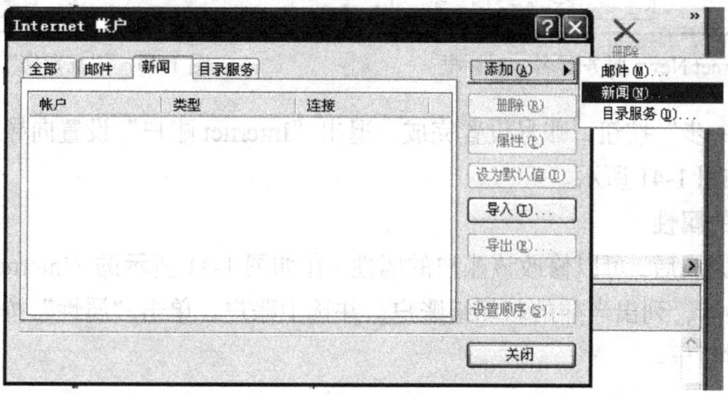

图 1-36 “Internet 账户”对话框

④ 在弹出的下拉菜单中选择“新闻”菜单项，弹出如图 1-37 所示的“Internet 连接向导”对话框。

⑤ 在“显示名”右边的文本框中输入用户名，并单击“下一步”按钮，弹出如图 1-38 所示的“Internet News 电子邮件地址”对话框。在“电子邮件地址”栏右边的文本框中输入 E-mail 地址，当在新闻组帖子有人回复时，信件将发送到设置的 E-mail 信箱里。

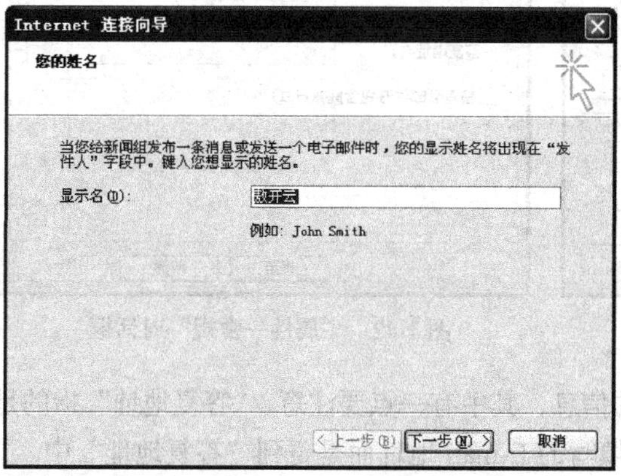

图 1-37 “Internet 连接向导”对话框

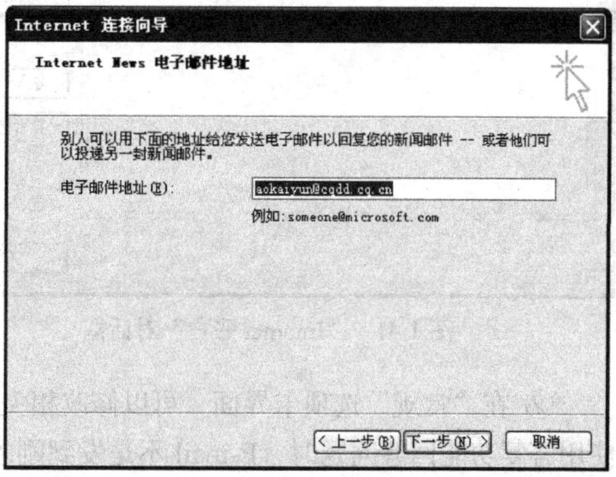

图 1-38 “Internet News 电子邮件地址”对话框

⑥ 单击“下一步”按钮，弹出如图 1-39 所示的“Internet News 服务器名”对话框。

⑦ 以 news.newsfan.net 为例，例子中的新闻组服务器并不需要登录，所以如图 1-39 所示的复选框不需要选中，大多数的新闻组服务器都不需要登录，单击“下一步”按钮，弹出如图 1-40 所示的“祝贺您”对话框。

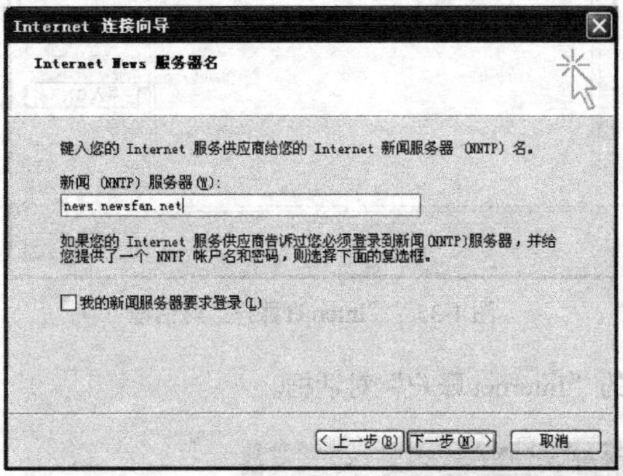

图 1-39 “Internet News 服务器名”对话框

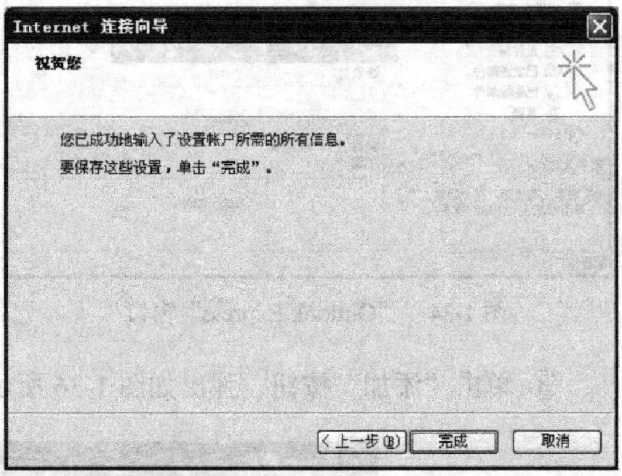

图 1-40 “祝贺您”对话框

⑧ 单击“下一步”按钮，账号设置完成，退出“Internet 账户”设置向导，返回到“Internet 账户”对话框，如图 1-41 所示。

5. 修改账户的属性

① 账户设置完成后，可以修改该账户的属性，在如图 1-41 所示的“Internet 账户”对话框中，单击“新闻”选项卡，列出当前的新闻组账户，并选中账户，单击“属性”按钮，出现如图 1-42 所示的“属性”对话框。

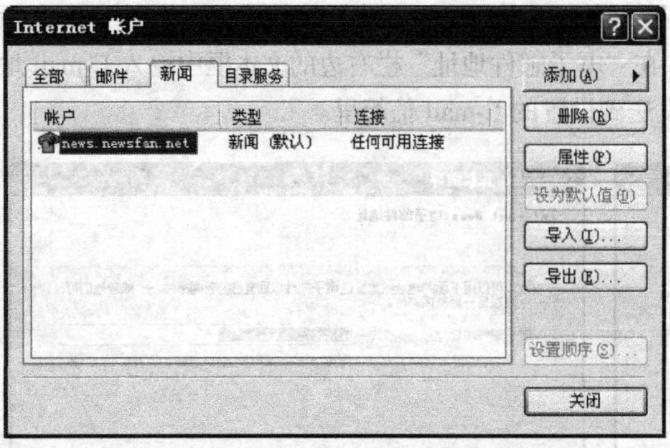

图 1-41 “Internet 账户”对话框

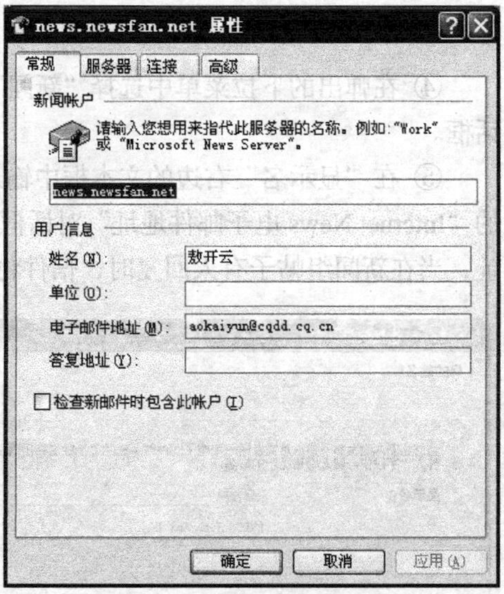

图 1-42 “属性—常规”对话框

② 在“常规”选项卡界面，可以修改相关的信息，其中有一点要注意，“答复地址”指的是使用答复功能回答问题时，E-mail 不是发到刚才填写的 E-mail 地址而是寄到“答复地址”中。

③ 在“服务器”选项卡界面，是有关服务器设置的信息。如果服务器需要登录，就需要填

写用户名和密码，选中“此服务器要求登录”复选框，依次填写申请的账户名和密码，不过一般是不需要的，如图 1-43 所示。

“连接”选项卡界面一般是不需要设置的，如果设置了固定的连接只会给用户的使用带来麻烦。

④ 在“高级”选项卡界面，可以设置服务器的端口、张贴的形式等几个属性，如图 1-44 所示。

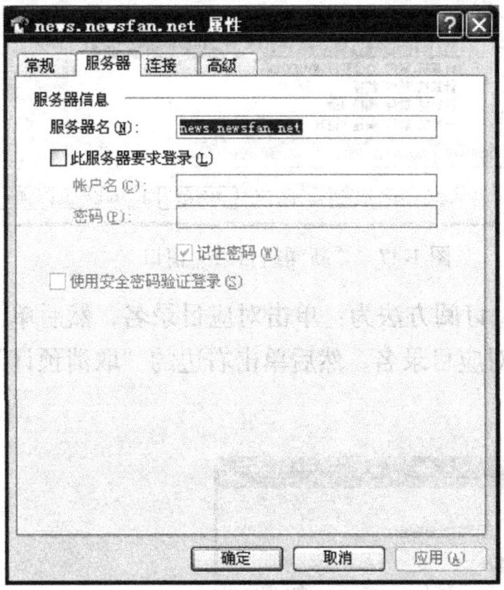

图 1-43　“属性—服务器”对话框

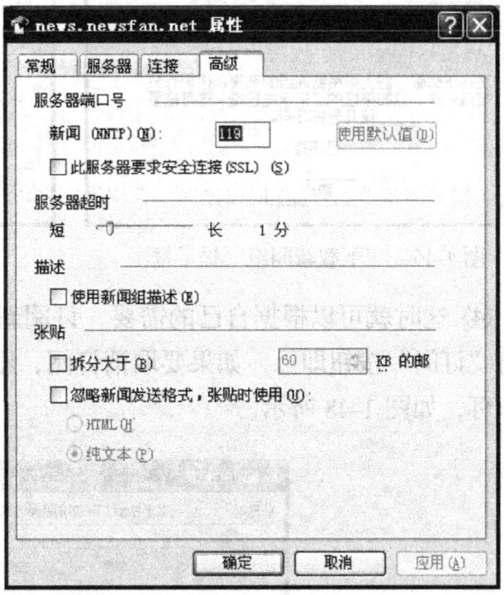

图 1-44　“属性—高级”对话框

- 服务器端口一般是不需要改动的，但是如果服务器的端口值改变了，在这里也需要做相应的改变，在本例中是不需要这样做的。如果网络比较慢，可以把服务器超时设长一些，就不用经常出现服务器超时的提示。
- 在高级选项卡的最下面是撰写帖子的格式，选中“忽略新闻发送格式，张贴时使用”复选框，这样下面两个选项就可以供选择了，默认是“文本方式”，如果需要在帖子里加入超链接之类的信息，选择“HTML”格式。而关于拆分邮件的选项是作用于发送大邮件的，许多邮件和新闻服务器都对可发送和接收邮件的大小进行了限制，而使用 Outlook　Express，可以将大型邮件或文件发送到限制所接收邮件大小的邮件或新闻服务器上，其方法是将大型邮件或文件拆分为几个较小的部分。当接收完这组邮件时，邮件程序将它们重新组合到一个邮件中。选中“拆分大于”复选框，然后输入服务器所能允许的最大文件字节数。

⑤ 单击“确定”按钮完成设定，并返回到图 1-41 所示“Internet 账户”对话框。

6. 订阅新闻

① 单击如图 1-41 所示的“Internet 账户”对话框中的“关闭”按钮，Outlook Express 将提示是否连接指定的新闻组服务器取得新闻组列表，如图 1-45 所示。

② 如果选择“否”，下次使用时还会弹出这样的对话框，这里选择“是”，Outlook Express 立即开始和新闻组服务器联系，将服务器上所有的新闻组目录下载到本地，下载过程如图 1-46 所示。

图 1-45　“下载新闻组”对话框

③ 下载完成后，弹出如图 1-47 所示的“新闻组目录”窗口。

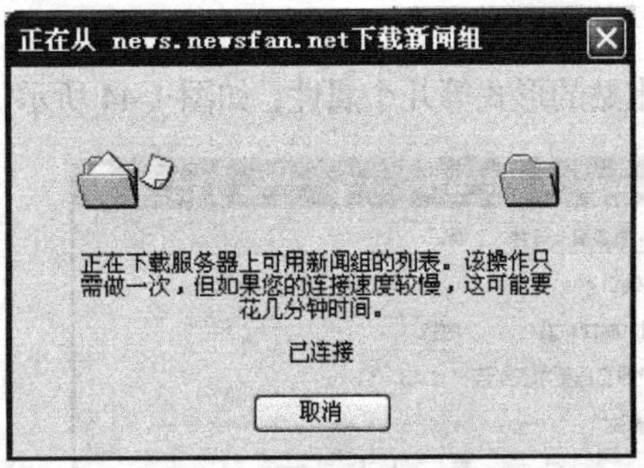

图 1-46 “下载新闻组”提示框

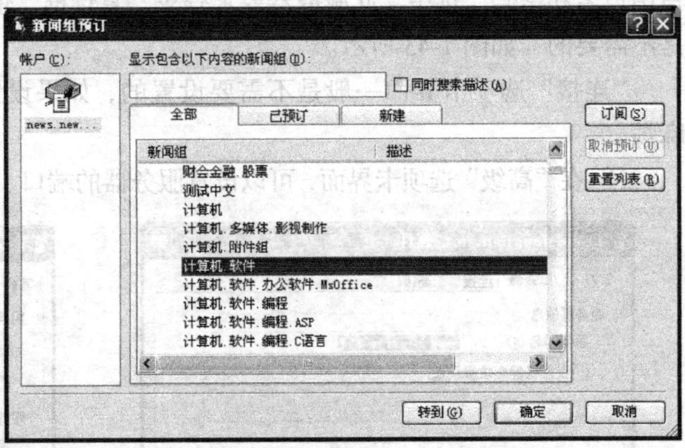

图 1-47 “新闻组目录”窗口

④ 这时就可以根据自己的需要，订阅新闻组。订阅方法为：单击对应目录名，然后单击右边的“订阅”按钮即可，如果要取消订阅，则单击对应目录名，然后单击右边的“取消预订”按钮即可，如图 1-48 所示。

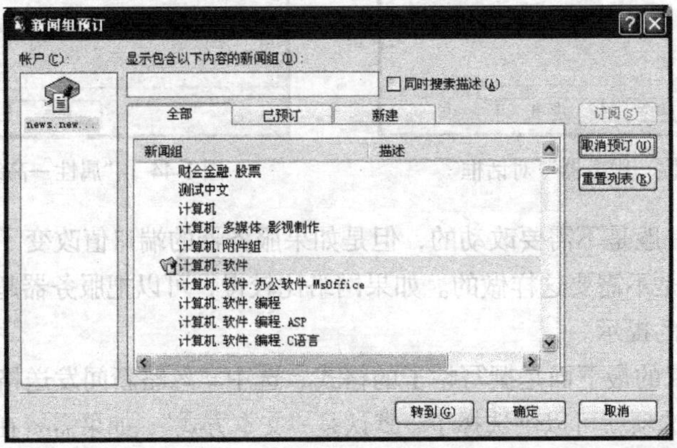

图 1-48 “订阅新闻组”窗口

说明

- 订阅或取消新闻组也可以在新闻组目录名处双击，如果以前已经设置了该新闻组服务器，要查看是否有新开设的新闻组，可以单击“重置列表”按钮，这样，Outlook Express 将再次搜索新闻组服务器查看是否有新的新闻组。
- 一个新闻组服务器有非常多的新闻组，当预定了相当数量的新闻组，要查看自己到底预定了哪些时就比较麻烦了，这时打开“已预定”选项卡就可以看个明白，如图 1-49 所示。
- 同时也可以使用 Outlook Express 的搜索功能，在图 1-49 所示的“显示包含以下内容的新闻组”文本框里输入关键字，然后按回车键就可以了。
- 单击“确定”按钮完成新闻组的预订，也可以选择某一个比较喜欢的新闻组，并单击“转到”按钮，Outlook Express 将自动连接到选中的新闻组，从服务器提取信息。

7. 阅读新闻

进入 Outlook Express 主界面，如图 1-50 所示，选择一个新闻组主题，这时 Outlook Express

就会从服务器下载正文，并在下方显示新闻内容。

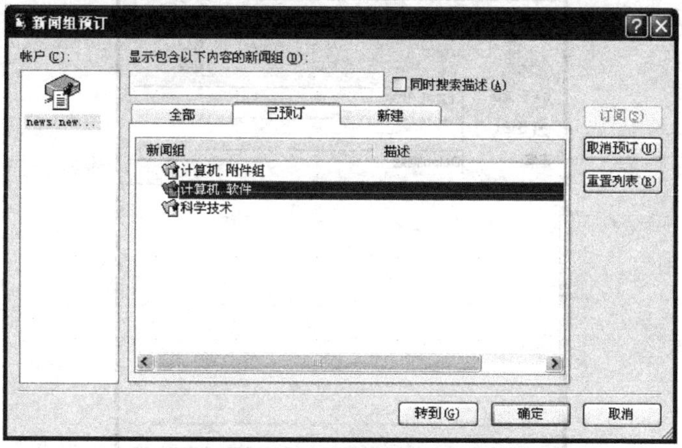

图 1-49 “已订阅的新闻组”窗口

8. 投递新闻

当遇到问题解决不了，想到新闻组求救时，可以投递新闻寻求帮助。投递新闻步骤如下。

① 选择一个合适的新闻组，如有一个计算机软件的问题，就在如图 1-50 所示的左窗口中选择“计算机 软件”新闻组。

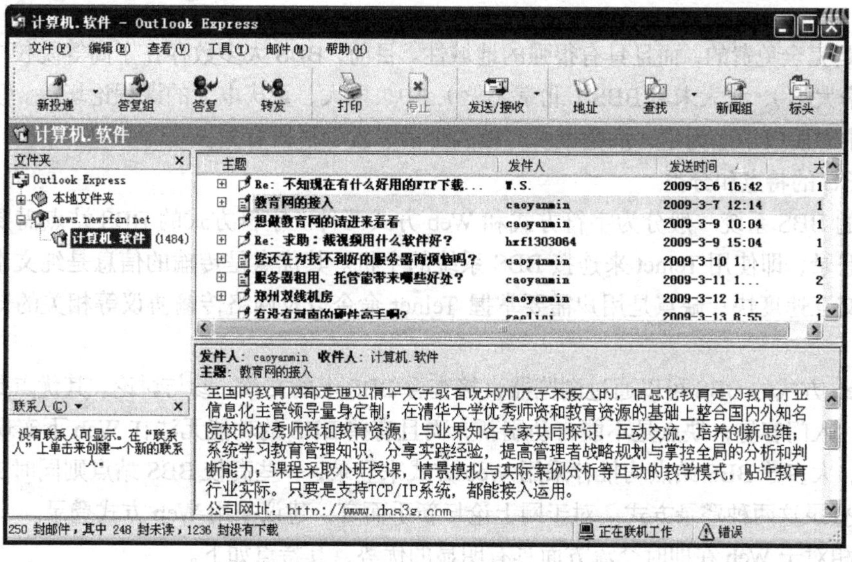

图 1-50 “新闻组和已订新闻目录”窗口

② 单击工具栏中“新投递”按钮，弹出一个类似新邮件的窗口，如图 1-51 所示。

③ 在“主题”文本框简略地写清楚问题，在正文里把问题写清楚。确认无误之后单击“发送”按钮，做法基本上同发送邮件一样，有一点不同的是，发送新帖子一定要有一个主题，否则，新闻组服务器拒绝接收新帖子。

④ 不光发新帖子，也可以帮网友解决一些问题，当在浏览新帖子的时候，看到了网友的问题，可以试着帮忙解决。单击工具栏上的“答复”按钮，出现“回复作者”窗口，在正文框中写好内容后，单击“发送”按钮就可以了。

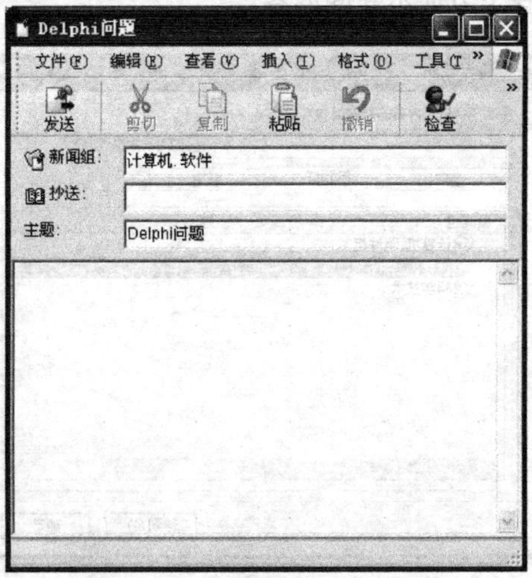

图 1-51 “撰写新闻组”窗口

1.3.6 电子公告栏系统

电子公告栏（Bulletin Board System，BBS）也称为联机信息服务系统，是 Internet 上一种深受欢迎的网上论坛服务系统，提供了诸如文件下载、发布信息、传递信件、网上聊天、会话等服务。

BBS 是完全免费的，而且具有很强的地域性。目前，BBS 大多数存在于高等院校中，如水木清华（清华大学）、北大未名 BBS（北京大学）、中央电大、重庆电大的课程论坛等。所以，BBS 用户以大中专院校学生为主，话题也多与校园生活、教学科研有关。

1. BBS 的特点和分类

目前的 BBS 系统一般分为字符方式和 Web 方式两种。字符方式的 BBS 站点需要用户使用远程方式登录，即使用 Telnet 来连接 BBS 系统的主机。其优点是传输的信息是纯文本，数据量小，信息交互速度快；缺点是用户需要掌握 Telnet 命令以及网络传输协议等相关的知识，操作较复杂。

而 Web 方式的 BBS 可以通过浏览器直接查看 BBS 上的文章，参与讨论。其优点是使用起来比较简单、入门容易；缺点是不能自动刷新，而且有些 BBS 的功能无法在 Web 下实现。

现在，大多数 BBS 站点均推荐采用 Web 方式来登录，一些高校 BBS 站点则同时支持远程登录和 Web 登录这两种登录方式。对于网上论坛新手而言，建议采用 Web 方式登录。

BBS 相对于 Web 在即时交流方面具有明显的优势，其特点如下。

① 交互性强：BBS 拥有比 Web 更强的交互性，参与者可以随时发布自己的信息或与其他参与者进行文字交谈。

② 信息量大：一个规模较大的 BBS 站点，其固定会员往往数以万计，每个成员既是信息的收集者，又是信息的发布者，站点上的信息往往数十万条，且每天不断更新。

③ 即时性：BBS 站点大多是全天开放的，其成员分布在全球各地，所以各种信息能够迅速传递，并且提供即时交流。

④ 传输速度快：BBS 大多数基于 Unix 操作系统，且以纯文本方式传输信息，因此占用带宽较窄，传输速率比 Web 快得多。

2. 国内热门 BBS 站点介绍

国内热门 BBS 站点，如表 1-2 所示。

表 1-2 国内高校 BBS 站点

BBS 站点名称	网址
北京大学 BBS 站	Bbs.pku.edu.cn
清华大学水木清华 BBS 站	bbs.tsinghua.edu.cn
复旦大学日月光华 BBS 站	bbs.fudan.sh.cn
电子科技大学一网情深 BBS 站	bbs.uestc.edu.cn
东北大学白山黑水 BBS 站	bbs.neu.edu.cn
哈尔滨工业大学 BBS 站	bbs.hit.edu.cn
中山大学 BBS 站	bbs.sysu.edu.cn
华南理工大学 BBS 站	bbs.scut.edu.cn
华南师范大学陶园站	bbs.scnu.edu.cn
上海交大饮水思源 BBS 站	bbs.sjtu.edu.cn
武汉大学 BBS 站	bbs.whu.edu.cn
武汉华中理工大学 BBS 站	bbs.whnet.edu.cn
西安交通大学兵马俑 BBS 站	bbs.xjtu.edu.cn
西安交通大学锦城驿站	bbs.swjtu.edu.cn
厦门大学 BBS 站	bbs.xmu.edu.cn
浙江大学 BBS 站	bbs.nicewz.com
中国科技大学瀚海星云 BBS 站	bbs.ustc.edu.cn
暨南大学 BBS 站	bbs.jnustu.net

通过以上站点的介绍，用户就可以更容易地熟悉 BBS 了。有空的话，不妨到处逛逛，说不准有意外的收获呢!

3. 申请账号

登录到 BBS 站点之前，用户需要进行登记，可以在 BBS 上进行注册登记，也可以以“匿名”身份登录，之后才可以访问该站点。不过，以“匿名”身份登录 BBS 站点时，由于受权限影响，BBS 站点上许多精彩的内容或栏目，访问者是无法享用的。下面以水木清华 BBS 站点为例，介绍如何注册并登录 BBS。

① 打开 IE 浏览器，在地址栏中输入水木清华 BBS 站点的网址 http://bbs.tsinghua.edu.cn 并按 Enter 键，进入水木清华站点，如图 1-52 所示。

② 单击“注册”按钮，弹出如图 1-53 所示的“浏览用户协议”窗口。

③ 在阅读完 BBS 水木清华站网络服务使用协议后，单击“我接受”按钮，弹出如图 1-54 所示的“新用户注册”窗口。

④ 在如图 1-54 所示的窗口中输入验证码、代号（用户名）、密码和昵称等信息后，单击“申请”按钮，弹出如图 1-55 所示的“系统提示申请成功”窗口。

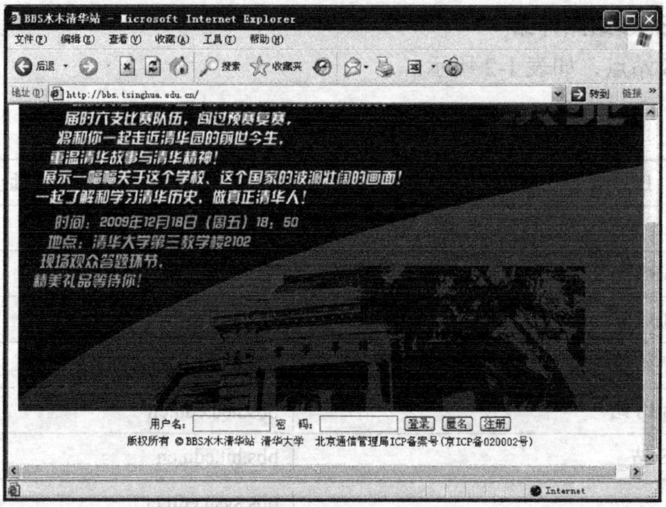

图 1-52 水木清华 BBS 站点

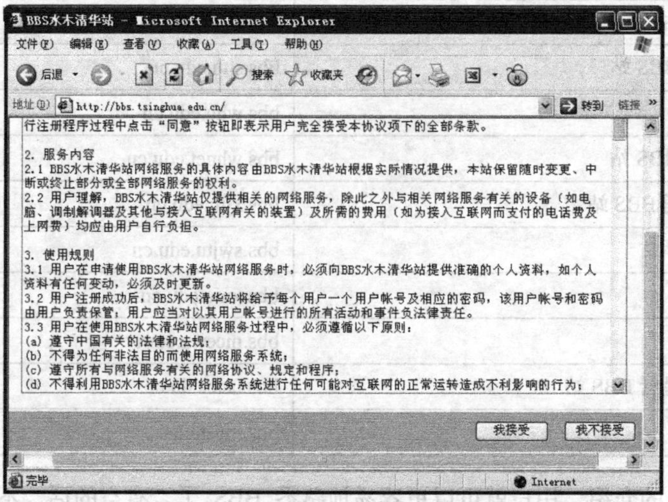

图 1-53 “浏览用户协议”窗口

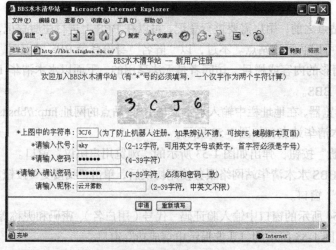

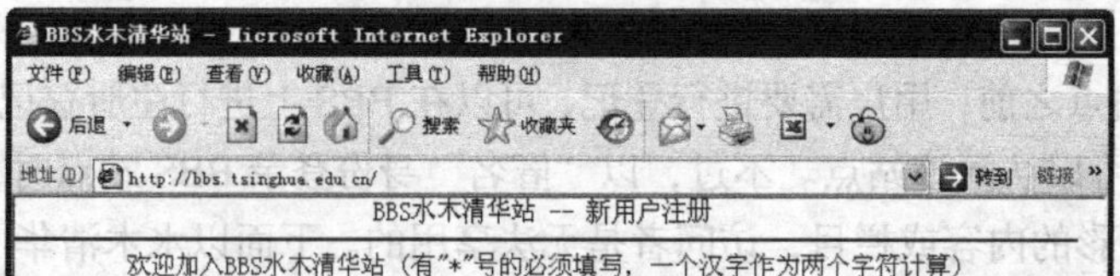

图 1-54 “新用户注册”窗口

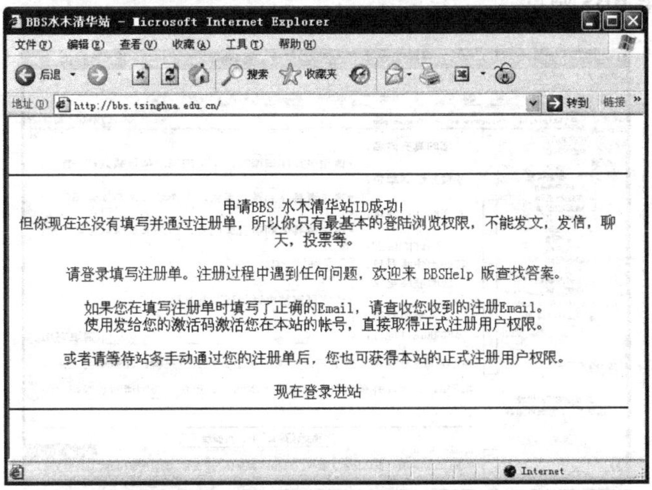

图 1-55 “系统提示申请成功”窗口

⑤ 此时系统提示申请成功，但目前只有最基本的登录浏览权限，不能发文、发信、聊天、投票等，要享受这些功能，还必须填写注册单，单击“现在登录进站”超链接，输入用户名和密码，登录到水木清华 BBS 站点，如图 1-56 所示。

图 1-56 “登录到水木清华 BBS 站点”窗口

⑥ 在左侧展开“个人参数设置”，单击“填写注册单”超链接，右边弹出如图 1-57 所示的“填写注册单”窗口，输入自己详细的信息，包括姓名、工作单位、住址、电子邮箱等，填写完成后，单击页面底部的“提交注册单”按钮进行注册。

⑦ 提交了注册单后，如果用户信息被验证通过，水木清华 BBS 站点将向用户的电子邮箱发送一封邮件，通过该邮件用户可激活成为正式用户，以后就可以充分享受该站点的资源了。

4. BBS 的使用

注册成为 BBS 正式成员后，就可以登录社区浏览自己感兴趣的帖子，对帖子回复或新发表自己的帖子，还可以添加好友、发送站内信息、下载文件等。下面以水木清华 BBS 站点为例，介绍如何使用水木清华 BBS 站点。

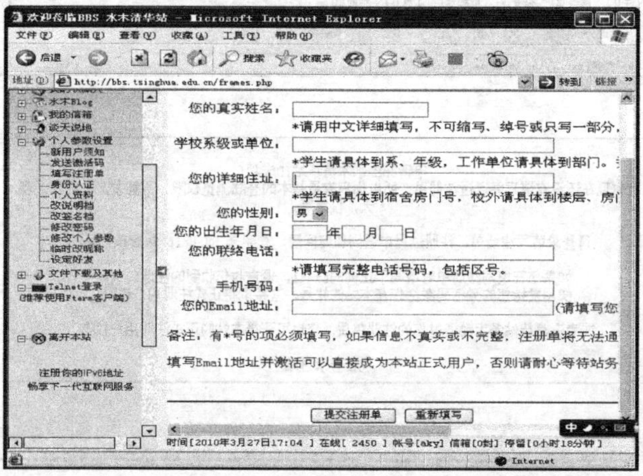

图 1-57　“填写注册单”窗口

（1）浏览帖子

① 在如图 1-52 所示的“水木清华 BBS 站点”登录窗口中输入用户名和密码，即可登录水木清华 BBS 站点，如图 1-58 所示。

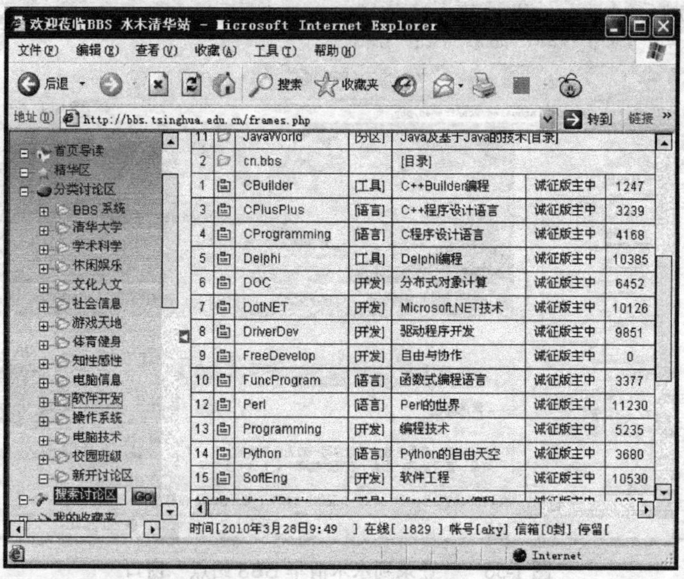

图 1-58　“水木清华 BBS 站点”窗口

② 如果要参与主题讨论，可在左侧展开“分类讨论区”，单击自己感兴趣的话题，如展开“软件开发”，右侧将显示出所有的发帖标题。

③ 如果要浏览某个帖子，可直接单击该帖子的标题，就可以查看具体的发帖人、帖子内容等，如图 1-59 所示。

（2）回复帖子

如果要回复帖子，可单击“回复文章”按钮，页面将自动转到帖子的“回复”对话框。在其中写上想说的话，单击“发表”按钮即可对帖子回复。用户还可以在回复中添加签名和附件等。

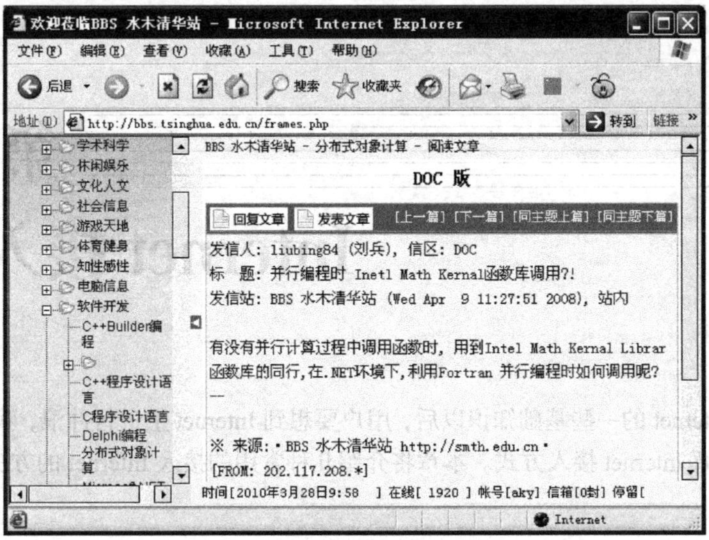

图 1-59　“浏览帖子”窗口

（3）发帖

用户也可以发表自己的话题。单击图 1-58 中或者图 1-59 中的“发表文章”按钮，可进入发帖页面，输入帖子的标题和内容，单击“发表”按钮即可在用户所在的版面发表帖子。

第2章 Internet接入方式

在了解了Internet的一些基础知识以后，用户要想到Internet上进行冲浪，获得需要的资料和信息，还必须了解Internet接入方式。本章将介绍几种常用的接入Internet的方法和具体配置。

2.1 拨号上网

拨号接入Internet是目前我国最主要的也是最普遍的接入方式。拨号上网的优点是费用低廉，大部分用户可以接受，适于业务量小的单位和个人使用，接入方便，可以自由选择ISP（Internet服务提供商），安装也很方便，不需要专门的技术人员上门安装。缺点也很明显，速度慢，一般只有33kbit/s和56kbit/s。这是本章介绍的几种接入方式中最慢的。

2.1.1 拨号上网的软硬件条件

1. 申请一个Internet账号

对于互联网的个人用户来讲，最简单的办法就是向当地Internet供应商（ISP）申请一个接入互联网的用户账号，比如电信163、金桥网等，一般开户费大约100元左右，用户只需通过电话线路拨入ISP公司的计算机服务器，由它将用户与互联网相连。当然，也可以购买拨号上网卡来获得一个Internet账号。

当用户完成申请手续之后，当地的ISP通常会给用户提供一些用户使用资料，上面记载有上网的重要资料及使用注意事项，一般主要有以下信息。

① 用户名称（账号）：由3~8个英文字母或数字组成。

② 口令（密码）：由6~10个字母、数字或其他符号组合而成，由用户自己决定。密码用于在登录ISP的服务器时确认用户的身份，在操作中，密码不会显示出来或只显示一串星号。每次拨号上网时，都必须输入用户名称和口令。服务器校验通过后才将用户的计算机接入互联网。任何人只要知道用户的用户名称和口令，也就可以用用户的身份进入系统，使用用户的账户访问互联网，并由用户来支付上网费用，所以一定要注意保密。

③ 拨号电话号码：拨号电话号码是将用户的计算机连接至ISP的服务器所需拨出的号码。例如，电信局ISP的拨号电话号码为163。

④ 电子邮件地址（E-mail）：ISP通常为用户提供一个电子邮件地址，如aky@cq.cngb.com。

2. 一台个人计算机

拨号上网用户需要一台计算机。计算机配置越好，上网就会有更多的方便和优点。

3. 一台调制解调器（Modem）

调制解调器又称为 Modem，是拨号用户必不可少的网络连接设备，其主要作用是实现数字信号与模拟信号之间的相互转换。Modem 分为外置式（见图 2-1）和内置式（见图 2-2）两种，外置式 Modem 通过串行电缆与个人计算机机箱后背串口连接，安装使用比较方便；而内置式 Modem 的安装和设置比较麻烦，它是安装在个人计算机机箱内的 PCI 插槽上。

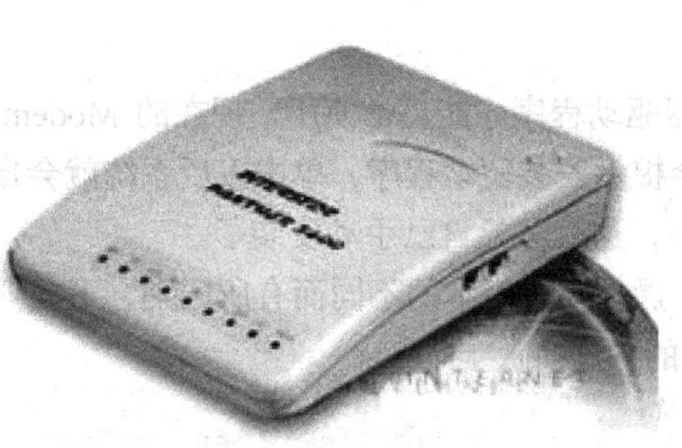

图 2-1 外置式 Modem

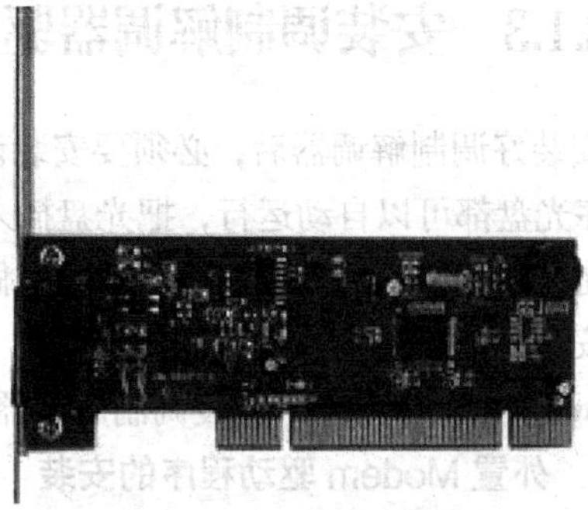

图 2-2 内置式 Modem

4. 一条电话线

电话线可以是家庭住宅电话线路，也可以是办公室电话线路，包括可以接入市内电话的公司内部电话线路。使用内部电话时，只需要设置拨外线的号码。注意，一定要将电话机调整为音频状态，因为拨号上网要求使用音频电话线。

5. 上网操作系统

拨号上网，除了要具有以上的基本硬件设备之外，还需要有相应的软件，尤其是操作系统。人们最常用的是 Windows 2000/XP 和 Windows 7 等操作系统。

6. 上网软件

在 Windows 2000/XP 和 Windows 7 操作系统中都自带有网络协议、网络浏览器（Internet Explorer 6.0/7.0/8.0）、邮件管理工具（Outlook Express）以及其他一些专用软件。

2.1.2 安装调制解调器（Modem）

调制解调器有内置式和外置式之分，下面简要介绍 Modem 的安装方法。

1. 外置 Modem 的安装方法

外置式调制解调器安装比较方便，只需按图 2-3 所示的方法连接。

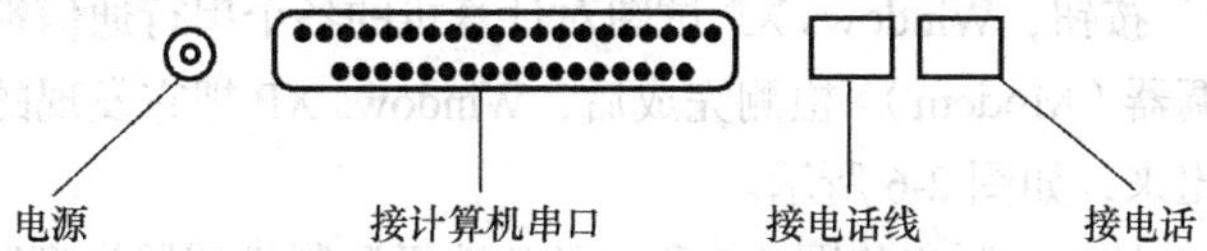

图 2-3 调制解调器的硬件连接图

2. 内置 Modem 的安装方法

内置 Modem 和外置 Modem 相比，因为是内置，不需要额外供电，所以配件少了电源和 RS232 电缆，其他的配件不变。

内置 Modem 的安装比较复杂，需要拆开电脑主机，具体的安装步骤如下。

① 拆开主机机箱，将 Modem 卡插在 PCI 插槽或者 ISA 插槽，主要看 Modem 卡的接口是 PCI 还是 ISA。一般是 PCI 接口的，现在就以 PCI 接口的 Modem 为例介绍。

② 把电话线接到 Modem 卡的 Line 接口，把双头电话线接到 Modem 卡的 Phone 接口，另一端接电话机。

③ 装好主机，并打开主机电源。

2.1.3 安装调制解调器驱动程序

安装好调制解调器后，必须要安装调制解调器驱动程序才能正常使用，现在的 Modem 的驱动程序光盘都可以自动运行，把光盘插入光驱就会提示安装驱动程序，单击以后系统就会自动安装驱动程序。但是也会有一些厂家没有做到这一步，这就需要自己手动安装了。

安装调制解调器驱动程序的方法因 Windows 操作系统版本的不同而有所区别，下面介绍在 Windows XP 操作系统中安装调制解调器驱动程序的方法。

1. 外置 Modem 驱动程序的安装

具体操作步骤如下。

① 单击"开始"按钮，在弹出的菜单中单击"设置"项下的"控制面板"命令，打开"控制面板"窗口，在"控制面板"窗口中双击"电话和调制解调器选项"图标，弹出"电话和调制解调器选项"对话框，选择"调制解调器"选项卡，如图 2-4 所示。

② 单击"添加"按钮，弹出如图 2-5 所示的"安装新调制解调器"对话框。

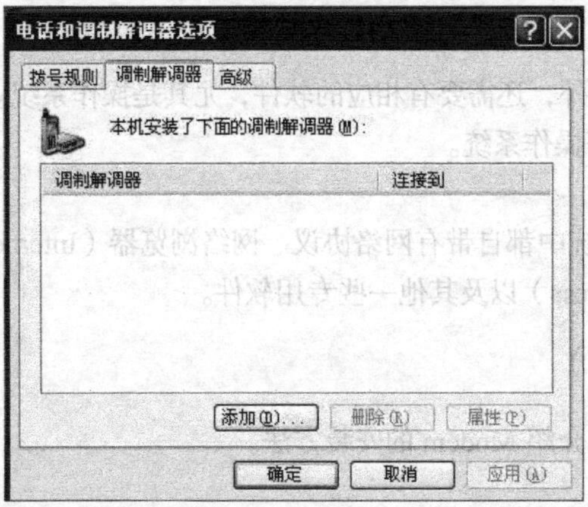

图 2-4 "电话和调制解调器选项"对话框

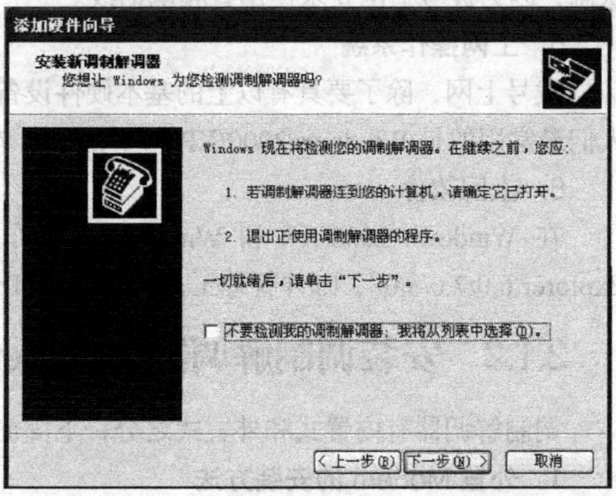

图 2-5 "安装新调制解调器"对话框

③ 单击"下一步"按钮，Windows XP 试图对计算机的各个串行通信端口逐一进行查询以检测是否安装了调制解调器（Modem）。检测完成后，Windows XP 把它发现的调制解调器型号及其使用的通信端口显示出来，如图 2-6 所示。

④ 单击"下一步"按钮，弹出如图 2-7 所示的"选择调制解调器类型"对话框，用户可以在窗口左侧列表中选择调制解调器的厂商名称，在右侧的列表中选择调制解调器的类型，如果列表中没有用户需要的调制解调器驱动程序的类型，可以单击"从磁盘安装"按钮，在磁盘上选择相应的驱动程序。

⑤ 选择好调制解调器的驱动程序后，单击"下一步"按钮，弹出如图 2-8 所示的"选择您想安装调制解调器的端口"对话框。

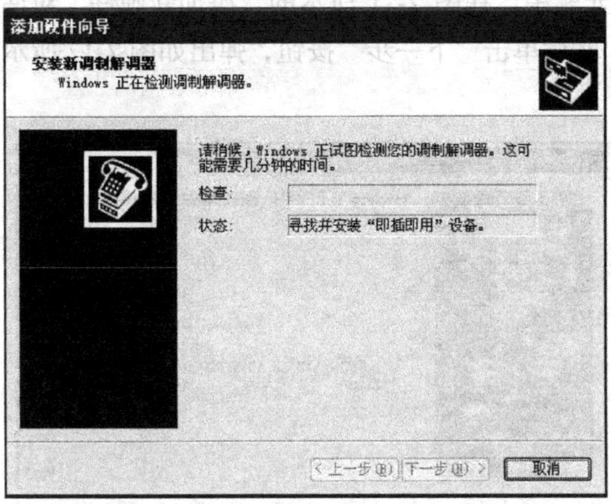

图 2-6 “正在检测调制解调器”对话框

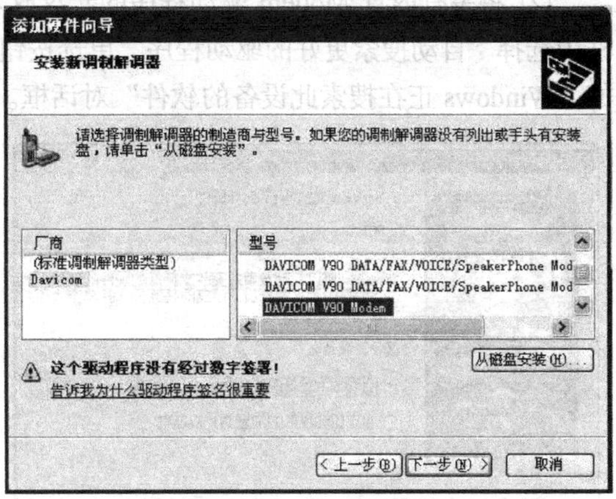

图 2-7 “选择调制解调器类型”对话框

⑥ 选择好调制解调器所使用的端口后，如选择“COM1”，单击“下一步”按钮，弹出如图 2-9 所示的“调制解调器安装完成”对话框。

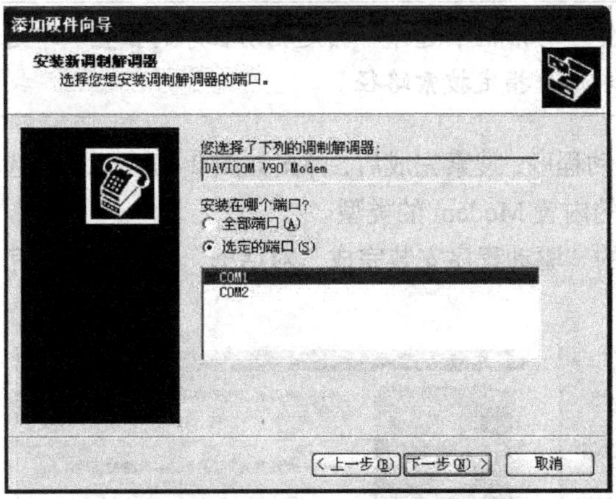

图 2-8 “选择您想安装调制解调器的端口”对话框

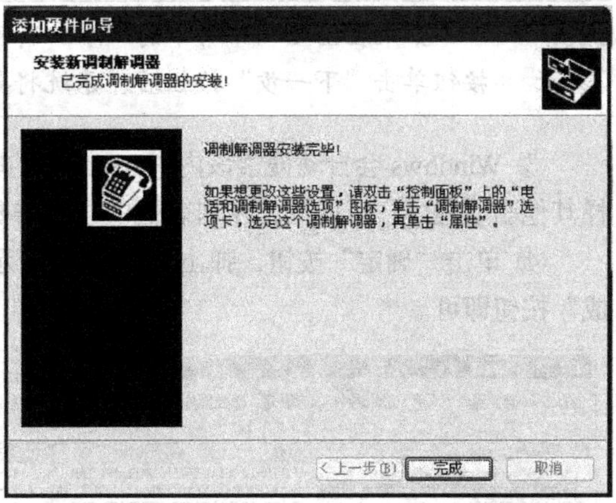

图 2-9 “调制解调器安装完成”对话框

⑦ 单击“完成”按钮，返回如图 2-10 所示的“电话和调制解调器选项”对话框，这时，用户会在该对话框中看到已安装的调制解调器类型。

⑧ 单击“关闭”按钮，调制解调器驱动程序安装完成。

2. 内置 Modem 驱动程序的安装

具体操作步骤如下。

① 内置 Modem 驱动程序的安装和外置 Modem 驱动程序的安装方法基本相似，可以采用前面介绍的方法进行安装。在此介绍另外一种安装方法，当安装好内置 Modem 卡后，重新开机启动 Windows 系统，计算机将会自动检测到新硬件，也就是检测出新装了一块 Modem 卡，此时弹出如图 2-11 所示的“添加新硬件”对话框。

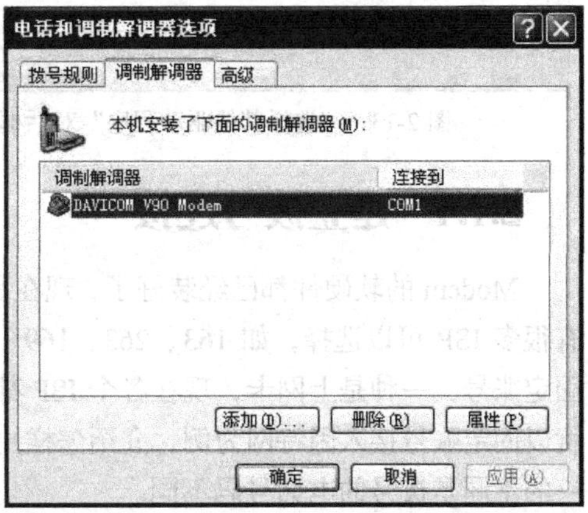

图 2-10 “电话和调制解调器选项”对话框

② 将装有内置 Modem 驱动程序的光盘放入光驱中，在图 2-11 所示的“添加新硬件”对话框中选择“自动搜索更好的驱动程序”单选按钮，然后单击“下一步”按钮，弹出如图 2-12 所示的“Windows 正在搜索此设备的软件”对话框。

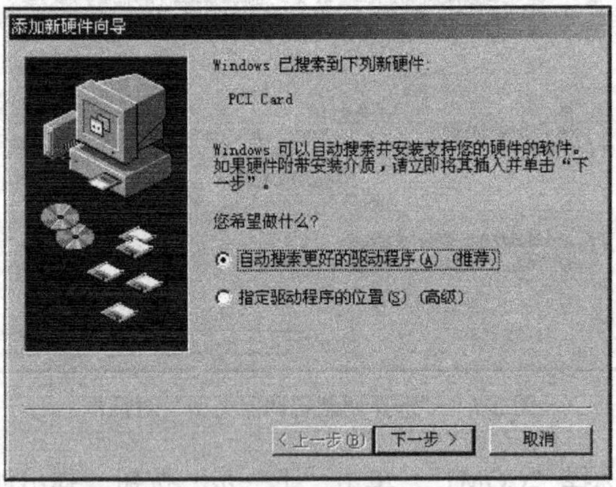

图 2-11 “添加新硬件”对话框

图 2-12 “Windows 正在搜索此设备的软件”对话框

如果在图 2-11 所示的“添加新硬件”对话框中选择“指定驱动程序的位置”单选按钮单击“下一步”按钮后，系统将要求用户指定搜索路径。

说明

③ Windows 会自动搜索该内置 Modem 的驱动程序，搜索完成后，弹出如图 2-13 所示的“选择其他驱动程序”对话框，在列表框中选中需要的内置 Modem 的类型。

④ 单击“确定”按钮，弹出如图 2-14 所示的“驱动程序安装完成”对话框，最后单击“完成”按钮即可。

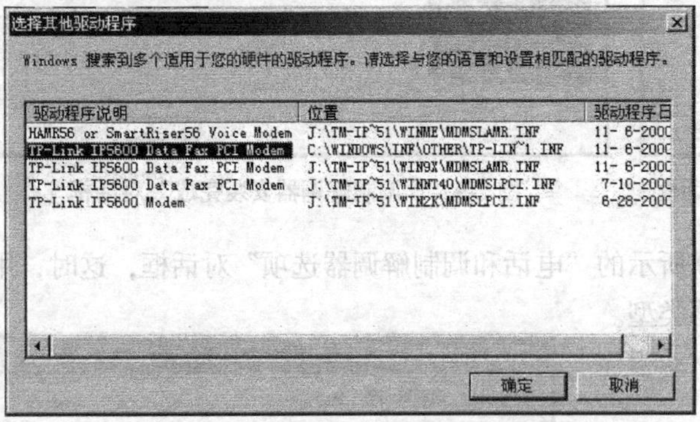

图 2-13 “选择其他驱动程序”对话框

图 2-14 “驱动程序安装完成”对话框

2.1.4 建立拨号连接

Modem 的软硬件都已经装好了，现在是时候到网上冲浪了。用户还需要一个 ISP 账号，现在有很多 ISP 可以选择，如 163、263、169、联通等，一般来说，使用的账号有几种形式，一种是固定账号，一种是上网卡，现在各个 ISP 都推出这两类服务形式，上网费也越来越便宜了。下面就以固定账号接入因特网为例，介绍怎样建立拨号连接。其他形式的上网卡设置也是一样的，唯一的不同是拨号的电话号码不同。

在 Windows XP 操作系统中建立拨号连接的操作步骤如下。

① 双击“控制面板”中的“网络连接”图标，弹出如图 2-15 所示的“网络连接”窗口。

② 单击“网络连接”窗口中的“创建一个新的连接”超链接，弹出如图 2-16 所示的“新建连接向导”对话框。

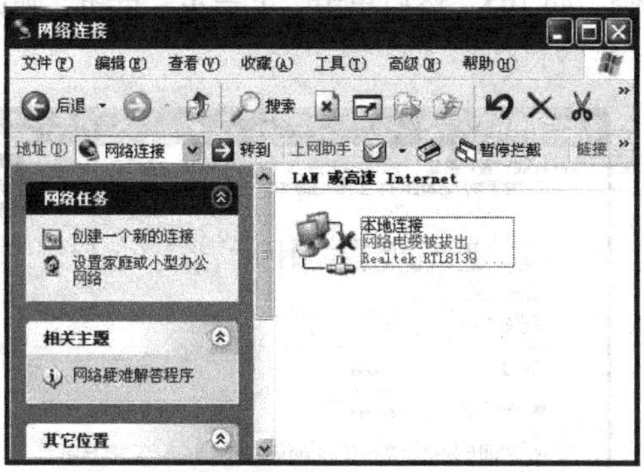

图 2-15　“网络连接”窗口

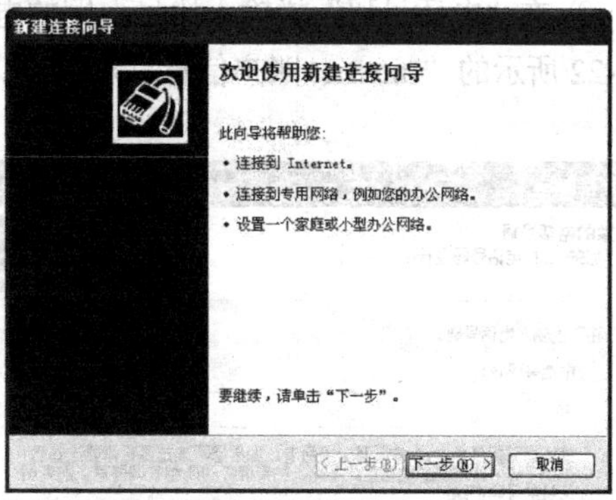

图 2-16　“新建连接向导”对话框

③ 单击“下一步”按钮，弹出如图 2-17 所示的“网络连接类型”对话框。

④ 选中“连接到 Internet”单选按钮，然后单击“下一步”按钮，弹出如图 2-18 所示的“设置您的 Internet 连接”对话框。

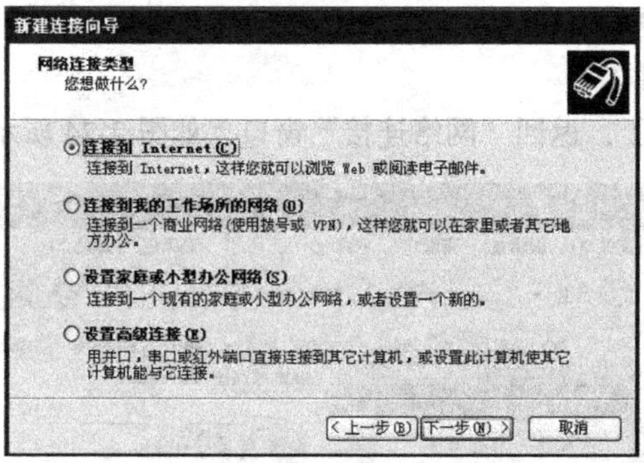

图 2-17　“网络连接类型”对话框

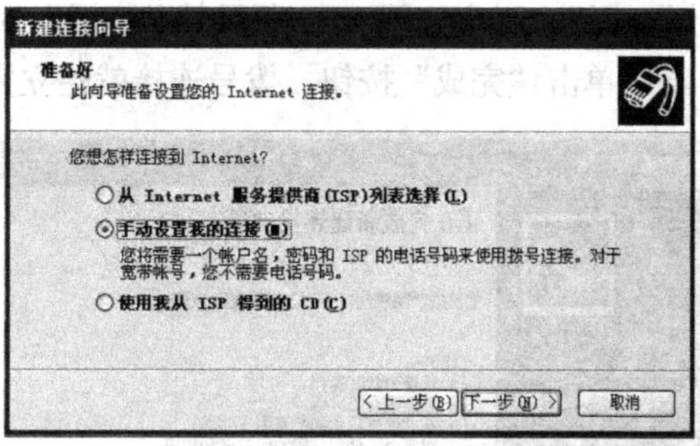

图 2-18　“设置您的 Internet 连接”对话框

⑤ 选中“手动设置我的连接”单选按钮，然后单击“下一步”按钮，弹出如图 2-19 所示的“Internet 连接”对话框。

⑥ 选中“用拨号调制解调器连接”单选按钮，然后单击“下一步”按钮，弹出如图 2-20 所示的“ISP 名称”对话框。

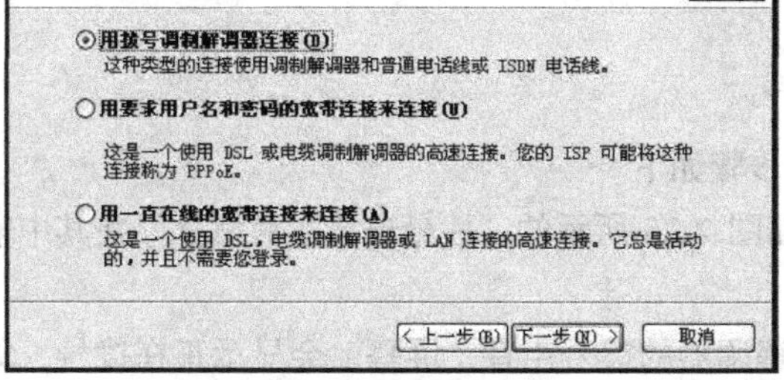

图 2-19　“Internet 连接”对话框

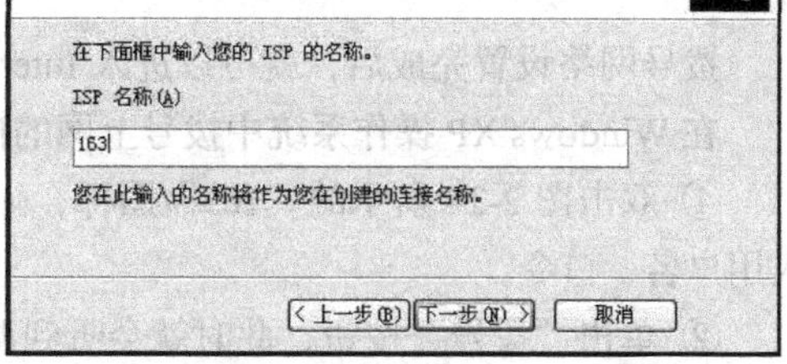

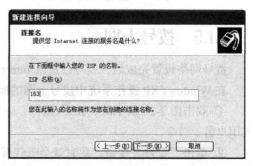

图 2-20　“ISP 名称”对话框

⑦ 在图 2-20 所示的“ISP 名称”文本框中输入拨号连接的名称。如果用户申请的是电信网，就输入“163”。

⑧ 单击“下一步”按钮，弹出如图 2-21 所示的“要拨的电话号码”对话框。

⑨ 在“电话号码”栏输入拨号上网的电话号码，如 163，然后单击“下一步”按钮，弹出如图 2-22 所示的“Internet 账户信息”对话框。

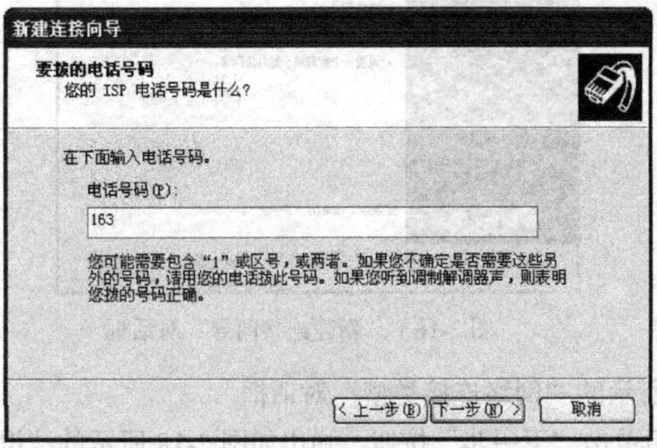

图 2-21 “要拨的电话号码”对话框

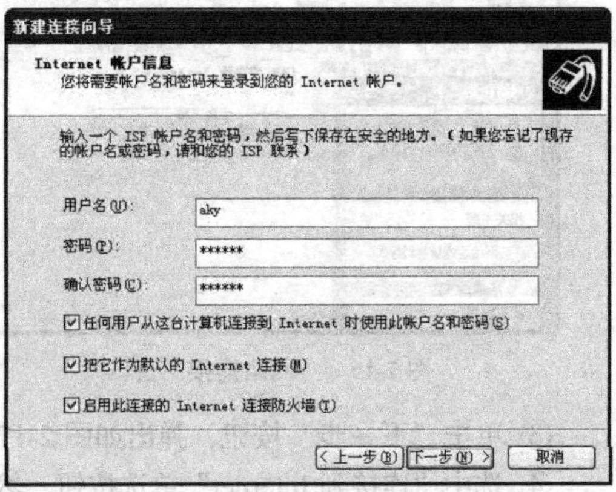

图 2-22 “Internet 账户信息”对话框

⑩ 在“用户名”文本框中输入从 ISP 那里获得的用户账号，如 aky，然后输入密码，单击“下一步”按钮，弹出如图 2-23 所示的“完成”对话框。

⑪ 单击“完成”按钮，拨号连接就建立完成了，返回“网络连接”窗口，如图 2-24 所示。

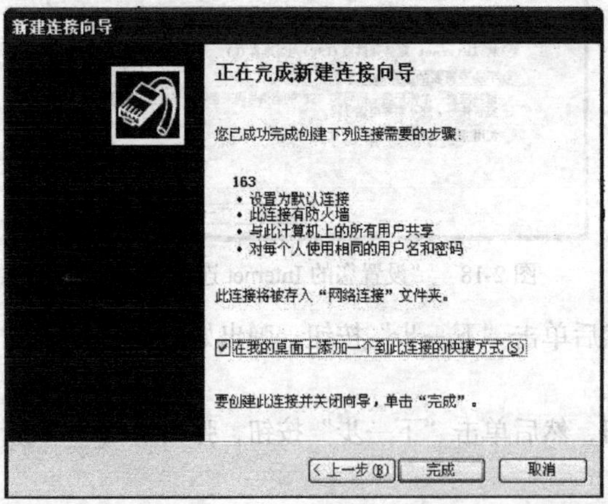

图 2-23 “完成”对话框

图 2-24 “网络连接”窗口

2.1.5 拨号上网

拨号网络设置完成后，就可以进入 Internet 了。

在 Windows XP 操作系统中拨号上网的操作步骤如下。

① 双击图 2-24 所示的“163”图标，弹出如图 2-25 所示的“拨号连接”对话框，在其中输入用户名、口令。

② 单击“拨号”按钮，此时就会听到调制解调器的拨号声音，屏幕上会显示正在拨号，如图 2-26 所示。当拨通后，计算机会继续检测用户名与密码，如果用户名和密码检测通过，会在任

务栏的右侧出现一个连通状态图标，表明 Internet 已经接通。

图 2-25　“拨号连接”对话框

图 2-26　“正在拨号”提示框

2.2　ISDN 接入 Internet

ISDN（Integrated Services Digital Network，综合业务数字网）是以综合数字电话网（IDN）为基础发展演变而形成的通信网，能够提供端到端的数字连接，用来支持包括话音、数据、图像等多种电信业务。

ISDN 与其他网络的最大不同之处在于它能够提供端到端的数字传输，所谓端到端的数字传输是指从一个用户终端到另一个用户终端之间的传输全部是数字化的。传统电话网中，从用户终端到交换机或用户交换机之间的传输是模拟的，如果用户进行数据通信，需要使用调制解调器进行数/模变换后在用户线上传送，在到达对方终端后还需要通过调制解调器进行信号变换。而 ISDN 改变了传统电话网模拟用户环路的状态，使全网数字化变为现实，用户可以获得数字化的优异性能。

ISDN 支持范围广泛的各类业务，不仅可以提供话音业务，而且可以提供数据、图像和传真等各种非话业务；不仅可以在用户需要通信时提供即时连接，而且也可以提供专线业务。

ISDN 同样是拨号上网，与前面介绍的用 Modem 上网方式类似，就是能在一根普通电话线上提供语音、数据、图像等综合性业务，并可连接 8 台终端或电话，有 2 台终端（例如，一部电话、一台计算机或一台数据终端）可以同时使用；在一根普通电话线上，可以提供以 64kbit/s 速率为基础并可达到 128kbit/s 的上网速度的数字连接，而且费用接近 Modem 上网的费用。

2.2.1　ISDN 设备安装

ISDN 设备的安装用不着用户操心，当用户在电信局申请了安装 ISDN 以后，自然会有技术人员上门进行安装调试，包括软件的安装也是技术员给用户调试完成，但是，还是需要了解 ISDN 设备的一些基本知识，万一在使用的过程中出现了什么问题，也可以试着自己解决。其实也不是很难的事情，有了安装 Modem 的经验，安装 ISDN 设备也应该没有什么问题，它的软硬件安装方法与前面介绍的 Modem 的安装方式类似。

ISDN 设备一般分为两类：外置 ISDN 和内置 ISDN，如图 2-27 和图 2-28 所示。用户只需要按照如图 2-27 和图 2-28 所示的方法进行安装即可。

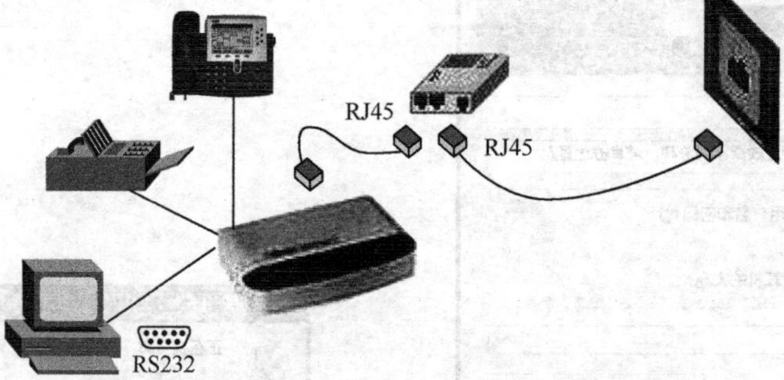

图 2-27　外置 ISDN 设备及其连接方式

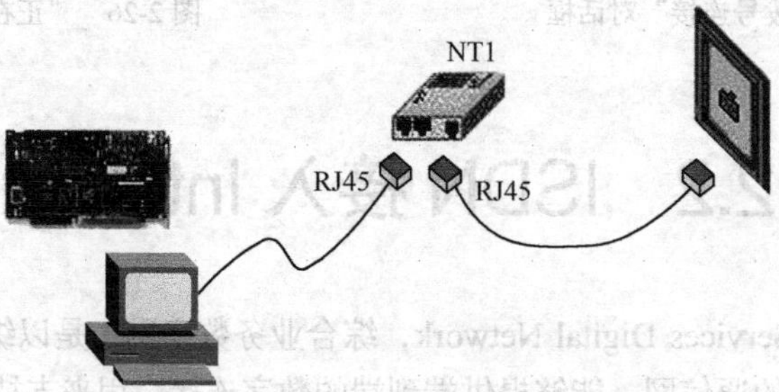

图 2-28　内置 ISDN 设备及其连接方式

2.2.2　ISDN 设备驱动程序安装以及建立新连接

当安装 ISDN 硬件设备后，按照惯例就是安装驱动程序了，当把设备安装好了以后，接好电源，重新开机，系统就会自动识别出新硬件，具体安装步骤和前面介绍的安装 Modem 的方法一样，这里就不再叙述了。

2.3　ADSL 接入 Internet

时下，在众多的宽带接入技术当中，ADSL 脱颖而出，在许多城市获得广泛应用，为用户提供了出色的宽带上网服务。ADSL（Asymmetric Digital Subscriber Line）接入方式，又称非对称式数字用户线路。由于它是一种全新的接入方式，所以近年来发展得特别快。

ADSL 可直接利用现有用户电话线，无需另铺电缆，节省投资，渗入能力强，接入快，适合于集中与分散的用户；为用户提供上、下行不对称的传输带宽（下行速率可达 8Mbit/s，上行速率可达 2Mbit/s），具有传统拨号上网和 ISDN 所无法比拟的优势，可广泛用于视频业务及高速 Internet 等数据的接入；而且节省费用，上网时又同时可以打电话，互不影响，而且上网时不需要另交电话费。

2.3.1 ADSL 上网硬件

1. 申请一个 ADSL 上网账号

用户必须向当地因特网供应商（ISP）申请一个接入互联网的 ADSL 上网账号。如果用户的上网电话是电信固定电话，则必须到电信局申请 ADSL 上网账号；如果用户的上网电话是联通固定电话，则必须到联通申请 ADSL 上网账号。一般情况下，用 ADSL 上网通常采用包月制，比如，重庆电信 ADSL 上网上行速率为 512kbit/s，采用每月 50 元包 50 小时、80 元包 100 小时、100 元包 120 小时和 120 元不限时等，具体情况请到当地 ISP 处咨询。

当用户完成申请手续之后，当地的 ISP 通常会提供一些用户使用资料，并上门进行安装调试。

2. 一台个人计算机

用户至少需要一台 PⅢ以上的计算机，当然，上网使用的计算机越高级，就会有越多的方便和优点。

3. 一台 ADSL Modem

ADSL Modem 有两种：内置式和外置式，但通常都用外置式，如图 2-29 所示，盒中的配件包括外接电源、网线、分线盒、电话线。

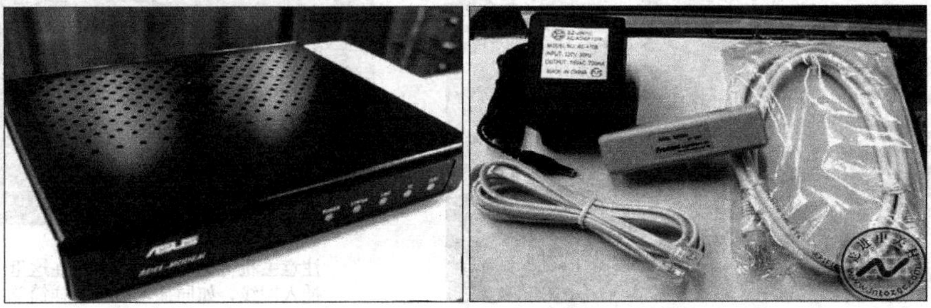

图 2-29 外置式 ADSL Modem

4. 一块网卡

网卡（NIC），是局域网的基本部件之一，也是局域网连接的重要组成部分。按其传输速度来划分，可以分为 10Mbit/网卡、10/100Mbit/s 自适应网卡和 1000Mbit/s 网卡，最常用的是 10Mbit/s 和 10/100Mbit/s 自适应网卡，价钱一般几十元。

5. 一条电话线

因为 ADSL 是通过电话线上网，所以必须要有一条电话线。

2.3.2 ADSL 硬件安装

1. 安装网卡

其操作步骤如下。

① 首先准备一块网卡，如图 2-30 所示，当然，网卡因厂家或型号不同，外观样式也不一定相同。

② 断开电源，打开主机机箱，注意主板上的 PCI 插槽，如图 2-31 所示。

③ 将网卡插入一空的 PCI 插槽中，并旋紧螺丝，如图 2-32 所示。

④ 在主机背面的网卡上插上网线，网卡硬件就安装完成了，如图 2-33 所示。

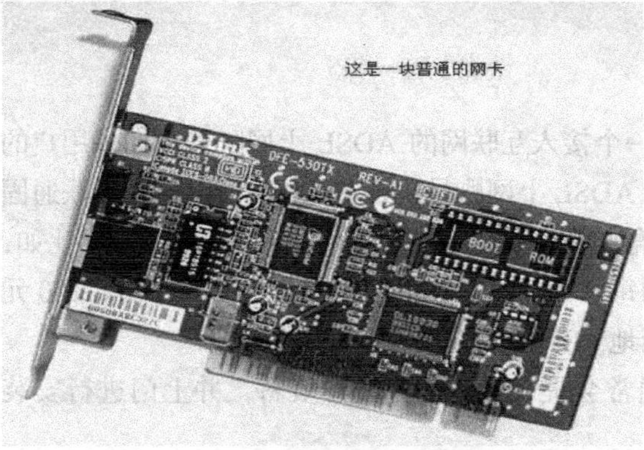

图 2-30　网卡

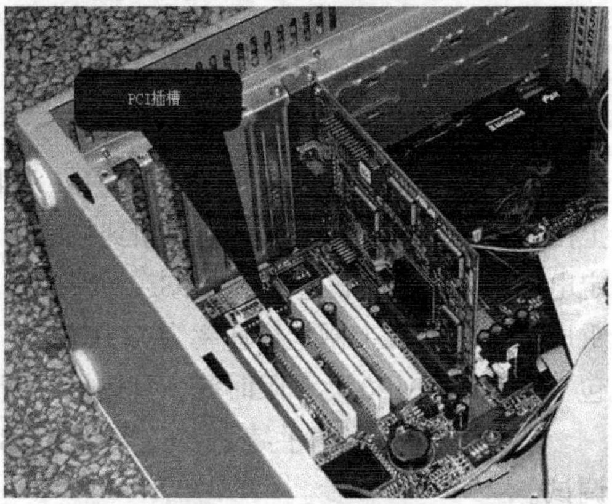

图 2-31　PCI 插槽

图 2-32　将网卡插入 PCI 插槽

注意主机背面网线插入口，在这里
插入网线，如同插电话线一样简单。

图 2-33　在网卡上插入网线

⑤ 接下来就应该安装网卡驱动程序了，在确保正确地安装了网卡硬件后，打开计算机，当启动 Windows XP 操作系统时就会出现“找到新硬件”对话框，根据向导提示安装网卡驱动程序（如果用户的网卡是市面上常用的网卡，系统会自动安装网卡驱动程序）。成功安装网卡后，系统将要求重新启动才能生效。

⑥ 重新启动计算机后，打开“设备管理器”窗口，如图 2-34 所示，在该窗口中就可以看到网卡适配器了。

2. 安装 ADSL Modem

ADSL 用户端使用专用的 ADSL Modem，和普通的 Modem 一样，ADSL 的 Modem 也分为内置、外置，外置又包括标准局域网接口和 USB 接口。并且外置 ADSL Modem 一般都还带有一个独立的滤波分离器，用于把电话线里面的 ADSL 网络信号和普通电话语音信号分离，内置 ADSL Modem 一般都把分离器集成在了内置卡上面，内置通常使用的是计算机的 PCI 总线接口。在此只介绍外置标准局域网接口的安装方法。

外置标准局域网接口的 ADSL Modem 硬件的安装方法非常简单，只需要按照如图 2-35 所示的方法进行安装，即将电源线插到电源插口，另一端插入接线板上，将电话线插入电话插口，另一端接入电话分线器，将网线插入网线插口，另一端插入主机箱的网卡插口，这样 ADSL Modem

硬件的安装就算完成了。另外，外置标准局域网接口的 ADSL Modem 不需要安装驱动程序，如果用户选用的是内置 ADSL Modem 或者 USB 接口的 ADSL Modem，就必须要安装驱动程序。

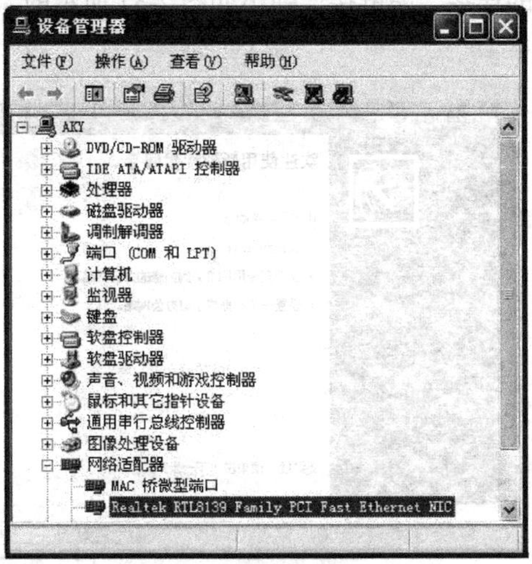

图 2-34 网卡适配器

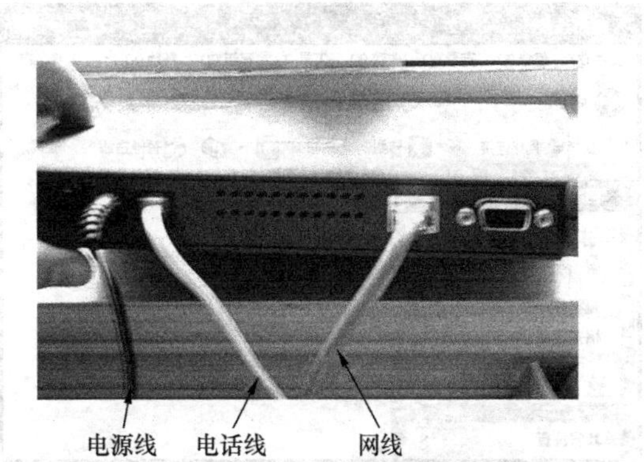

图 2-35 ADSL Modem 硬件的安装示意图

2.3.3 ADSL 拨号软件的安装

硬件设备一旦安装就不需要改动了，但是软件则不同，当重新安装操作系统的时候或由于其他原因而使拨号软件不能使用，就需要重新安装拨号软件。

在安装拨号软件之前需要了解一些 ADSL 的术语。

- PPPoE 协议

PPPoE 协议是在以太网络中转播 PPP 帧信息的技术，在 ADSL 中，PPPoE 用来接驳 ADSL Modem 与家庭中的个人计算机。

- ADSL 虚拟拨号

在 ADSL 的数字线上进行拨号，不同于模拟电话线上用调制解调器的拨号，而采用专门的协议 PPPoE，拨号后直接由验证服务器进行检验，用户需输入用户名和密码，检验通过后就建立起一条高速的用户数字专线，并分配相应的动态 IP。虚拟拨号用户需要通过一个用户账号和密码来验证身份。现在，电信部门提供给家庭用户的都是使用 ADSL 虚拟拨号的接入方式。

- ADSL 专线接入

采用一种类似于专线的接入方式，连接和配置好 ADSL Modem 并设置好相应的 TCP/IP 协议及网络参数后，用户端和局端会自动建立起一条链路。所以，ADSL 的专线接入方式是有固定 IP、自动连接等特点的类似专线的方式。

所以，以下讨论将以虚拟拨号为主。

在安装之前假设用户已经安装了网卡，其他 ADSL 的有关设备也已经安装好了。需要使用美国 Efficient Network 开发的 PPPoE 软件，提供 ADSL 的 PPPoE 协议完成虚拟拨号上网工作，该软件具备独立的 PPP 协议，可以不依赖操作系统的拨号网络来提供 PPP 协议，具有直接通过网卡和 ISP 连接的能力，安装与设置也是很简单的。

在 Windows XP 操作系统中不需要安装 Enternet 300 拨号软件，它自己就集成有 ADSL 拨号上网软件，只需要创建 ADSL 拨号连接就可以了。下面就简要介绍 ADSL 拨号连接的方法。

① 双击“控制面板”中“网络连接”图标，弹出如图 2-36 所示的“网络连接”窗口。

② 单击“网络连接”窗口中的“创建一个新的连接”超链接，弹出如图 2-37 所示的“新建连接向导”对话框。

图 2-36 “网络连接”窗口

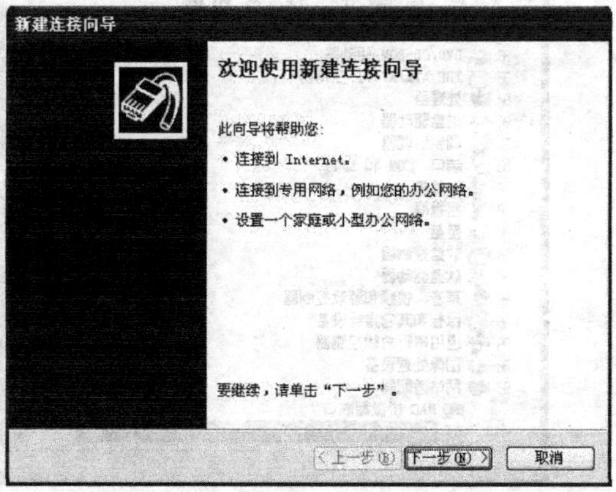

图 2-37 “新建连接向导”对话框

③ 单击“下一步”按钮，弹出如图 2-38 所示的“网络连接类型”对话框。

④ 选中“连接到 Internet”单选按钮，然后单击“下一步”按钮，弹出如图 2-39 所示的“设置您的 Internet 连接”对话框。

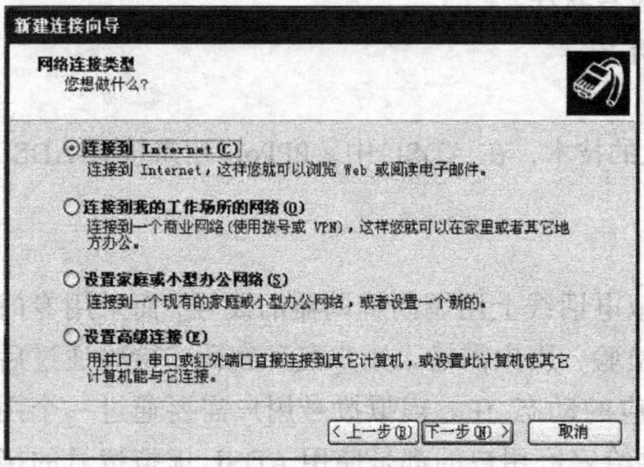

图 2-38 “网络连接类型”对话框

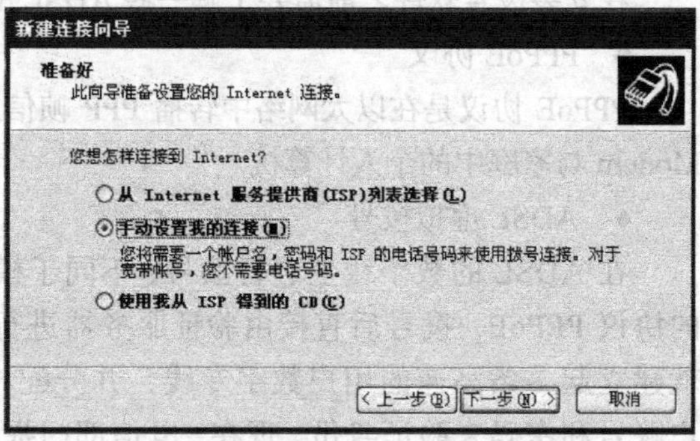

图 2-39 “设置您的 Internet 连接”对话框

⑤ 选中“手动设置我的连接”单选按钮，然后单击“下一步”按钮，弹出如图 2-40 所示的“Internet 连接”对话框。

⑥ 选中“用要求用户名和密码的宽带连接来连接”单选按钮，然后单击“下一步”按钮，弹出如图 2-41 所示的“ISP 名称”对话框。

⑦ 在图 2-41 所示的“ISP 名称”文本框中输入 ADSL 拨号连接的名称，该名称可以任意输入，例如：adsl。

⑧ 单击“下一步”按钮，弹出如图 2-42 所示的“ISP 账户名和密码”对话框。

⑨ 在“用户名”文本框中输入从 ISP 处获得的账户名，如 adsl68600455，在“密码”和“确认密码”文本框中输入拨号上网密码，然后单击“下一步”按钮，弹出如图 2-43 所示的“完成”对话框。

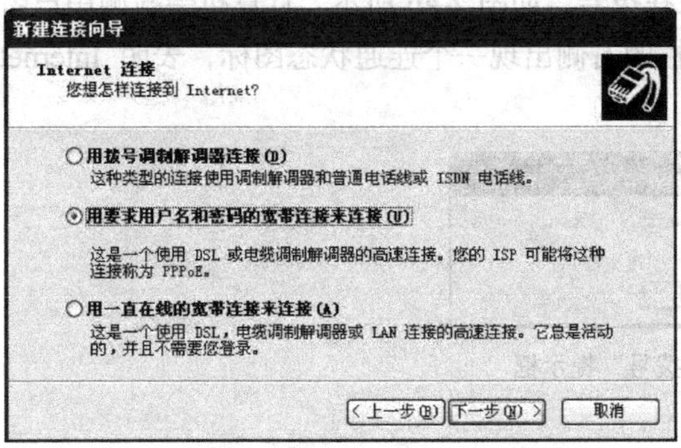

图 2-40 “Internet 连接”对话框

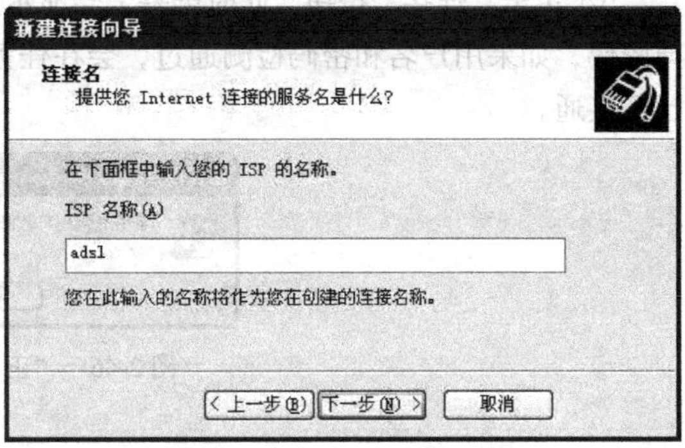

图 2-41 “ISP 名称”对话框

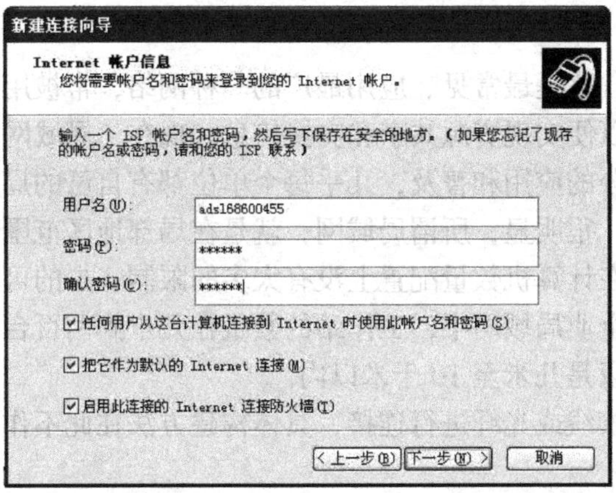

图 2-42 “ISP 账户名和密码”对话框

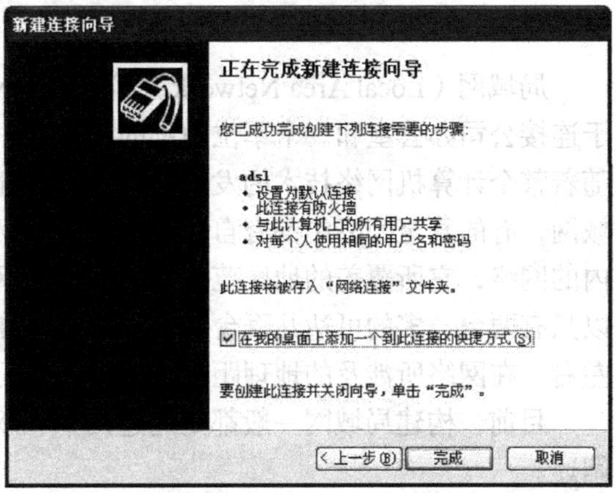

图 2-43 “完成”对话框

⑩ 选中“在我的桌面上添加一个到此连接的快捷方式”复选框，单击“完成”按钮，ADSL 拨号连接就建立完成了，返回“网络连接”窗口，如图 2-44 所示。

⑪ ADSL 拨号连接创建完成后，接下来就该进行 ADSL 拨号上网了。双击图 2-44 所示的“adsl”图标，弹出如图 2-45 所示的“ADSL 拨号连接”对话框，在其中输入用户名和密码。

图 2-44 “网络连接”窗口

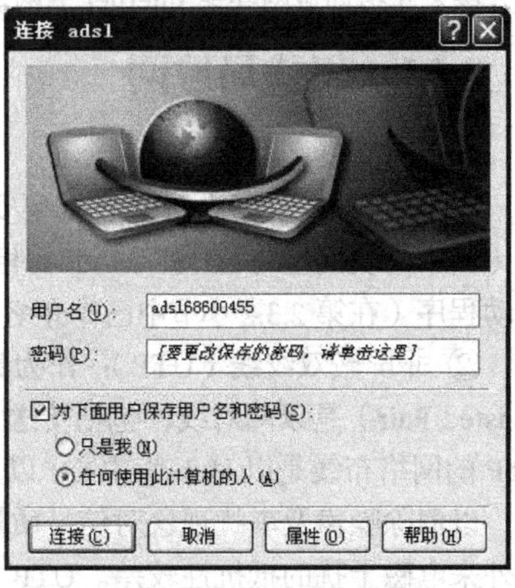

图 2-45 “ADSL 拨号连接”对话框

⑫ 单击“连接”按钮，此时屏幕上会显示正在拨号，如图 2-46 所示。计算机会检测用户名与密码，如果用户名和密码检测通过，会在任务栏的右侧出现一个连通状态图标，表明 Internet 已经接通。

图 2-46 “正在拨号”提示框

2.4 局域网共享 Internet 上网

局域网（Local Area Network），简称 LAN，这是最常见、应用最广的一种网络，常被用于连接公司办公室和一个单位内部的计算机，以便实现资源共享和交换信息。现在，局域网随着整个计算机网络技术的发展和提高得到充分的应用和普及，几乎每个单位都有自己的局域网，有的甚至家庭中都有自己的小型局域网。很明显，所谓局域网，就是在局部地区范围内的网络，它所覆盖的地区范围较小。局域网在计算机数量配置上没有太多的限制，少的可以只有两台，多的可达几百台。一般来说，在企业局域网中，工作站的数量在几十到两百台左右。在网络所涉及的地理距离上一般来说可以是几米至 10 千米以内。

目前，构建局域网一般都是通过网卡和双绞线或光纤进行连接，具体构建方法在此不作阐述。

前面分别介绍了 3 种单机上网方式：通过 Modem 拨号上网、ISDN 上网和 ADSL 上网，那么怎样让局域网中的每一台计算机通过其中一台计算机同时上网呢？方法有很多种，目前通常采用两种方法，第一种方法：通过代理服务器上网，即将局域网中的某一台计算机配置成代理服务器，只要代理服务器接入了 Internet，局域网中其他计算机就可以通过该代理服务器上网；第二种方法：采用共享 Internet 上网，即将局域网中的某一台计算机接入 Internet，然后通过安装某种共享 Internet 软件达到将局域网中的其他计算机通过该计算机接入 Internet。本节就以局域网内共享 ADSL 上网的方法来介绍局域网共享 Internet 上网。

2.4.1 组建局域网

1. 硬件条件

① 网卡：要求每台计算机都要安装一块网卡，但作为服务器的计算机必须安装两块网卡（其中一块网卡与 ADSL Modem 相连，另一块网卡与集线器相连），并且要正确安装网卡驱动程序（在第 2.3.2 小节中已作介绍）。

② 非屏蔽双绞线（UTP）：作为集线器（Hub）与计算机之间的连线。UTP（Unshielded Twisted Pair）是以两对线，包括传送及接收，将网卡通过 RJ-45 接头连接到集线器上，采用 UTP 的网络布线是以 Hub 为中心，以星状向四方传播。UTP 中的每一对线是相互绞绕在一起的，以消除噪声及串扰现象对信号质量的影响，但其缺点也是显而易见的，因为是非屏蔽，对外来电磁干扰的抵抗性较差。UTP 一般长度不超过 100m。根据经验，布线时尽量避开可能产生强电场或磁场的地方，另外切记多余双绞线不可一圈圈地盘绕，线圈产生的磁效应会

使网络极不稳定。

③ 集线器（Hub）：Hub 作为中心节点实现各个工作站的点对点连接。其连接简单方便，单个端口设备的故障不会影响整个网络的连接。Hub 一般用于办公室、楼层一级的设备连接，有 8 口、12 口、16 口、24 口等不同端口数的产品，其端口一般为连接无屏蔽双绞线（UTP）的 RJ-45 接头。集线器有 10Mbit/s、100Mbit/s 共享式集线器，所有口共享 10Mbit/s 或 100Mbit/s 带宽；还有交换式的集线器，一般称为交换机，每个口都独占 10Mbit/s 或 100Mbit/s 的带宽，并且其多路交换功能也大大提高网络效率。随着网络技术的发展，许多网络功能如网桥、路由器等网间连接功能都能集成到集线器中，如设置虚拟网段（VLAN）及在虚拟网段之上进行路由的集线器，极大地提高了网络的性能和灵活性，如图 2-47 所示。

④ RJ-45 头：是连接网卡与 Hub 的接头，类似于电话线上的水晶头，如图 2-48 所示。

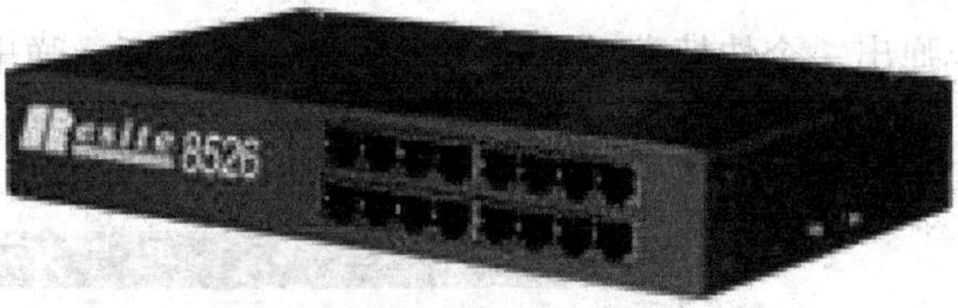

图 2-47　16 口集线器

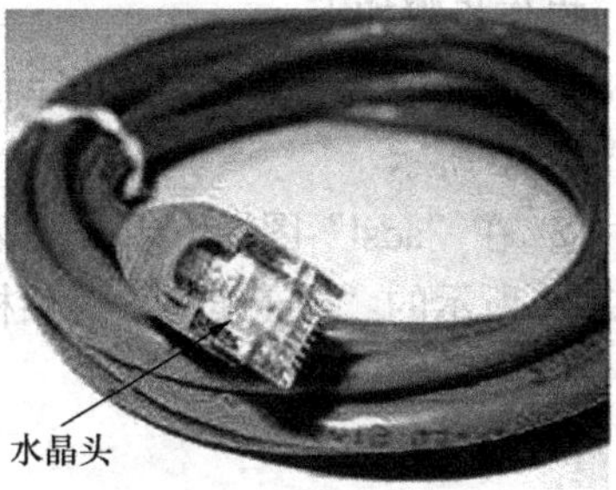

图 2-48　水晶头和双绞线

2. 连接方法

局域网硬件设备准备好了，接下来就该将其连接起来形成局域网，按照如图 2-49 所示的方法进行连接即可。

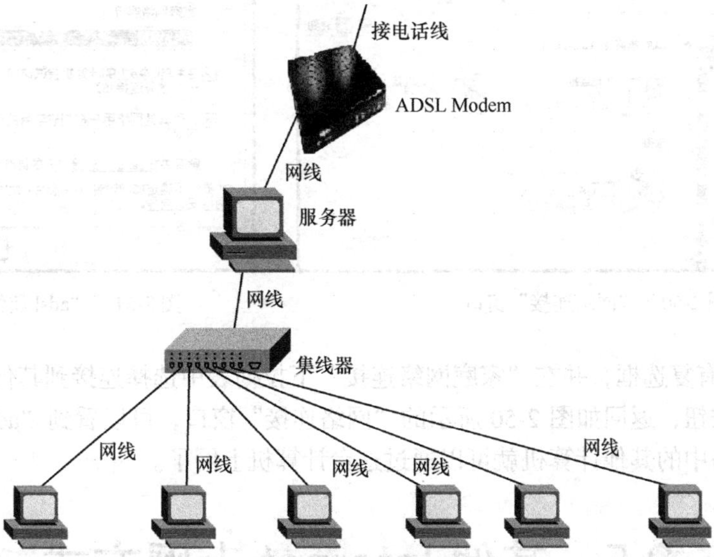

图 2-49　局域网构建图

2.4.2 服务器通过 ADSL 上网

从图 2-49 所示的局域网可以看出，只有服务器端直接与 ADSL Modem 相连，因此能够直接进入 Internet 的计算机只有服务器端，其他计算机只能通过服务器端间接上网，所以第一步必须要安装服务器端 ADSL 上网的相关硬件和软件，在第 2.3 节中已作了详细介绍，在此不再叙述。

2.4.3 在服务器端设置 Internet 共享

要想让局域网中的每台计算机都能通过服务器端进入 Internet 有很多种方法，比如：设置代理服务器、设置 Internet 共享等，在此只介绍设置 Internet 共享的方法进入 Internet，这种方法特别适合于家庭局域网和小规模的局域网。其特点是安装简单、经济、适用。由于服务器端所装操作系统的不同而设置方法有所区别，在此介绍在 Windows XP 操作系统中设置 Internet 共享的方法。

操作步骤如下。

① 由于在服务器端插入了两块网卡，所以在“网络连接”窗口中会出现两个本地连接，如图 2-50 所示。

② 在“adsl”图标上单击鼠标右键，弹出一个快捷菜单，选择“属性”菜单项，弹出如图 2-51 所示的“adsl 属性”对话框，单击“高级”选项卡。

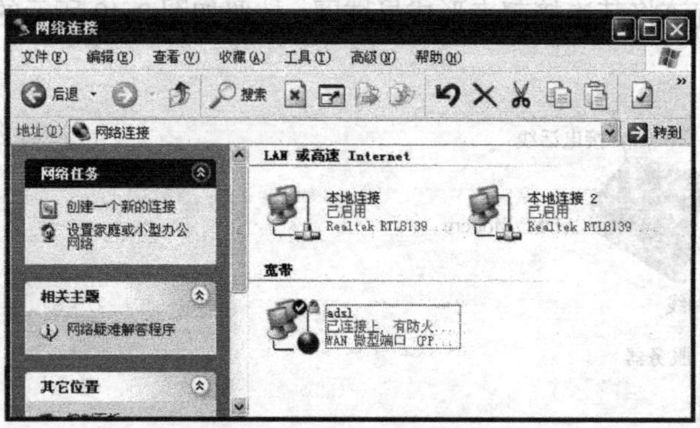

图 2-50 “网络连接”窗口

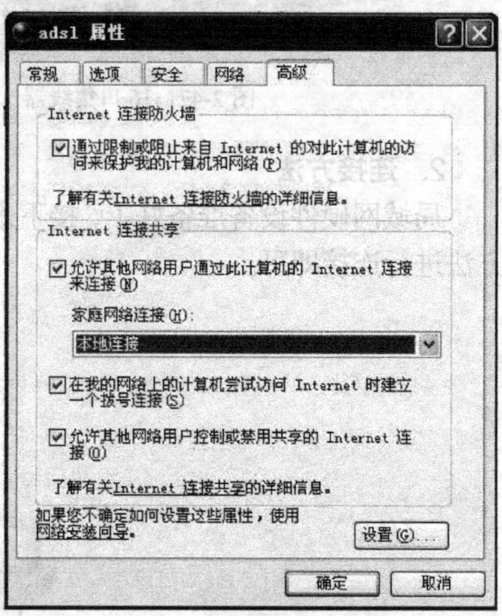

图 2-51 “adsl 属性”对话框

③ 选中所有复选框，并在“家庭网络连接”下拉列表中选择连接到其他计算机的网卡，单击“确定”按钮，返回如图 2-50 所示的“网络连接”窗口，可以看到“adsl”图标已经共享了，这样网络中的其他计算机就可以通过这台计算机上网了。

2.5 其他 Internet 上网方式

除了以上介绍的几种 Internet 接入方式外，在我国还有很多种接入方式，下面就简要介绍一些其他 Internet 接入方式。

2.5.1 DDN 接入 Internet

DDN 是"Digital Data Network"的缩写，意思是数字数据网，即平时所说的专线上网方式。数字数据网是一种利用光纤、数字微波或卫星等数字传输通道和数字交叉复用设备组成的数字数据传输网，它可以为用户提供各种速率的高质量数字专用电路和其他新业务，以满足用户多媒体通信和组建中高速计算机通信网的需要，主要有 6 个部分组成：光纤或数字微波通信系统、智能节点或集线器设备、网络管理系统、数据电路终端设备、用户环路、用户端计算机或终端设备。

DDN 方式主要优点如下。

① 采用数字电路，传输质量高，时延小，通信速率可根据需要在 2.4kbit/s ~ 2048kbit/s 范围内选择。

② 电路采用全透明传输，并可自动迂回，可靠性高。

③ 一线可以多用，可开展传真、接入因特网、会议电视等多种多媒体业务。

④ 方便地组建虚拟专用网（VPN），建立自己的网管中心，自己管理自己的网络。

主要缺点是使用 DDN 专线上网，需要租用一条专用通信线路，租用费用太高，绝非一般个人用户所能承受，主要用于企事业单位上网。

2.5.2 小区宽带网

随着社区住宅网络化和智能化的普及，宽带网络已经成为房地产开发商和物业管理机构招揽住户的重要条件。近几年，小区宽带网突然开始流行起来，以小区为单位的以太网形式的接入最为经济适用，家庭用户用得也最多，一般采取"包月制"进行收费。

小区宽带上网主要采用光缆与双绞线相结合的整体布线方式，利用以太网方式为整个社区提供 Internet 宽带接入服务。实际上，小区宽带就是局域网，安装简单，不占用电话、有线电视等其他通信通道，性能稳定，一般可提供 100Mbit/s 的共享带宽。

用户一般只需要网卡，并使用双绞线直接连接到 ISP 提供的网络接口即可接入 Internet。这种上网方式分为两种类型：采用 DHCP（动态 IP 地址分配）和固定 IP 方式。如果采用的是 DHCP 方式，那么在用户开通宽带的时候将获取一个账户名和密码。在配置好网络后，必须在 ISP 提供的页面上输入用户名和密码才可以访问 Internet，因此这种方式又称为页面登录的小区宽带。

对于采用固定 IP 方式的小区宽带连接，ISP 通常会提供相应的 IP 地址、网关、DNS 服务器地址等。用户必须牢记这些信息，然后对 IP 地址、网关、DNS 服务器地址进行配置，配制方法如下。

① 在桌面上的"网上邻居"图标处单击鼠标右键，在弹出的快捷菜单中选择"属性"菜单项，弹出如图 2-52 所示的"网络连接"窗口。

② 在"本地连接"图标处单击鼠标右键，在弹出的快捷菜单中选择"属性"菜单项，弹出如图 2-53 所示的"本地连接 属性"对话框。

③ 在"此连接使用下列项目"下拉列表中

图 2-52 "网络连接"窗口

选择 “Internet 协议（TCP/IP）” 选项，然后单击“属性”按钮，弹出如图 2-54 所示的“Internet 协议（TCP/IP）属性”对话框。

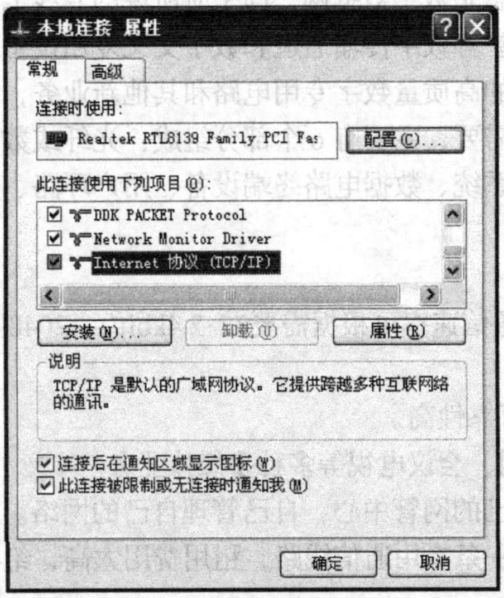

图 2-53 “本地连接 属性”对话框

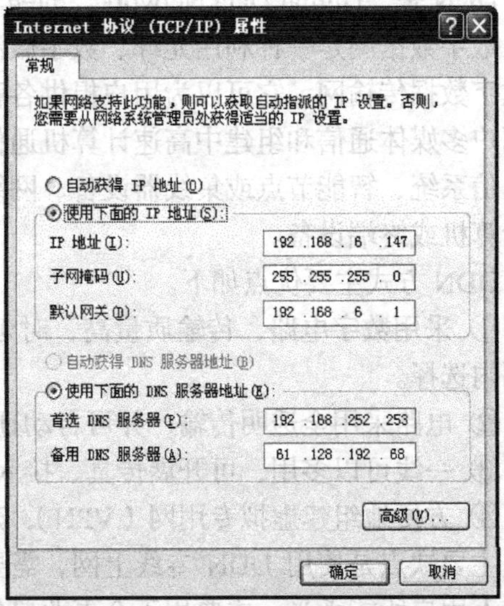

图 2-54 “Internet 协议（TCP/IP）属性”对话框

④ 选中“使用下面的 IP 地址”和“使用下面的 DNS 服务器地址”单选按钮，输入对应的信息后，单击“确定”按钮即可。

采用固定 IP 方式上网的小区宽带用户通常不需要进入 ISP 网站进行设置，设置完成后重新启动网卡设备即可。

2.5.3 有线电视天线接入 Internet

视讯宽带网通过有线电视天线接入 Internet，与电话线无关。其特点是：速度快、不计时、不占电话线、无需电话费用、不影响看电视、一线多用。视讯宽带网使用 Cable Modem 接入网络。安装 Cable Modem 需要请专业技术人员上门服务。技术人员会通过转接头将室内有线电视天线一分为二，一条还是用于连接有线电视，另一条则会接入 Cable Modem。目前，Cable Modem 的下行速率高达 34Mbit/s，上行速率高达 10Mbit/s，相比之下 ADSL 就慢多了。

Cable Modem 的连接情形类似于局域网，也类似于 ADSL，都是需要 10Mbit/s 网卡或 10/100Mbit/s 自适应网卡。用双绞线将网卡和 Cable Modem 连接在一起。

2.5.4 无线上网

随着 3G 时代的临近，国内的无线上网加快了推广力度。目前，无线上网应用最常见有 WLAN（Wireless Local-Area Network，无线局域网）方式和移动通信（GPRS、CDMA）方式。无线上网的优点是不受时间和地点的限制，还可以收发短信；缺点是收费较高，且速度较慢。

1. WLAN 无线上网

只要用户所处的地点在无线接入口无线电波覆盖的范围内（如机场、火车站），无论这些接入口是一个或多个，只要有一张兼容的无线网卡，即可轻松将笔记本电脑接入 Internet 中。用户也可以通过电信运营商提供的家庭（如天翼通）或移动 WLAN 服务（随 E 行）接入 Internet。

大多主流笔记本均内置了无线网卡，如果笔记本没有内置无线网卡，但预留了天线且有 MIMI PCI 插槽，用户便可自行加载无线网卡，或者使用 PC 卡式的外置无线网卡，如图 2-55 所示。

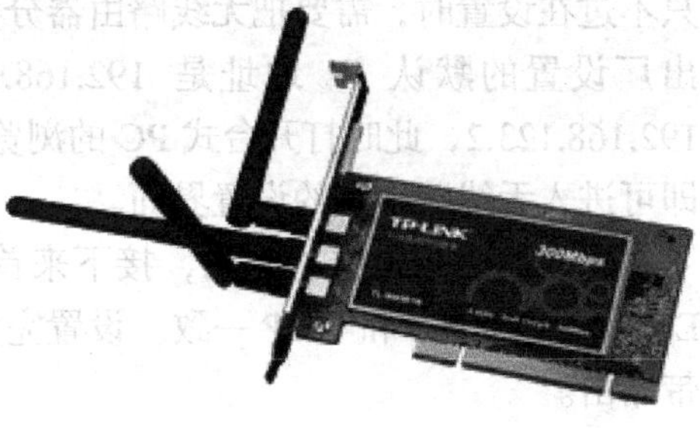

图 2-55　无线网卡

目前，WLAN 的典型代表是 WIFI，其核心是 IEEE 802.11b 标准，该标准采用了 2.4GHz 频段，可支持最高 11Mbit/s 的接入速率，实际使用速率根据距离和信号强度可变（150m 内 1 ~ 2Mbit/s，50m 内可达到 11Mbit/s）。为了满足大容量数据传输的需要，又出现了 802.11g，它最高支持 54Mbit/s 接入速率，将成为下一代 WLAN 的标准。

WLAN 规范还在继续升级，包括速率和无线安全等方面。根据 IEEE 的最新消息，更高技术层次的 802.11e 和 802.11i 即将在不久之后被确认为正式标准。蓝牙（Blue Tooth）也是一种无线局域网标准，它比 IEEE 802.11 具备更好的移动性。此外，蓝牙还有成本低、体积小、适用于多种设备等优点。

（1）两台计算机的 WIFI 方案

当用户家中有一台桌面 PC 和一台笔记本时，可以组建对等式 WIFI。在桌面 PC 上插一块 PCI 接口的无线网卡，再在笔记本上使用 PCMCIA 接口无线网卡，这样它们之间就可以相互访问了。当希望桌面 PC 和笔记本都能通过家中的宽带网连接到 Internet 时，就可以在桌面 PC 上再安装一块有线网卡，让桌面 PC 作为路由，这样笔记本电脑就能通过桌面 PC 访问 Internet 了。

（2）两台计算机以上的 WIFI 方案

由于上面对等方式的 WIFI 方案只能一对一互传数据，当家中拥有两台以上的计算机时就要借助 AP 来组建 WIFI。AP 是无线网和有线网之间的桥梁，它的功能相当于有线网络中集线器功能，所有无线网络终端通过 AP 来相互访问。并且 AP 可以通过自身的网线端口与有线网络连接，这样使整个无线局域网内的终端都能访问有线网络里的资源，然后再通过有线网络访问 Internet，因此以 AP 为中心建立的无线局域网只是有线网络的一种扩展。

（3）无线网卡的设置

当笔记本上的操作系统是 Windows 2000、Windows XP 或 Windows Vista 时，系统会自动提示找到新硬件，用户只需按照向导提示即可完成无线网卡的驱动程序的安装。尽管无线网卡驱动程序已安装好，但是由于无线网络还没有连通，因此打开网络和拨号连接后就只看到打有红叉的本地连接。此时需要进行相关的设置，主要有 ESSID（服务区域认证 ID）、WEP（连线保密）和 Channel（频道）。

ESSID 用来区分不同的无线网络，只要无线终端用户的 ESSID 设置与 AP 相同，用户就能访问该 AP 区域的网络资源。由于这个口令很容易被破解，于是引入了标准加密算法 WEP 来加强无线网络的安全，只有无线工作站的密码和 AP 设置的密码相同时，才允许访问 AP 范围内的网络资源。而频道设计是用在有多个 AP 时，防止它们的信号发生干扰，家庭用户一般只用一个 AP，因此可以自由设置频道。用户可根据无线路由器的说明书来进行设置。

（4）无线路由器的设置

普通 AP 是以 Web 方式来设置的，即把无线或有线网卡的 IP 地址设置成与 AP 在相同的网段内，然后通过访问内置的浏览器页面来进行设置。这里的无线路由器也采用这种方法，只不过在设置时，需要把无线路由器分为无线设置和宽带路由设置两部分。假设无线路由器出厂设置的默认 IP 地址是 192.168.123.254，于是便可将台式 PC 的 IP 地址设置为 192.168.123.2，此时打开台式 PC 的浏览器，在地址栏内输入 192.168.123.254 并按 Enter 键，即可进入无线路由器的设置界面。

输入路由器的登录密码，接下来首先设置无线路由器。这里的设置必须与笔记本上的 ESSID、Channel 和 WEP 一致。设置完成后便可发现笔记本已经连接上网络了。然后设置宽带路由。

将无线路由器重启后，局域网内的任何计算机需要访问 Internet 时，无线路由器都将会自动拨号。当无线路由器设置完成后，就可以在局域网内的计算机上进行测试。打开 IE 浏览器，在工具栏单击“工具”菜单中的“Internet 选项”命令，打开如图 2-56 所示的“Internet 选项”对话框。

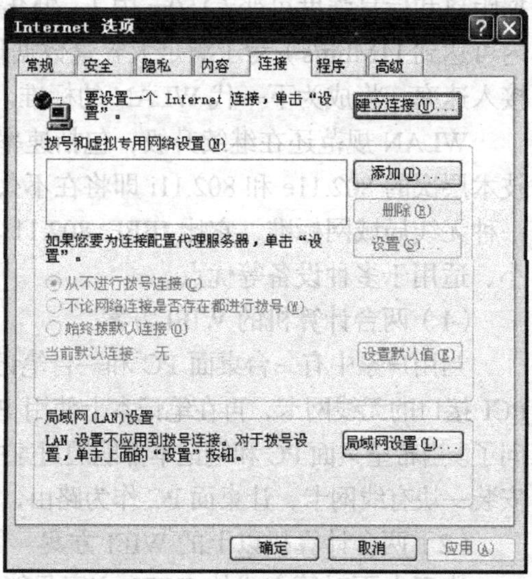

图 2-56　“Internet 选项”对话框

切换到“连接”选项卡，单击“局域网设置”按钮，选中“自动检测设置”复选框，保存设置。然后抱着笔记本在屋内转一圈，打开一个网站，观察信号强度和连接的速率变化。如果有些地方信号不够理想，可以调整无线路由器的位置，确定好后再固定好无线装置。

2. GPRS 无线上网

尽管 GPRS 无线上网网速比较慢，但由于覆盖面广、一直在线，所以 GPRS 笔记本上网受到相当多用户的欢迎。采用 GPRS 方式无线上网时，笔记本必须安装有相应的 GPRS 终端或模块。目前主要有以下几种 GPRS 终端方式。

① 少数笔记本生产商已在笔记本中内置 GPRS 模块，如方正颐和 S2500、联想昭阳 V80 等型号，用户只需开通相应的 GPRS 服务，在桌面上单击相应的 GPRS 上网图标就可以建立 GPRS 连接。

② 采用 PCMCIA 卡或 CF 卡的 GPRS Modem。用户只需将 SIM 卡插入 GPRS Modem 相应的 SIM 插槽内，并安装驱动程序、拨号程序后，就可以像普通 Modem 一样拨号上网了。

③ 采用 GPRS 手机与笔记本相连来上网，就是将 GPRS 手机作为一个外置 Modem 来建立相应 GPRS 拨号连接。但不是所有带有 GPRS 功能的手机都可以与笔记本相连，这主要是因为部分手机生产商没有提供相应连接（数据线、红外或蓝牙功能，笔记本也要有红外接口或蓝牙功能才行）以及驱动程序。

3. 3G 无线上网

3G 是中国联通、中国移动和中国电信推出的一种以无线上网为主的业务，上网方式和 GPRS 也有些类似，只需买一个 3G 上网卡，通过 USB 跟笔记本电脑连接，开通 3G 上网账号，就可以实现 3G 无线上网了。

采用 3G 方式上网，网速比 GPRS 快得多，且可以享受多媒体邮件服务，掌中宽带，基于 WAP 技术的“互动视界”，基于 BREW 和 JAVA 技术的“神奇宝典”，基于 GPSone 定位技术的“定位之星”等。

2.6　检 测 网 络

正常接入 Internet 后，用户还需了解一些常用的网络故障检测方法，包括查看本机 IP 地址，测试网络连接是否正常，以及测试网速等，以便解决一些常见的网络连接故障。

2.6.1　测试网络连接

在网络连接状态下测试网络连接是否正常的最简单方法是使用 Ping 命令。Ping 命令是 DOS 命令，一般用于检测网络通或不通。打开 DOS 命令窗口，输入 Ipconfig 可显示本机的 TCP/IP 设置，如图 2-57 所示。如果要显示更详细的信息，可输入命令 Ipconfig/all。

图 2-57　显示本机 TCP/IP 设置

如果要检查本机的网络工作状况，可输入命令 Ping localhost，如图 2-58 所示。该命令在本机上做回路测试，用来验证本机的 TCP/IP 协议簇是否被正确安装。图中显示 time<l ms 表示响应时间小于 1ms，说明本机网络正常。

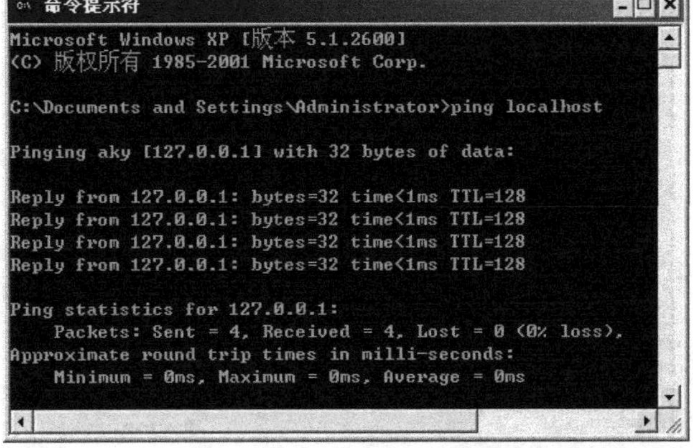

图 2-58　检查本机网络工作状况

如果要检查本机与局域网中的计算机的通信状况，可输入命令 Ping 192.168.6.148。这里的 192.168.6.148 是对方计算机的 IP 地址，图 2-59 得到响应结果表明本机与对方计算机通信成功。

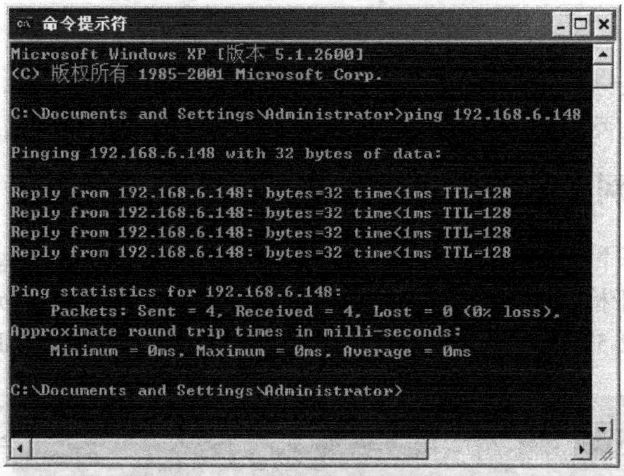

图 2-59　检查本机与对方计算机网络连通状况

另外，在使用 WINS 的域中，可尝试 Ping NetBIOS 计算机名，如果在 Ping 命令中成功解析了 NetBIOS 计算机名，那么说明 NetBIOS 设备的配置是正确的。在使用 DNS 的域中，可尝试 Ping DNS 主机名，如果完全限定 DNS 主机名被 Ping 命令正确解析，那么说明 DNS 名称解析的配置正确。

2.6.2　测试网速

不同的网络有不同的连接速度，在不同的时段即使同一网络的网速也可能不定。要精确测试网速，用户可打开 http://www.cy07.com/netspeed.htm，如图 2-60 所示。

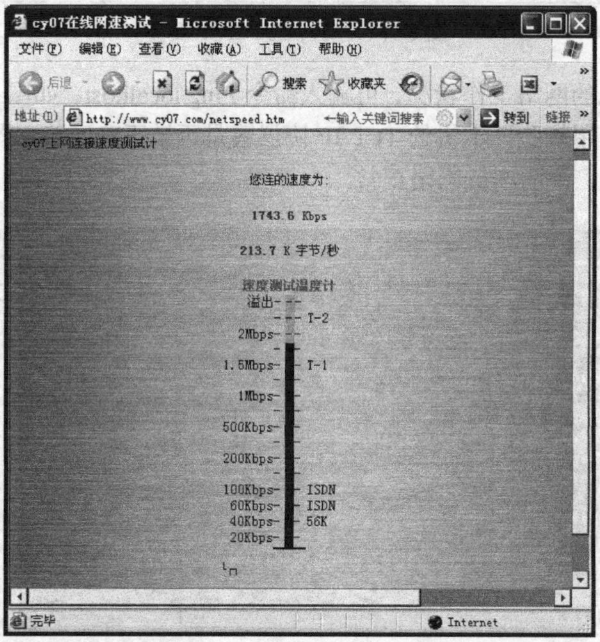

图 2-60　“精确测试网速”窗口

2.6.3 常见 IP 地址故障

如果用户在访问网络资源或者和其他计算机通信的时候遇到故障，那很可能是因为 IP 地址故障，可参阅以下情况解决可能出现的故障。

① 如果当前分配给计算机的 IPv4 地址在 169.254.0.1 ~ 169.254.255.254 的范围内，则表示计算机目前正在使用自动专用 IP 地址。只有计算机被配置为使用 DHCP，但 DHCP 客户端无法联系 DHCP 服务器的时候，计算机才会使用自动专用 IP 地址。如果使用自动专用地址，Windows XP 将会自动定期检查 DHCP 服务器是否已经可用。如果计算机最终还是没能获得有效的动态 IP 地址，这通常意味着网络连接有问题。用户可检查网线，并在必要时追踪网线找到连接的交换机或路由器。

② 如果计算机的 IPv4 地址以及子网掩码都被设置为 0.0.0.0，这表示网络已经断开或者有人曾尝试已经在网络上使用了的静态 IP 地址分配给本机。在这种情况下，用户可查看网络连接的状态。如果连接被禁用或者断开，那么都会直接显示出来。用户可在连接处单击鼠标右键，启用或修复该连接。

③ 如果 IP 地址是动态分配的，检查网络上是否有其他计算机使用了同样的 IP 地址。用户可以将本机的网络断开，然后 Ping 有问题的 IP 地址，如果收到了回应，则表示该 IP 地址已经被其他计算机使用。

④ 如果 IP 地址显示设置一切正常，则将有问题的计算机网络设置与可以正常使用的计算机的网络设置进行比较，检查子网掩码、网关、DNS 以及 WINS 设置。

第3章 浏览器的使用

用户要想进入 Internet 浏览、查询以及获得信息，必须使用网络浏览器。浏览器是一种访问 Internet 资源的客户端工具软件，通常它支持多种协议，如 HTTP（超文本传输协议）、SMTP（简单邮件传输协议）、WAIS（广域信息服务）、FTP（文件传输协议）等。有了它，用户只需按几下鼠标，就能快速地浏览网上信息，还可以收发电子邮件、下载文件。目前推出的浏览器软件较多，例如，Internet Explorer 8.0 浏览器、360 安全浏览器、搜狗浏览器、Google Chrome 浏览器、腾讯公司的 TT 浏览器等，本章重点介绍前面 3 种浏览器。

3.1 Internet Explorer 8.0 浏览器

Internet Explorer 8.0 是美国微软公司于 2009 年 3 月 23 日推出的最新 Internet Explorer 版本。它作为微软 Windows 7 中的核心技术，除了在稳定性和可靠性上有大幅改善外，还提供了大量的新功能，该浏览器拥有更加优秀的性能、更加便捷的网络研发工具，在以往版本的基础上有效地提高了浏览器的安全性和可靠性，并为用户带来了更加舒适的体验。而且新的 IE 浏览器并不会对那些使用非正版 Windows 的用户关上大门，换言之，使用盗版 Windows 的用户一样可下载 Internet Explorer 8.0 使用。

Internet Explorer 8.0 浏览器的新功能归纳如下。

- 网络互动功能：可以摘取网页内容发布到 Blog 或者查询地址详细信息。
- 方便的收藏夹栏：在 Internet Explorer 8.0 中可以自行设定最爱收藏，并且会在工具栏以大图标显示。
- 快速修改兼容性配置：当用户遇到无法正常显示的页面时，单击该按钮模拟 IE 7.0 的模式，以达到最好的页面兼容性。
- 活动内容服务：只要将鼠标指针悬停于某项服务之上，浏览器便会将所选文字作为关键字，发送给这项服务。
- 网站订阅：订阅网站自动将最新的内容发送过来。
- 自动崩溃恢复：自动帮用户恢复出尚未关闭的网页。

3.1.1 安装 Internet Explorer 8.0

Internet Explorer 8.0 浏览器是预装在 Windows 7 和 Windows Vista 系统上的，如果用的是 Windows XP 系统，则没有 Internet Explorer 8.0 浏览器，必须安装后才能够使用，安装步骤如下。

① 从网上下载 Internet Explorer 8.0 浏览器软件，并运行安装文件，弹出如图 3-1 所示的“IE 8.0 浏览器安装向导”对话框。

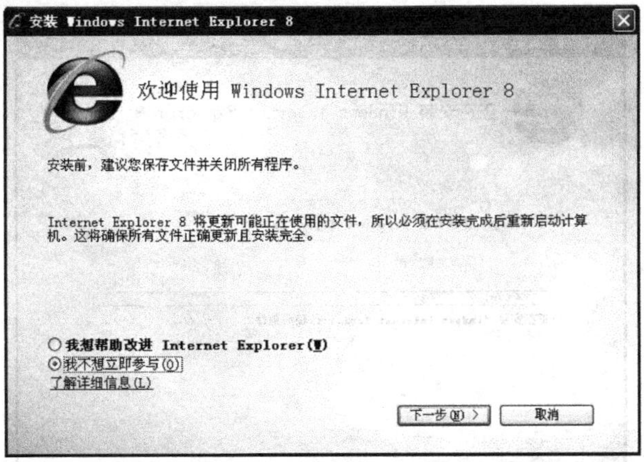

图 3-1　“IE 8.0 浏览器安装向导”对话框

② 在单选按钮中任意选中一项，单击“下一步”按钮，弹出如图 3-2 所示的“请阅读许可条款”对话框。

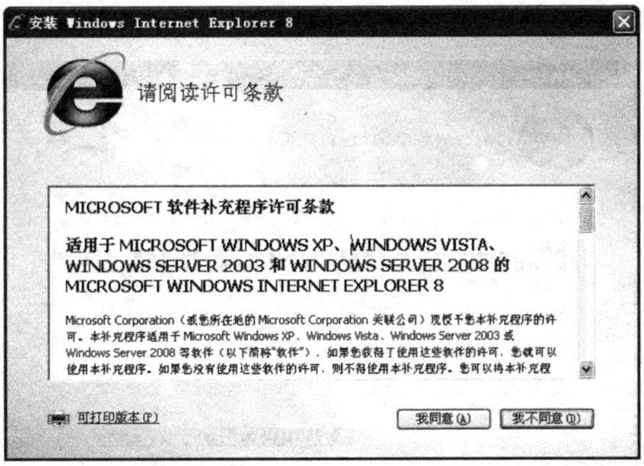

图 3-2　“请阅读许可条款”对话框

③ 单击“我同意”按钮，表示接受协议，弹出如图 3-3 所示的“安装更新”对话框。

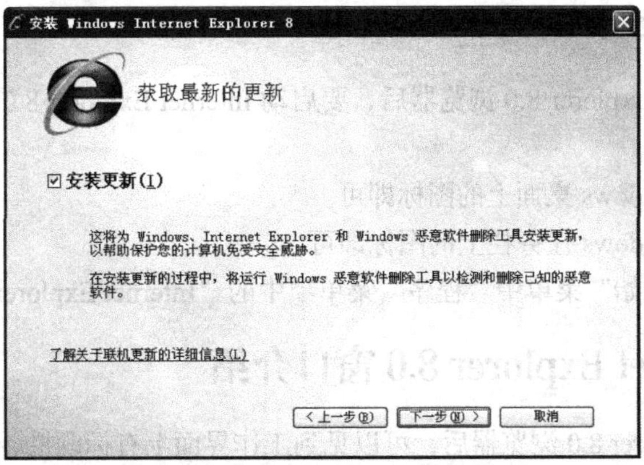

图 3-3　“安装更新”对话框

④ 选中“安装更新”复选框，将会从网上下载最新版本进行安装，单击“下一步”按钮，弹出如图 3-4 所示的“安装进度”对话框。

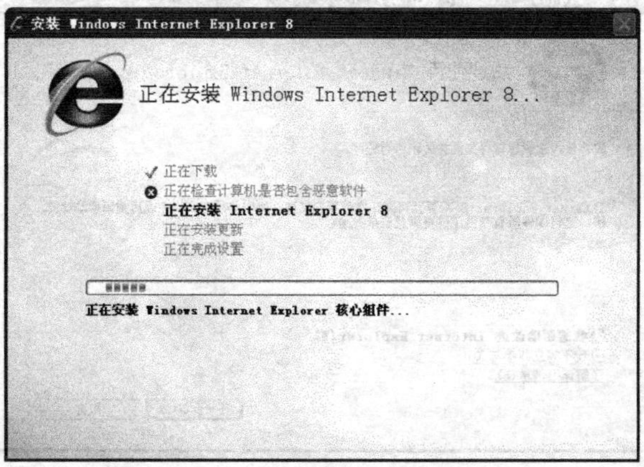

图 3-4 “安装进度”对话框

⑤ 等待几分钟，当弹出如图 3-5 所示的“安装完成”对话框时，表示安装完成，单击“立即重新启动”按钮即可。

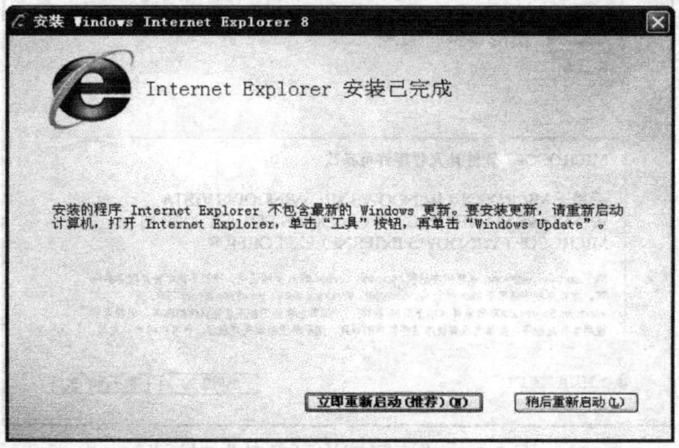

图 3-5 “安装完成”对话框

3.1.2 启动 Internet Explorer 8.0

在安装好 Internet Explorer 8.0 浏览器后，要启动 Internet Explorer 8.0 的方法很简单，常用方法有如下 3 种。

第一种：双击 Windows 桌面上的图标即可。

第二种：双击 Windows 任务栏上的图标即可。

第三种：选择“开始”菜单中“程序”菜单项中的“Internet Explorer”选项即可。

3.1.3 Internet Explorer 8.0 窗口介绍

启动 Internet Explorer 8.0 浏览器后，可以见到工作界面上有标题栏、菜单栏、工具栏、地址栏、收藏夹、状态栏和工作区等几部分，如图 3-6 所示。

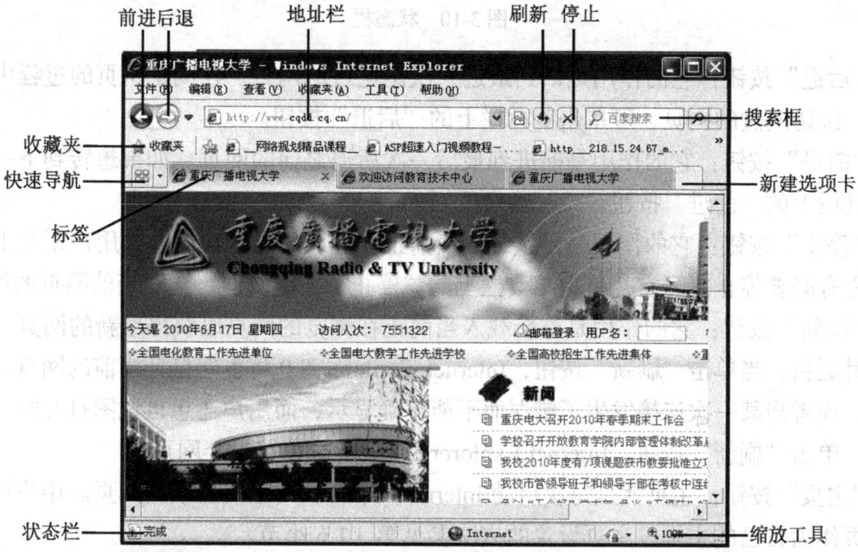

图 3-6　“IE 8.0 浏览器”窗口

有可能用户的屏幕上显示的窗口和以上有所不同，但它们都有标题栏、菜单栏、工具栏（按钮）、地址栏、主窗口以及状态栏等组成部分。

下面简单介绍一下它们的功能。

① 标题栏：位于界面顶部，显示当前正在浏览的网页的名称，它的最右边有三个标题按钮，依次为“最小化”按钮、“最大化/还原”按钮和“关闭”按钮，如图 3-7 所示。

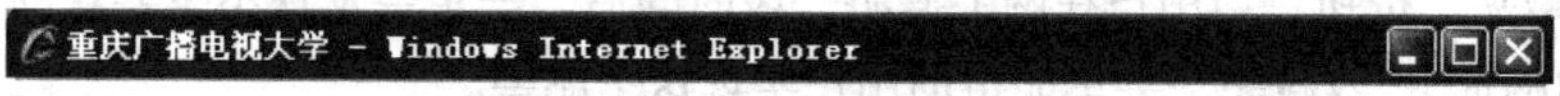

图 3-7　标题栏

② 菜单栏：位于标题栏下面，由一系列的菜单组成，每个菜单中包括了控制 Internet Explorer 8.0 浏览器如何工作的命令，如图 3-8 所示。

图 3-8　菜单栏

③ 地址栏：用于输入显示当前网页的地址，如图 3-9 所示。

图 3-9　地址栏

例如，用户想访问“重庆广播电视大学”的主页，可在地址栏直接输入 http://www.cqdd.cq.cn，即 Web 页的统一资源定位器（URL）地址，按回车键即可，如图 3-6 所示。

④ 主窗口：用于显示当前网页的内容。

⑤ 状态栏：用于显示当前所浏览的网页的附加信息。如用户将鼠标指针指向网页中的一个文本标题，状态栏则显示该文本的地址和文件名，如图 3-10 所示。

图 3-10 状态栏

⑥ “后退”按钮：它的作用是回到最近一次浏览过的网页。在浏览网页的过程中，如果要返回到上一次访问过的网页，可单击工具栏上的“后退”按钮。

⑦ “前进”按钮：它的作用是前进到最后一次后退之前的网页。如果想转到下一个网页，可单击工具栏上的“前进”按钮。

⑧ “停止”按钮：它的作用是停止载入当前正在下载的网页。通常当用户正在下载某一网页时，觉得有必要停止打开它，单击工具栏上的“停止”按钮，即终止对当前网页的访问。

⑨ “刷新”按钮：它的作用是重新载入当前正在浏览的网页以获得最新的网页。网页中的信息在随时更新，当单击“刷新”按钮，Internet Explorer 8.0 将重新打开当前的网页，并显示最新的内容。或者当某一次连接发生了错误而不能正确显示，而用户还想再试图打开时，不必再输一次网址，单击“刷新”按钮，Internet Explorer 8.0 会再次连接这个网页。

⑩ “主页”按钮：主页就是每次启动 Internet Explorer 时最先显示的网页。用户可以将一个喜欢的网页作为自己的主页。主页设置的方法参见第 3.1.6 小节。

如果用户在网上浏览时需要返回主页，单击“主页”按钮即可。

⑪ 搜索框：如果要搜索互联网，可以直接将关键字输入搜索框中并按下 Enter 键，即可调用搜索引擎进行搜索，用户可以单击搜索框右边的下拉按钮修改搜索引擎。

⑫ 选项卡标签：每个新建的网页都会显示为一个选项卡标签，单击该标签即可切换到该选项卡包含的页面。

⑬ “新建选项卡”按钮：单击该按钮可以新建一个空白选项卡。

⑭ 缩放工具：可以将页面放大或缩小显示，以适合视力不佳或有需要的用户。

⑮ “收藏夹”按钮：当用户在网上漫游一段时间后，一定会发现不少喜欢的网页，并希望能保存它们的网址，“收藏夹”菜单能帮助用户实现这个愿望。

单击“收藏夹”按钮时，主窗口左边弹出如图 3-11 所示的“收藏夹”下拉列表，单击某一个网址时，Internet Explorer 8.0 会马上打开它。

图 3-11 “收藏夹”下拉列表

3.1.7 小节将详细介绍收藏夹的使用和管理。

3.1.4 关闭 Internet Explorer 8.0 浏览器

关闭 Internet Explorer 8.0 浏览器，会自动使计算机退出与 Internet 的连接。

Internet Explorer 8.0 浏览器的关闭和关闭其他窗口一样简单，常用方法有如下几种。

第一种：单击标题栏右上角的“×”按钮即可。

第二种：选择“文件”菜单中的“关闭”命令即可。

第三种：使用快捷键 Alt+F4。

3.1.5 用 Internet Explorer 8.0 浏览网页

为了使用户能够灵活自如地使用 Internet Explorer 8.0 浏览器进行网上漫游，在本节中将对 Internet Explorer 8.0 浏览器的一些常用方法和操作进行介绍，例如：如何浏览网页、搜索网上信息、阅读信息以及将重要信息进行保存等。

1. 网址的组成

要查看网页内容就必须输入它的网址。下面以新浪网址（http://www.sina.com.cn/）为例来了解网址各组成部分的意义。

- “http”是英文 Hyper Text Transfer Protocol（超文本传输协议）的缩写，它代表网络使用的协议，是 Internet 上最常用的一种服务。
- “www”是英文“World Wide Web”的简称，中文译名为“万维网”，在网址中表示主机（服务器）名及主机的服务器类型。
- “sina”表示该地址的所有者（新浪网英文名）。
- “com”代表企业公司。其他网络组织如 net（网络管理机构）、edu（教育机构）、org（社团组织）、gov（政府机构）、ini（国际组织）等。“cn”代表中国，hk 代表中国香港，其他如 jp（日本）、us（美国）等。例如，www.online.cq.cn 表示中国（cn）重庆（cq）热线（online）的一台 Web 服务器（www），www.microsoft.com 表示商业机构（com）微软公司（microsoft）的一台 Web 服务器（www）。

2. 网址输入方法

网址输入方法主要有如下 3 种。

① 在地址栏中输入网址：在 Internet Explorer 8.0 浏览器的地址栏中直接输入要浏览网页的 URL 地址，例如，输入 http://www.sina.com.cn，然后按 Enter 键即可访问新浪站点的首页。单击首页中的任何链接，可浏览与之对应的 Web 页，如图 3-12 所示。

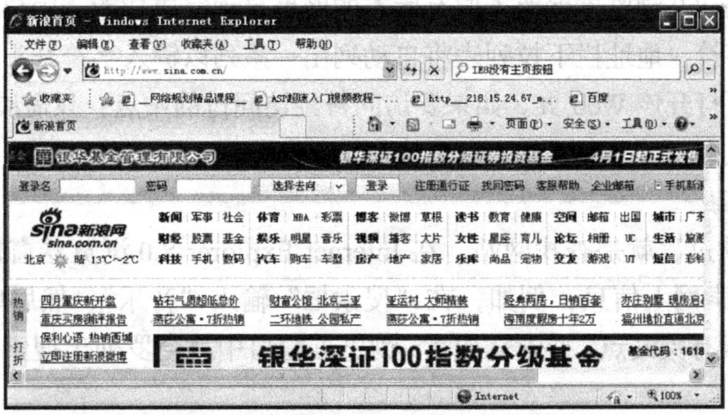

图 3-12 新浪网页

② 使用地址栏下拉列表：单击“地址栏”右边的下拉按钮，在下拉列表中选择需要的网址并单击即可，如图 3-13 所示。

图 3-13　地址栏下拉列表

③ 通过历史记录选择网址：单击“收藏夹”按钮时，主窗口左边弹出如图 3-11 所示的“收藏夹”下拉列表，单击“历史记录”标签，在该窗口中选择某个网页地址即可进入该网页。

3. 网页浏览

网页浏览的操作步骤如下。

① 打开 Internet Explorer 8.0 浏览器，在地址栏输入想要浏览的网址（如 http://www.sina.com.cn），按回车键即打开新浪网主页。

② 在主页上会提供和其他 Web 的链接。将鼠标指针移到带有下画线的文字处时，鼠标指针会变成手形，表示是一个超链接。单击鼠标，浏览器将打开该超链接指向的网页。

③ 在网页中还存在许多超链接，如果看到鼠标指针又变成了手形，表示这是一个超链接，单击鼠标左键，就会转到另外的网页，用户就可以进行网上漫游了。

IE 以前的版本都是单文档应用程序，也就是说每个新打开页面都要使用一个单独文件，当用户打开了许多页面时，这些窗口以图标方式显示在任务栏上，显得杂乱无章，而且切换起来比较麻烦。Internet Explorer 8.0 浏览器在这方面进行了改进，它是一个多文档应用程序，可在一个窗口中以选项卡形式显示多个页面。

用户可以单击不同的选项卡标签在不同页面间进行切换，处于当前的选项卡标签右侧有一个“关闭”按钮，单击即可关闭此页。

要在窗口中新建选项卡以浏览网页，可单击“新建选项卡”按钮，然后在新选项卡的地址栏中输入要打开的新网页网址即可。用户在打开网页上的超链接时，在该超链接处单击鼠标右键，在弹出的快捷菜单中可选择是在新窗口中还是在新选项卡中打开链接。

Internet Explorer 8.0 浏览器保留了原有版本的网址自动完成功能。用户只需在地址栏输入网页地址中的前几个字符，地址栏下拉列表将自动列出一系列以输入字符开头的网址，从中单击要访问网站的网址即可打开该 Web 页。如果要访问曾经访问过的站点，只需展开地址栏下拉列表，从中单击相应的网址即可。

4. 搜索所需信息

搜索所需信息的过程就是查找网站。在 Internet Explorer 8.0 浏览器窗口的右边有一个“搜索框”，可以用来搜索网上信息，例如，在“搜索框”输入“音乐”，然后单击“搜索”按钮，计算机就会自动搜索有关站点，搜索完成后，浏览器窗口中就会罗列出搜索到的站点，如图 3-14 所示。

搜索结果出现后，单击自己感兴趣的超链接就可以浏览相关的网页。

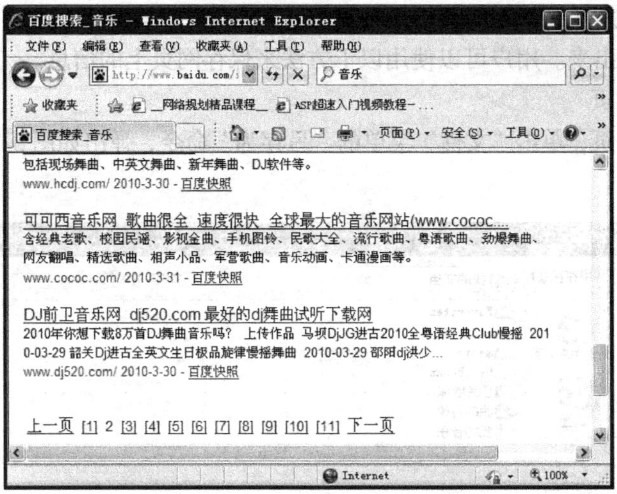

图 3-14　“网页搜索结果”窗口

搜索到的网址有很多，用户可以拉动右边的滚动条来寻找所需要的网页。如果觉得它们太多，用户可以增加搜索信息，以减少搜索范围。

Internet 上有许多著名的由搜索提供商提供的搜索网站（也叫搜索引擎），如“sohu 搜狐”、“Yahoo 雅虎”、“百度”、“Google”等，使用它们将给用户带来极大的方便。关于搜索引擎的具体用法请参考第 5 章。

5. 缩放页面

在浏览网页时如果觉得页面显示的文字太小，在旧的 IE 版本中，可通过“查看”菜单下的“文字大小”命令来更改显示的文字大小。但这种方法对大多数使用 CSS 定义字号的网页无效，而且无法缩放页面上显示的图片。

Internet Explorer 8.0 的右下角有一个缩放工具，单击该按钮，可将网页内容以原始大小的 125%、150%、200%、400%的比例放大，也可按 75%、50%的比例缩小，如图 3-15 所示。如果默认的缩放等级不能满足要求，可单击图 3-15 所示的“自定义”命令，在打开的“自定义缩放”对话框中输入缩放比例，单击“确定”选择按钮即可，如图 3-16 所示。

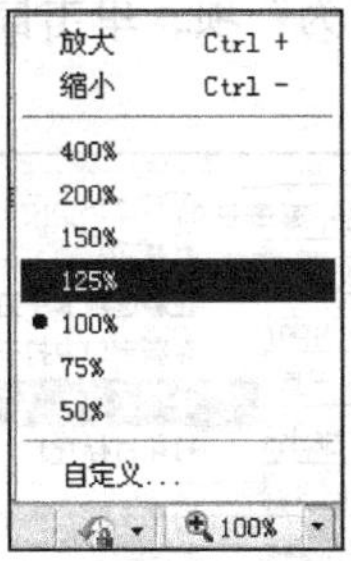

图 3-15　“缩放工具”菜单

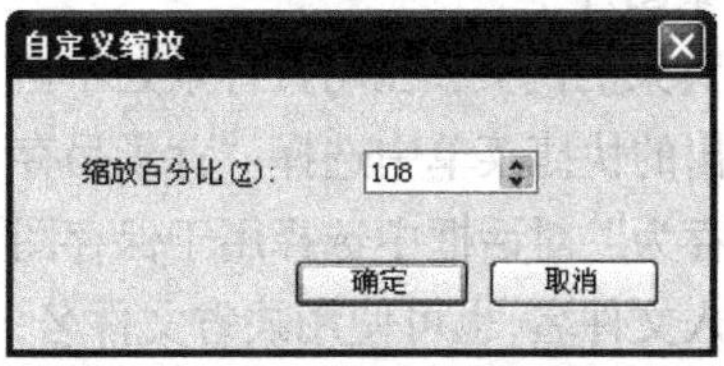

图 3-16　“自定义缩放”对话框

6. 网页内容的保存

浏览网页时会发现很多非常有用的信息，这时，用户一定很想将它们保存下来以便日后参考，或者不进入网页站点直接查看这些信息。Internet Explorer 8.0 在这方面提供了强大的功能，它不仅可以保存整个网页，也可以只保存其中的部分内容（文本、图片或链接）。信息保存后，用户可以在其他文档中使用或将其中图片作为计算机墙纸在桌面上显示。用户还可以通过电子邮件将网页或指向该页的链接发送给其他能够访问网页的人，同他们共享这些信息。对于无法访问网页的人，可以将网页打印出来。用户可以使用以下方法来保存网页上的信息。

（1）保存当前网页

打开要保存的网页，单击“文件”菜单的“另存为”命令，弹出如图 3-17 所示的“保存 Web 页”对话框。

图 3-17 “保存 Web 页”对话框

在“文件名”处键入该页的名称，在“保存类型”框中选择文件类型，然后单击“保存”按钮即可。

> **说明** 在选择“保存类型”时，若要保存该网页的全部内容（包括图像和样式等），则单击“网页，全部”；若只保存当前 HTML 格式信息，不保存图像、声音等，则单击“网页，仅 HTML”；若只以纯文本格式保存信息，则单击“文本文件”。

（2）保存网页的图片

将鼠标指针移动到图片上，单击鼠标右键，选中“图片另存为”项，单击鼠标，选择用于保存图片的文件夹，单击“保存”按钮，一幅图片就保存好了。

（3）保存背景图片

打开要保存背景的网页，在网页背景处单击鼠标右键，在弹出的快捷菜单中选择“背景另存为”项，在“另存为”对话框中选择用于保存图片的文件夹并输入文件名，也可使用缺省文件名，单击“保存”按钮，一幅图片就保存好了。

7. 不打开网页或图片而直接保存

用户可以在不打开一个网页的情况下保存它，前提是在当前浏览的网页中有该网页的超链接。在要保存的网页超链接处单击鼠标右键，弹出如图 3-18 所示的快捷菜单，选择“目标另存为”

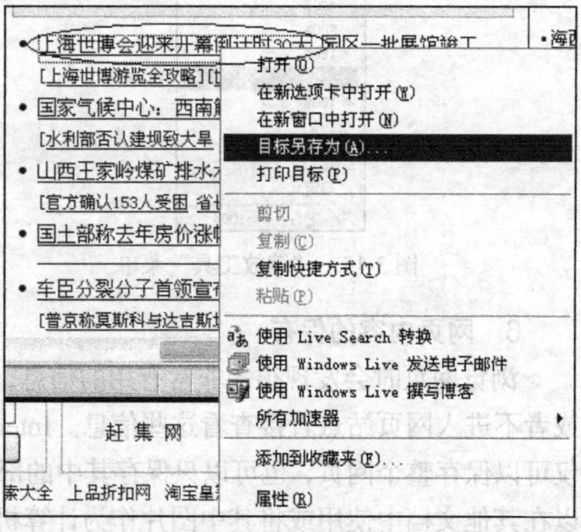

图 3-18 快捷菜单

命令，在“文件名”文本框中键入名称，然后单击“保存”按钮即可。

8. 将网页中的信息复制到文档

选定网页中要复制的信息，单击“编辑”菜单中的“复制”命令，再打开要编辑的文本，可以使用 Word、记事本或写字板，将光标定位到要显示信息的文档中，单击“编辑”菜单中的“粘贴”命令即可。

9. 文件下载

下载就是把网站上的共享信息或软件下载到计算机中。例如，图书、音乐、电影、游戏等凡是网上有的信息或者资料都可以下载。文件下载有多种方法，可以用专用软件来下载，比如，网络蚂蚁、迅雷、网际快车等，也可以直接用浏览器进行下载（下载方法参见第 1.3.3 小节）。

10. 打印网页

除了浏览、下载保存网页信息外，用户还可以将需要的网页打印下来，在打印前首先要进行页面设置。

操作步骤如下。

① 进入要打印的网页，选择“文件”菜单中的“页面设置”命令，如图 3-19 所示。在对话框的“纸张大小”下拉列表中选中 A4 或 B5 纸，在“方向”区中选择“纵向”或“横向”来指定页面打印时的方向，在“页边距”区中输入上、下、左、右页边距大小（单位：mm）。

② 单击“文件”菜单中的“打印”命令，即可打印当前网页。

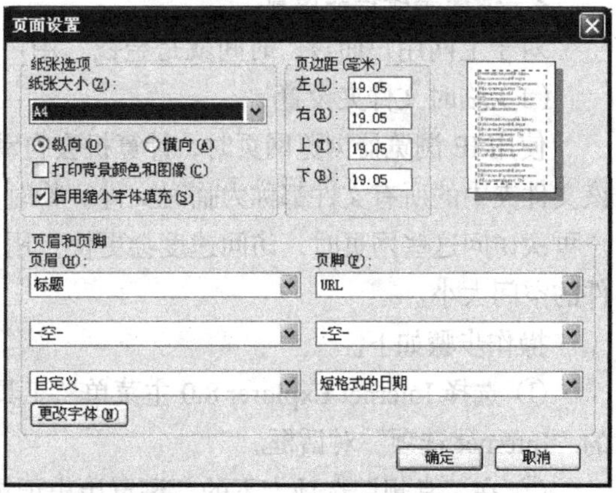

图 3-19 “页面设置”对话框

3.1.6 Internet Explorer 8.0 的基本设置

选择 Internet Explorer 8.0 主菜单“工具”中的“Internet 选项”命令，弹出如图 3-20 所示的“Internet 选项”对话框，包括“常规”、“安全”、“隐私”、“内容”、“连接”、“程序”、“高级”7 个标签，可分别用来设置不同类型的工作环境，其中大部分设置可以使用缺省值，但用户也可以根据需要更改系统原有的一些设置，例如，在浏览网页时想加快网页内容的下载速度，可以设置禁止图片显示等。

1. 设置默认主页

所谓主页，就是指访问 WWW 站点的起始页。启动 Internet Explorer 8.0 后默认的主页是 Microsoft 的页面，可以改变主页设置，通常将经常使用的 Web 主页设置为用户主页，这样，每次启动 Internet Explorer 8.0 时，就会立刻进入该网页而无需查找。

操作步骤如下。

① 选择 Internet Explorer 8.0 主菜单“工具”中

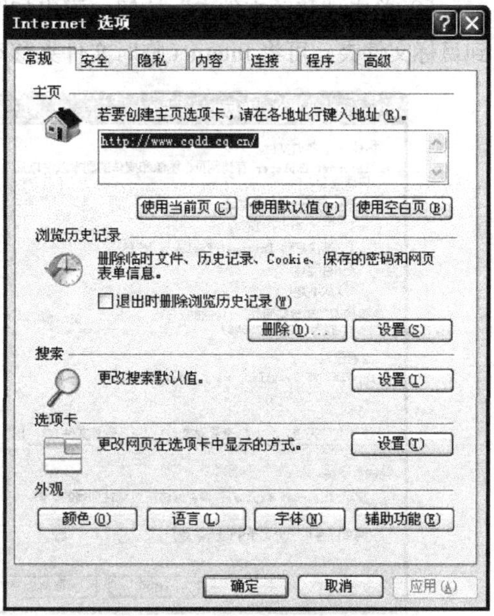

图 3-20 “Internet 选项”对话框

的“Internet 选项”命令，弹出如图 3-20 所示的“Internet 选项”对话框。

② 选择“常规”选项卡，在“主页”区的“地址”文本框中，输入作为主页的网址，例如：“http://www.cqdd.cq.cn”，单击“确定”按钮即可，则在启动 Internet Explorer 8.0 浏览器后将首先在浏览区中显示重庆广播电视大学的主页，如图 3-6 所示。

- 单击该对话框中的“使用当前页”按钮，即可将当前浏览的网页设置为 Internet Explorer 8.0 默认主页。
- 单击该对话框中的“使用默认值”按钮，可将（http://go.microsoft.com/fwlink/?LinkId=69157）微软公司的网页设置为 Internet Explorer 8.0 默认主页。
- 单击该对话框中的“使用空白页”按钮，将 Internet Explorer 8.0 默认主页设置为空页，这时地址栏中将显示英文“about:blank”。

2. 提高系统性能设置

对于上网用户而言，时间就是金钱。用户可以通过以下方法来提高浏览网页的速度。

（1）临时文件夹设置

使用 IE 浏览器浏览网页时，计算机会自动将访问过的网页内容保存到磁盘的特定文件夹中，该文件夹中的所有文件都称为临时文件。临时文件夹中记录了用户部分访问过的网页内容。当用户再次访问这些网页时，访问速度会更快。用户可以根据硬盘容量及工作情况来调整存放临时文件的空间大小。

操作步骤如下。

① 选择 Internet Explorer 8.0 主菜单“工具”中的“Internet 选项”命令，弹出如图 3-20 所示的“Internet 选项”对话框。

② 在“常规”选项卡下的“浏览历史记录”选项区域单击“设置”按钮，弹出如图 3-21 所示的“Internet 临时文件和历史记录设置”对话框。

③ 根据硬盘容量，在“要使用的磁盘空间”右侧的微调框中设置临时文件夹所使用的空间，如图 3-21 所示。

④ 单击“移动文件夹”按钮，弹出如图 3-22 所示的“浏览文件夹”对话框，然后选择移动到目标文件夹，可将 Internet 临时文件夹移动到所选择的文件夹中。

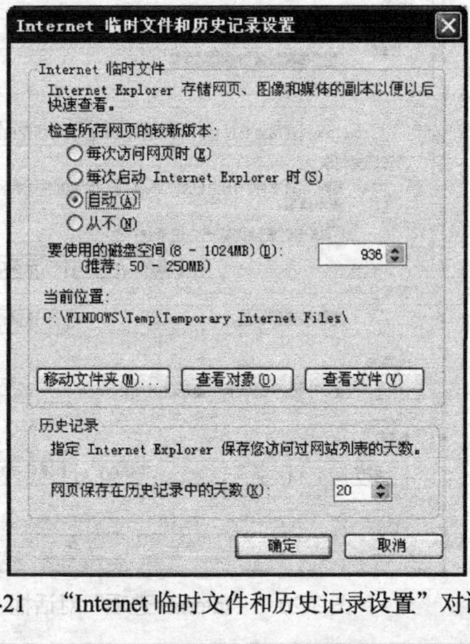

图 3-21 “Internet 临时文件和历史记录设置”对话框

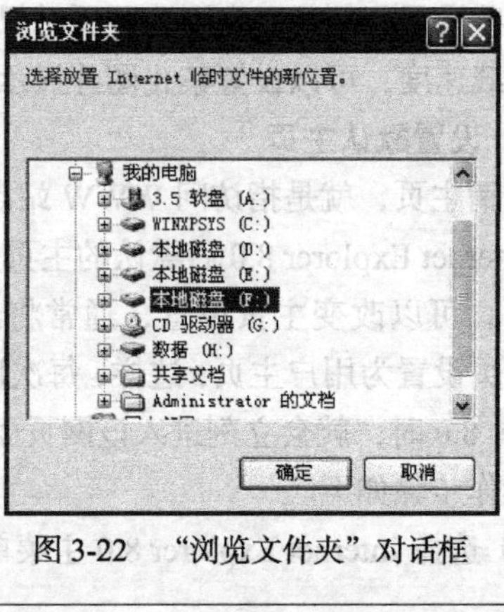

图 3-22 “浏览文件夹”对话框

⑤ 最后单击“确定”按钮即可。

（2）对历史记录的设置

通过历史记录，用户可以快速地访问已浏览过的网页，也可以指定网页保存在历史记录中的天数或者清除历史记录。

操作步骤如下。

① 选择 Internet Explorer 8.0 主菜单“工具”中的“Internet 选项”命令，弹出如图 3-20 所示的“Internet 选项”对话框。

② 在“常规”选项卡中选中“退出时删除浏览历史记录”复选框，今后用户退出 Internet Explorer 8.0 浏览器时，系统会自动清除浏览历史记录。

③ 在图 3-21 中可以设置网页保存在历史记录中的天数，只需在“网页保存在历史记录中的天数”右侧的微调框中设置即可。

3. 禁止显示图片、播放视频和声音

在浏览 Web 页时常常会发现，由于 Web 页上带有图片或其他多媒体信息，因而浏览速度非常慢。为了加快浏览速度，可以设置暂时不下载网页中的图片、视频、声音等多媒体信息。

操作步骤如下。

① 选择 Internet Explorer 8.0 主菜单“工具”中的“Internet 选项”命令，弹出如图 3-20 所示的“Internet 选项”对话框。

② 打开“高级”选项卡，如图 3-23 所示，在“多媒体”区域禁用“显示图片”、“在网页中播放动画”和“在网页中播放声音”等复选框，最后单击“确定”按钮保存设置。

③ 设置完成后，重新打开 Internet Explorer 8.0 浏览器或单击“刷新”按钮才能使设置生效。下面以新浪网主页为例看看设置前后的区别，如图 3-24 所示，设置后的图片无法显示。

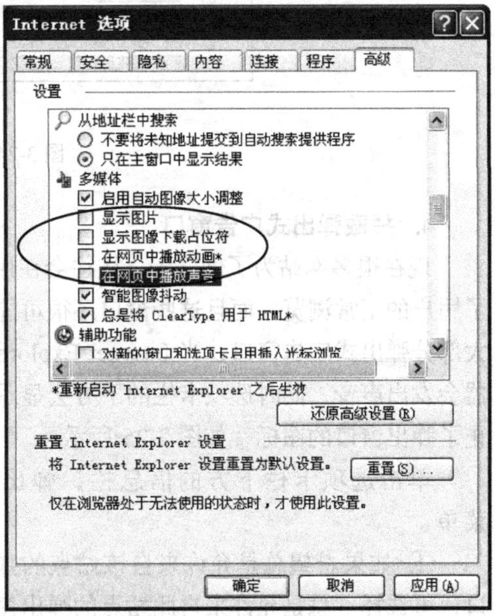

图 3-23 “高级设置”对话框

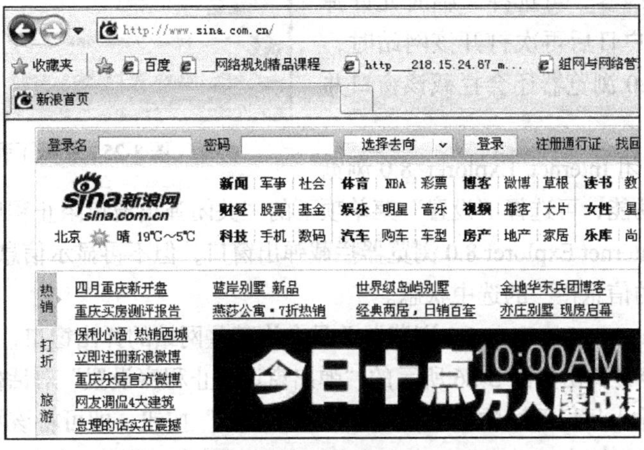

（a）没有禁用图片

图 3-24 显示效果

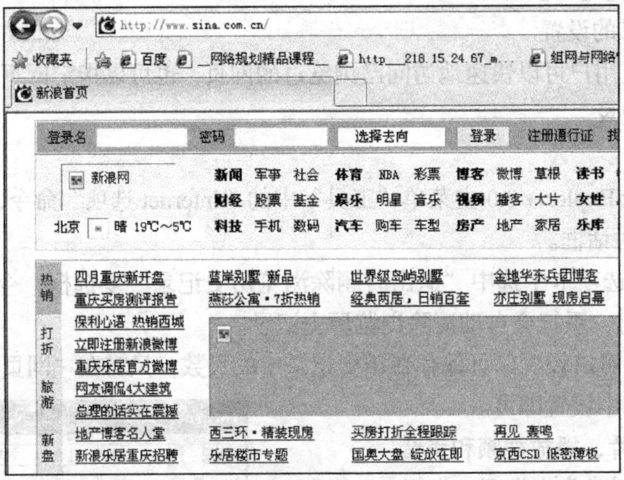

（b）禁用图片

图 3-24　显示效果（续）

4. 拦截弹出式广告窗口

现在很多网站为了做广告，往往会在用户浏览网页时弹出大量的广告窗口，这不仅严重影响了用户的正常浏览，而且这些窗口还很可能包含恶意代码。Internet Explorer 8.0 可以很好地拦截大部分弹出式广告窗口，当 Internet Explorer 8.0 浏览器拦截了来自一个网站的弹出窗口后，浏览器会发出声音，同时选项卡栏的下方会显示一个黄色的信息栏，另外在状态栏还会有一个代表阻止了弹出窗口的图标，如图 3-25 所示。

单击选项卡栏下方的信息栏，弹出一个菜单。

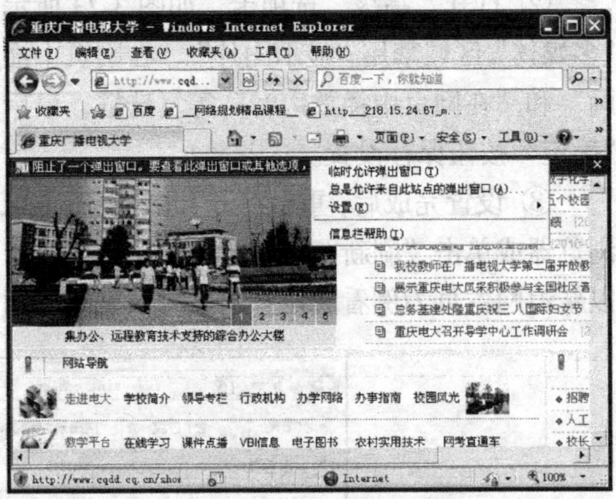

图 3-25　拦截了弹出式窗口

① 如果希望总是允许来自该站点的弹出窗口，可选择“总是允许来自此站点的弹出窗口”命令。

② 如果不知道弹出窗口的内容是否需要，而希望先查看网页内容，可选择“临时允许弹出窗口”命令。用户日后再次打开该网站时，Internet Explorer 8.0 浏览器还会拦截该窗口并再次询问。

③ 如果希望关闭 Internet Explorer 8.0 浏览器的弹出窗口拦截功能，可选择“设置”菜单项下的“关闭弹出窗口阻止程序”命令。

④ 如果希望 Internet Explorer 8.0 浏览器拦截弹出窗口，但不再显示信息栏，可取消“设置”→“显示弹出窗口的信息栏”的选中状态。

⑤ 如果希望 Internet Explorer 8.0 浏览器总是允许某些网站的弹出窗口，可单击“设置”项下的“更多设置”命令，弹出如图 3-26 所示的“弹出窗口阻止程序设置”对话框。在“要允许的网站地址”文本框中输入目标网站的地址，然后单击“添加”按钮，即可将该网站地址添加到下方的“允许的站点”列表框中，在列表框中选中某个地址，单击“删除”按钮，Internet Explorer 8.0 浏览器将不再允许该网站的弹出窗口。

⑥ Internet Explorer 8.0 浏览器的弹出窗口拦截程序提供了 3 个级别的筛选，以实现不同程度的拦截，如图 3-27 所示。默认的筛选级别为“中：阻止大多数自动弹出窗口”。

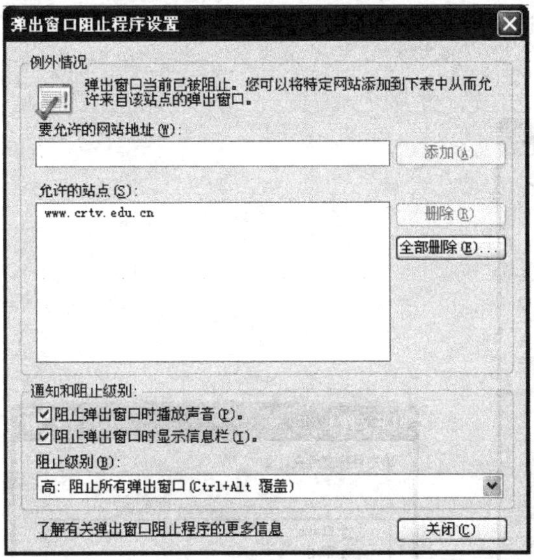

图 3-26 “弹出窗口阻止程序设置”对话框

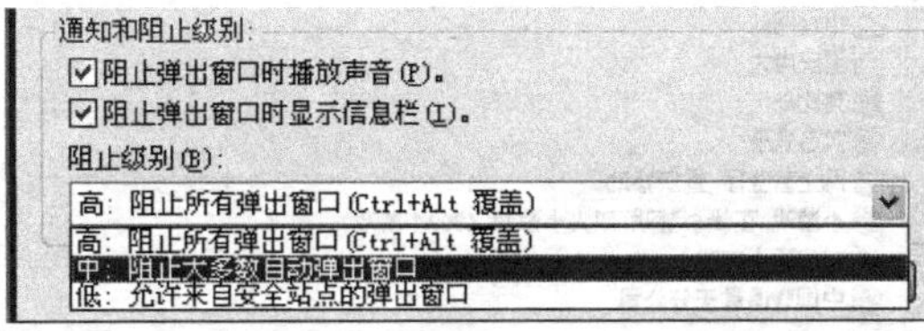

图 3-27 “阻止级别”下拉列表

3.1.7 使用和整理收藏夹

收藏夹是用来保存网页地址的，其作用类似档案柜，可以在其中建立文件夹，将用户希望保存的网络地址分类保存在不同的文件夹中，便于以后访问。

1. 添加网页到收藏夹

当用户找到喜欢的 Web 页或者站点时，可以将其收藏到收藏夹中。

操作步骤如下。

① 单击“收藏夹”菜单中的“添加到收藏夹”命令，弹出如图 3-28 所示的“添加到收藏夹”对话框。

② 在该对话框的“名称”文本框中显示有当前正在浏览的网页的标题。用户可以将该标题作为收藏夹中该网页的快捷方式名称，也可以在该框中输入新的名称。在“创建位置”下拉列表框中选择网页收藏的位置。将网页按不同分类收藏在不同的文件夹中，可便于收藏夹中内容的组织和管理，最后单击“添加”按钮即可。

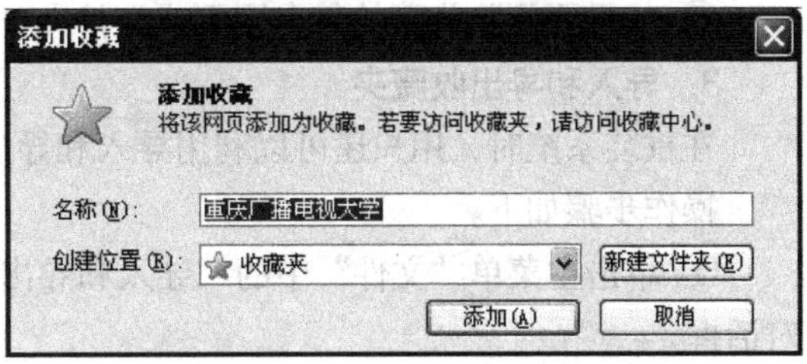

图 3-28 “添加到收藏夹”对话框

2. 整理收藏夹

经过一段时间网上漫游，用户一定保存了许多类型的网页地址，为了查找方便，通常会对收藏夹中保存的网址进行分类整理。

操作步骤如下。

① 在 Internet Explorer 8.0 浏览器窗口中，单击“收藏夹”菜单中的“整理收藏夹”命令，弹出如图 3-29 所示的“整理收藏夹”对话框。

② 如果要新建一个文件夹，则只需单击“新建文件夹”按钮，就可以在收藏夹中新建一个文件夹，并对其命名。

③ 如果要将某个网页从一个文件夹移动到另一个文件夹中，可选中后单击“移动”按钮，弹出如图 3-30 所示的“浏览文件夹”对话框，选中要移到的目标文件夹，单击“确定”按钮即可。

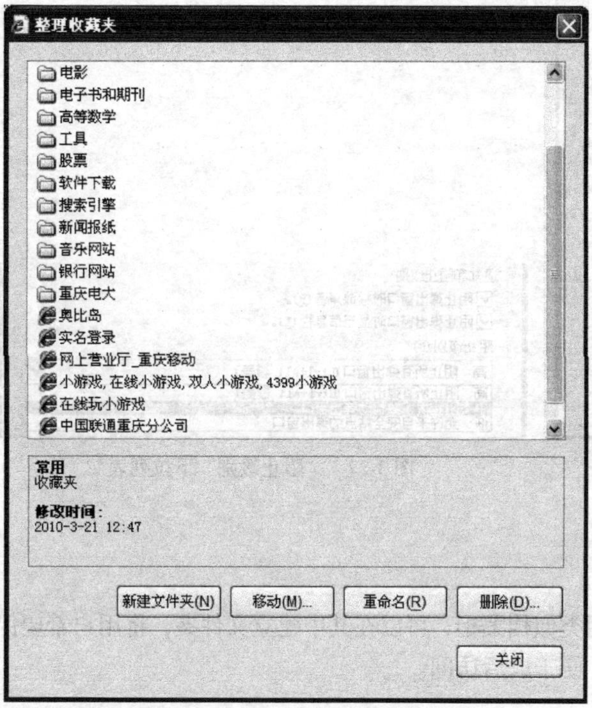

图 3-29 “整理收藏夹”对话框

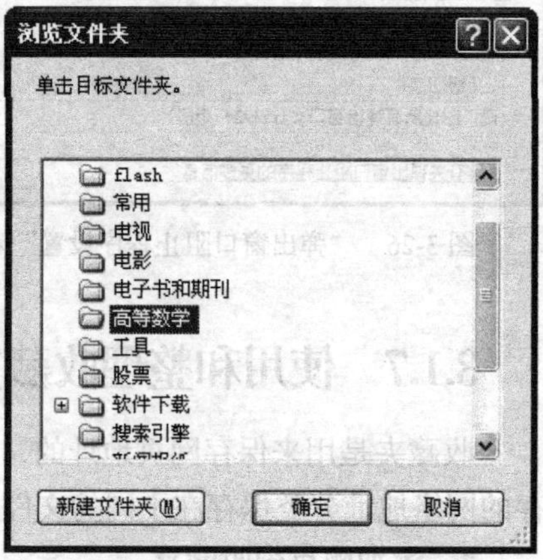

图 3-30 “浏览文件夹”对话框

④ 如果要修改某个文件夹的名称，可选中该文件夹，单击“重命名”按钮，对其重新命名即可。

⑤ 如果要删除收藏的某个网页或文件夹，可选中后，单击“删除”按钮即可。

3. 导入和导出收藏夹

在重装系统时，用户还可以利用导入和导出功能交换自己的收藏夹内容。

操作步骤如下。

① 单击主菜单“文件”中的“导入和导出”命令，弹出如图 3-31 所示的“导入/导出设置”对话框。

② 如果用户要导出收藏夹，选中“导出到文件”单选按钮，单击“下一步”按钮，弹出如图 3-32 所示的“导出内容”对话框。

③ 选择导出内容，单击“下一步”按钮，弹出如图 3-33 所示的“导出收藏夹”对话框。

④ 如果用户要导出所有收藏夹，选择“收藏夹”，也可以导出某个文件夹，只需选中它即可，然后单击“下一步”按钮，弹出如图 3-34 所示的“保存文件名”对话框。

⑤ 单击“浏览”按钮，选择保存文件的路径后，再单击“下一步”按钮即可。

同理，如果要导入收藏夹，只需在图 3-31 中选择“从文件中导入”单选按钮，然后根据向导提示进行操作即可。

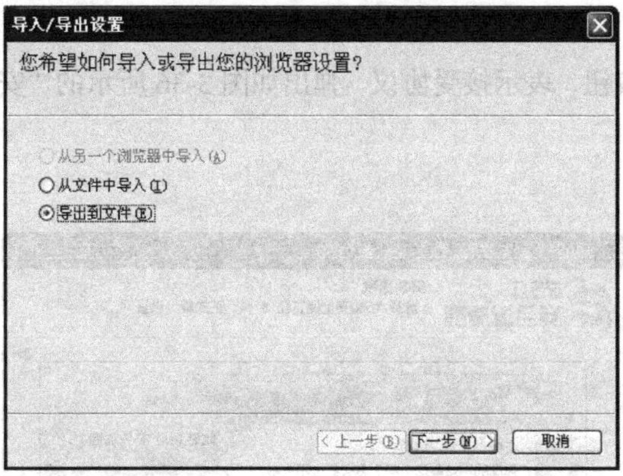

图 3-31　“导入/导出设置”对话框

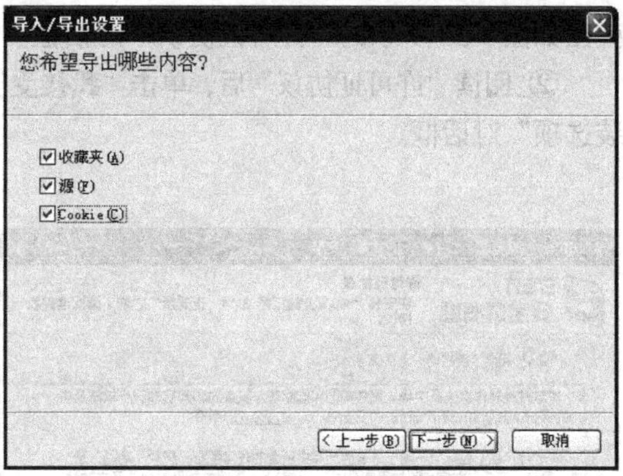

图 3-32　“导出内容”对话框

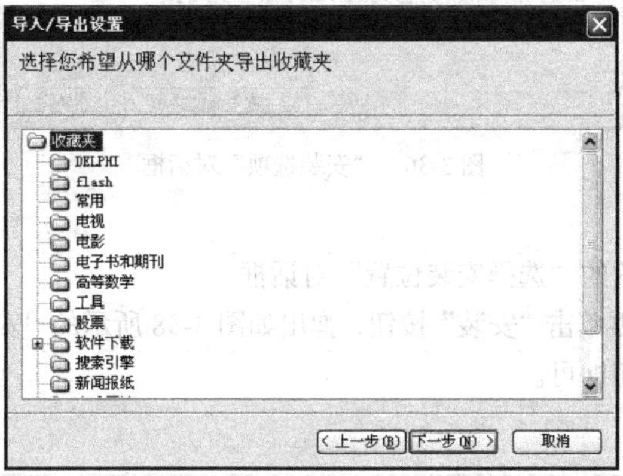

图 3-33　“导出收藏夹”对话框

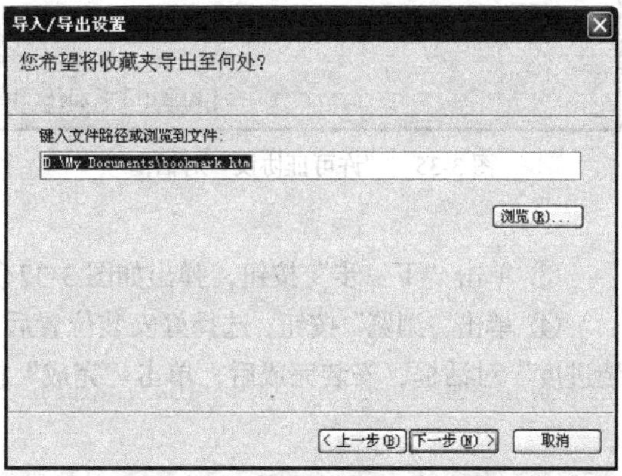

图 3-34　“保存文件名”对话框

3.2　360 安全浏览器

360 安全浏览器（360SE）是互联网上非常好用、安全的新一代浏览器，和 360 安全卫士、360 杀毒等软件一同成为 360 安全中心的系列产品。木马已经取代病毒成为当前互联网上最大的威胁，90%的木马用挂马网站通过普通浏览器入侵，每天有 200 万用户访问挂马网站中毒。360 安全浏览器拥有全国最大的恶意网址库，采用恶意网址拦截技术，可自动拦截挂马、欺诈、网银仿冒等恶意网址。360 安全浏览器独创沙箱技术，在隔离模式即使访问木马也不会感染。除了在安全方面的特性，360 安全浏览器在速度、资源占用、防假死不崩溃等基础特性上表现同样优异，在功能方面拥有翻译、截图、鼠标手势、广告过滤等几十种实用功能，在外观上设计典雅精致，是外观设计很好的浏览器，有很多网民使用 360 安全浏览器后都认为好用。

3.2.1　安装 360 安全浏览器

安装步骤如下。

① 从 360 安全浏览器主页上（http://se.360.cn/）下载 360 安全浏览器软件，并运行安装文件，弹出如图 3-35 所示的“许可证协议”对话框。

② 阅读“许可证协议”后，单击“我接受”按钮，表示接受协议，弹出如图 3-36 所示的“安装选项”对话框。

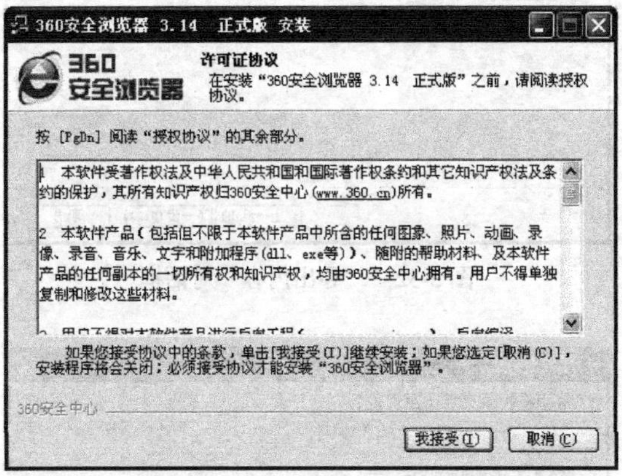

图 3-35 “许可证协议”对话框

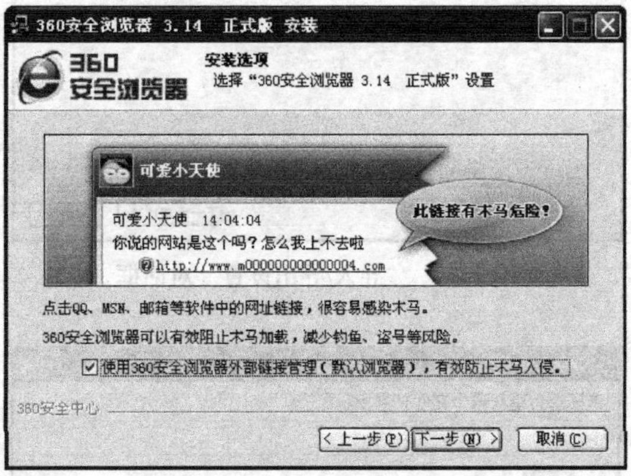

图 3-36 “安装选项”对话框

③ 单击“下一步”按钮，弹出如图 3-37 所示的“选择安装位置”对话框。

④ 单击“浏览”按钮，选择好安装位置后，再单击“安装”按钮，弹出如图 3-38 所示的“安装进度”对话框，安装完成后，单击“完成”按钮即可。

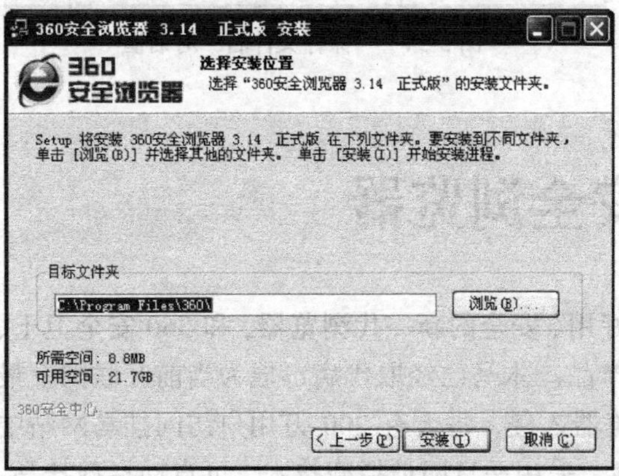

图 3-37 “选择安装位置”对话框

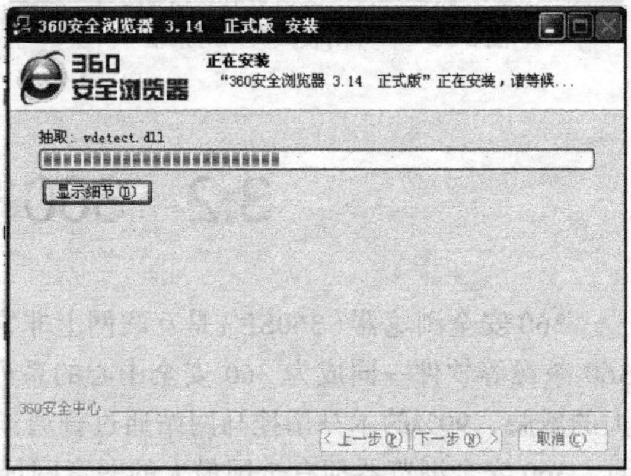

图 3-38 “安装进度”对话框

3.2.2 360 安全浏览器窗口介绍

启动 360 安全浏览器后，可以见到工作界面上有标题栏、菜单栏、工具栏、地址栏、状态栏和工作区等几部分，如图 3-39 所示，窗口组成及各部分的功能跟 Internet Explorer 8.0 浏览器基本相同，360 安全浏览器的使用、操作方法以及收藏夹的使用都跟 Internet Explorer 8.0 浏览器基本相同，在此不再详述，下面主要对 360 安全浏览器的特有功能进行介绍。

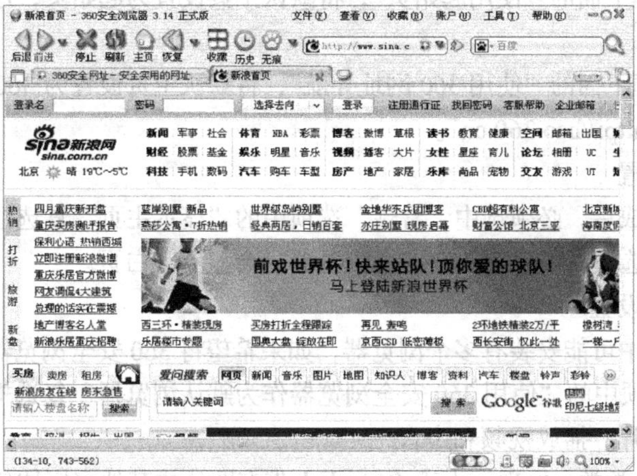

图 3-39　360 安全浏览器窗口

3.2.3　360 安全浏览器系统设置

1. 简单设置

当 360 安全浏览器安装后第一次运行时，系统会对浏览器的环境进行简单设置，如图 3-40 所示，用户只需按照向导进行简单设置即可。

2. 360 安全浏览器选项设置

选择“工具”菜单中的“360 安全浏览器选项”命令，打开如图 3-41 所示的“360 安全浏览器选项”网页，在该页面中用户可以对 360 安全浏览器的环境参数进行详细设置。

图 3-40　第一次启动环境设置

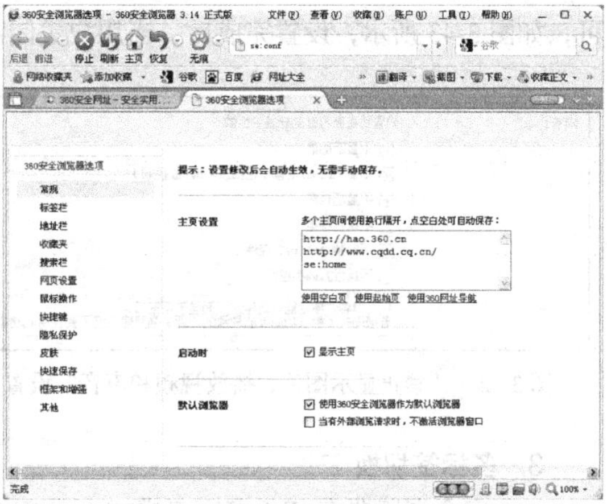

图 3-41　“360 安全浏览器选项”网页

（1）主页设置

选择左边列表中的“常规”选项，在右边窗口中的“主页设置”栏文本框中输入主页网址即可。360 安全浏览器可以同时设置多个主页，每个主页网址占一行，当启动 360 安全浏览器时，系统会同时打开多个主页。

① 单击该文本框下面的“使用空白页”，将默认主页设置为空页，这时编辑框会显示英文“about:blank”。

② 单击该文本框下面的“使用起始页”，将默认主页设置为起始页，这时编辑框会显示英文“se:home”。

③ 单击该文本框下面的“使用 360 网址导航”，将默认主页设置为 360 网址导航主页，这时编辑框会显示网址“http://hao.360.cn”。

（2）显示主页设置

上述主页设置完成后，必须选中“常规”选项中的“显示主页”复选框才能生效，如果没有选中“显示主页”复选框，当启动 360 安全浏览器时会显示空白页。

（3）默认浏览器设置

在用户的计算机中可能安装有多个浏览器，如果希望将 360 安全浏览器设置为默认浏览器，只需选中“常规”选项中的“使用 360 安全浏览器作为默认浏览器”复选框即可。

（4）禁止显示图片、播放视频和声音

在浏览 Web 页时常常会发现，由于 Web 页上带有图片或其他多媒体信息，因而浏览速度非常慢。为了加快浏览速度，可以设置暂时不下载网页中的图片、视频、声音等多媒体信息。

操作方法如下。

单击左边列表中的“网页设置”选项，在右边窗口中的“网页内容”栏选择“不显示图像”、“不显示 Flash 动画（包括 Flash 内嵌视频）”、“不显示视频”等复选框即可，如图 3-42 所示。

（5）自动清理设置

用户在浏览网页时，系统会自动将浏览数据保存到默认目录下，例如：已浏览过的网页的网址、网页表单数据、Flash 动画文件、图片文件、视频文件等都会保存到相应的文件夹中，为了保护隐私、提高系统性能，可以将这些历史记录删除。

操作步骤如下。

单击左边列表中的“隐私保护”选项，在右边窗口中的“自动清理”栏选择相应的复选框即可，如图 3-43 所示，设置完成后，当用户关闭浏览器时，系统自动清除相应的历史记录。

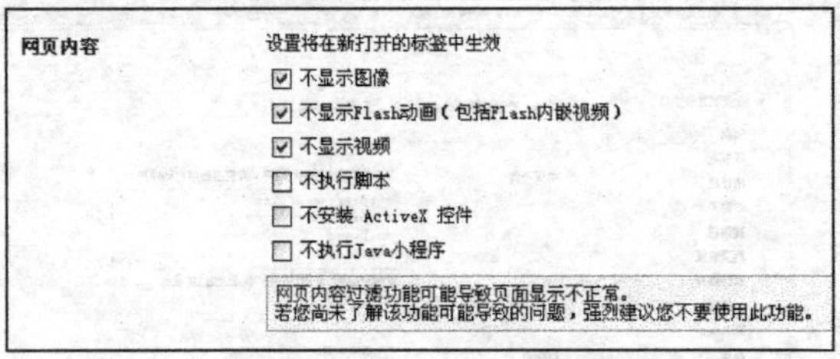

图 3-42 “禁止显示图片、播放视频和声音”设置

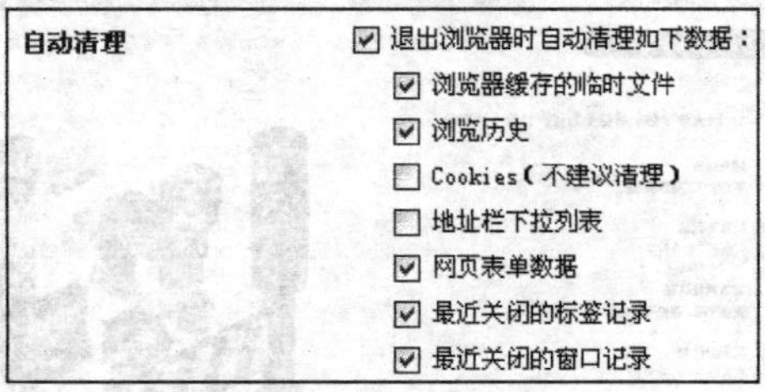

图 3-43 “自动清理”设置

3. 多标签切换

360 安全浏览器有 IE 6 多窗口模式（和 IE 6 一样，每个网页都在独立的窗口里打开）和多标签模式（网页在同一个窗口的多个标签里打开）两种。

① IE 6 多窗口模式切换为多标签模式。操作方法是选择“工具”菜单中的“切换到多标签模式”命令，如图 3-44 所示。

② 多标签模式切换为 IE 6 多窗口模式。操作方法是选择“工具”菜单中的“切换到 IE 6 多窗口模式”命令，如图 3-44 所示。

4. 截图工具

① 单击浏览器上的“截图”按钮可以实现抓图功能，第一次使用时会弹出一个如图 3-45 所

示的“截图使用说明”对话框。

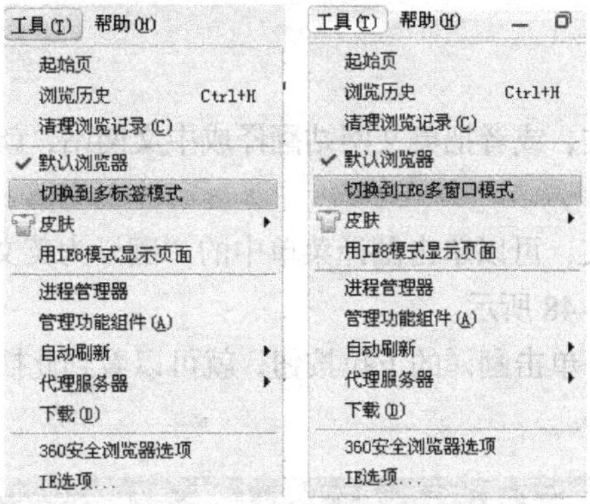

图 3-44 “多标签切换”设置

图 3-45 “截图使用说明”对话框

② 单击“截图”的下拉按钮，弹出如图 3-46 所示的“截图功能菜单”。

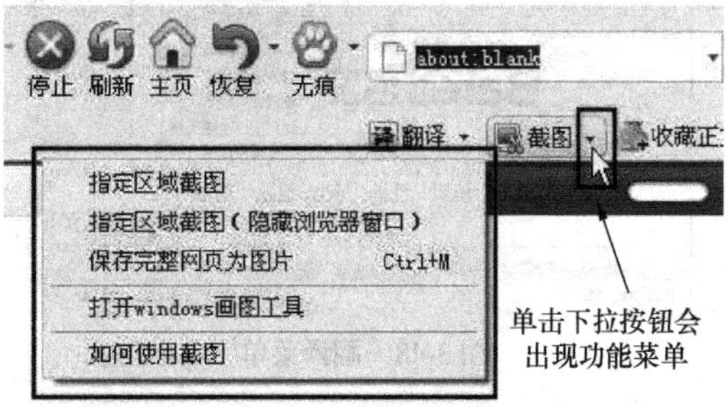

图 3-46 截图功能菜单

- 指定区域截图：直接截取当前显示屏幕的图片。
- 隐藏浏览器窗口截图：开始截图时会将浏览器最小化后再开始截图。
- 保存完整网页为图片：将当前的网页保存为一张完整的图片。
- 打开 Windows 画图工具：单击即可打开系统自带的画图工具。

③ 截图方法。

- 开始截图时，会出现一个十字的光标。
- 找到想要开始截图的点，按下鼠标左键不放，拖动鼠标，会出现一个如图 3-47 所示的矩形区域。

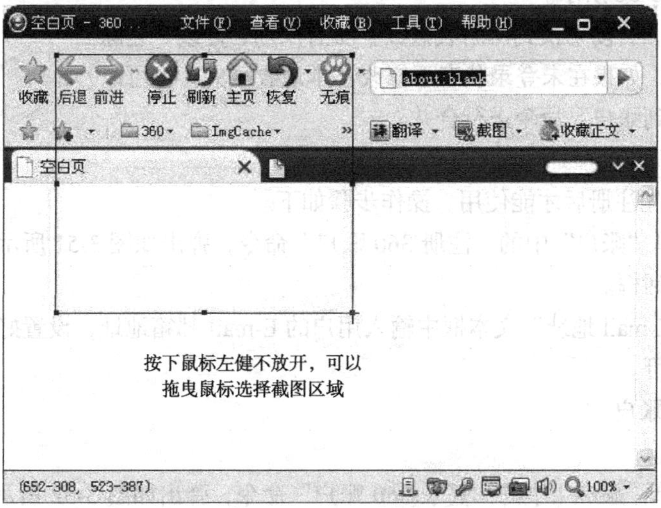

图 3-47 截图矩形区域

④ 选择好截图区域后，放开鼠标左键，就完成本次截图了。如果对截图满意，可以直接单击“保存”按钮或者“复制到剪贴板”按钮；如果对截图不满意，可以单击“取消”按钮或者按 Esc 键重新截图。

5. 翻译工具

当用户浏览网站时，有时需要把中文网翻译成英文，或者把英文网站翻译成中文网站，就可以使用翻译插件。

例如，访问“百度”时需要把百度网站翻译成英文，可以单击翻译菜单中的“翻译为英文”命令，就可以轻松地把百度翻译成英文网站了，如图 3-48 所示。

翻译插件还提供了多个翻译网站，可以方便直达。单击翻译的下拉按钮，就可以看到此插件的所有功能了，如图 3-49 所示。

图 3-48 翻译菜单

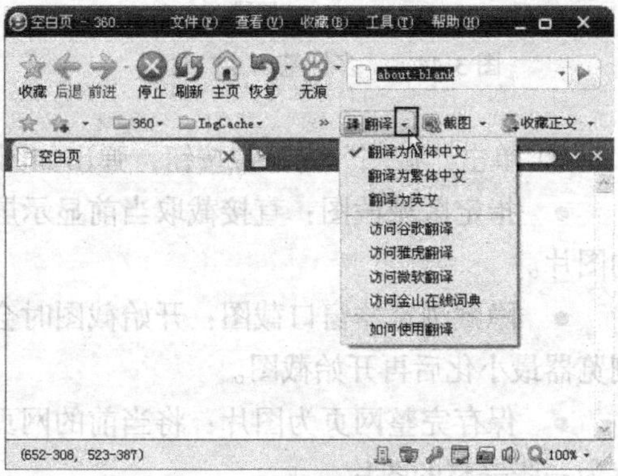

图 3-49 翻译网站菜单

6. 网络账户

360 安全浏览器 3.1 以上版本自带了网络账户功能，可以将本地收藏夹保存到网络服务器上，此外还可以将浏览器配置文件保存到网络服务器上。

使用 360 安全浏览器网络账户，可以让用户的收藏夹和浏览器配置在多台计算机上使用，防止因计算机故障、重装系统造成丢失，同时保护自己的隐私收藏，不用担心别人使用自己计算机的时候看到，如图 3-50 所示。

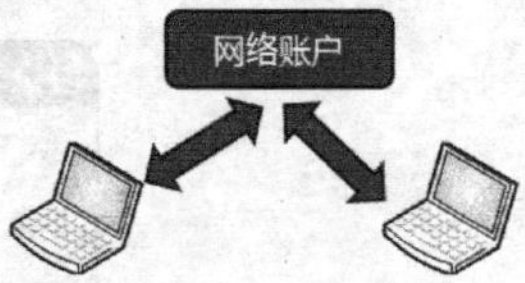

图 3-50 网络账户

在登录状态下，自动切换到网络收藏夹，所有添加、修改、删除操作将会自动同步，如果在未登录状态下修改了本地收藏夹，也可以通过“合并收藏夹到账户”命令进行合并。

（1）注册网络账户

网络账户必须先注册后才能使用。操作步骤如下。

① 单击主菜单“账户”中的“注册 360 账户”命令，弹出如图 3-51 所示的“注册并登录奇虎 360 通行证”对话框。

② 在“您的 E-mail 地址”文本框中输入用户的 E-mail 邮箱地址，设置好账户密码，最后单击“注册”按钮即可。

（2）登录网络账户

操作步骤如下。

① 单击主菜单“账户”中的“登录 360 账户”命令，弹出如图 3-52 所示的“登录奇虎 360 通行证”对话框。

图 3-51 “注册并登录奇虎 360 通行证”对话框　　图 3-52 “登录奇虎 360 通行证”对话框

② 输入 E-mail 账户地址和密码，在“登录模式”栏选择“个人电脑”或者“公用电脑”方式登录，“公用电脑”下，关闭或者退出账户后将会清除登录痕迹，保护用户的隐私，最后单击“登录”按钮即可。

7. 智能广告过滤

360 安全浏览器具有智能广告过滤功能，可以很好地拦截大部分弹出式广告窗口，当 360 安全浏览器拦截了来自一个网站的弹出窗口后，在状态栏会有一个代表阻止了弹出窗口的图标。

① 如果需要对广告过滤进行设置，可以单击状态栏上的“广告过滤”图标，弹出如图 3-53 所示的“广告过滤”菜单。

② 选择“广告过滤设置” 命令，弹出如图 3-54 所示的“广告过滤设置”对话框，在该对话框中可以对网页广告进行相应的设置。

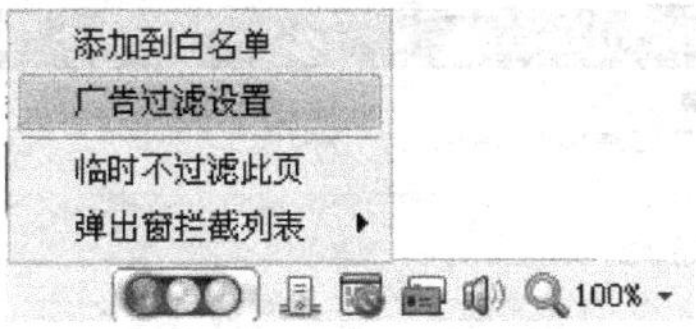

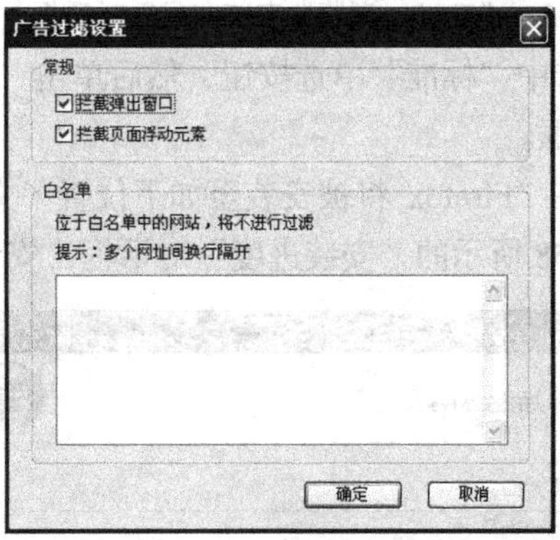

图 3-53 “广告过滤”菜单　　图 3-54 “广告过滤设置”对话框

3.3 Firefox 浏览器

Mozilla Firefox 是由 Mozilla 公司开发的一个自由的开放源码的浏览器，适用于 Windows、Linux 和 Mac OS X 平台，它体积小、速度快，可以免疫各种网络木马与病毒，还有其他一些高级特征，主要特性有：标签式浏览，使上网冲浪更快；可以禁止弹出式窗口；自定制工具栏；扩展管理；更好的搜索特性；快速而方便的侧栏。主要新增功能：扩展管理器、主题管理器、数据迁移/导入、更好的书签、更好的搜索功能、更小的下载管理器、新的在线帮助、修复许多 Bug 以及其他改进。Firefox 浏览器可以和微软 IE 浏览器同时存在于一台计算机中，使用者可以自由选择，不必担心不兼容的问题。

Google 在搜索引擎中加载了高级搜索功能，以支持 Firefox 浏览器。Google 在 Firefox 浏览器上的运行速度快了许多，当用户在这些浏览器中进行搜索时，会提供高级的搜索功能，只需单击一下，就能快速获得搜索结果。

3.3.1 安装 Firefox 浏览器

安装步骤如下。

① 从火狐中国版主页上（http://g-fox.cn/）下载 Firefox 浏览器软件，并运行安装文件，弹出如图 3-55 所示的“Firefox 浏览器安装向导”对话框。

② 单击“下一步”按钮，弹出如图 3-56 所示的“安装类型”对话框。

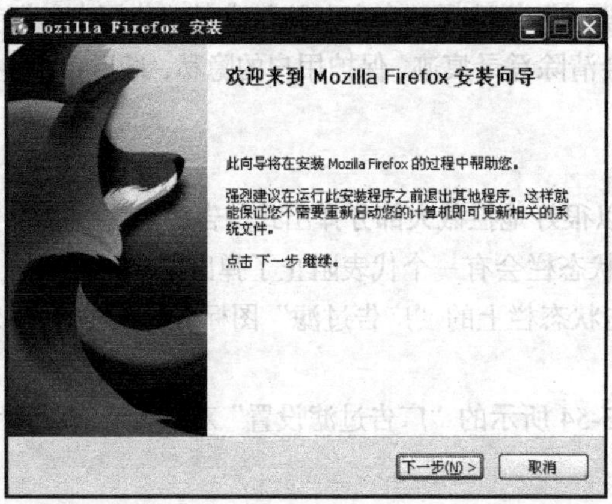

图 3-55 “Firefox 浏览器安装向导”对话框

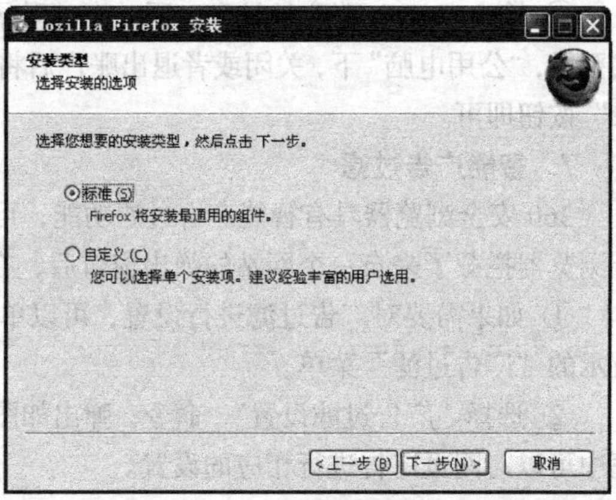

图 3-56 “安装类型”对话框

③ 选中“标准”单选按钮，然后单击“下一步”按钮，弹出如图 3-57 所示的“选择安装位置”对话框。

④ 在“Firefox 将被安装至如下位置”文本框中输入安装文件夹后，单击“安装”按钮，弹出如图 3-58 所示的“安装进度”对话框，安装完成后，单击“结束”按钮即可。

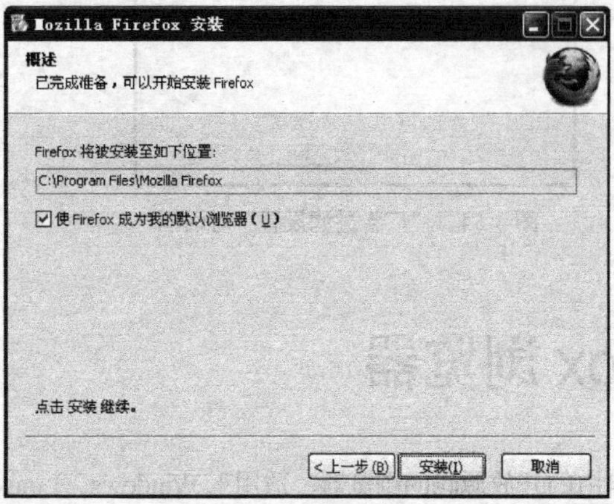

图 3-57 “选择安装位置”对话框

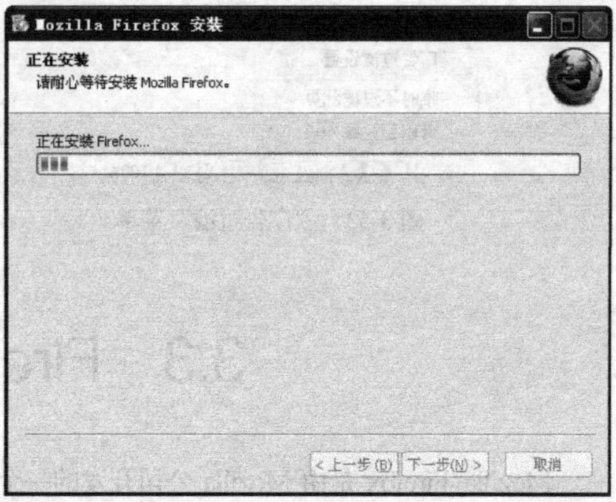

图 3-58 “安装进度”对话框

3.3.2　Firefox 浏览器窗口介绍

启动 Firefox 浏览器后，可以见到工作界面上有标题栏、菜单栏、工具栏、地址栏、状态栏和工作区等几部分，如图 3-59 所示，窗口组成及各部分的功能跟 Internet Explorer 8.0 浏览器基本相同，Firefox 浏览器的使用、操作方法以及书签（收藏夹）的使用都跟 Internet Explorer 8.0 浏览器基本相同，在此不再详述，下面主要对 Firefox 浏览器的特有功能进行介绍。

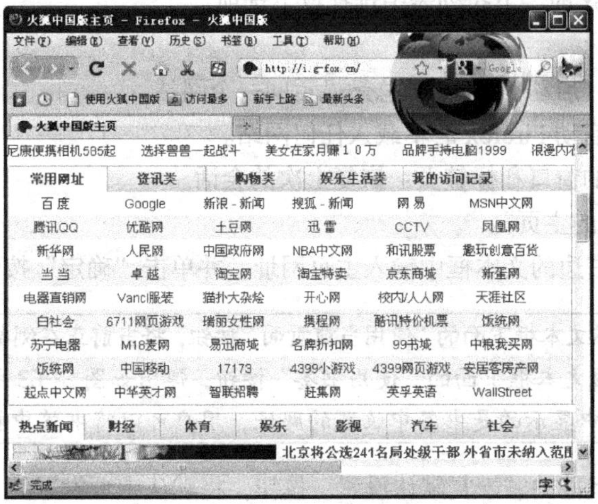

图 3-59　“Firefox 浏览器”窗口

3.3.3　Firefox 浏览器系统设置

单击“工具”菜单中的“选项”命令，弹出如图 3-60 所示的“选项”对话框，在该对话框中用户可以对 Firefox 浏览器的环境参数进行详细设置。

1. 把 Firefox 设置成默认浏览器

操作步骤如下。

① 单击图 3-60 中的“高级”按钮，并选择“常规”选项卡，弹出如图 3-61 所示的“设置默认浏览器”对话框。

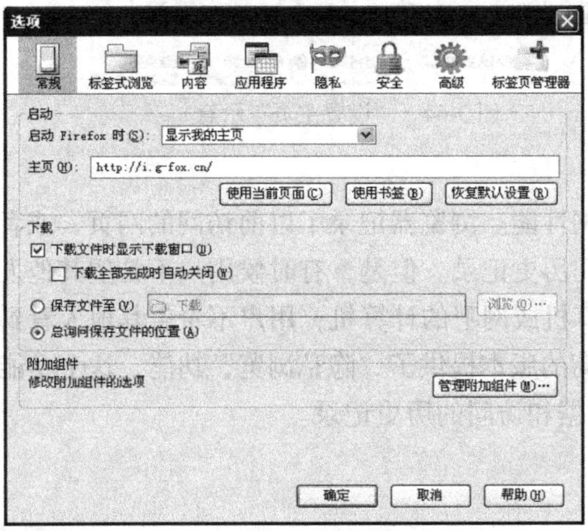

图 3-60　“选项”对话框

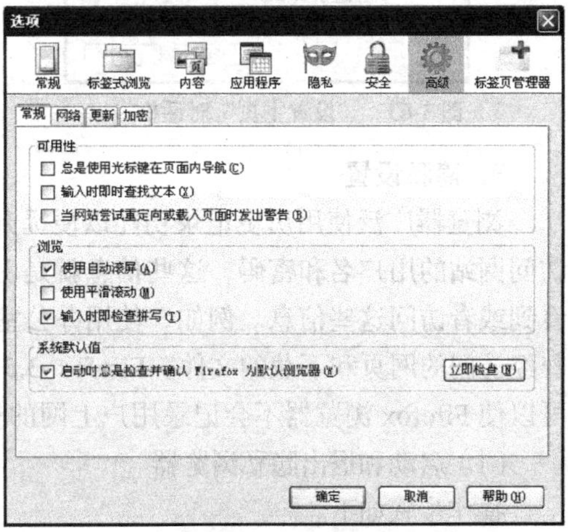

图 3-61　“设置默认浏览器”对话框

② 在“系统默认值”栏选中“启动时总是检查并确认 Firefox 为默认浏览器”复选框，并单击“确定”按钮即可。

2. 主页设置

操作步骤如下。

① 单击图 3-60 中的“启动 Firefox 时”右边的组合框，弹出如图 3-62 所示的下拉列表。

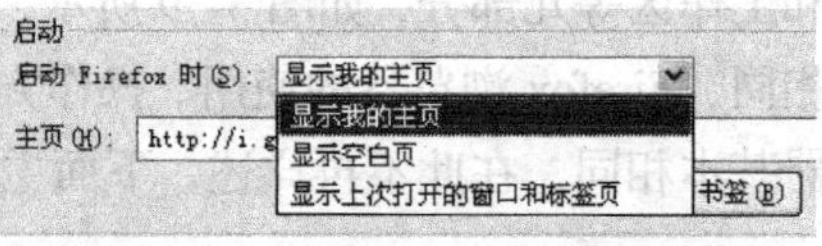

图 3-62 “启动选项”下拉列表

② 从“启动 Firefox 时”下拉列表中选择以下选项之一。

- 显示我的主页：启动 Firefox 时总是显示同一个网站。
- 显示空白页：启动 Firefox 时不载入任何网站。
- 显示上次打开的窗口和标签页：恢复上次的会话。

在此选择“显示我的主页”。

③ 在“主页”栏右边的文本框中输入主页网址，并单击“确定”按钮即可。

说明

- 单击该文本框下面的“使用当前页面”按钮，将当前正在浏览的网页设置为默认主页。
- 单击该文本框下面的“使用书签”按钮，弹出如图 3-63 所示的“设置主页”对话框，该对话框中显示的是书签中收藏的网址，用户可以将书签中收藏的网页设置为主页。

---

④ 单击该文本框下面的“恢复默认设置”按钮，将默认主页设置为 Firefox 网址导航主页，这时文本框中会显示网址“http://i.g-fox.cn”。

说明

设置主页还有一种非常简洁的方法，首先打开用户要设置为主页的页面，单击网址左边的图标并拖动到工具栏的“主页”按钮即可，如图 3-64 所示。

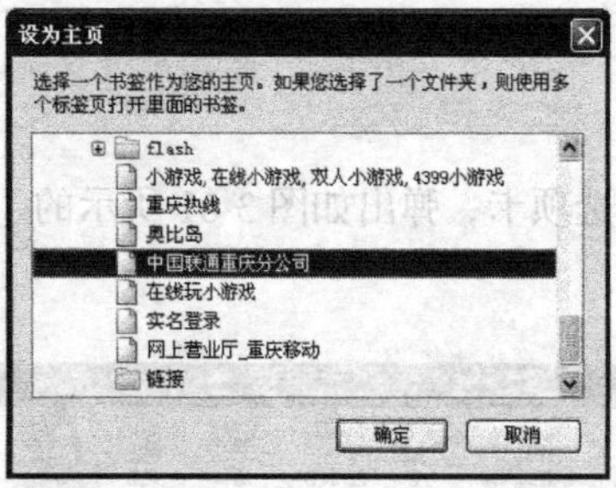

图 3-63 “设置主页”对话框

图 3-64 “设置主页”示意

3. 隐私设置

浏览器广泛使用历史记录功能以便提升互联网性能。浏览器记录了以前访问的网页，或者访问网站的用户名和密码，这些信息就是上网访问历史记录。但是，有时候用户不希望其他人看到或者访问这些信息。例如，使用办公室的计算机或网吧的计算机，用户不希望其他人看到曾经访问的网页和下载的文件。Firefox 3.5 和更高的版本提供了“隐私浏览”功能，这个功能可以使 Firefox 浏览器不会记录用户上网的任何数据和访问的历史记录。

（1）启动和退出隐私浏览器

操作步骤如下。

① 单击主菜单“工具”中的“进入隐私浏览模式”命令，如果用户是第一次进入隐私浏览

模式，Firefox 会弹出如图 3-65 所示的“进入隐私浏览模式”对话框，单击“进入隐私浏览模式”即可。

> **说明**　在隐私浏览过程中，Firefox 不会保存任何浏览历史、搜索历史、下载历史、表单历史、Cookie 或者 Internet 临时文件等。但是用户下载的文件和建立的书签会保存下来。

② 如果要退出隐私浏览模式，只需单击主菜单“工具”中的“退出隐私浏览模式”命令即可。

（2）隐私设置

如果在上网过程中需要有选择地保存历史记录，那么就需要对如图 3-60 所示的“选项”对话框中的“隐私”标签页进行设置。

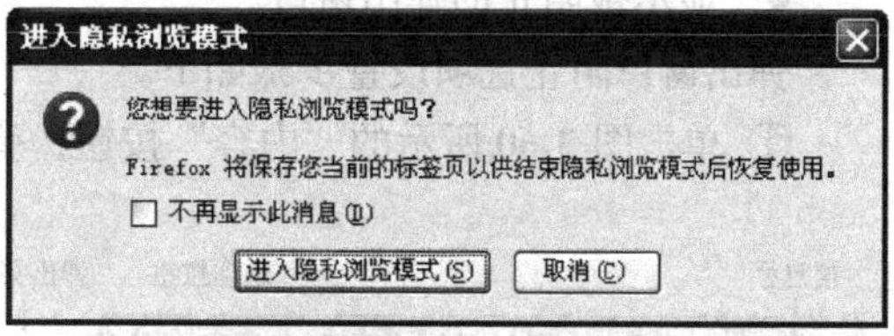

图 3-65　“进入隐私浏览模式”对话框

操作步骤如下。

① 单击图 3-60 所示的“隐私”按钮，弹出如图 3-66 所示的“隐私设置”对话框。

② 根据需要选择相应的选项，然后单击“确定”按钮即可。

4. 多标签切换

Firefox 浏览器和 360 安全浏览器一样，有 IE 6 多窗口模式（和 IE 6 一样，每个网页都在独立的窗口里打开）和多标签模式（网页在同一个窗口的多个标签里打开）两种。

操作步骤如下。

① 单击图 3-60 所示的“标签式浏览”按钮，弹出如图 3-67 所示的“多标签设置”对话框。

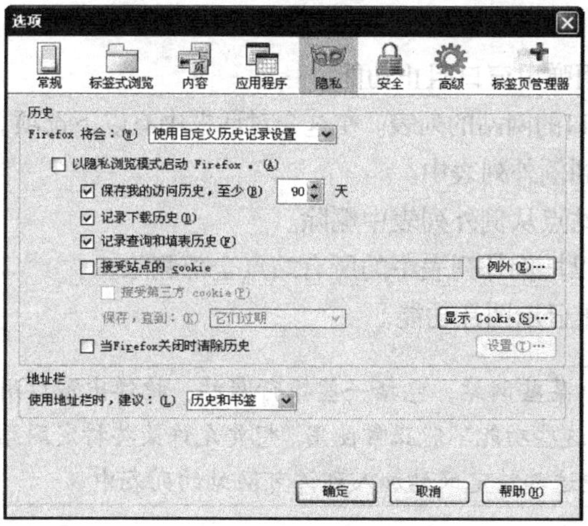

图 3-66　“隐私设置”对话框

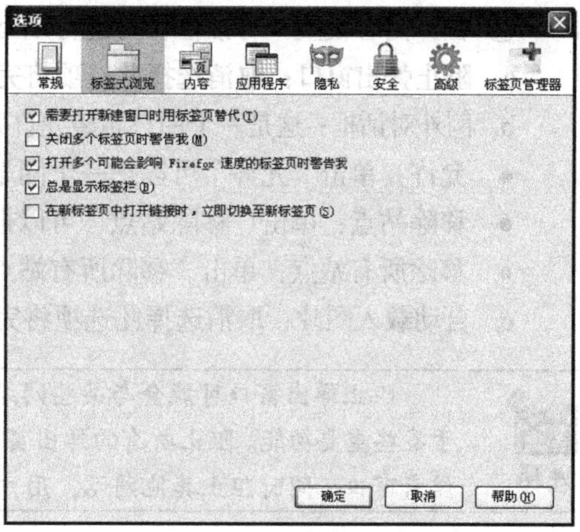

图 3-67　“多标签设置”对话框

② 根据需要选择相应的选项，然后单击“确定”按钮即可。

5. 拦截弹出式窗口

弹出窗口，就是那些未经许可就自动显示的窗口。它们的大小各不相同，但通常不会占据整个屏幕。有些弹出窗口会在当前 Firefox 浏览器窗口的前台打开，而有些则会在当前 Firefox 浏览器窗口的后台打开。

Firefox 浏览器默认启用 Firefox 浏览器的阻止弹出窗口选项，因此用户不必再启用它来阻止在 Firefox 浏览器弹出窗口。

当有弹出窗口被阻止时，Firefox 浏览器会显示一个信息栏，同时还会在状态栏中显示一个图标。单击信息栏中的“选项”按钮或状态栏图标，会弹出一个菜单，如图 3-68 所示，包括以下选项。

- 允许/阻止此站点弹出窗口。
- 编辑弹出窗口阻止选项首选项。
- 当弹出窗口被阻止时不显示此消息。
- 显示被阻止的弹出窗口。

弹出窗口阻止选项设置步骤如下。

① 单击图 3-60 所示的“内容”按钮，弹出如图 3-69 所示的“内容设置”对话框。

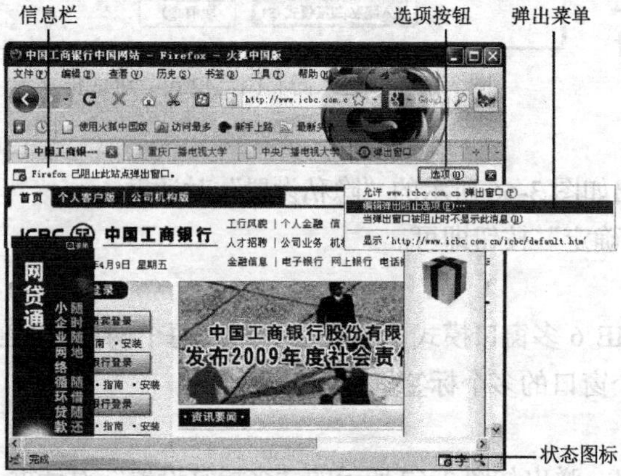

图 3-68　弹出窗口过滤状态

图 3-69　“内容设置”对话框

② 在“内容设置”对话框，可进行以下操作。

a. 阻止弹出窗口：取消选择此选项将完全禁用弹出窗口阻止功能。

b. 例外对话框：这是一个用户希望允许弹出窗口的网站的列表。在这个对话框中有以下选项。

- 允许：单击“允许”可以把一个网站添加到例外列表中。
- 移除站点：单击“移除站点”可以把一个站点从例外列表中删除。
- 移除所有站点：单击“移除所有站点”可以把例外列表中的所有站点全部删除。

c. 自动载入图片：取消选择此选项将完全禁止显示图片功能。

说明

阻止弹出窗口可能会与某些网站冲突。某些网站，包括一些银行网站，把弹出窗口用于某些重要功能。阻止所有的弹出窗口会使这些功能不能正常使用。想要允许某些特定网站弹出窗口，同时阻止其他网站，用户可以把这些特定网站加入到许可网站的列表中。

阻止弹出窗口这一功能并不总是有效，尽管 Firefox 浏览器可以阻止大多数弹出窗口，但还是有些网站会使用某种不受控制的方法来弹出窗口。

3.4　其他 PC 浏览器

3.4.1　腾讯 TT 浏览器

腾讯 TT 浏览器是由腾讯公司开发的一款非常好用的网络浏览工具，具有亲切、友好的用户界面，使用方便，除了一般浏览器具有的功能外，还具有如下功能。

① 升级安全浏览模式，智能判别网址，保证上网安全。

② 网络收藏夹与本地收藏夹在同级别菜单展示，可互相拖曳。

③ 优化地址栏体验，可选简洁/丰富匹配结果，直接下拉只显示用户手动输入的网址。

④ 优化隐私数据清理体验。

⑤ 新增屏幕截图可选编辑框粗细及画刷功能。

⑥ 新增“鼠标双击关闭标签页”配置开关。

⑦ 新增地址栏右键菜单“粘贴并打开”功能。

⑧ 新增快速链接可响应“总是创建新页面”及“继续停留在当前页面”按钮功能。

⑨ 新增快速链接可拖曳标题打开新标签功能。

⑩ 新增“soso 表情搜索”搜索引擎。

⑪ 解决快捷键不能设置为空或者重复的问题。

⑫ 解决切换标签还会打开两个相同页面的问题。

⑬ 解决经典皮肤下重启后标签页标题加粗设置不能保存的问题。

⑭ 优化 Alt+Tab 有时候不能切换到别的窗口的问题。

⑮ 优化焦点有时候丢失的问题。

⑯ 优化界面最大化、还原或调整大小时偶尔出现灰色区域的问题。

3.4.2 搜狗浏览器

搜狗高速浏览器是由搜狐公司开发的一款非常好用的网络浏览工具，也是目前互联网上快速、流畅的新型浏览器，与拼音输入法、五笔输入法等产品一同成为用户高速上网的必备工具。搜狗浏览器采用“双核”引擎技术，多级加速机制，能大幅提高上网速度。

搜狗浏览器在测试阶段的几个版本中做了大量的创新，首次实现了网络明显提速、页面分离防假死、地址栏与搜索引擎直接互动、视频及 Flash 独立播放等功能；同时，搜狗浏览器不断地增强对网络加速功能的投入力度，先后推出了教育网访问公网加速、公网访问教育网加速等核心提速功能，同时始终坚持提供免费、高速、稳定的服务。

主要功能如下。

① 高速双核引擎：内置目前速度最快的 WebKit 内核，可平均提升网页打开速度 2 倍以上，首创 WebKit 内核的防假死支持，首创 WebKit 和 IE 内核的无缝融合和切换，支持根据网页的兼容性自动选择内核。

② 智能填表：支持登录时用户名密码的自动记忆和填写，支持用个人通用的填表信息作为模板填写注册表单。

③ 搜狗高速下载：提升下载速度 1.5 倍以上，加速下载的同时不会拖慢网速，同时支持用“下载管理器”管理查看所有的已下载文件。

④ 皮肤选择：支持浏览器界面皮肤主题的切换，优化了搜狗浏览器默认皮肤的效果，并具有丰富精美皮肤供用户选择。

⑤ 历史记录：在侧边栏内提供对网页访问历史记录的查看功能，支持按时间或站点进行归类以方便查询。

⑥ 广告过滤：强化了对弹出窗口和浮动广告的拦截机制，使拦截准确率和体验均有较大提升。

⑦ 网络账户功能：可将浏览器的全部数据（收藏夹、常用网址、用户配置等）自动同步保存到网络服务器上，并保护私人数据只在账户登录时可见。

⑧ 多功能起始页功能：在浏览器启动及新标签页打开时，提供“网址大全”、“我的最爱”、“全能搜索”等多种类型的功能强大的页面供用户选择，可以满足不同用户的需求。

⑨ 代理服务器功能：可为搜狗浏览器配置多个代理服务器，具备代理服务器的管理和测速等高级功能。

⑩ 页面静音功能：支持对网页上的音频静音。

⑪ 智能动画帮助功能：在浏览器界面上以动画的形式对一些特色功能进行展示。

⑫ 提取网页视频到播放器：视频独立播放窗口总是在最前，能让用户一边看视频，一边浏览网页，两不相扰回到网页视频模式：恢复到网页上继续观看视频。

⑬ 教育网加速访问公网：依托于雄厚的带宽资源和强大的技术积累，搜狗浏览器能为教育网用户带来快速访问国外网站的杰出体验。

⑭ 隐私保护浏览模式：启动该模式浏览网页不会留下任何痕迹 全面保护用户的个人隐私。

⑮ 会智能搜寻网址的地址栏：网址在输入过程中可以被智能补全，能够最大程度节省用户的网址输入时间。

⑯ 多任务标签浏览：搜狗浏览器采用独创技术分离标签加载，真正做到一个标签失去响应不影响其他操作。

3.5 手机浏览器

随着手机的功能越来越强，目前很多智能手机就像一台小计算机，手机上网越来越流行，而手机内置的网页浏览器不能满足各种不同的需求，因此很多人已经安装了一个或多个增强浏览器来改善手机上网体验。目前，在中国手机浏览器市场上主要有 UCWEB 浏览器、星际、航海家和国际浏览器厂商 Opera 的空中 Opera 浏览器。本节重点介绍 UCWEB 浏览器 7.0 的使用。

3.5.1 UCWEB 浏览器介绍

UCWEB 浏览器是一款把“互联网装入口袋”的主流手机浏览器，由优视动景公司（UCWEB，You Can Web 的缩写，意为“你能随时随地访问互联网”）开发，优视动景（UCWEB）是中国领先的移动软件和综合服务提供商，其提供的核心产品优视浏览器能运行在绝大多数的手机终端上；公司亦是中国第一家在手机浏览器领域拥有核心技术及完整知识产权的公司。公司自 2004 年创立以来，始终以卓越的市场前瞻力和技术创新力推动着中国移动互联网领域的发展进程。

UCWEB 浏览器重新诠释了手机上网：多窗口浏览，联网快速，节省流量，支持标准网络协议（WEB/WAP 协议）。跨平台浏览技术可以使每一个手机用户在手机上轻松、快捷地完成同互联网之间的信息交互，获得计算机端上的冲浪体验：收发电子邮件，登录论坛社区，阅读时事新闻，编写个人博客等，把精彩网络世界囊于手中，畅享移动新生活。针对不同的手机，UCWEB 手机浏览器的大小仅在 62K ~ 150K，可以非常快捷地安装并且不过多占用手机中宝贵的存储资源。UCWEB 现已支持包括 Nokia，Motorola，SonyErrision，Siemens，NEC，LG，Samsung，Alcatel，Dopod 等 10 多个品牌的 500 多款型号的 Java 手机，以及 Symbian，Windows Mobile，Smartphone，

Pocket PC 等智能手机平台。

UCWEB 浏览器的主要功能如下。

（1）导航功能

站点导航服务功能为用户推荐互联网精彩站点、热门站点，无须输入网址即可直接访问，快捷打开所需的网站。

（2）搜索功能

UCWEB 提供 Baidu、Google、易查搜索等多种搜索方式，提供网页、MP3、图片、地图等多个领域的搜索服务。

（3）邮件服务

只要用户拥有一部手机，即可享受到计算机上网收发邮件的全新体验！UCWEB 嵌入邮件功能，支持 163、Gmail、Yahoomail 等主流邮箱以及多种格式的附件（如 DOC，XLS，PDF 等），同时对账户密码和应用程序进行加密，最大可能地保护用户邮件安全，使用户在手机上如计算机般进行邮件的收发和编写。

（4）下载功能

UCWEB 强大的下载功能可以让用户轻松下载图片、MP3、彩铃等各种文件，人性化的下载更能节省时间、金钱。UCWEB 还支持大文件下载、断点续传，且下载稳定，并采用了数据压缩传输技术，减低下载所产生的流量。

（5）个人数据管理

UCWEB 提供书签、收藏夹等服务，用户可以在计算机和手机上轻松管理经常浏览的网址。

（6）RSS 订阅

UCWEB 手机浏览器内嵌手机 RSS 阅读功能，可以真正、无差别地在手机上实现 RSS 的订阅，可以订阅和管理任意的 RSS 源，自由地阅读 RSS 中的详细内容。

3.5.2　UCWEB 浏览器的安装

UCWEB 浏览器的安装方法跟手机的品牌型号有关系，不同的品牌、不同的型号可能安装方法有所不同，用户在安装时一定要按照说明书的要求进行安装，下面介绍安装 UCWEB 浏览器的一般步骤。

1. 下载 UCWEB 浏览器

（1）下载到手机

首先登录到下载 UCWEB 浏览器网页，选择用户的手机型号，再选择“下载到手机”方式，然后按照提示发送对应的短信到特服号码。10 秒内用户会收到一条该手机型号的 UCWEB 浏览器的下载地址，单击下载地址，符合用户手机型号的 UCWEB 浏览器软件包就会被下载到用户的手机上。

（2）下载到 PC

首先登录到下载 UCWEB 浏览器网页，选择用户的手机型号，再选择“下载到电脑”方式，符合用户手机型号的 UCWEB 浏览器软件包就会被下载到用户的 PC 上，用数据线把手机跟 PC 连接起来，将安装包从 PC 复制到手机上即可。

2. 安装 UCWEB 浏览器

安装 UCWEB 浏览器的方法很简单，只需找到下载到手机的安装包（具体操作方法请见手机说明书），运行安装包安装成功即可。

3.5.3 UCWEB 浏览器的启动

手机品牌和型号不同，UCWEB 浏览器的启动方法有所不同，一般情况下，UCWEB 浏览器安装成功后都会有一个 UCWEB 浏览器快捷标签，只要找到这个标签运行它即可启动 UCWEB 浏览器。下面介绍几款常用手机 UCWEB 浏览器标签的所在位置。

① 如果手机是 UIQ 系统（触摸屏），大多为“菜单”→“工具”。

② 多普达：可在桌面上的“开始菜单”找到 UCWEB 浏览器对应的快捷标签。

③ 摩托罗拉：大部分机型为“菜单”→“游戏”。

④ 诺基亚：大部分 S40 机型为“功能表”→“应用软件”（或在应用软件中的“游戏”）。

⑤ 诺基亚：大部分 S60 机型为“功能表”→“应用软件”（或“我的助手”以及“安装”）。

⑥ 天语：“主菜单”→“娱乐天地”（或游戏乐园）→Java。

⑦ 三星：“功能表”→“应用”→“Java 世界”。

⑧ 联想：“功能表”→“娱乐多媒体”→“百宝箱”（或 Java）。

3.5.4 UCWEB 浏览器的使用

1. 首次使用 UCWEB 浏览器

① 当第一次启动 UCWEB 浏览器时，系统会自动进行初始化设置，如图 3-70 所示。

② 初始化完成后，就会进入如图 3-71 所示的“UCWEB 浏览器”主界面。

图 3-70 “首次启动”界面

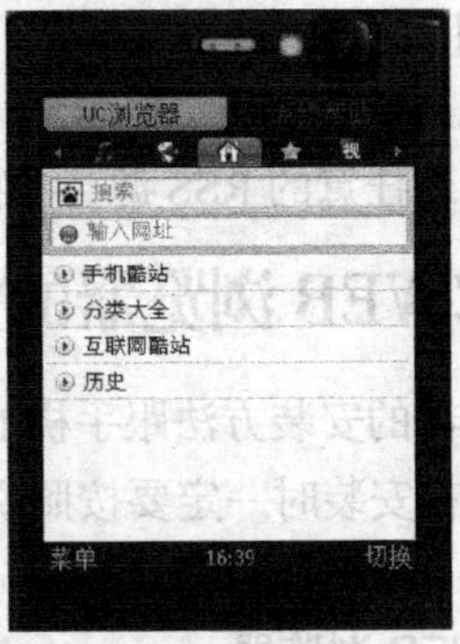

图 3-71 “UCWEB 浏览器”主界面

③ 在“搜索”栏聚合了百度、谷歌、易查等专业搜索引擎，能帮助用户准确快速查找所需信息。

④ 在“地址”栏输入网址可以浏览所需网页。

⑤ 通过“导航”可快速访问自己感兴趣的站点。

⑥ 在访问过程中，可通过默认快捷键“0”返回到首页，使用导航键向左向右即可切换浏览器顶部标签。

2. 快速移动页面光标

页面光标的移动可以使用五维导航键的“上”、“下”键或默认键盘快捷键“2”、“8”。长按五维导航键的“上”、“下”键或默认键盘快捷键“2”、“8”，可以实现页面光标的快速移动。

3. 快速返回默认主页

在页面浏览过程中，可以随时使用默认键盘快捷键“0”，快速返回软件的默认主页。

4. 返回刚浏览的页面

如在浏览过程中不小心按了“0”，返回到软件的默认主页，或浏览多个页面后还想返回之前所浏览的页面，可以使用软件的快速“后退”、“前进”功能；点击默认键盘快捷键“7”可快速实现页面后退，返回之前浏览的页面，也可以点击默认键盘快捷键“9”快速回到上一个页面。

5. 切换侧边栏

触摸屏手机可以通过点击不同的标签来进行侧边栏切换，对于非触摸屏的手机，可在默认主页中，通过默认键盘快捷键“0”来快速切换侧边栏标签。

6. 查看软件帮助

在软件使用过程中如碰到问题，可以通过“菜单”→“打开”→“帮助”，打开软件帮助文档。

7. 实现快速翻屏

触摸屏的手机可以直接拖动页面上的滚动条实现页面快速“上”、“下”滚动；拥有五维导航键的手机可以使用导航键“左”、“右”来实现页面上下翻屏。对于所有支持键盘的手机，都可使用默认键盘快捷键“2”、“8”实现页面上下翻屏。

8. 刷新当前页面

使用默认键盘快捷键“*”可以实现当前浏览页面刷新，重新加载页面数据。此外，也可以使用“菜单”→“导航”→“刷新”。

9. 多窗口浏览

在浏览过程中，可以通过系统菜单或快捷菜单来新建浏览窗口。

操作方法如下。

① 系统菜单：“菜单”→“窗口”→“新建窗口”。

② 快捷菜单：触摸屏手机可以短触页面，激活快捷菜单；非触摸屏手机可以使用默认键盘快捷键“1”，激活快捷菜单，然后使用“新建窗口”选项来增加浏览窗口。

10. 多窗口间切换

触摸屏手机可以通过直接点击浏览窗口上的对应的标签来进行窗口切换；所有带键盘的手机都可通过默认键盘快捷键“3”，快速进行窗口切换；所有手机都可通过快捷菜单中“窗口切换”实现多窗口间切换。

11. 快速关闭当前窗口

系统菜单：“菜单”→“窗口”→“关闭当前”。

快捷菜单：激活快捷菜单，然后选择菜单中的“关闭当前”命令。

PPC版：双击窗口对应的标签。

Symbian：点击键盘上的“C”键。

12. 快速调出快捷菜单

触摸屏手机短触页面上任意非超链接一点即可激活快捷菜单；非触摸屏手机可以通过点击默认键盘快捷键“1”，激活快捷菜单。

13. 快速定位页面信息

如想在内容丰富的页面中快速定位自己感兴趣的信息，可以使用软件的“页面查找”功能：“菜单”→“工具”→“查找”，输入同内容有关的关键字并“确定”即可。

14. 快速添加页面书签

使用“菜单”→“导航”→“加入书签”可将当前浏览页面快速添加为书签；此外，也可以使用快捷菜单快速完成书签添加工作，不同版本的 UC 浏览器，快捷菜单的内容可能会存在微小的差别。

15. 页面浏览中打电话/发短信

UC 浏览器支持后台运行，在进行页面浏览的过程中如需拨打电话或发短信，可将软件切换到后台运行，再进行拨打电话或编写短信操作。

（1）智能平台上

Symbian，PPC，SP 手机平台都支持多软件同时运行，并可轻松自由切换。如 Symbian 手机，可长按多媒体键，在弹出选项里选择电话或按挂机键，把软件切换到后台运行，在手机桌面中，可以进行一切手机功能操作。完成操作后，长按多媒体键，在弹出选项里选择 UC 浏览器即可。

（2）非智能平台上

非智能平台主要是指 Java 平台。

① Java 版的 UC 浏览器中，提供了打电话同发短信的功能："菜单" → "工具" → "手机"，选择"发送短信"或"拨打电话"即可；这两项功能都是直接调用手机本身功能，不会存在免费或额外收费。

② 对于索爱非 UIQ 平台的手机，可以通过"菜单" → "设置" → "后台运行"将软件切换到后台，进行其他手机相关的操作。完成操作后，随便启用一个应用软件即可将后台运行中的 UC 浏览器唤出。

16. 使用主页网址导航

从 UCWEB 6 开始，软件导航系统采用了全新的折叠模式，使导航展现更直观简单，使用操作更加快速：点击导航分类，展开导航，再次点击分类，可将导航再次折叠。

导航中提供上百个精彩站点，内容涉及日常生活的各个方面，无论是日常休闲还是工作学习，都能轻易地通过首页导航快速访问到相关站点。

17. 快速自输网址

在软件默认主页上的地址框中输入要访问站点的网址，即可快速跳转到相应网站；也可以通过"菜单"→"打开"→"网址"来实现网址自输。

18. 使用个人便携书签

对于一些个人常去的站点，可以将其设为书签保存，下次就可以使用书签进行快速访问。

19. 切换到侧边栏"热榜"

UCWEB 浏览器提供了最近火热资讯的聚合（今日热榜）。在默认主页上，使用键盘快捷键"0"切换到热榜标签即可；对于触摸屏的手机，可以直接点击侧边栏上热榜标签进行切换。

20. 使用默认主页搜索框

点击默认主页上的搜索框，转入搜索输入页面，在页面中输入要搜索的范围，选择要使用的搜索引擎，并"确定"即可。

（1）通过菜单使用搜索功能

通过"菜单" → "打开" → "搜索"，转入搜索输入页面，在页面中输入要搜索的范围，选择要使用的搜索引擎，并"确定"即可。

（2）设置默认搜索引擎

最后使用的搜索引擎将自动成为默认搜索引擎，不需要进行专门设置。

21. 安装最新版 UC 浏览器

在线媒体播放功能是在 UCWEB 6.1 之后才开始支持，支持在线媒体播放的 UCWEB 浏览器，会在侧边栏显示相应的媒体标签。

最新版软件可以到 UCWEB 官方下载平台 http://wap.ucweb.com 上获得。

22. 安装在线媒体播放插件

要实现在线看视频/电视，除了要安装支持在线媒体播放的 UCWEB 版本，还需安装一个播放插件（UC 播放器）才能实现在线媒体播放；单击视频媒体聚合中任意一个站点，如没安装播放插件，将提示插件安装，在系统引导下完成插件安装后将自动开始播放刚选择的在线媒体。

23. 无法安装 UC 播放器

这种情况一般出现在 UC 播放器的关联安装上：之前曾装过 UC 播放器，但没有通过正常卸载（如将 UC 播放器装在卡内，把卡格式化），会导致系统中仍有软件相关信息残留。

这时可直接在官方网站 http://wap.ucweb.com 重新进行软件下载，覆盖安装即可。

24. UCWEB 浏览器手机邮箱

“我的邮件”是 UCWEB 公司为 UCWEB 会员提供的免费个人数据增值服务。只需将日常邮箱（一个或多个）同 UCWEB 账号进行绑定，就能通过 UCWEB 浏览器收发该邮箱的邮件。

建立 UCWEB 邮箱账号方法如下。

① 登录 UCWEB 账号，进入“我的地盘”页面，点击“我的邮箱”，转入邮箱账号设置页面。

② 点击“新建”添加邮件账号，进入账号创建页面。

③ 填写邮件用户名并选择邮件对应的域名；如果邮件域名不在列表中，则要在页面下方完整填写邮件地址，完成后，点击“下一步”。

④ 填写邮件的登录密码，对于主流邮箱，能直接识别出邮件所属的 POPS 和 SMTP 服务器；如果无法自动认出邮件所属的 POPS 和 SMTP 服务器，则需要进行手动输入，POPS 和 SMTP 服务器参数可以向邮件服务提供商进行查询。在页面下方的“高级选项”中能进行一些高级参数的定义。完成所有填写后，点击“下一步”。

⑤ 完成邮件账号添加。

除能够收发普通邮件外，还支持收发带附件的邮件以及 HTML 格式的邮件，对于一些常用的 Office 格式文档，支持直接在线打开。

UCWEB 浏览器的邮件功能只从目标邮箱中复制相应的邮件到手机，在手机中删除或编辑所收到的邮件不会影响目标邮箱里面的原邮件，也不会导致其他邮件客户端无法再收取该邮箱的邮件。

第4章 电子邮件

第 1 章中介绍了几种 Internet 常见信息服务：万维网服务（WWW）、电子邮件（E-mail）、文件传输服务（FTP）和远程登录服务（Telnet）等。本章专门就电子邮件的使用进行详细的介绍。

4.1 电子邮件的基础知识

E-mail（电子邮件，又称电子函件）是 Internet 提供的一项最基本服务，也是用户使用最广泛的 Internet 工具之一。电子邮件是一种利用计算机网络进行信息传递的现代化通信手段，其快速、高效、方便、价廉等特点使得人们越来越热衷于这项服务。

电子邮件通常会在几十秒到几分钟内到达目的地，甚至是地球另一端的目的地，它比纸张邮件更快、更容易传输。通过网络的电子邮件系统，用户可以用非常低廉的价格（不管发送到哪里，都只需负担电话费和网费即可），以非常快速的方式（几秒之内可以发送到世界上任何指定的目的地），与世界上任何一个角落的网络用户联络，这些电子邮件可以是文字、图像、声音等各种方式。同时，用户可以得到大量免费的新闻、专题邮件，并实现轻松的信息搜索。这是任何传统的方式也无法相比的。正是由于电子邮件使用简易、投递迅速、收费低廉、易于保存、全球畅通无阻，使得电子邮件被广泛地应用，它使人们的交流方式得到了极大的改变。

4.1.1 电子邮件发展简史

据资料记载，早在公元前 6 世纪，波斯国王居鲁士大帝首次建立了为官方服务的邮政系统。2 500 年后，基本的邮政系统才走进普通百姓。第一个电子邮件大约是在 1971 年秋季出现的，由当时马塞诸塞州剑桥的博尔特·拉尼克·纽曼研究公司（BBN）的重要工程师雷·汤姆林森（Ray Tomlinson）发明。当时，这家企业受聘于美国军方，参与 ARPANET（互联网的前身）的建设和维护工作。汤姆林森对已有的传输文件程序以及信息程序进行研究，研制出一套新程序，它可通过计算机网络发送和接收信息，而且为了让人们都拥有易识别的电子邮箱地址，汤姆林森决定采用@符号，符号前面加用户名，后面加用户邮箱所在的地址来表示，第一个电子邮件由此而生了。

第一个电子邮件系统仅仅由文件传输协议组成。按照惯例，每个消息文件的第一行是接收者的地址。随着时间的推移，这种办法的限制变得越来越明显。其中一些缺点表现如下。

① 发送消息给一群人很不方便。

② 发送者不知道消息是否到达。

③ 用户界面与传输系统的集成很糟糕。使用者要在完成消息文件的编辑后，退出编辑器，

然后启动文件传输程序进行发送。

④ 不能创建和发送包括图像、声音和传真的消息文件。

随着经验的积累，更为完善的电子邮件系统被推出。由一群计算机系的研究生创造的电子邮件系统（RFC 822）击败了由全球的电信部门以及许多国家政府和计算机工业的主要部门所强烈支持的正式国际标准（X.400），原因是前者简单实用，后者过于复杂以至于没有人能驾驭它。

电子邮件可以说是计算机网络中“历史较为悠远”的信息服务之一，在它出现的 30 多年历史中，电子邮件已成为使用最为广泛的基本信息服务，每天全世界有几千万人次在发送电子邮件，绝大多数 Internet 的用户对国际互联网的认识都是从收发电子邮件开始的。

4.1.2　电子邮件的特点及工作原理

1. 电子邮件的特点

电子邮件和普通邮件相比有很多优点。

（1）方便快捷

E-mail 非常方便，尤其是足不出户就可以和远在万里之外的其他人通信。而且用户的信箱和普通信箱不同，是存在于 Internet 上的电子信箱，所以不管用户在什么地方，无论是家里还是办公室，或者出差在外，只要能连上 Internet，都能随时阅读和发送邮件。另外，充分利用 E-mail 软件的功能，还能把同一封信同时发给好几个不同的朋友。E-mail 比普通的邮政信件快得多，甚至比传真还要快。在网络通畅的情况下，一封几千字的 E-mail 只要几秒就能到达收信人的电子信箱，不论收信人的信箱是在国内还是在国外。

（2）便宜

对拨号上网的用户，为了尽量节省上网费用，通常应该在没有联网的时候把信写好。由于收发 E-mail 所占用的时间很短，所以相对费用就很便宜。一般收发一次 E-mail 的成本不会超过 5 分钱，无论是接收世界上哪个地方发来的 E-mail。而发一封传统的信件，即使是国内信件，也要 1.2 元钱，是 E-mail 的 24 倍；发一封国际信件需要 12 元左右，相当于一封 E-mail 的 240 倍。如果电子邮件每次进行批量发送，成本还会大幅度降低。

（3）信息多样

发送普通信件，信息的量和种类十分有限。E-mail 则不同，它能把可以用数字表示的所有信息以附件的方式发给收信人。可以是文字、视频图像，也可以是声音甚至动画等形式的多媒体文件。

（4）一信多发

这是传统通信方式所不具备的功能。可以在 Internet 中将一封 E-mail 同时发给几个、几十个甚至成百上千的人。一般来说，用户在 ISP 处注册之后，就会得到 E-mail 地址。

2. 电子邮件的工作原理

电子邮件的工作机制是模拟传统的邮政系统，使用“存储－转发”的方式将用户的邮件从用户的电子邮件信箱转发到目的地主机的电子邮件信箱。因特网上有很多处理电子邮件的计算机，它们就像是一个个邮局，为用户传递电子邮件。从用户的计算机发出的邮件要经过多个这样的“邮局”中转，才能到达最终的目的地。这些因特网的“邮局”称作电子邮件服务器。

电子邮件系统是基于客户机/服务器结构，发送方将写好的邮件发送给邮件服务器，发送方的邮件服务器接收用户送来的邮件，并根据收件人的地址发送到对方的邮件服务器中，接收方的邮件服务器接收其他邮件服务器发来的邮件，并根据收件人地址分发到相应的电子邮箱中，接收方可以在任何时间和地点从自己的邮箱中读取邮件，并对它们进行处理。

电子邮件服务器通常有这样两种类型：“发送邮件服务器”（SMTP 服务器）和“接收邮件服务器”（POP3 或 IMAP 服务器），如图 4-1 所示。发送邮件服务器的作用是将用户编写的电子邮件转交到收件人手中。接收邮件服务器用于保存其他人发送给用户的电子邮件，以便用户从接收邮件服务器上将邮件取到本地机上阅读。通常，同一台电子邮件服务器既可完成发送邮件的任务，又能让用户从它那里接收邮件，这时发送邮件服务器和接收邮件服务器是相同的。但从根本上看，这两个服务器没有什么对应关系，可以在使用中设置成不同的，其设置原则采用“就近原则”。

发送邮件服务器和接收邮件服务器是通过相关协议来进行工作的。也就是说，在用户写完一封电子邮件信息并指定了接收方后，电子邮件软件将该信息的副本发送给每个接收方。在大多数系统中，需要两部分独立的软件。用户在写信息或读接收到的信息时与电子邮件接口程序进行交互。下层的电子邮件系统包括一个邮件传送（Mail Transfer）程序，它处理将一个信息发送给一台远程计算机的细节。当用户写好要发送的信息时，电子邮件接口将该信息置于一个队列中由邮件传送程序处理。

邮件传送程序等待信息放入队列，然后向每个接收方发送该消息的副本。向本地计算机上的接收方发送信息是简单的，因为传送程序只要向用户邮箱中添加信息就可以了；向远程用户发送信息相对复杂一些，邮件传送程序作为一个客户与远程机器上的服务器通信。

邮件传输过程如图 4-2 所示。

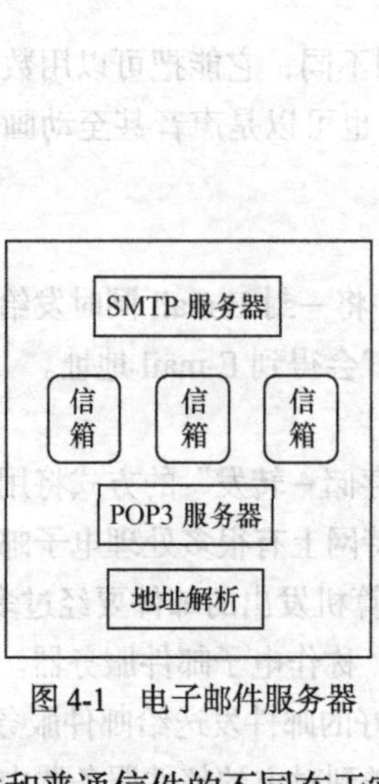

图 4-1　电子邮件服务器

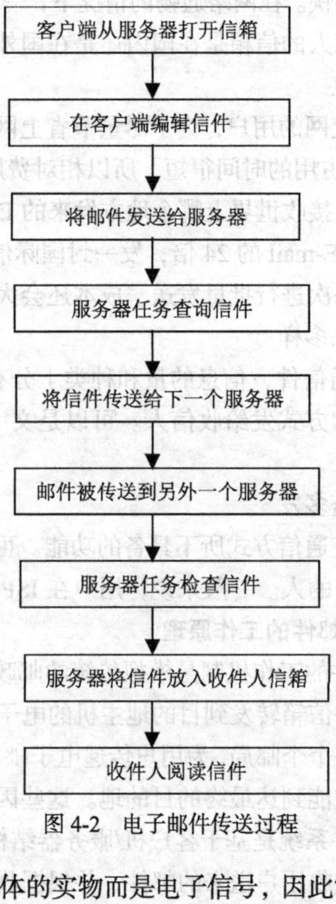

图 4-2　电子邮件传送过程

电子邮件和普通信件的不同在于它传送的不是具体的实物而是电子信号，因此它不仅可以传送文字、图形，甚至连动画或程序都可以寄送。电子邮件当然也可以传送订单或书信。由于不需要印刷费及邮费，所以大大节省了成本。通过电子邮件，如同杂志般厚厚的贴有许多照片的样本都可以简单地传送出去。同时，用户在世界上只要可以上网的地方，都可以收到别人寄来的邮件，而不像平常的邮件，必须回到收信的地址才能拿到信件。Internet 为用户提供完善的电子邮件传递与管理服务。电子邮件（E-mail）系统的使用非常方便。

4.1.3 电子邮件相关协议

电子邮件在发送和接收的过程中需要遵循一些基本协议和标准，其中最重要的是 SMTP、MIME 和 POP3。

1. SMTP 协议

SMTP（Simple Mail Transfer Protocol），又称为简单邮件传输协议，是 Internet 上基于 TCP/IP 的应用层协议。该协议是负责邮件发送的，SMTP 服务器就是邮件发送服务器。

当邮件传送程序与远程服务器通信时，它构造了一个 TCP 连接并在此上进行通信。一旦连接存在，双方遵循简单邮件传输协议 SMTP，它允许发送方说明自己，指定接收方，以及传送电子邮件信息。

尽管邮件传送看起来很简单，但 SMTP 协议仍须处理许多细节。例如：SMTP 要求可靠的传递——发送方必须保存一个信息的副本直到接收方将一个副本放至不易丢失的存储器（如磁盘）。另外，SMTP 允许发送方询问接收邮件的邮箱在服务器所在的计算机上是否存在。电子邮件的发送—接收过程如图 4-3 所示。

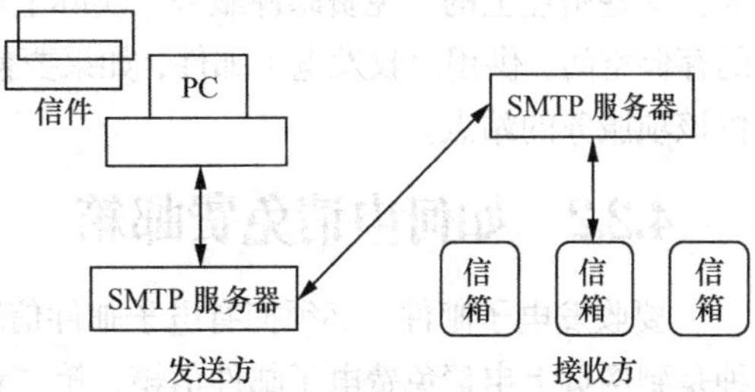

图 4-3 电子邮件发送—接收过程

2. POP3 协议

POP3（Post Office Protocol3）协议也是整个邮件系统中的基本协议之一。该协议是负责接收邮件的，POP3 服务器就是邮件接收服务器。

POP3 协议，即第 3 号邮局协议（POP）标准的最新版本。邮局协议规定一台连接因特网的计算机如何能起到邮件处理代理的作用。消息到达用户的电子邮箱，这种邮箱装在服务提供商的计算机内。从这一中心存储点，可以从不同的计算机——办公室内联网工作站以及家庭 PC 上存取用户的邮件。无论是哪种情况，与 POP 兼容的电子邮件程序建立与 POP 服务器的连接，并检测是否有新的邮件。然后用户可以下载邮件到工作站计算机上，并根据需要进行答复、打印或存储等处理。

3. MIME 编码标准

MIME 是一种编码标准，它解决了 SMTP 只能传送 ASCⅡ文本的限制，MIME 定义了各种类型数据，如声音、图像、表格、二进制数据等编码格式。通过对这些类型的数据进行编码并将它们作为邮件中的附件进行处理，以保证这部分内容完整、正确地传输。

4.1.4 E-mail 信箱格式

使用电子邮件的首要条件是要拥有一个电子邮箱，它是由提供电子邮政服务的机构为用户建立的。绝大多数用户通常会通过在某个知名网站上申请获取免费邮箱服务的方式拥有一个自己的电子邮箱。实际上，电子邮箱就是指因特网上某台计算机为用户分配的专用于存放往来信件的磁盘存储区域，但这个区域是由电子邮件系统软件负责管理和存取。每个拥有电子邮箱的人都会有一个电子邮件地址，下面认识一下电子邮件地址的构成。

由于 E-mail 是直接寻址到用户的，而不是仅仅到计算机，所以个人的名字或有关说明也要编入 E-mail 地址中。

电子邮件地址的典型格式为：用户名@主机名（邮件服务器域名）。

这里@之前是用户自己选择代表用户的字符组合或代码，@之后是为用户提供电子邮件服务的服务商名称，例如，aokaiyun@cqdd.cq.cn。

E-mail 地址是以“域”为基础的地址，例如，aokaiyun@cqdd.cq.cn 就是用户“aokaiyun”（用户名可以包括字母、数字和特殊字符，但不允许有空格）的电子邮件地址，它由用户名“aokaiyun”和域名“cqdd.cq.cn”组成。

4.2 免费的电子邮箱

4.2.1 如何选择申请免费邮箱的网站

常见的提供免费邮箱的站点有雅虎中国（www.cn.yahoo.com）、Hotmail（www.hotmail.com）、新浪（www.sina.com.cn）、搜狐（www.sohu.com）、网易（www.163.com）和 263（www.263.net）等。这些站点上的“免费邮件服务”实际上就是由站点免费提供一个电子邮件地址、账号与一定的存储空间，供用户收发电子邮件，如果要使用免费邮件服务，就需要使用 WWW 浏览器访问提供该项服务的站点。

4.2.2 如何申请免费邮箱

要收发电子邮件，必须拥有电子邮件信箱，一般可以采用两种方法获得电子邮件信箱：第一种是到网页上申请免费电子邮件信箱，第二种是到网页上申请付费电子邮件信箱。当然，付费电子邮件信箱可以获得更多、更好的电子邮件服务。下面以 163 网站为例，介绍申请免费电子邮件信箱的方法。

① 在浏览器的地址栏中输入 163 网站的地址 www.163.com，进入 163 主页，如图 4-4 所示。

图 4-4　163 主页

② 在主页上单击“免费邮箱”超链接进入 163 电子邮件服务页面，然后单击“立即注册”按钮注册用户的新账号，包括输入一些相应信息，如用户名、密码、密码提示以及用户的个人信息，如图 4-5、图 4-6 所示。

图 4-5　163 电子邮件注册页面

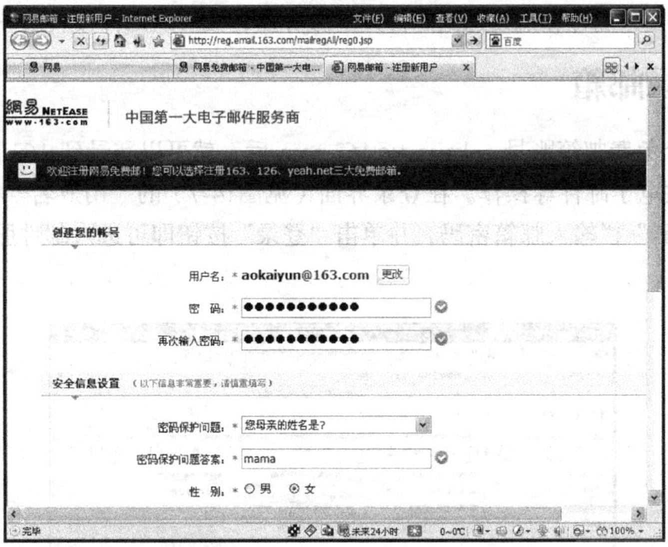

图 4-6　163 电子邮件申请页面

③ 在“@163.com”左边的文本框中输入电子邮件的用户名，如 aokaiyun，并依次填入密码等信息，屏幕上将显示一些有关的服务条款，这是用户在使用过程中必须遵守的，否则，网络管理员有权对用户的账号进行处理，甚至取消使用资格。如果确认信息输入正确，单击“提交”按钮，电子邮件信箱就申请成功了。电子邮件地址为：aokaiyun@163.com。

④ 邮箱申请成功后，用户可以回到图 4-7 所示的页面使用注册好的用户名和密码，直接登录到 163 邮箱，通过网站邮件服务页面收发电子邮件，也可以使用专门的电子邮件软件（如 Outlook Express）来收取电子邮件。

图 4-7　电子邮箱登录页面

4.3　通过浏览器收发电子邮件

通过浏览器收发电子邮件就是用户在浏览 WWW 网页时，利用商业网站提供的邮件收发系统，将电子邮件从用户的计算机发送到邮件发送服务器，或者从邮件接收服务器取回邮件。

4.3.1　登录邮箱

在拥有了一个免费邮箱账号 aokaiyun@163.com 后，就可以登录到 163 网站的电子邮件服务系统，进行收发电子邮件等操作。在登录界面（见图 4-7）的“用户名”栏输入用户名（如 aokaiyun）和“密码”栏输入邮箱密码，并单击“登录”按钮即可进入邮件服务页面，如图 4-8 所示。

图 4-8　电子邮件服务页面

在页面的左边，可以看到系统为用户提供了接收邮件、阅读邮件、写邮件、发送邮件、文件夹管理、系统配置等服务项目。

4.3.2　发送邮件

一封电子邮件通常由信头和信体两部分组成。

信头即邮件头，又由两部分构成。一部分由系统自动生成，如发件人地址、邮件发送的日期与时间（邮戳）；另一部分由写信人输入，如收件人地址、抄送人地址、邮件主题。当收件人或抄送人不止一个时，不同的电子邮件地址之间用逗号隔开。

在主题栏中需要键入邮件的标题，从礼节出发，在写电子邮件时主题部分一定要填写。

信体即邮件体，为邮件的实际部分，放置信函的主体内容和在信件末尾署名。

要发送一封新邮件，其操作步骤如下。

① 如要发送电子邮件，在邮件服务页面中单击“写信”按钮，进入写邮件页面，如图 4-9 所示。

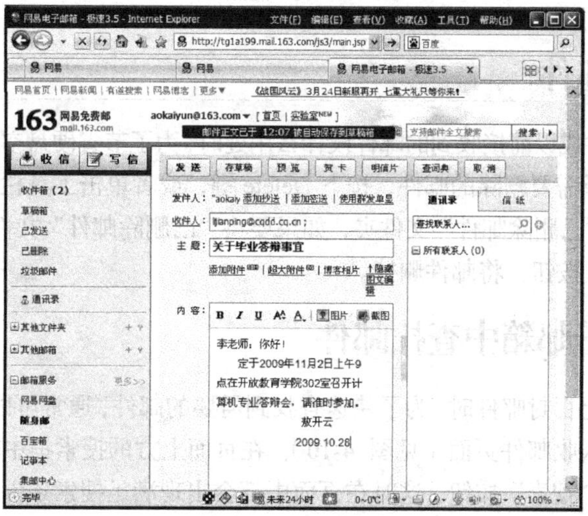

图 4-9　写邮件页面

② 在网页的“收件人”处输入收件人的 E-mail 地址，在“主题”栏处输入该邮件的题目；在下面的空白框中输入邮件内容，如图 4-9 所示。

③ 如果要在该邮件中插入一个或多个文件一起发送，则必须单击“添加附件”按钮，弹出“插入附件”对话框，在该对话框中找到需要插入的文件，再单击“完成”按钮将该文件插入到电子邮件中。

④ 单击“发送”按钮将该电子邮件及其附件一起发送出去。

4.3.3　阅读邮件

其操作步骤如下。

① 如要阅读邮件，在邮件服务页面中单击“收信”按钮，进入收件箱页面，如图 4-10 所示。

② 从“收件箱页面”中可以看到有多少邮件，如果用户要阅读某一封邮件，只需要单击邮件名称，就可以在“收件箱页面”的底部看见邮件内容，在“收件箱页面”的底部左边看见附件，单击附件可以打开附件内容。

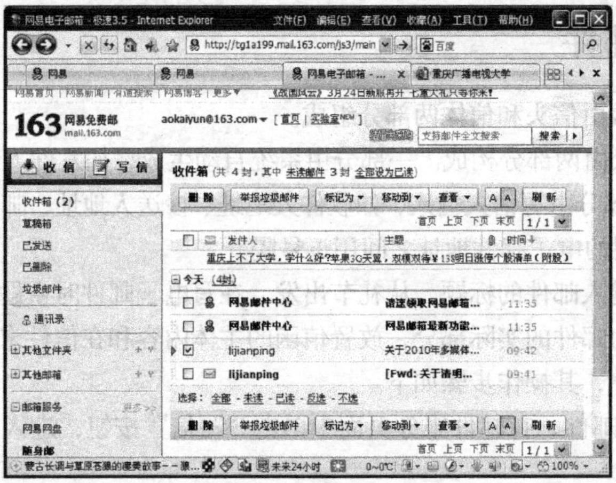

图 4-10　收邮件页面

4.3.4　删除邮件

在接收到垃圾邮件或以前接收到的邮件没什么用处时，为了节省硬盘空间，应该将它们删除掉。

操作方法为：选择需要删除的邮件，按下 Delete 键，或者单击工具栏中的“删除”按钮，将被删除邮件自动放到“已删除邮件”文件夹，如果要将“已删除邮件”文件夹中的邮件彻底删除，可以单击“彻底删除”按钮，将邮件删掉。

4.3.5　在电子邮箱中查找邮件

当电子邮箱中有上百封邮件时，为了快速查找到需要的邮件，通常可以采用搜索方式来查找。

操作方法为：进入收邮件页面（见图 4-10），在页面上方的搜索框中输入要查找邮件的关键词，如“关于”，单击“搜索”按钮，这时在页面中部会出现满足搜索条件的若干邮件，如图 4-11 所示。

图 4-11　查找邮件页面

其中，部分邮箱地址或主题内容以及正文中出现的字词等均可作为搜索的关键词。

4.4　认识 Outlook Express

使用专门的软件收发电子邮件比使用浏览器有许多优越性，Outlook Express 是收发电子邮件的客户端软件，它作为 IE 浏览器的组件之一，成为人们处理电子邮件的首要选择。

4.4.1　Outlook Express 的主要功能

Outlook Express 不仅可以实现电子邮件发送、接收、转发与阅读的基本功能，还具有处理新闻组、文件夹管理、地址簿管理、使用数字签名和配置多个电子邮件账号等功能。

4.4.2　Outlook Express 的界面组成

Outlook Express 的界面组成如图 4-12 所示。

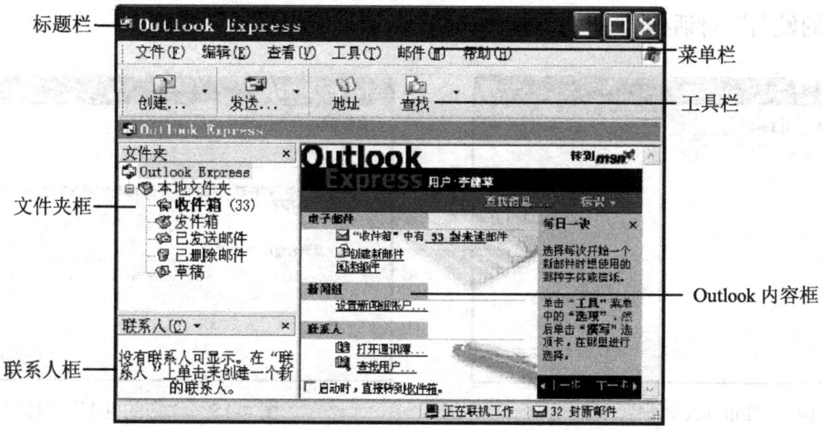

图 4-12　Outlook Express 窗口

4.4.3　Outlook Express 的使用

1. Outlook Express 的启动

启动 Outlook Express 有多种方法。采用下面 3 种方法均可启动 Outlook Express 并打开如图 4-13 所示的窗口。

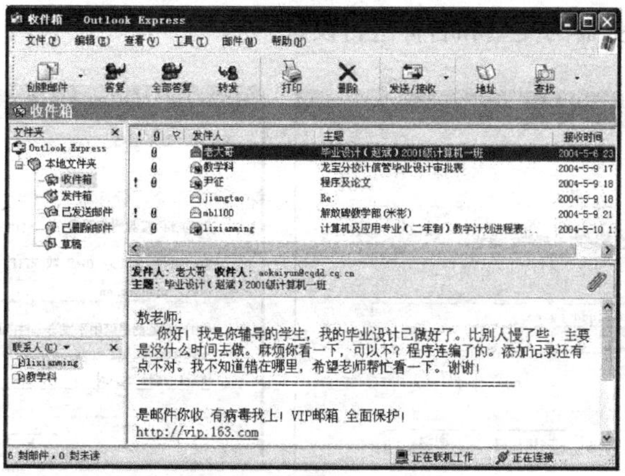

图 4-13　Outlook Express 窗口

方法一：单击“开始”按钮右边的 Outlook Express 图标。

方法二：选择“开始”菜单中的级联菜单“程序”，并在“程序”菜单中选择“Outlook Express”菜单项。

方法三：双击桌面上的“Outlook Express”图标。

2. 建立 Outlook Express 邮件账户

在使用 Outlook Express 收发电子邮件之前，用户需要对它的属性进行正确的设置，具体步骤如下。

① 如果 Outlook Express 是第一次运行，它会自动出现 Internet 连接向导，指导用户对 Outlook Express 进行设置，选择“创建新的 Internet Mail 账户”，单击“下一步”按钮，弹出如图 4-14 所示的“您的姓名”对话框。否则，单击 Outlook Express 窗口的“工具”菜单，弹出一个下拉菜单，然后单击该下拉菜单中的“账户”菜单项，弹出如图 4-15 所示的“Internet 账户”对话框，在该对话框中单击“添加”按钮，弹出一个下拉菜单，在该菜单中单击“邮件”菜单项，弹出如图 4-14 所示的“您的姓名”对话框。

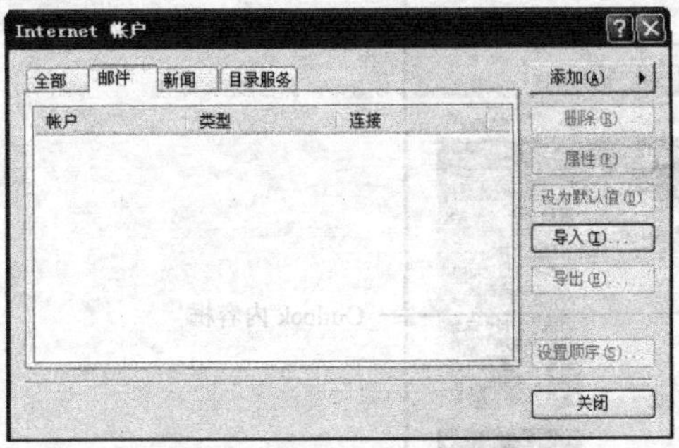

图 4-14　“Internet 账户”对话框

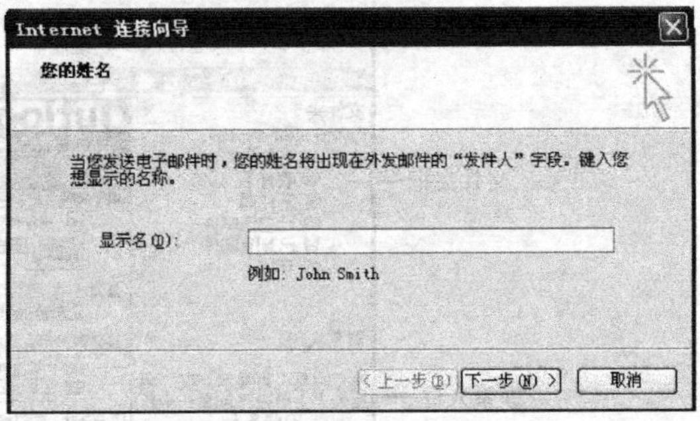

图 4-15　“您的姓名”对话框

② 用户可在“显示名”文本框中输入自己喜欢的名字。发送邮件时，该名字将出现在“发件人”栏。

③ 单击“下一步”按钮，弹出如图 4-16 所示的“Internet 电子邮件地址”对话框，在“电子邮件地址”文本框中输入用户的 E-mail 地址。对于免费电子邮件地址，在对应的站点上会提供相应的收、发邮件服务器的域名。

④ 单击“下一步”按钮，弹出如图 4-17 所示的“电子邮件服务器名”对话框，用户要在该对话框中对电子邮件服务器的类型和名称进行设置。

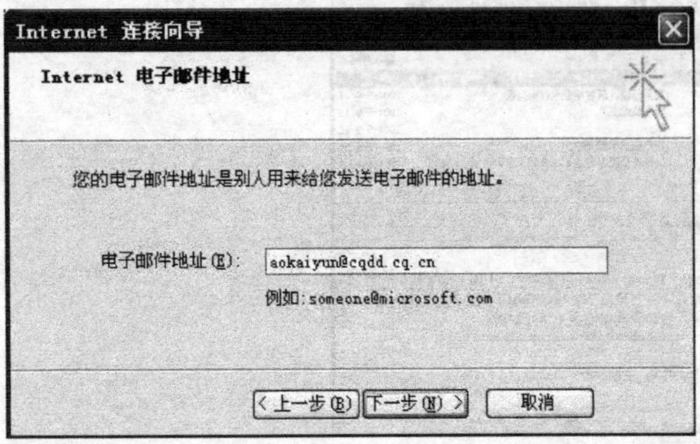

图 4-16　“Internet 电子邮件地址”对话框

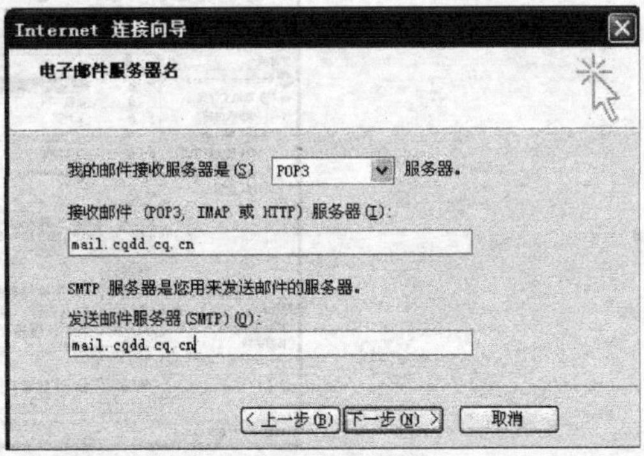

图 4-17　“电子邮件服务器名”对话框

邮件接收服务器可以是 POP3 或者 IMAP，最常用的类型是 POP3，如果用户无法确定，可以向 ISP 咨询。

发送电子邮件时，需要与邮件发送服务器 SMTP 连接才可将电子邮件寄出，接收电子邮件时，要连接邮件接收服务器 POP3，如果用户在 POP3 服务器上设有电子邮箱，就可以从该邮箱中收取电子邮件。

在“接收邮件服务器”和“发送邮件服务器”文本框中输入用户的网络服务器的名称。

⑤ 单击“下一步”按钮，弹出如图 4-18 所示的“Internet Mail 登录”对话框，用户可在“账户名”和“密码”文本框中分别输入自己的账户和密码。

⑥ 单击“下一步”按钮，弹出完成设置对话框，再单击“完成”按钮，出现如图 4-19 所示的“Internet 账户”对话框。

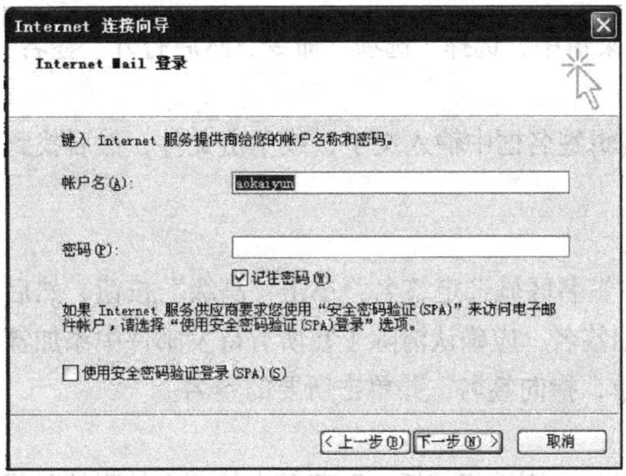

图 4-18　“Internet Mail 登录”对话框

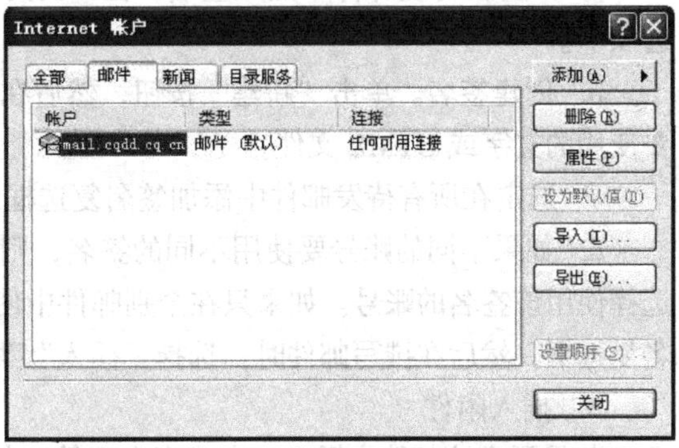

图 4-19　“Internet 账户”对话框

完成添加账户后，在 Internet 账户管理窗口中的“邮件”选项卡内就会多出一个刚才添加的账户，显示的名称是接收邮件服务器。Outlook Express 可以为用户管理多个邮件地址，用户可以将常用的账户设置为默认账户，即在不特殊说明的情况下，系统自动使用该账户发送或回复邮件。单击对话框右侧的“设置为默认值”按钮将选中的账户设置为默认账户。

⑦ 如果用户想修改上述设置，单击图 4-19 所示的“属性”按钮即可。

3. 建立新邮件并发送

（1）建立新邮件

操作步骤如下。

① 单击 Outlook Express 窗口工具栏中的“创建邮件”按钮，弹出如图 4-20 所示的“新邮件”对话框。

② 在“新邮件”对话框的“收件人”文本框中输入收件人的 E-mail 地址，在“主题”文本框中输入该邮件的题目，在下面的空白文本框中输入邮件内容，如图 4-20 所示。

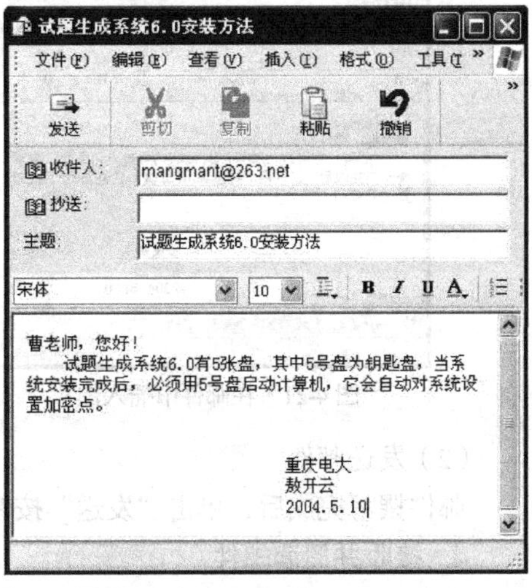

图 4-20　“新邮件”对话框

● 插入图片

如果希望在如图 4-20 所示的邮件中添加一张图片，使邮件更加生动、更具有吸引力，其操作方法为：在“插入”菜单中选择“图片”命令，然后单击“浏览”，搜索要插入的图形文件，根据需要输入图形文件的布局和间距信息，最后单击“OK”按钮即可，如图4-21所示。

● 插入名片

名片通常用于提供自己的详细资料。若要插入名片，首先必须在通讯簿中为自己创建一个联系人。当然，插入的也可以是通讯簿中任一联系人的名片。

如果在所有邮件中插入名片，在“工具”菜单中，单击“选项”命令，然后选择“撰写”选项卡，在“名片”区域，选中“邮件”或“新闻”复选框，然后从下拉列表中选择一个联系人的名片。如果要更改名片中的信息，单击“编辑”按钮，在联系人属性对话框中更改。如果要为某封邮件添加名片或签名，选择邮件窗口中的“插入”菜单，然后选择“我的名片”命令即可。

● 插入签名

插入签名的操作步骤如下。

a. 如要在待发邮件中加入签名，在“工具”菜单中，选择“选项”命令，然后打开“签名”选项卡。

b. 创建签名。单击“新建”按钮，然后在编辑签名框中输入文字，或单击文件，然后找到要使用的文字或HTML文件。

c. 选定在所有待发邮件中添加签名复选框。

d. 如果不同的账号要使用不同的签名，则在签名区域选定签名，单击“高级”按钮，然后选择使用该签名的账号。如果只在个别邮件中使用签名，应确认清除了在所有待发邮件中添加签名复选框。然后在撰写邮件时，选择“插入”菜单，指向签名，并单击所要的签名。

● 插入附件

如果要在该邮件中插入一个或多个文件一起发送，则选择“插入”菜单中的“文件附件”菜单项，弹出“插入附件”对话框，在该对话框中找到需要插入的文件，再单击“附件”按钮就会将该文件插入到电子邮件中，如图4-22所示。

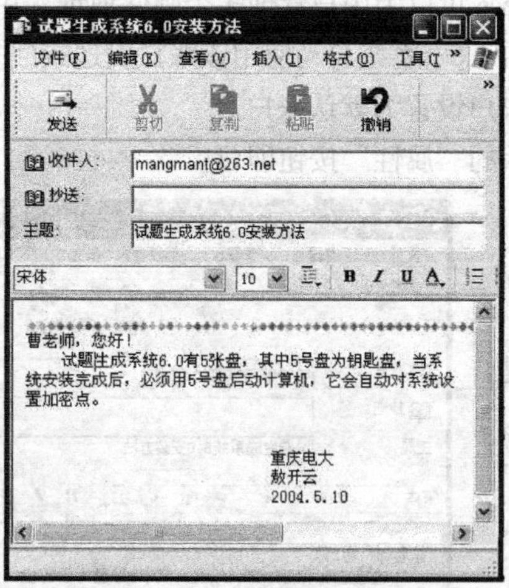

图4-21 在邮件中插入图片

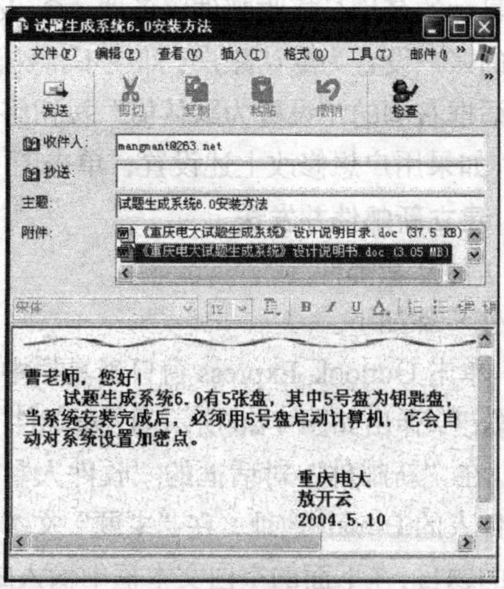

图4-22 插入附件

（2）发送邮件

邮件撰写完成后，单击“发送”按钮就会将该电子邮件及其附件一起发送出去。

4. 接收并阅读邮件

接收电子邮件的方法非常简单，一般情况下用户在启动Outlook Express后，计算机会自动接收电子邮件，也可以单击 Outlook Express 窗口工具栏中的“发送/接收”按钮来接收电子邮件，电子邮件接收完后是存放在“收件箱”中的，单击“收件箱”，再单击右边窗口中的某个电子邮件，就可以看到该邮件的内容了，如图 4-23 所示。如果该邮件右边出现有“别针”按钮，说明该邮件有附件，要保存附件的方法是：单击“别针”按钮，弹出如图 4-24 所示的附件下拉列表，再选择“保存附件”选项，弹出如图 4-25 所示的“保存附件”对话框，单击“浏览”按钮选择附件存放的位置，比如：选择 C 盘根目录，然后单击“保存”按钮，就可以将附件保存到 C 盘根目录下。

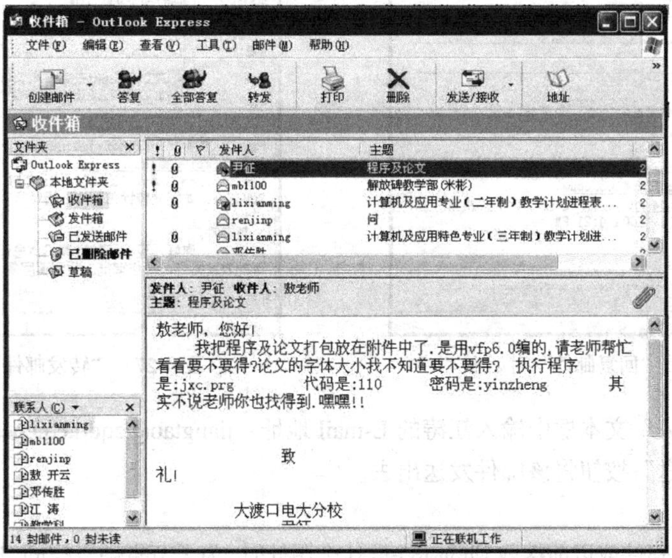

图 4-23　“收邮件”窗口

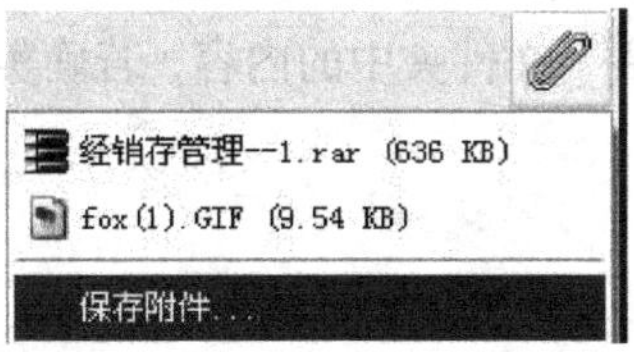

图 4-24　“保存附件”下拉列表

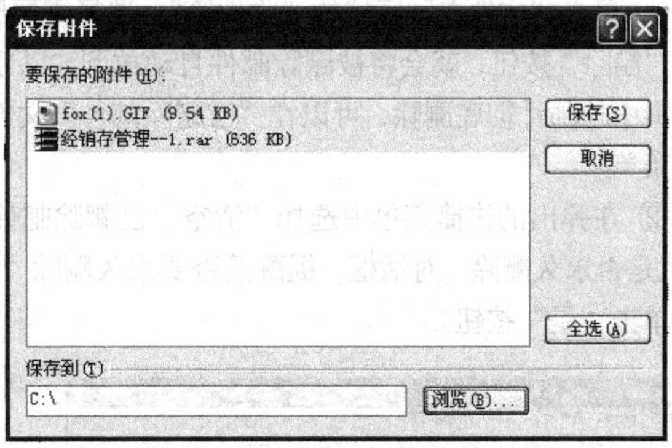

图 4-25　“保存附件”对话框

5. 回复或转发邮件

回复或转发电子邮件就是将别人发给用户的电子邮件回复给发件人或转发给另外一个人。

对于已经接收到的邮件，用户可以使用回复功能回复邮件，其操作步骤如下。

① 在“收件箱”中选定要回复的邮件，单击工具栏中的“答复”按钮，弹出如图 4-26 所示的“回复邮件”对话框。

② 在“回复邮件”对话框中，“收件人”和“主题”都已经填好了，并且在信件正文中引用了原信的内容，最上面写着“Original Message”（即“原信内容”），此时光标会停留在信纸的最上方，只需要写下要写的文字，并单击工具栏中的“发送”按钮，即可将信件回复。

例如，要将别人发给用户的邮件转发给江涛，其操作步骤如下。

① 首先选中要转发的电子邮件，再单击工具栏上的“转发”按钮，弹出如图 4-27 所示的“转发邮件”对话框，原邮件的内容就会出现在该对话框中。

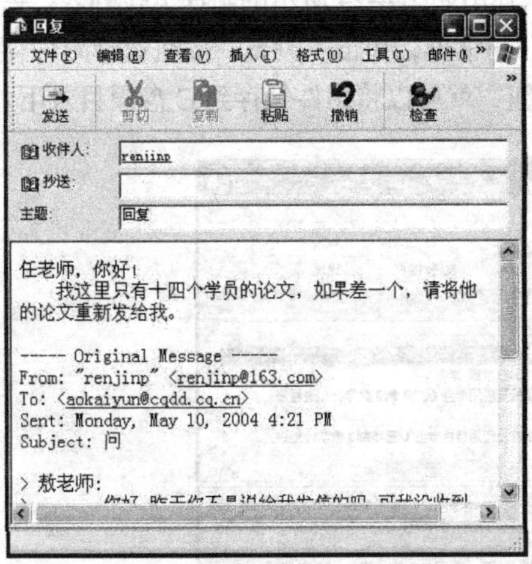

图 4-26 “回复邮件”对话框

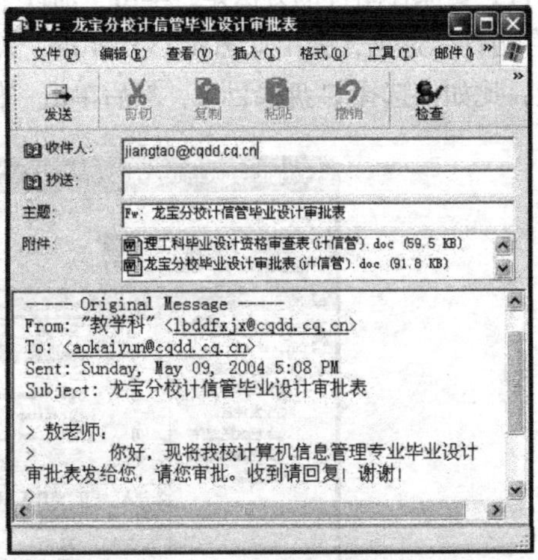

图 4-27 “转发邮件”对话框

② 在“收件人”文本框中输入江涛的 E-mail 地址：jiangtao@cqdd.cq.cn。

③ 单击“发送”按钮将该邮件发送出去。

6. 删除邮件

在接收到垃圾邮件或以前接收到的邮件没什么用处时，为了节省硬盘空间，应该将它们删除掉。操作步骤如下。

① 单击“文件夹”区域的“收件箱”，选择需要删除的邮件，按 Delete 键，或者单击工具栏中的“删除”按钮，就会将被删除邮件自动放到“已删除邮件”文件夹，如果要将“已删除邮件”文件夹中的邮件彻底删除，可以在“已删除邮件”文件夹处单击鼠标右键，弹出如图 4-28 所示的快捷菜单。

② 在弹出的快捷菜单中选择“清空‘已删除邮件’文件夹”菜单项，弹出如图 4-29 所示的“确认是否永久删除”对话框，提醒是否要永久删除“已删除邮件”文件夹中的内容，若确实要删除，单击“是”按钮。

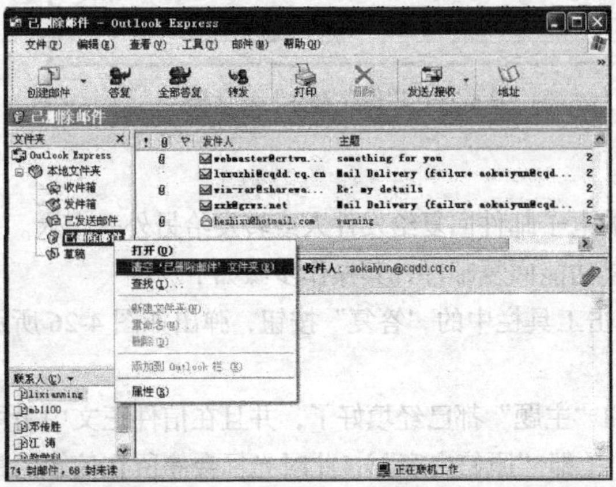

图 4-28 “清空‘已删除邮件’文件夹”命令

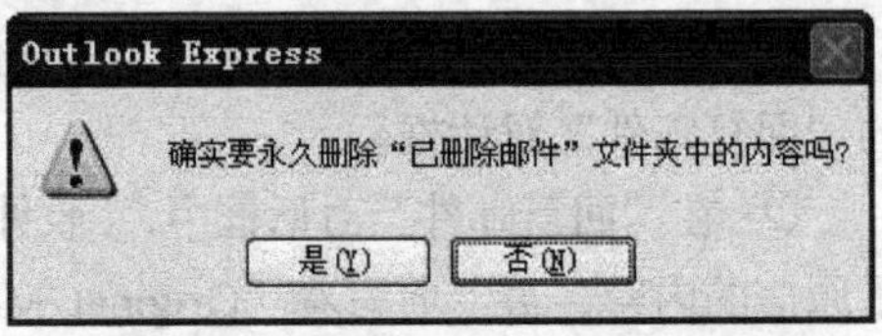

图 4-29 “确认是否永久删除”对话框

7. 通讯簿管理

通讯簿是处理邮件和日常事务的有力工具，它可以方便地存储联系人信息，并使这些信息易于检索。它还有访问 Internet 目录服务的功能，目录服务是可用于在 Internet 上查找名称和地址的搜索工具。

通讯簿支持轻量级目录访问协议（LDAP）以便使用 Internet 目录服务。在撰写电子邮件时可以使用这些服务，可用来在 Internet 上查找用户和商业伙伴。下面介绍常用的通讯簿管理。

（1）添加联系人到通讯簿

方法一：通过键盘输入，将联系人添加到通讯簿

① 在主菜单“工具”中选择“通讯簿”菜单项或者单击工具栏中的“地址”按钮，弹出如图 4-30 所示的“通讯簿”窗口。

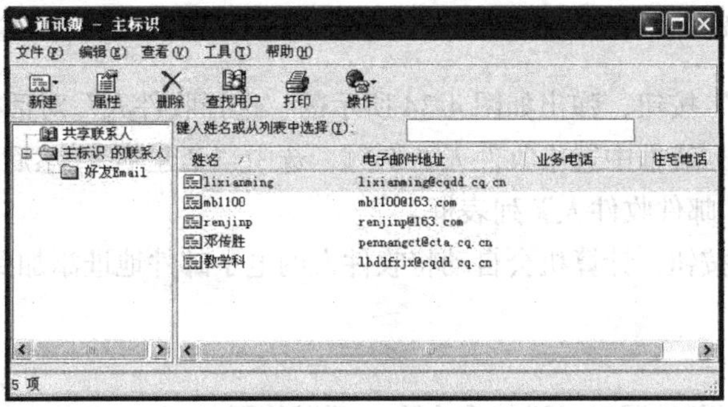

图 4-30　“通讯簿”窗口

② 在“文件”菜单中选择“新建联系人”菜单项，弹出如图 4-31 所示的“属性”对话框。

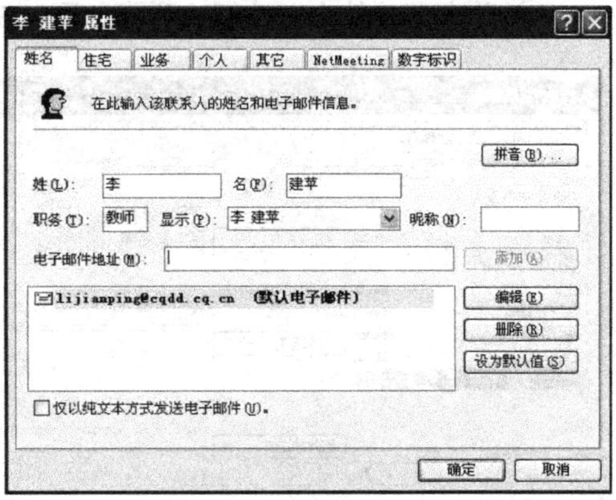

图 4-31　“属性”对话框

③ 选择“姓名”选项卡，输入联系人的姓名、职务、昵称、电子邮件地址等信息。单击“添加”按钮，就可以将联系人信息添加到电子邮件地址列表框中。

④ 如果联系人有多个电子邮件地址，可以选中最常用的一个，然后单击“设为默认值”按钮，将其设为默认的发件地址。

方法二：直接从电子邮件中将名称添加到通讯簿。

可以将 Outlook Express 设置为在回信时自动将收件人添加到通讯簿。另外，每次发送或接收邮件时，都可以将收件人或发件人的姓名添加到通讯簿。如果要将所有回复收件人添加到通讯簿，在 Outlook Express 中，单击“工具”菜单，然后选择“选项”命令，选择“发送”选项卡，将“自动将我的回复对象添加到通讯簿”复选框选中，如图 4-32 所示。

（2）通过通讯簿发送邮件

通讯簿建立后，就可以直接通过通讯簿发送邮件，而不需要填写收件人的 E-mail 地址了，操作步骤如下。

① 单击工具栏上的“创建邮件”按钮，弹出如图 4-33 所示的“创建新邮件”对话框。

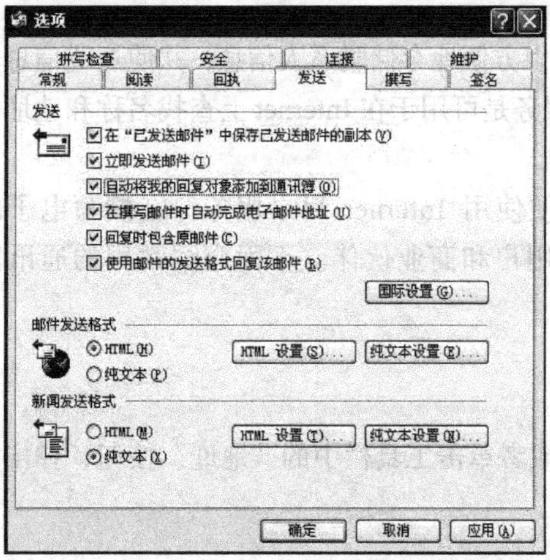

图 4-32 “选项”对话框

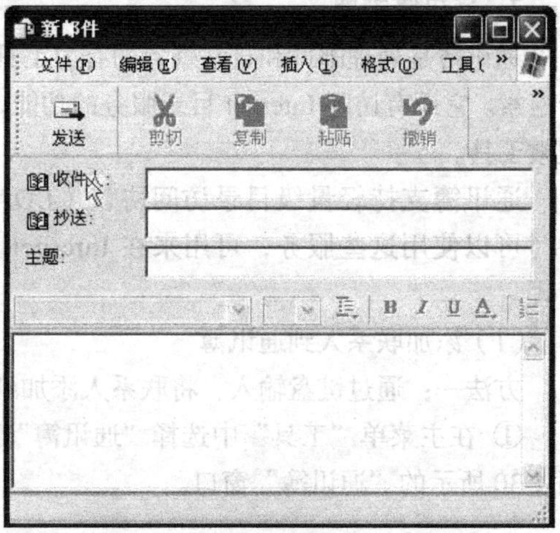

图 4-33 “创建新邮件”对话框

② 单击“收件人”按钮，弹出如图 4-34 所示的“选择收件人”对话框。

③ 在左边联系人列表框中选中收件人，例如，选中“李建苹”，然后单击“收件人”按钮，即可将联系人添加到“邮件收件人”列表框。

④ 单击“确定”按钮，计算机会自动将收件人的电子邮件地址添加到如图 4-33 所示的“收件人”地址栏中。

（3）群发邮件

如果用户想将一封邮件同时发送给多个人，可以使用 Outlook Express 的群发功能。

操作步骤如下。

① 单击工具栏上的“创建邮件”按钮，弹出如图 4-33 所示的“创建新邮件”对话框。

② 单击“收件人”按钮，弹出如图 4-35 所示的“选择收件人”对话框。

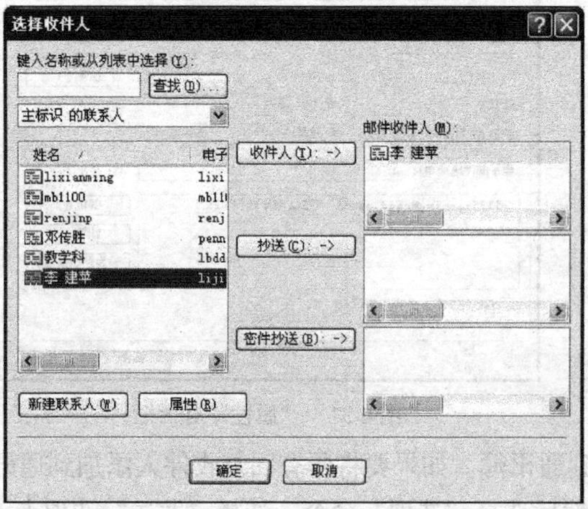

图 4-34 “选择收件人”对话框

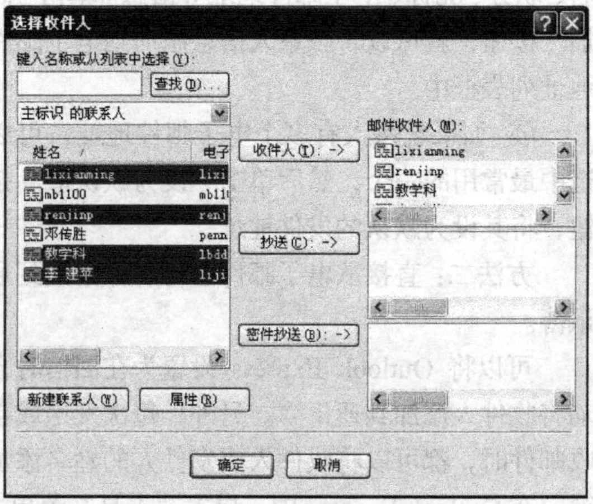

图 4-35 “选择收件人”对话框

③ 在左边联系人列表框中利用复选方式选中所有收件人，然后单击“收件人”按钮，即可将所有已经选中的联系人添加到“邮件收件人”列表框。

④ 单击“确定”按钮，计算机会自动将所有收件人的电子邮件地址添加到如图 4-33 所示的“收件人”地址栏中。这样，用户只需要将“主题”和电子邮件内容填写好，最后单击“发送”按

钮，就可以将一封邮件同时发送给多个人。

4.5 使用 Foxmail 收发电子邮件

Foxmail 软件也是收发电子邮件的常用软件之一，下面就介绍用该软件收发电子邮件的方法。

4.5.1 下载 Foxmail 软件

操作步骤如下。

① 启动 IE 浏览器，在地址栏中输入 Foxmail 官方主页站点地址：http://fox.foxmail.com.cn，在打开的页面中单击“下载专区”超链接，如图 4-36 所示。

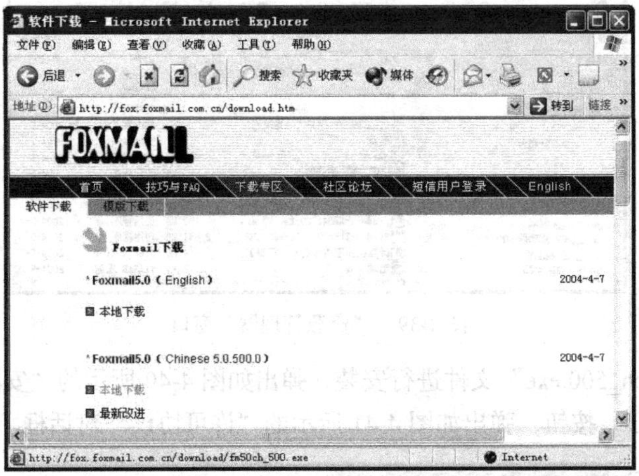

图 4-36 Foxmail 官方主页

② 打开下载专区页面，单击“本地下载”超链接，弹出如图 4-37 所示的“文件下载”对话框。

③ 单击“保存”按钮，弹出如图 4-38 所示的“另存为”对话框，单击“保存在”下拉列表框，选择文件保存路径为 D 盘根目录。

图 4-37 “文件下载”对话框

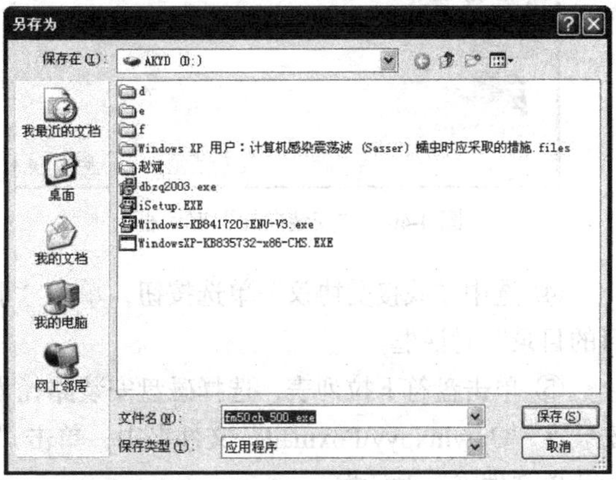

图 4-38 “另存为”对话框

④ 单击“保存”按钮，开始下载 Foxmail，弹出文件下载进度对话框，显示文件下载的进度。

完成后，单击“确定”按钮，下载完成。

说明　也可以从其他网页上下载 Foxmail 软件。

4.5.2 安装 Foxmail 软件

操作步骤如下。

① 打开 Windows 资源管理器，在左侧列表中单击 D 盘，找到下载的 fm50ch_500.exe 文件，如图 4-39 所示。

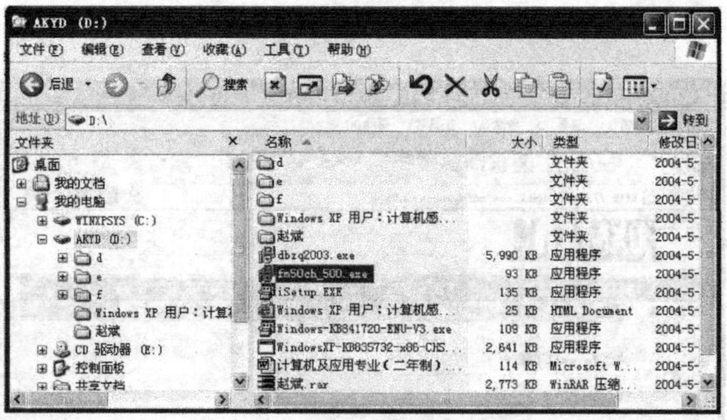

图 4-39　“资源管理器”窗口

② 双击“fm50ch_500.exe”文件进行安装，弹出如图 4-40 所示的“安装向导”对话框。

③ 单击“下一步”按钮，弹出如图 4-41 所示的“许可协议”对话框。

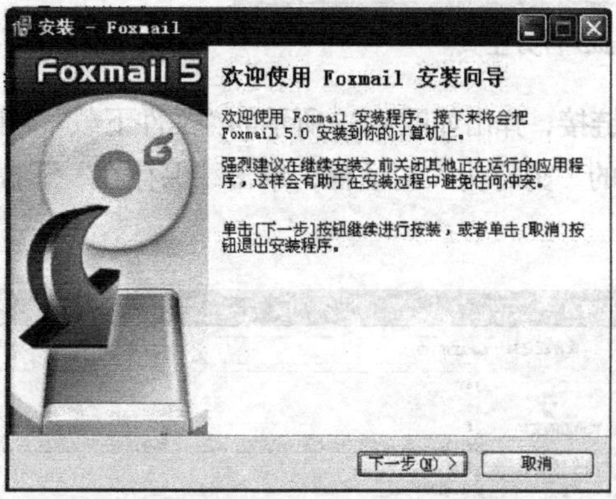

图 4-40　“安装向导”对话框

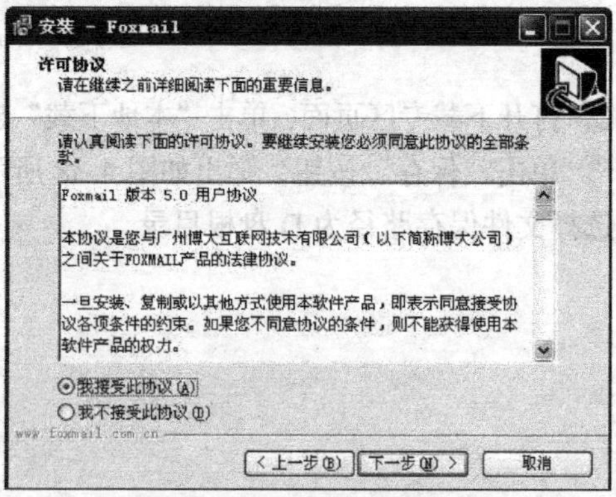

图 4-41　“许可协议”对话框

④ 选中“我接受协议”单选按钮，单击“下一步”按钮，弹出如图 4-42 所示的“选择安装目的目录”对话框。

⑤ 单击盘符下拉列表，选择磁盘安装路径为 C:\winxpyy\Foxmail，此时向导即可将 Foxmail 安装在“C:\winxpyy\Foxmail”文件夹中，单击“下一步”按钮，弹出如图 4-43 所示的“选择开始菜单文件夹”对话框。

⑥ 在这里保持默认值不变，并单击“下一步”按钮，弹出如图 4-44 所示的“选择额外任务”对话框。

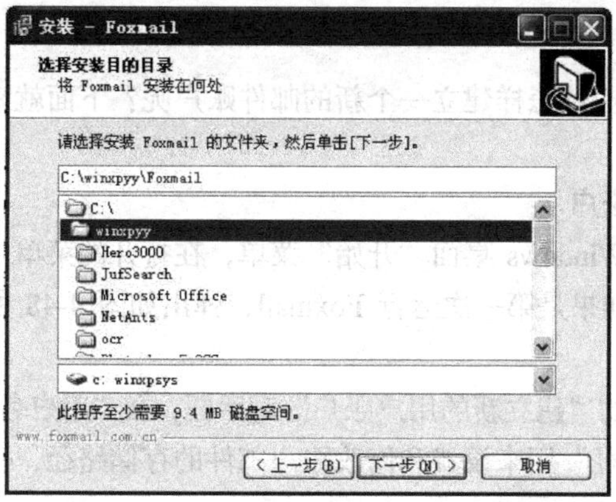

图 4-42 “选择安装目的目录”对话框

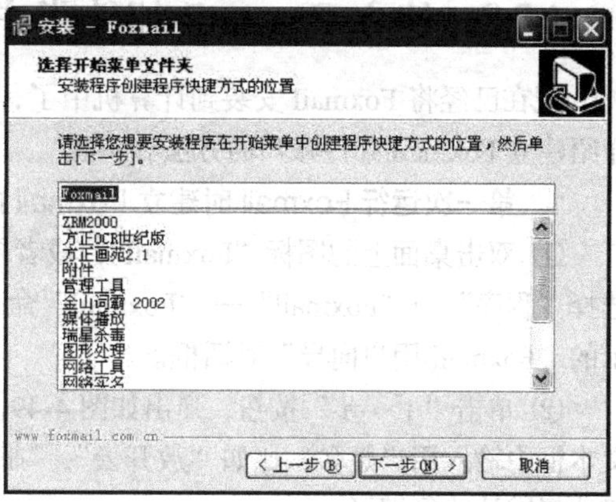

图 4-43 “选择开始菜单文件夹”对话框

⑦ 保持默认值不变，然后单击“下一步”按钮，弹出如图 4-45 所示的“准备安装”对话框。

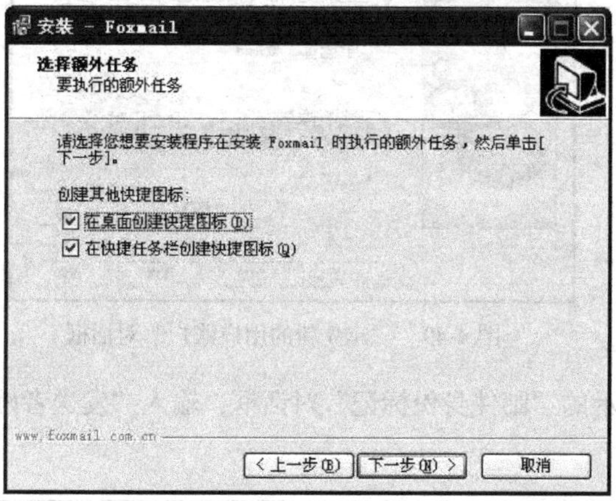

图 4-44 “选择额外任务”对话框

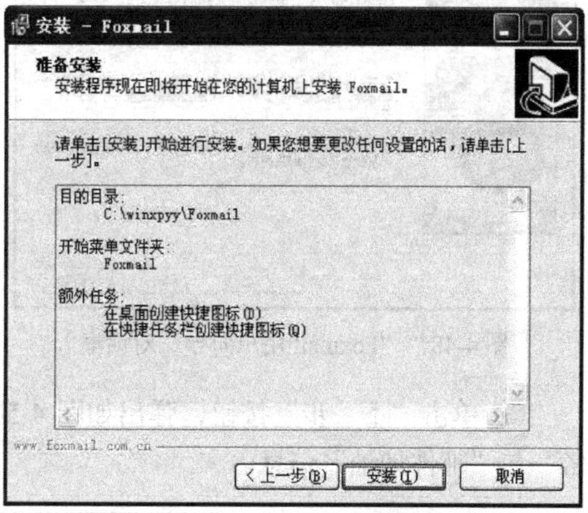

图 4-45 “准备安装”对话框

⑧ 单击“安装”按钮，开始安装 Foxmail，并显示安装进度对话框，如图 4-46 所示。

⑨ 安装完毕，弹出如图 4-47 所示的“完成 Foxmail 安装向导”对话框，单击“完成”按钮，Foxmail 安装完成，并自动启动 Foxmail。

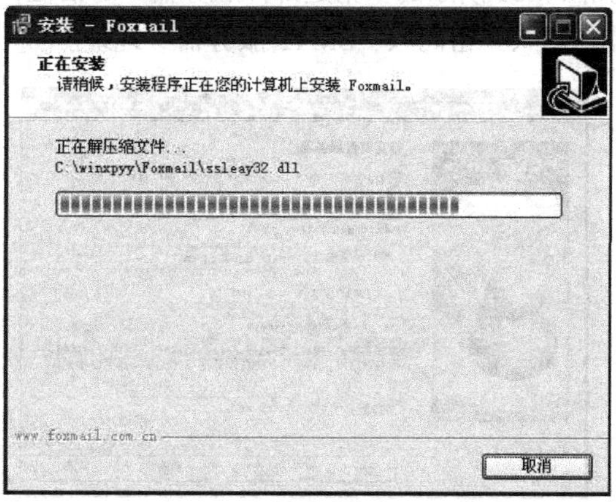

图 4-46 “正在安装”对话框

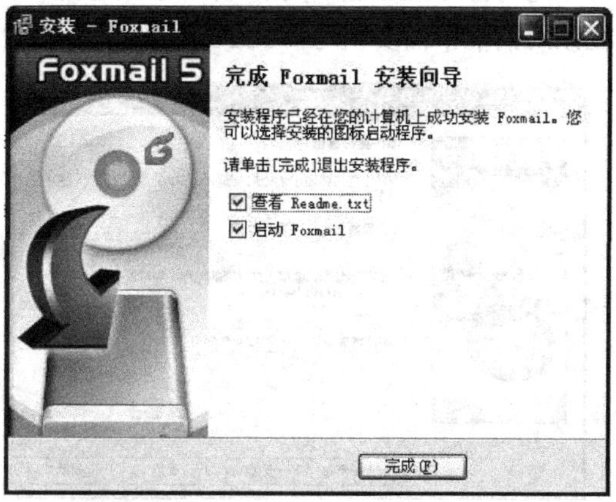

图 4-47 “完成 Foxmail 安装向导”对话框

4.5.3 建立 Foxmail 邮件账户

现在已经将 Foxmail 安装到计算机中了，那么应该怎样建立一个新的邮件账户呢？下面就来介绍建立 Foxmail 邮件账户的方法和步骤。

1. 第一次运行 Foxmail 时建立 Foxmail 邮件账户

① 双击桌面上的图标"Foxmail"，或者单击 Windows 桌面"开始"菜单，在打开的菜单中选择"程序"→"Foxmail"→"Foxmail"命令，如果是第一次运行 Foxmail，弹出如图 4-48 所示的"Foxmail 用户向导"对话框。

② 单击"下一步"按钮，弹出如图 4-49 所示的"建立新的用户账户"对话框，在"用户名"文本框中输入用户姓名，比如"敖开云"，"邮箱路径"用来设置和修改账户邮件的存储路径，一般选择默认路径即可。

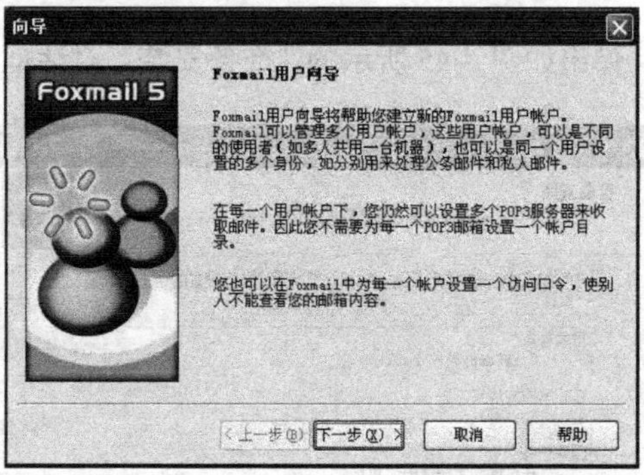

图 4-48 "Foxmail 用户向导"对话框

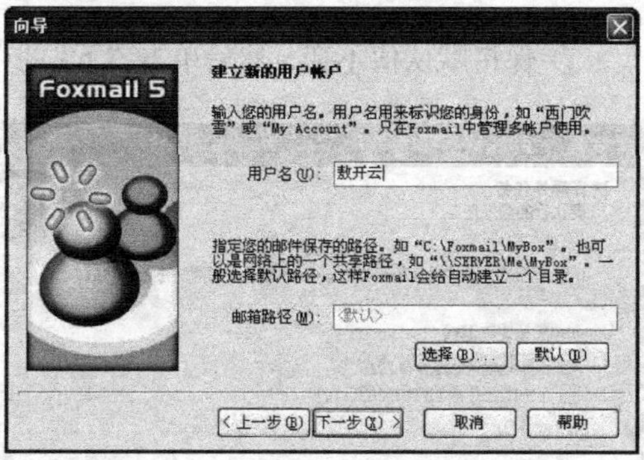

图 4-49 "建立新的用户账户"对话框

③ 单击"下一步"按钮，弹出如图 4-50 所示的"邮件身份标记"对话框，输入"发送者姓名"与"邮件地址"信息。

说明

- "发送者姓名"是发送邮件时所显示的用户姓名，便于 E-mail 的接收者识别邮件到底是谁发送过来的，比如，这里填写"敖开云"。
- "邮件地址"是发送邮件时显示的发送者的 E-mail 地址，以便于接收者回信，例如，电子邮件地址 aokaiyun@cqdd.cq.cn。

④ 完成设置后，单击"下一步"按钮，弹出如图 4-51 所示的"指定邮件服务器"对话框，在该对话框中需要填写"POP3 服务器"、"POP3 账户名"、"密码"、"SMTP 服务器"地址。

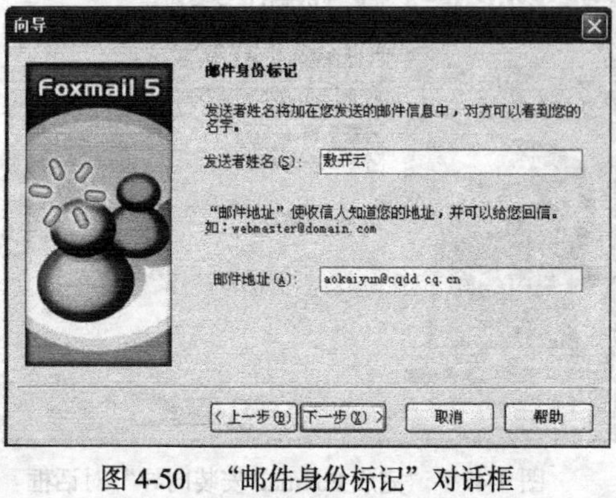

图 4-50 "邮件身份标记"对话框

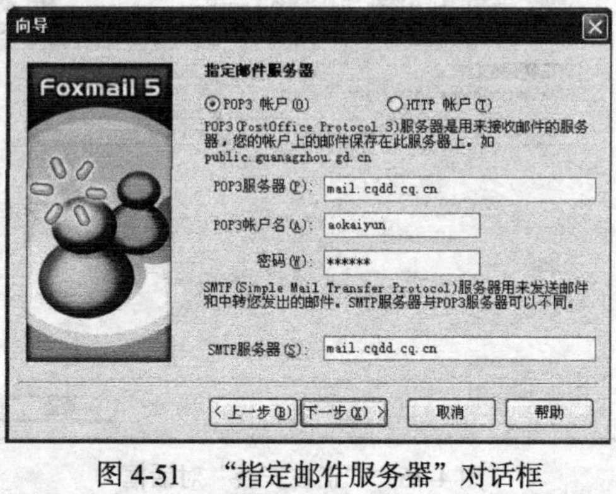

图 4-51 "指定邮件服务器"对话框

⑤ 单击“下一步”按钮，弹出如图 4-52 所示的“账户建立完成”对话框，选中“SMTP 服务器需要身份验证”复选框。

⑥ 单击“完成”按钮结束账户建立，进入如图 4-53 所示的“Foxmail 主界面”窗口，在窗口列表的左侧，显示刚才已经建立的信箱账户，在其账户中有 5 个文件夹：收件箱、发件箱、已发送邮件箱、垃圾邮件箱和废件箱。在窗口列表的右边，则用来显示邮件的主题信息和邮件内容。

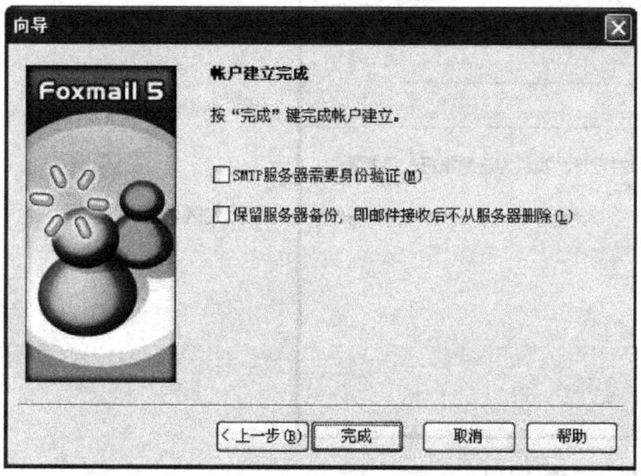

图 4-52　“账户建立完成”对话框

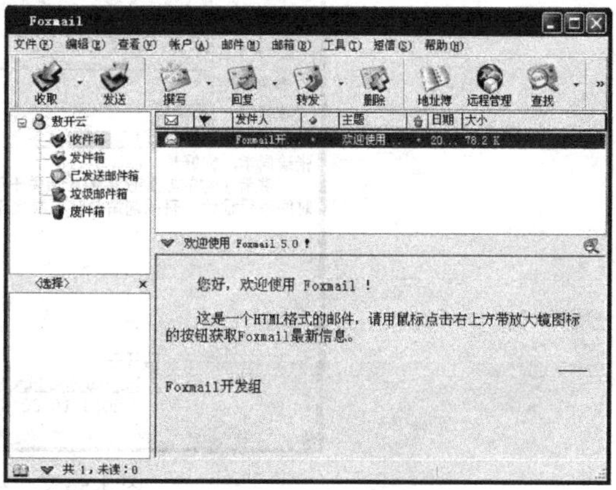

图 4-53　Foxmail 主窗口

2. 在 Foxmail 主窗口中建立 Foxmail 邮件账户

在如图 4-53 所示的主窗口中选择“账户”菜单下的“新建”菜单项，弹出如图 4-48 所示的“Foxmail 用户向导”对话框，以下步骤与上面②～⑥步相同。

4.5.4　用 Foxmail 接收邮件

接收电子邮件的方法非常简单，只需要在 Foxmail 主窗口中单击工具栏上的“收取”按钮，这时系统会弹出如图 4-54 所示的“收取邮件”对话框，表示正在接收电子邮件，电子邮件接收完后是存放在“收件箱”中的，单击“收件箱”，再单击右边窗口中的某个电子邮件，就可以看到该邮件的内容了，如图 4-55 所示。

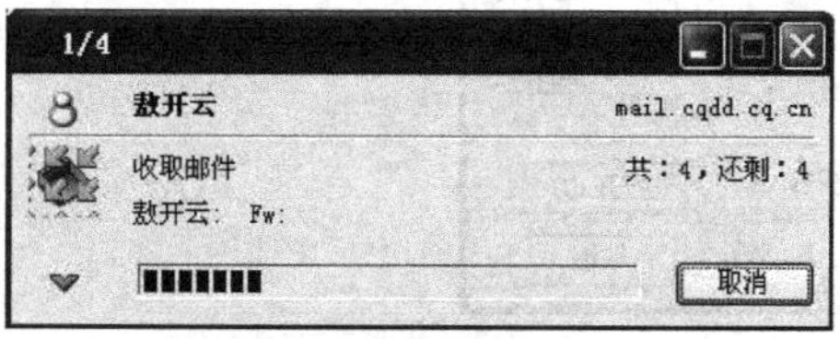

图 4-54　“收取邮件”对话框

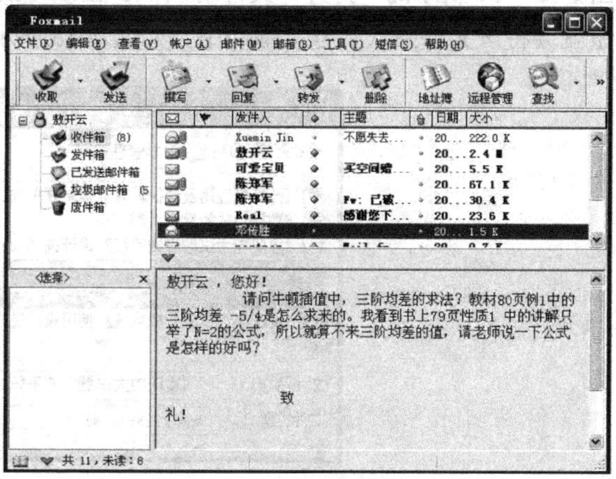

图 4-55　“阅读邮件”窗口

4.5.5 撰写并发送邮件

1. 撰写邮件

在主界面中单击“撰写”按钮，弹出如图 4-56 所示的“写邮件”编辑窗口。

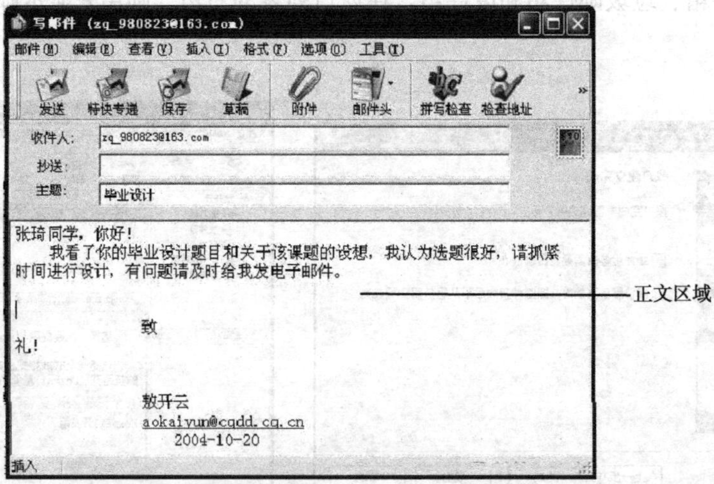

图 4-56 “写邮件”编辑窗口

（1）填写邮件内容

在“收件人”文本框中填写收信人的 E-mail 地址，如果希望将一封邮件同时发给多个收件人，则 E-mail 地址可以用逗号或者回车分隔。这里填入收信人的 E-mail 地址为：zq_980823@163.com。

“抄送”表示邮件将同时被发送给其他人，这里可以填写其他收件人的 E-mail 地址，所有“抄送”E-mail 地址都将以明文传送。

“主题”相当于一篇文章的题目，可以让收信人大致了解邮件的内容，也可以方便收信人管理邮件，可以根据信件的内容进行填写。完成后，在信件正文区域写入邮件内容，如图 4-56 所示。

（2）插入附件

如果要在该邮件中插入一个或多个文件一起发送，则可以单击工具栏上的“附件”按钮，弹出如图 4-57 所示的“打开”文件对话框，在该对话框中找到需要插入的文件，再单击“打开”按钮就会将该文件插入到电子邮件中，如图 4-58 所示。

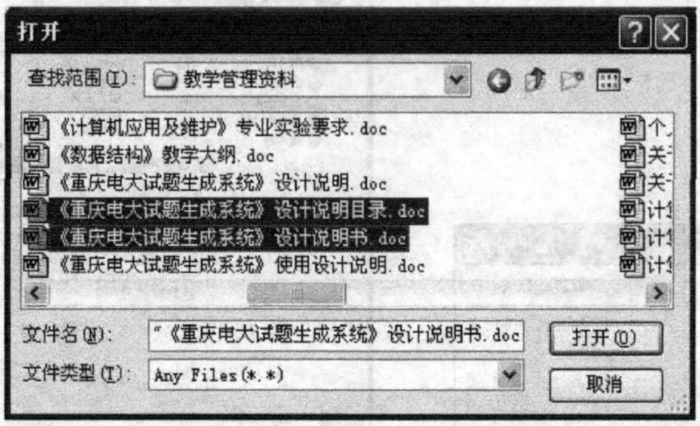

图 4-57 “打开”文件对话框

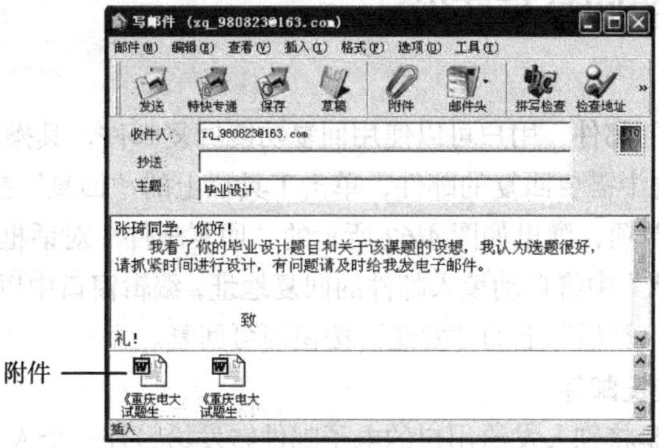

图 4-58 添加附件的邮件

说明

附件文件可以同时选择多个，而且在同一份邮件中可以多次添加附件文件。

2. 发送新邮件

邮件编写完成后，可以通过单击工具栏的“发送”按钮进行不同操作。

如果要发送发件箱中的邮件，可以单击“发送”按钮将邮件发送给收信人。发送过程中，系统弹出一个发送进度提示框，如图 4-59 所示。

图 4-59 “发送邮件”对话框

如果要保存邮件，可采用以下方式。

- 将邮件保存在发件箱中，并立即发送出去，即使发送失败也不必担心，邮件已经保存在发件箱中了。
- 保存：将邮件保存在发件箱的发送队列中，但并不立即发送出去。这样可以写好很多待发送的邮件，然后将它们一次性地发送出去。
- 保存为草稿：作为草稿保存，供下次修改后再决定发送。

3. 保存附件

如果该邮件左边出现有“别针”按钮，说明该邮件有附件，当选中该邮件时，在 Foxmail 主窗口的右下方会显示出各附件的文件名，若要保存附件，选中附件文件名并单击鼠标右键，弹出如图 4-60 所示的快捷菜单，选择“另存为”菜单项，弹出如图 4-61 所示的“另存为”对话框，单击“保存在”下拉列表选择附件存放的位置，比如，选择 C 盘根目录，然后单击“保存”按钮，就可以将附件保存到 C 盘根目录下。

图 4-60 快捷菜单

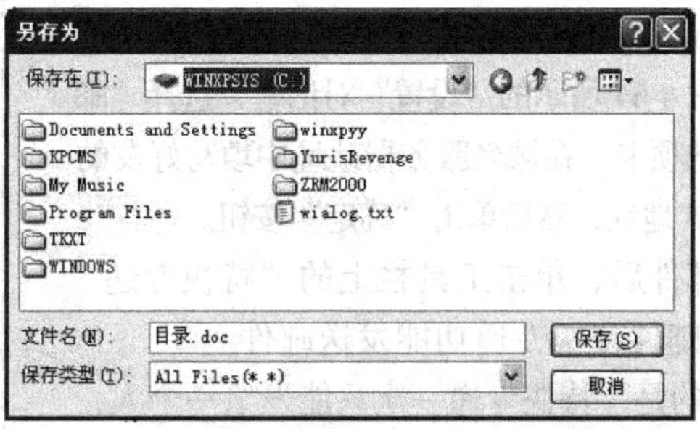

图 4-61 “另存为”对话框

4.5.6 邮件的回复与转发

1. 回复邮件

对于已经接收到的邮件，用户可以使用回复功能回复邮件，其操作步骤如下。

① 在收件箱中选中需要回复的邮件，单击工具栏上的“回复”按钮或者选择“邮件”菜单下的“回复邮件”菜单项，弹出如图 4-62 所示的“回复邮件”对话框。

② 此时，“收件人”中将自动填入邮件的回复地址，编辑窗口中以灰体字显示了原邮件内容，邮件写完后，单击“工具栏”上的“发送”按钮即可回复。

2. 用 Foxmail 转发邮件

转发电子邮件就是将别人发给用户的电子邮件转发给另外一个人，例如：要将别人发给用户的邮件转发给江涛，其操作步骤如下。

① 首先选中要转发的电子邮件，再单击工具栏上的“转发”按钮，弹出如图 4-63 所示的“转发邮件”对话框，原邮件的内容出现在该对话框中。

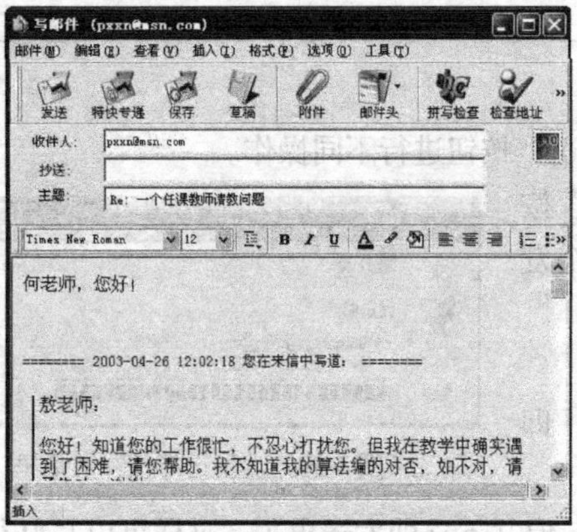

图 4-62 “回复邮件”对话框

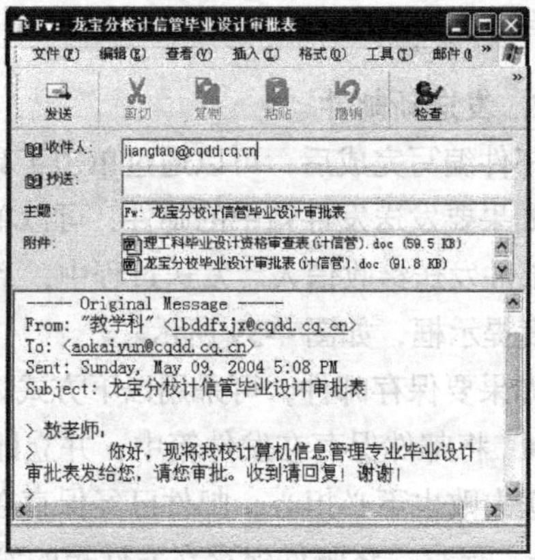

图 4-63 “转发邮件”对话框

② 在“收件人”文本框输入江涛的 E-mail 地址：jiangtao@cqdd.cq.cn。

③ 单击“发送”按钮将该邮件发送出去。

4.5.7 邮件特快专递

用户在收发电子邮件过程中，经常会发现需要等很长时间才能把电子邮件发送到好友的信箱，那么是否有方法实现快速发送电子邮件呢？答案是肯定的，Foxmail 提供了邮件特快专递功能，可以快速定位收件人邮箱所在的服务器，并直接把邮件发送到对方的邮箱中。只要将邮件发送完成后，好友就会立刻收到邮件。

① 在 Foxmail 主界面中执行菜单“工具/系统设置”命令，打开如图 4-64 所示的“设置”对话框，选择“邮件特快专递”选项卡，在域名服务器地址中填写好友的域名服务器的 IP 地址，然后单击“确定”按钮。

② 写完邮件后，单击工具栏上的“特快专递”按钮即可使用邮件特快专递功能发送邮件。

需要注意的是，特快专递一次只能发给一个人，并且在收信人处只能填写一个地址。

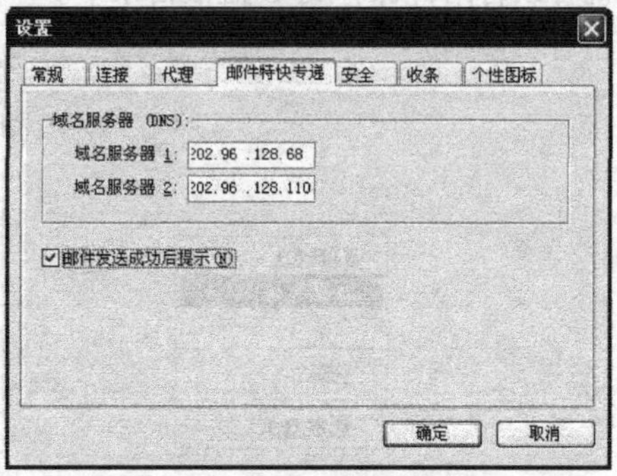

图 4-64 “设置邮件特快专递”对话框

4.5.8 Foxmail 的其他功能

1. 加密邮箱

有时，在办公室往往是几个人共用一台计算机，与他人共用一个 Foxmail 收发邮件，能否将自己的账户进行加密？答案当然是肯定的。

操作步骤如下。

① 首先在 Foxmail 主窗口中选择自己的账户，然后在主菜单“账户”中选择“访问口令”菜单项，弹出如图 4-65 所示的“口令”对话框。

② 输入账户的口令密码，单击“确定”按钮即可。今后，每次进入 Foxmail 主窗口，选择自己的邮件账户时，系统都要求输入正确密码后，才能打开邮箱，这样，别人就不能看见邮箱中的邮件信息，从而起到邮件保密的作用。

2. 账户属性设置

Foxmail 的很多参数都可以通过主菜单“账户”中的“属性”进行设置，比如，个人信息、邮件服务器、发送邮件、接收邮件、其他 POP3、字体与显示、标签、模板、网络、安全等，下面简单介绍一些常用参数的设置方法和功能。

（1）修改个人信息

如果要修改个人账户信息，可以按下列步骤进行操作。

① 在 Foxmail 主界面窗口中，选择主菜单“账户”中的“属性”命令，打开“账户属性”对话框。

② 在左侧列表中选择“个人信息”选项，在窗口右侧显示有关账号的个人信息设置参数，如图 4-66 所示。

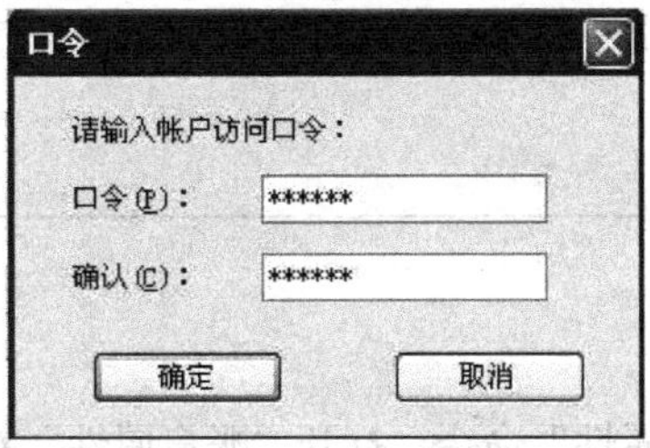

图 4-65　“口令”对话框

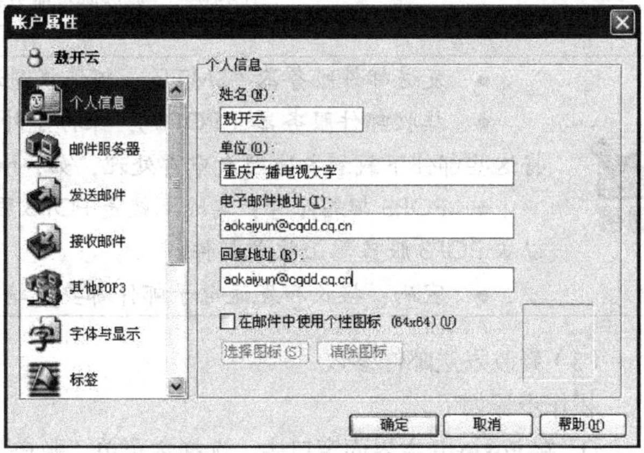

图 4-66　“修改个人信息”对话框

说明

- 姓名：此处可以输入用户的姓名，所填内容将在发送邮件时作为用户名字标识。
- 单位：单位名称，可以不填写。
- 电子邮件地址：就是用户的邮件地址，如，aokaiyun@cqdd.cq.cn，这个地址会显示在邮件末尾，对方回复邮件时，如果没有指定别的回复地址，就会回复到此地址。
- 回复地址：在发出的邮件中加上回复地址标记，对方回信时将回复给此地址。如果希望对方回复到默认电子邮件地址，就不必填此项了。

（2）修改邮件服务器

要能够正确接收和发送电子邮件，必须正确设置“接收邮件服务器（POP3）”和“发送邮件服务器（SMTP）”的邮件服务器地址。如果发现邮件服务器地址有错误，怎样进行修改呢？

操作步骤如下。

① 在 Foxmail 主界面窗口中，选择主菜单“账户”中的“属性”命令，打开“账户属性”对话框。

② 在左侧列表中选择“邮件服务器”选项，在窗口右侧显示有关邮件服务器参数设置对话框，如图 4-67 所示。

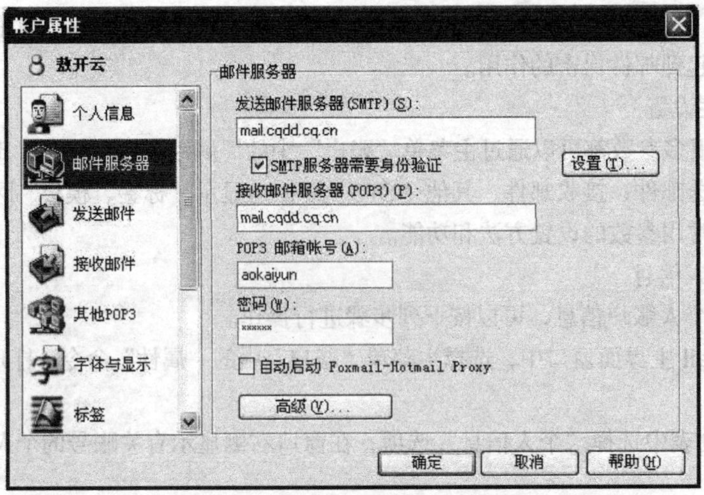

图 4-67 “修改邮件服务器”对话框

说明

- 发送邮件服务器（SMTP）：邮件将通过此服务器发送出去，如，mail.cqdd.cq.cn。
- 接收邮件服务器（POP3）：保存了外界发给用户的邮件，用户可以通过此程序将这些邮件下载到本地硬盘中再处理，如，mail.cqdd.cq.cn。
- POP3 邮箱账号：实际上就是 POP3 服务器的账号，通过此账号和相应的口令可以从 POP3 服务器上收取邮件。
- 密码：接收和发送电子邮件都要求输入密码。

（3）修改发送邮件参数

操作步骤如下。

① 在 Foxmail 主界面窗口中，选择主菜单“账户”中的“属性”命令，打开“账户属性”对话框。

② 在左侧列表中选择“发送邮件”选项，在窗口右侧显示有关发送邮件参数设置对话框，如图 4-68 所示。

根据需要，在如图 4-68 所示的对话框中选中需要的选项。

（4）修改接收邮件参数

操作步骤如下。

① 在 Foxmail 主界面窗口中，选择主菜单“账户”中的“属性”命令，打开“账户属性”对话框。

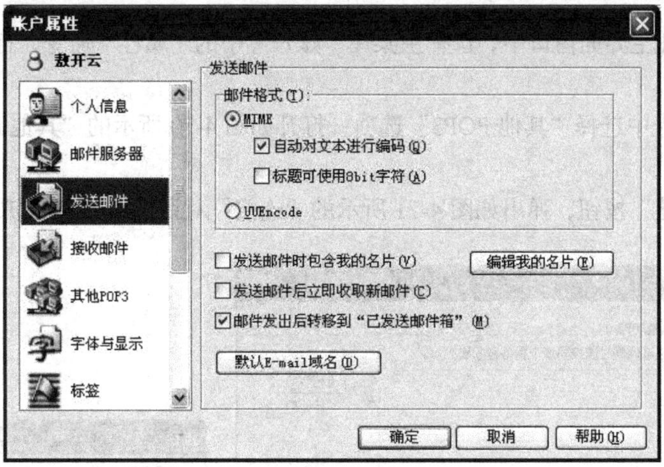

图 4-68　“修改发送邮件参数”对话框

② 在左侧列表中选择“接收邮件”选项，在窗口右侧显示有关接收邮件参数设置对话框，如图 4-69 所示。

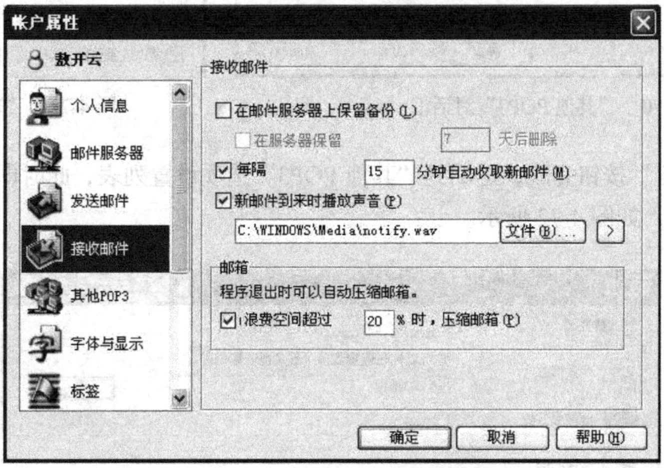

图 4-69　“修改接收邮件参数”对话框

说明

- 在邮件服务器上保留备份：如果选中此栏，表示在接收邮件后系统不会自动删除邮件服务器上的邮件，这样会继续占用用户的邮箱空间，所以一般情况下不选择此栏。
- 每隔多少分钟自动收取新邮件：在该文本框中输入时间，如 15 分钟，表示 Foxmail 系统会每隔 15 分钟自动接收电子邮件。
- 新邮件到来时播放声音：选中此栏并单击“文件”按钮，弹出文件打开对话框，然后选择一个声音文件，这样，Foxmail 每次接收到新邮件都会以声音提示用户，表示收到新邮件。
- 压缩邮箱：当选中“浪费空间超过多少时（如 20%），压缩邮箱”，表示如果邮件太大，为了节省存储空间，对用户的邮件进行压缩。

（5）建立多个邮箱

如果用户申请了多个电子邮箱，可以用 Foxmail 同时收取这些邮箱的信件。

操作步骤如下。

① 在 Foxmail 主界面窗口中，选择主菜单“账户”中的“属性”命令，打开“账户属性”对话框。

② 在左侧列表中选择“其他 POP3”选项，打开如图 4-70 所示的“其他 POP3”选项设置列表对话框。

③ 单击“新建”按钮，弹出如图 4-71 所示的“连接”对话框，输入 POP3 信箱的相关信息。

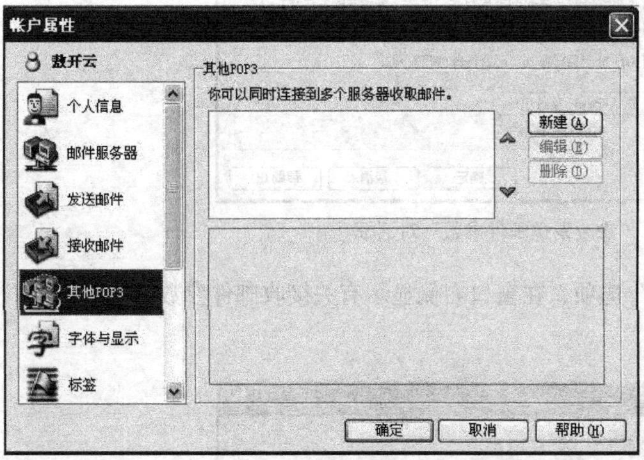

图 4-70 “其他 POP3”对话框

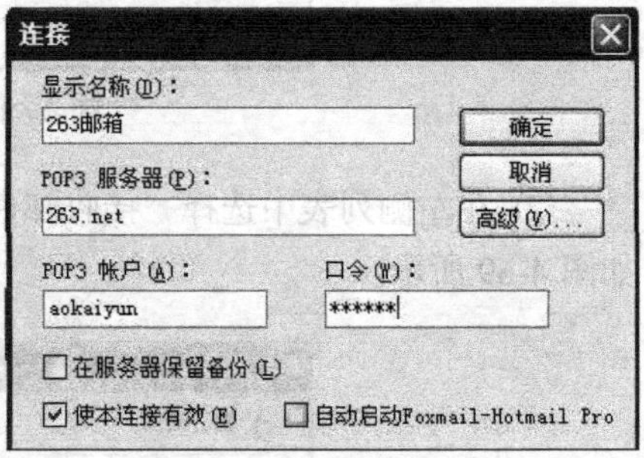

图 4-71 “连接”对话框

④ 单击“确定”按钮完成，返回到“其他 POP3”选项设置列表，此时即可发现已经添加了一个新的账户信箱，如图 4-72 所示。

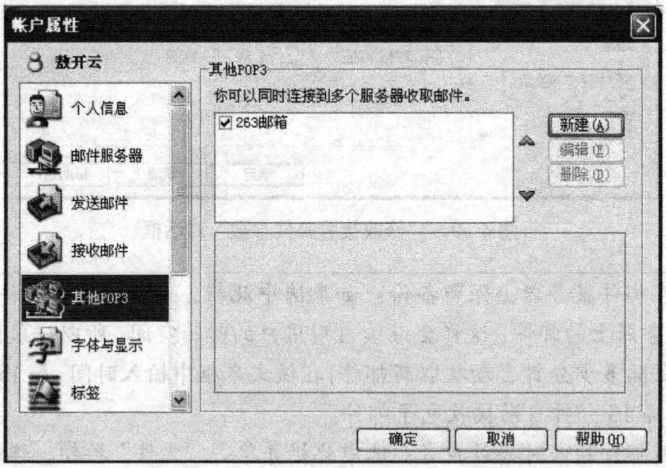

图 4-72 返回“其他 POP3”对话框

⑤ 单击“确定”按钮返回到 Foxmail 主界面窗口，如果要单独收取此信箱邮件，可以单击“收取”按钮右侧的箭头，然后从列表中选取收取的信箱名称即可。

3. 拒绝垃圾邮件

现在垃圾邮件泛滥，用户经常会收到很多垃圾邮件，那么该如何避免垃圾信件的骚扰呢？可以通过设定 Foxmail 的过滤垃圾邮件的过滤器来避免垃圾邮件的骚扰。

操作步骤如下。

① 在 Foxmail 主界面窗口中，选择主菜单“账户”中的“过滤器”命令，打开如图 4-73 所示的“过滤管理器”对话框。

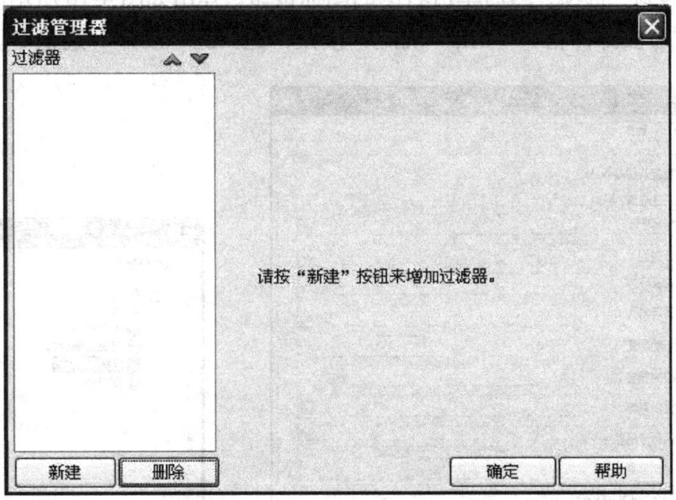

图 4-73　“过滤管理器”对话框

② 单击“新建”按钮，弹出如图 4-74 所示的“新过滤器”选项设置页，选择“条件”选项卡。

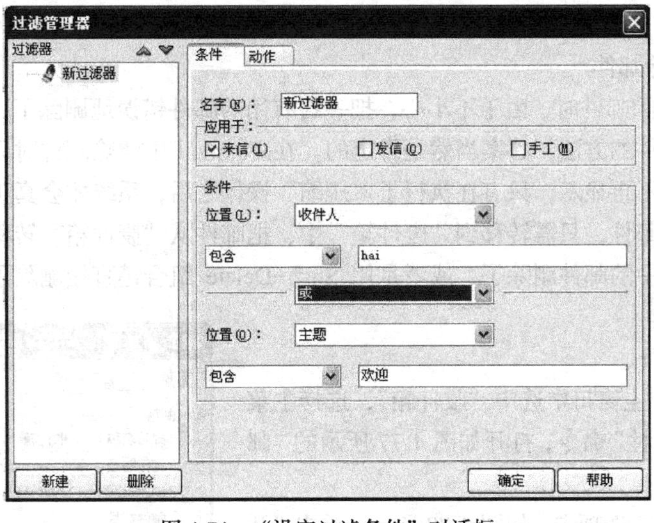

图 4-74　“设定过滤条件”对话框

说明

- 在“名字”文本框中输入过滤器名称，可以根据需要进行输入。
- 在“应用于”选项栏中选择邮件类型，在这里选择“来信”复选框。
- 在“条件”选项栏中，选择“位置”列表项中需要过滤的项目所在的位置，可以设定为过滤收件人地址、发件人地址、邮件主题、附件名称等信息。
- 在“位置”下方的下拉列表中，选择过滤条件，如包含、不包含、等于等条件，然后在右侧的文本框中输入需要过滤的条件。

③ 打开“动作”选项卡，如图 4-75 所示，选择对过滤邮件的处理方式。比如，可以设定直接删除、转移、复制、转发、重定向、自动回复、改变标签、发出声音、运行应用程序、显示消息等。

④ 选择“转移到”选项，然后单击右侧的图标按钮，弹出如图 4-76 所示的“邮箱”对话框，选择转移目标为“垃圾邮件箱”，单击“确定”按钮，返回到“动作”选项卡。

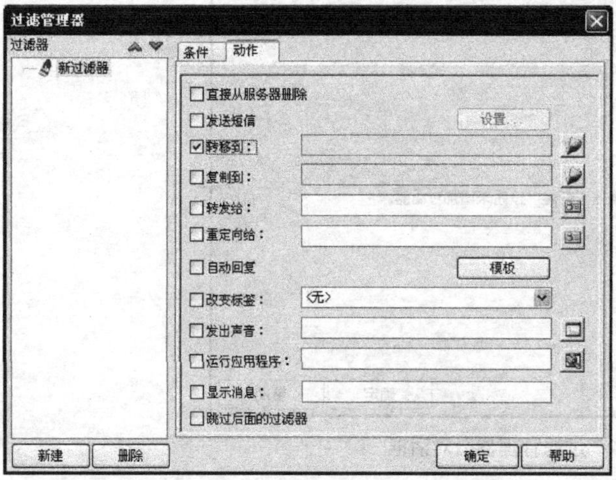

图 4-75 “设定过滤动作”对话框

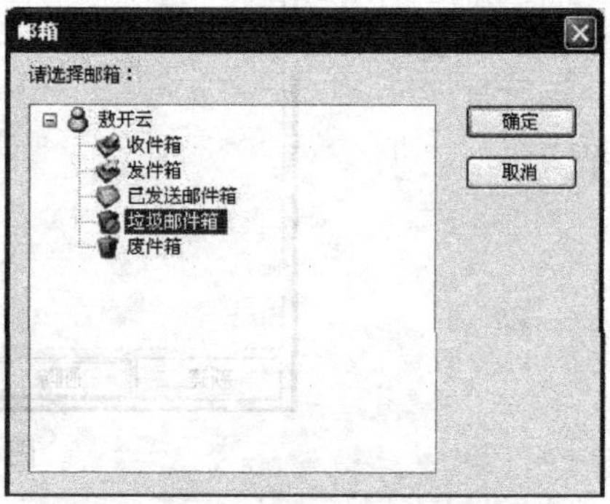

图 4-76 “邮箱”对话框

⑤ 单击“确定”按钮，邮件过滤器设置完毕，今后凡是符合条件的邮件将自动被转移到垃圾邮件箱。

4. 恢复已删除邮件

有时用户在删除邮件时，由于不小心，把一封有用的邮件错误地删除了，而且还清空了废件箱，是否有恢复邮件的方法？答案当然是肯定的。在 Foxmail 中清除邮件时只是在邮件上打了一个删除标记，使其不再显示，只有在执行了“压缩”操作之后，系统才会真正将它们删除，这时如果想恢复误删的邮件，只需转移到“废件箱”中，把邮件从“废件箱”转移到其他邮箱即可。如果已经把废件箱中的邮件删除了，或者是用 Shift+Delete 组合键直接删除了邮件，可以通过修复邮箱的方法恢复。

其操作步骤如下。

① 在 Foxmail 主窗口中选中“收件箱”，选择主菜单“邮箱”中的“属性”命令，打开如图 4-77 所示的“邮箱”对话框。

② 选择“工具”选项卡，如图 4-78 所示，单击“开始修复”按钮，如果邮箱没有被压缩过，那么邮件是可以被恢复的。

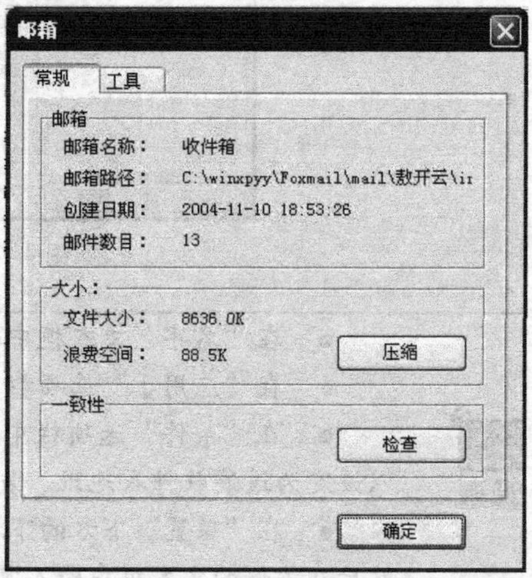

图 4-77 “邮箱”对话框

5. 地址簿管理

在 Foxmail 地址簿中，可以根据不同对象建立不同分类的地址簿，以便用户发送邮件时更方便、更快捷，下面就来介绍一下地址簿的创建和使用方法。

（1）创建地址簿文件夹

① 单击 Foxmail 工具栏上的“地址簿”按钮，弹出如图 4-79 所示的“地址簿”窗口，在窗口的左边有两个文件夹：“公共地址簿”和“个人地址簿”，用户可以在这两个地址簿文件夹中新建文件夹对地址进行分类。

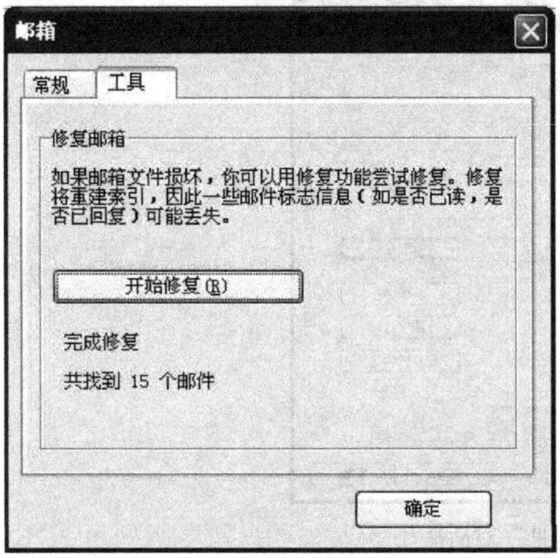

图 4-78　“工具”选项卡

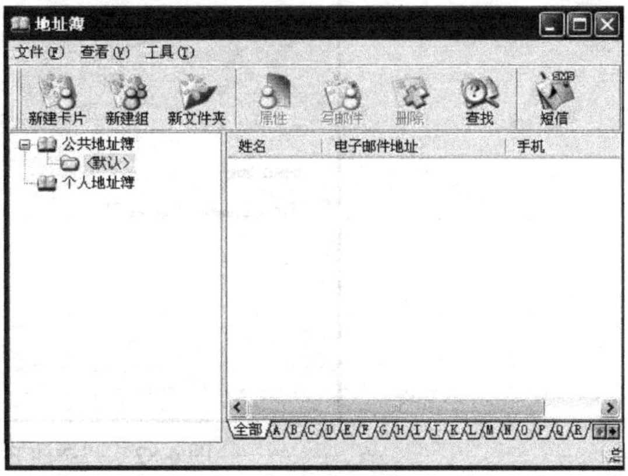

图 4-79　“地址簿”窗口

② 假如用户要在“公共地址簿”中新建“理工学院教师”地址簿，其操作方法为：首先选中“公共地址簿”，选择 Foxmail 地址簿窗口中“文件”菜单中的“新建文件夹”命令，或者直接单击工具栏中的“新文件夹”按钮，弹出如图 4-80 所示的“输入”对话框，在文本框中输入“理工学院教师”，然后单击“确定”按钮即可，如图 4-81 所示。

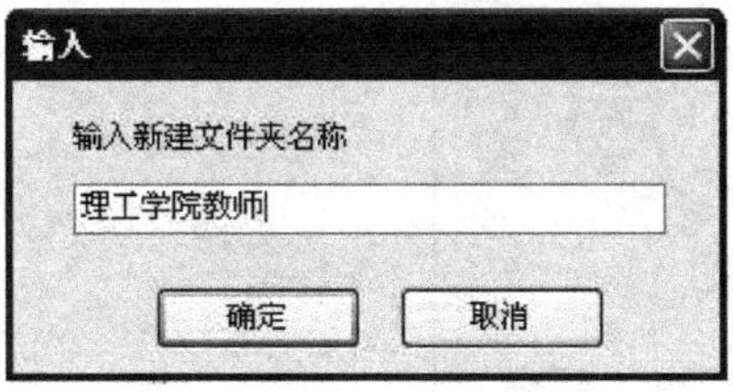

图 4-80　“输入”对话框

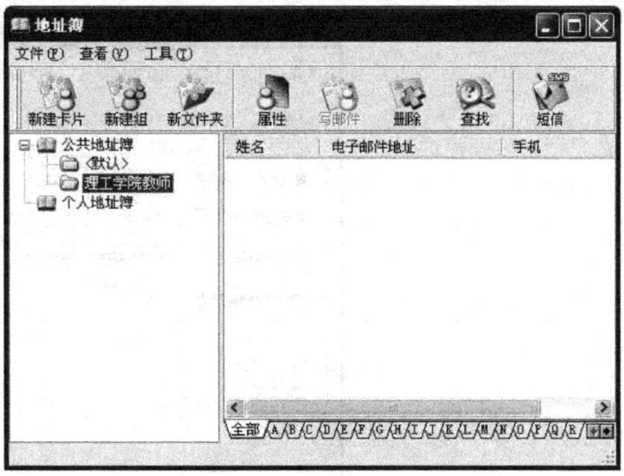

图 4-81　“地址簿”窗口

（2）添加邮件地址到地址簿

添加邮件地址到地址簿的方法有 3 种：通过键盘输入将邮件地址添加到通讯簿、直接从电子邮件将邮件地址添加到地址簿和将其他软件编辑的邮件地址导入地址簿。

① 通过键盘输入将联系人添加到通讯簿。

操作方法为：在如图 4-81 所示的“地址簿”窗口中选中分类文件夹，如“理工学院教师”，然后选择“文件”菜单中的“新卡片”命令，或者直接单击工具栏中的“新建卡片”按钮，弹出如图 4-82 所示的“新建卡片”对话框，有 5 个选项卡：“普通”、“个人”、“家庭”、“单位”和“其他”，选择“普通”选项卡，输入联系人的地址信息。在“姓名”文本框中输入联系人的姓名，接着在“E-mail 地址”文本框中输入联系人的 E-mail 地址。联系人的 E-mail 地址可以输入多个，其中只有一个设为默认（黑体显示），发邮件时，邮件将发到这个联系人默认的 E-mail 地址，最后单击“确定”按钮即可将联系人的 E-mail 地址添加到地址簿中。

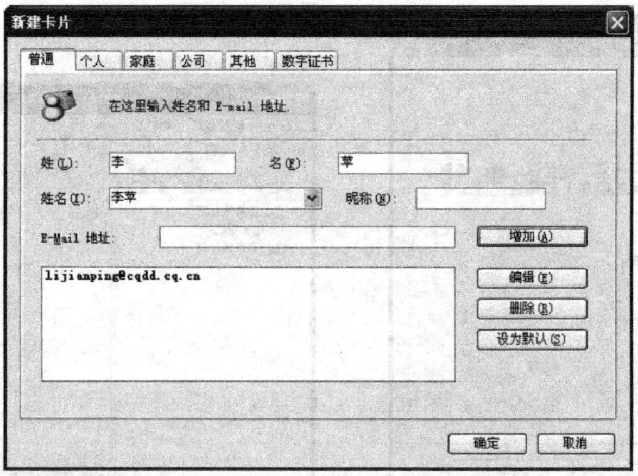

图 4-82　“添加 E-mail 地址”对话框

② 直接从电子邮件将邮件地址添加到地址簿。

操作方法为：在“收件箱”中选中一封电子邮件，然后选择“邮件”菜单中的“发件人信息”命令，弹出如图 4-83 所示的“发件人地址信息”对话框，单击“加到地址簿”按钮，弹出一个快捷菜单，选择“理工学院教师”菜单项，此时该对话框中的所有信息都可以进行修改，当用户修改完成后，单击“增加”按钮即可将该邮件地址添加到地址簿。

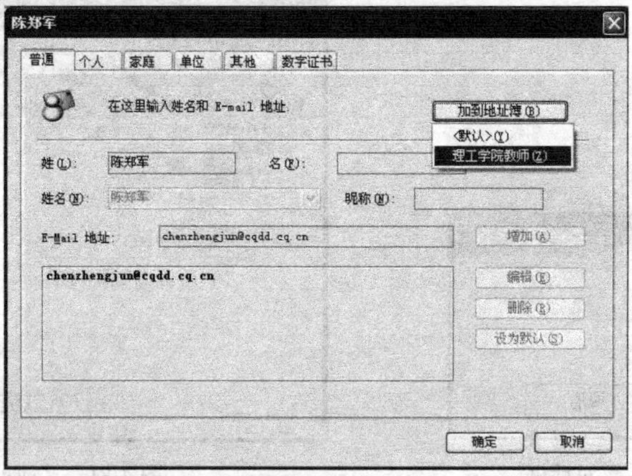

图 4-83　“添加 E-mail 地址”对话框

③ 将其他软件编辑的邮件地址导入地址簿。

操作步骤如下。

a. 在如图 4-81 所示的“地址簿”窗口中选中分类文件夹，如“理工学院教师”，然后选择“工具”菜单中的子菜单“导入”下的“CSV 文件”命令（注意：选择用户的邮件地址源文件类型），弹出如图 4-84 所示的“导入向导”对话框。

b. 单击“浏览”按钮，弹出如图 4-85 所示的“打开”对话框，选中需要导入的邮件地址文件名，并单击“打开”按钮，返回到如图 4-84 所示的“导入向导”对话框，此时在“请选择导入的文件”文本框中会看到需要导入的邮件地址文件名及路径。

图 4-84 “导入向导”对话框

图 4-85 “打开”对话框

c. 单击“下一步”按钮，弹出如图 4-86 所示的“选择导入字段”对话框，并在“文本字段”复选框组选中需要导入的字段。

d. 单击“完成”按钮，弹出如图 4-87 所示的“导入成功”对话框，单击“确定”按钮，用户会看到已经将所有邮件地址导入地址簿中了。

（3）通过地址簿发送邮件

① 通过地址簿发送一封邮件。

图 4-86 “选择导入字段”对话框

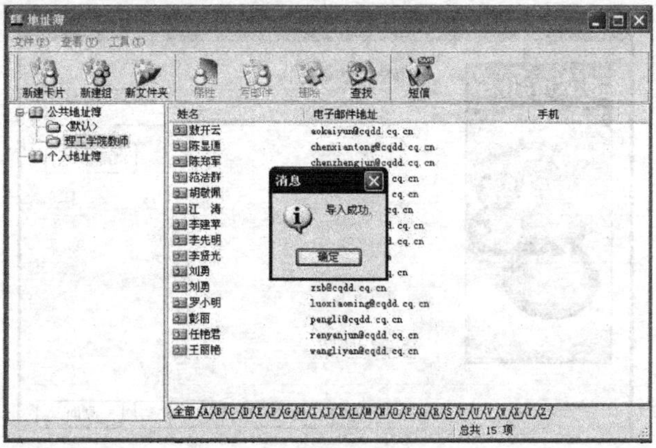

图 4-87 “导入成功”窗口

地址簿建立后，就可以直接通过地址簿发送邮件，而不需要填写收件人的 E-mail 地址了。

操作方法为：在如图 4-87 所示的“地址簿”窗口中选中分类文件夹，如“理工学院教师”，然后双击收件人的“姓名”，例如，双击“陈郑军”，打开如图 4-88 所示的“写邮件”窗口，此时

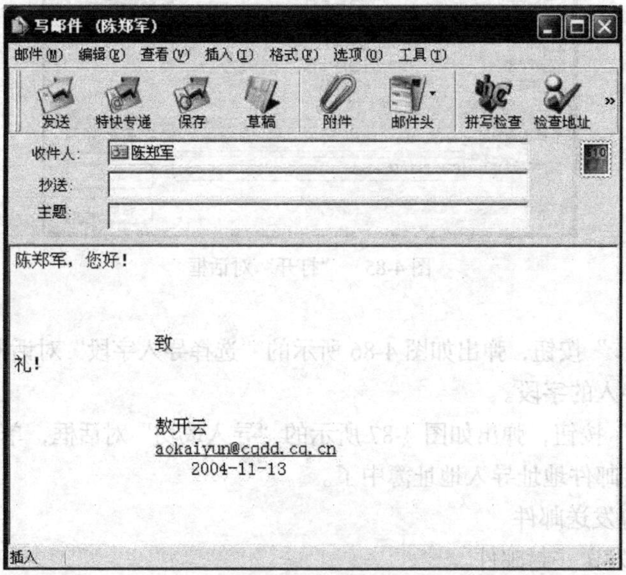

图 4-88 “写邮件”窗口

用户可以看见，在“收件人”栏，已经有收件人了，书写完邮件后单击“发送”按钮即可将邮件发送出去。

② 通过地址簿群发邮件。

如果用户想将一封邮件同时发送给多个人，这就是 Foxmail 的群发功能，通过地址簿群发邮件非常方便，操作步骤如下。

a. 在如图 4-87 所示的“地址簿”窗口中选中分类文件夹，如“理工学院教师”，然后分别选中收件人的“姓名”（采用复选），如图 4-89 所示。

b. 选择“文件”菜单中的“撰写”命令，打开如图 4-90 所示的“写邮件”窗口，在“收件人”处已经有所有选中的收件人姓名，每个姓名之间用“;”隔开，书写完邮件后单击“发送”按钮即可将邮件发送给多个收件人。

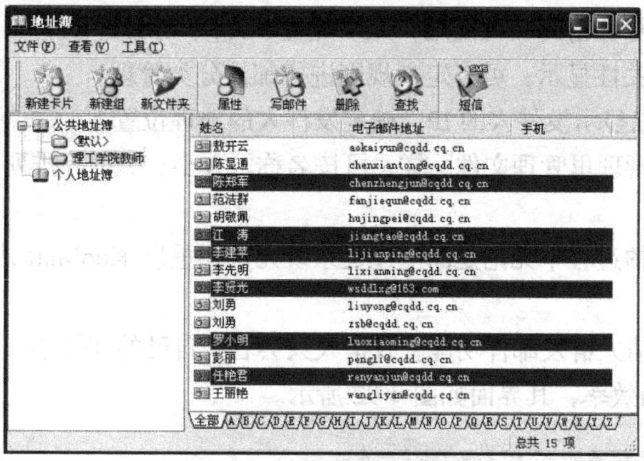

图 4-89　“复选邮件地址”窗口

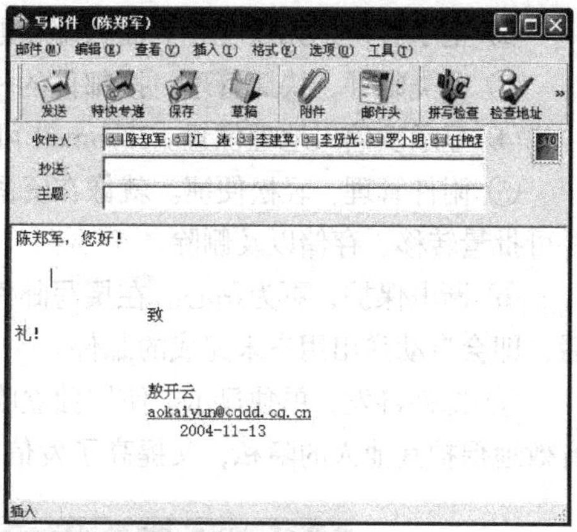

图 4-90　“写邮件”窗口

4.6　几款最新电子邮件收发软件的介绍

1. DreamMail（梦幻快车）

DreamMail 是一款专业的电子邮件软件，用于管理和收发电子邮件，支持 Windows98/ME/2000/XP/2003/NT4 等操作系统。它采用多用户和多账号方式来管理电子邮件，支持 POP3、SMTP、eSMTP、Live、Gmail、Yahoo 等邮件协议，真正采用多线程高速收发邮件。它附带增强型远程管理，可以直接查看服务器上邮件的内容，还可以在服务器上直接删除邮件；邮件过滤器、黑名单及白名单等组合使用，能有效对付垃圾邮件；DreamMail 能自动检测破坏性邮件，增强系统安全；另外，DreamMail 还支持特快专递、语音邮件、匿名发送及群组发送等。DreamMail 4.1.6.5 界面如图 4-91 所示。

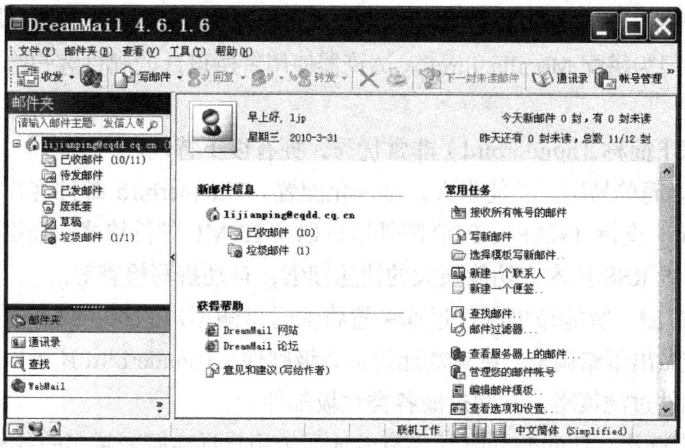

图 4-91　DreamMail 窗口

2. KooMail（酷邮）

Koomail 是一款专业的电子邮件收发、管理、归档软件，支持多个邮箱账户、公共地址簿、多线程快速收发。其优势体现在以下方面。

① Koomail 使用先进的存储管理过程，使得用户的数据安全得到保障。

② 上手容易，无须配置。输入邮箱账号和密码即可使用，无须配置 POP3、SMTP 等。

③ 分类邮件，快捷管理。按邮件的相关性显示，可自定义规则进行邮件分类管理。

④ 显示发信人地理位置。Koomail 可以显示发件人的 IP，确定发件人的地理位置。

⑤ 附件管理，轻松便捷。就像在资源管理里管理文件一样，可按名称、大小、类型等排列，并可批量转移、存储以及删除。

⑥ 断电保护，更为贴心。在撰写邮件的过程中无论是断电还是系统死机，重启 KooMail 之后，即会自动弹出用户未完成的邮件。

⑦ 邮件群发，单独显示。使用独立收信人群发邮件功能，收信人只会看到自己的邮件地址，有效地保护其他人的隐私，又提高了发信的效率，其界面如图 4-92 所示。

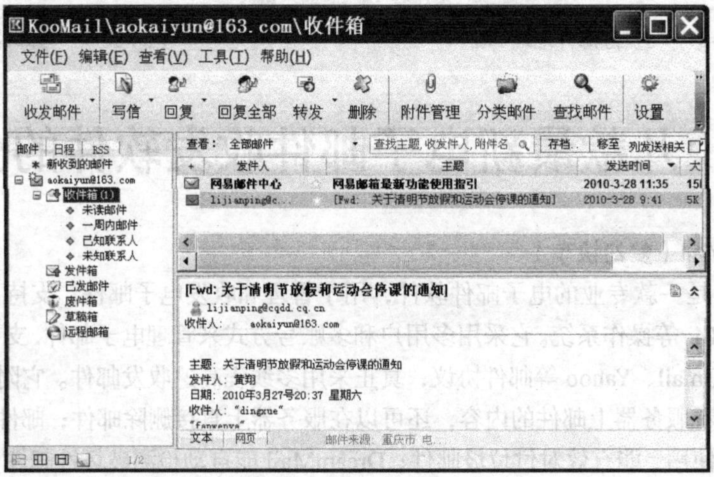

图 4-92　KooMail 窗口

3. 雷鸟邮件客户端简体中文版

雷鸟邮件客户端是由 Mozilla 浏览器的邮件功能部件所改造的邮件工具，使用 XUL 程序界面语言所设计，是专门为搭配 Mozilla Firefox 浏览器使用者所设计的邮件客户端软件，界面设计更简洁，而且免安装。

这款软件（以下简称 Thunderbird）非常优秀，拥有以下特性。

① 功能齐全。简单易用，功能强大，个性化配置，Thunderbird 邮件客户端带给用户全方位的体验。Thunderbird 支持 IMAP 、POP 邮件协议以及 HTML 邮件格式；轻松导入用户已有的邮件账号和信息；内置 RSS 技术，功能强大的快速搜索，自动拼写检查等。

② 垃圾邮件过滤。智能垃圾邮件过滤装置将实时检测用户的每一封来信，并能够根据用户的设置情况自适应做出策略调整，更高效地封锁垃圾邮件。Thunderbird 还可以适应用户的邮件提供商提供的垃圾邮件过滤策略，共同过滤各类垃圾邮件。

③ 反“钓鱼”欺诈。Thunderbird 还能有效地保护用户远离越来越多的各种邮件欺诈，比如：最近流行的“钓鱼”事件，通过虚假邮件指引，骗取用户的密码等个人信息。Thunderbird 一旦发现某个邮件有欺诈信息，将立即向用户提示。

④ 高级安全。Thunderbird 为政府和企业提供更强的安全策略，包括 S/MIME、数字签名、信息加密、支持各种安全设备。没有用户的认可，附件将永远不会自动运行，使用户远离各类蠕虫和病毒。

⑤ 自动升级。通过自动升级功能，使 Thunderbird 能更加方便快捷地进行补丁升级和版本升级。Thunderbird 可以在后台自动地下载最新的小补丁，并提示用户可以安装升级。

⑥ 个性化配置。用户可以自由地配置 Thunderbird，选择喜欢的外观主题，选择需要的扩展插件，搭配工具栏布局等。其界面如图 4-93 所示。

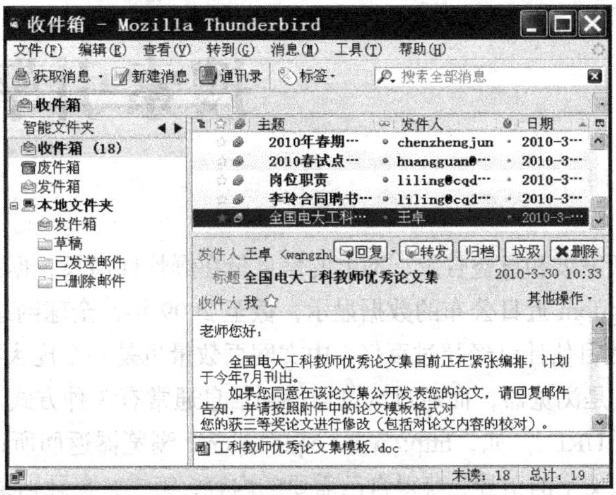

图 4-93　Mozilla Thunderbird 窗口

4. eMailaya

eMailaya 是一个体积小巧又简单易用的免费电子邮件收发软件。接口人性化且有许多方便功能，执行速度很快，支持多账号，创新的接口和窗口规划一定能让使用者感到惊艳，更支持最新的 Vista 操作系统。除此之外，eMailaya 处理资料的方式是将所有 Mail 账号设定、信件、RSS 记录、数据夹内容等都储存在一个数据文件中，方便进行备份和携带，使用者更可以将 eMailaya 当做可携式软件放在 USB 硬盘随身带着使用。

5. Becky! Internet Mail

优秀的邮件软件之一，支持多个信箱，Voice Mail 功能、信件过滤器、定时提醒，支持 HTML 格式邮件，还能让用户直接删除或选择性地下载远端服务器上的邮件，完全支持双字节内码，经过设置可以在不外挂任何多内码语言支持软件的情况下看繁体信件（但需安装微软的繁体语言支持包），有非常方便的 PGP 加密支持、编辑界面且操作类似 Word。Becky!还支持插件，以扩充使用功能，并且能完美支持多语言和多内码邮件。

第5章 搜索引擎的使用

随着互联网的不断发展和日益普及，网上的信息量在爆炸性增长，据国外媒体报道，瑞典互联网流量监测机构 Pingdom 近日公布的数据显示，截至 2009 年，全球网站数量已经达到 2.34 亿家，全球 Web 页面的数目估计已经超过百亿，中文网页数量也是一个庞大数字。目前，人们从网上获得信息的主要工具是浏览器，而通过浏览器得到信息通常有 3 种方式。第一，直接向浏览器输入一个关心的网址（URL），如，http://www.cqdd.cq.cn，浏览器返回所请求的网页，根据该网页内容及其包含的超链文字的引导，获得自己需要的内容；第二，登录到某个知名门户网站，如，http://www.sina.com.cn，根据该网站提供的分类目录和相关链接，逐步“冲浪”浏览，寻找自己感兴趣的东西；第三，登录到某个搜索引擎网站，如，http://www.baidu.com，输入代表自己所关心信息的关键词或者短语，依据返回的相关信息列表、摘要和超链接引导，试探寻找自己需要的内容。

这 3 种方式各有特点，各有自己最适合的应用场合。第一种方式的应用是最有针对性的，例如，要了解联想笔记本的情况，根据知道的网址 http://www.lenovo.com.cn，直接输入到浏览器就是最有效的方式。第二种方式的应用类似于读报，用户不一定有明确的目的，只是想看看网上有什么有意思的消息；当然，这其中也可能是关心某种主题，如体育比赛、家庭生活等。第三种方式适用于用户大致上知道自己要关心的内容，如“房价走势”，但不清楚哪里能够找到相关信息（即不知道哪些网址能给出这样的信息）；在这种场合，搜索引擎能够为用户提供一个相关内容的网址及其摘要的列表，由用户一个个试探看是否为自己需要的。现在的搜索引擎技术已经能做到在多数情况下满足用户的这种需要。CNNIC 的信息统计指出，目前搜索引擎已经成为继电子邮件之后人们用得最多的网上信息服务系统。

5.1 搜索引擎概述

搜索引擎（Search Engine）是指根据一定的策略、运用特定的计算机程序搜集互联网上的信息，在对信息进行组织和处理后，将处理后的信息显示给用户，是为用户提供搜索服务的系统。

5.1.1 搜索引擎的工作过程

搜索引擎的工作过程主要包括：信息采集、信息存储、信息加工、信息输出等几个部分。

1. 信息的采集与存储

搜索引擎主要采用自动方式收集和存储信息，即运用 Spiders 等被称为“网络机器人”或“自动跟踪索引机器人”的智能型软件，每隔一段时间（如 Google 一般是 28 天）自动追寻环球信息网（WWW）上的超链接，并向前搜索。每个独立的搜索引擎都有自己的网页寻找程序（Spider）。Spider 顺着网页中的超链接，连续地向前寻找网页。由于互联网中超链接的应用很普遍，理论上，从一定范围的网页出发，就能搜集到绝大多数的网页。

对于找到的每个页面，搜索引擎软件都将其调出，自动给该 Web 页上的某些词或全部词作上索引，形成目标摘要格式后，存入搜索引擎数据库。在对 Web 页的页面信息采样时，网页的标题、关键字信息通常都是必然采集的，同时还会采集一部分网页文字内容以方便用户搜索时判断是否是需要的。

一方面，系统采集并整理每个搜索到的网页关键字信息：另一方面，很多搜索引擎的自动搜索程序还会直接抓取网页保存，即将目标网页复制后和关键字信息一起保存到搜索引擎数据库，形成人们熟悉的网页快照。通俗地说，网页快照就是搜索引擎在收录网页时，对该网页做的一个备份，大多数情况下网页快照是文本的，保存了这个网页的主要文字内容，这样当这个网页被删除或链接失效时，用户可以使用网页快照来查看这个网页的主要内容，由于这个快照以文本内容为主，所以会加快访问速度。如果该网页在搜索引擎上更新比较快，可能访问到的网页和搜索引擎抓取时的网页一致，如果更新慢，如有些网页在搜索引擎数据库里好几个月没有更新过，那么这时访问快照有可能就和实际目标网页有较大出入。当然，很多时候目标网页不能访问还可以访问网页快照，以达到获取信息的目的。不同的搜索引擎网页快照的保存方式和拥有量各不相同，百度的网页快照只保存目标网页的文本信息（包括 HTML），截至 2010 年 1 月的统计数据，百度拥有超过 10 亿个网页快照。

2. 信息加工

信息采集和存储后，要建立索引查询系统，它是一个同建库系统配套的子系统，其主要作用是决定索引的时空比、布尔逻辑操作、表达式匹配、结构化和非结构化文件处理、词语匹配、匹配相关性排序等。

建立信息索引就是创建文档信息的特征记录，使搜索者能够快速地搜索到所需信息，主要进行信息语词切分和语词词法分析、词性标注及相关的自然语言处理、建立搜索项索引等处理。

3. 信息输出

一旦用户进行了信息搜索，搜索引擎就要根据搜索内容对用户进行响应，将搜索结果回应给用户。这个时候主要需要解决好用户搜索出的多个符合的结果如何排序显示。

一般情况下，网上信息搜索的结果往往很庞大，大量的结果信息使得搜索者无法逐一浏览。所以，搜索引擎还要根据文件的相关程度进行排列，最相关的文件通常排在最前面。

一般而言，每个搜索引擎确定相关性的方法也各不相同，其中有概率方法、位置方法、摘要方法、分类或聚类方法等。

① 概率方法根据关键词在文中出现的频率来判定文件的相关性，出现的次数多的文件相关程度就越高。

② 位置方法根据关键词在文中出现的位置来确定文件的相关性，一般认为关键词出现在越前面，文件相关程度就越高。

③ 摘要方法是指搜索时为每个文件生成一份摘要，让搜索者自己判断结果的相关性，以使搜索者进行选择。

④ 分类或聚类方法是自动把查询结果归入到不同的类别中。

除了相关性因素外，搜索引擎的商业排名竞价方式也会影响部分搜索信息的排序情况，支付较高费用的商业信息可能会被显示到更靠前位置。

5.1.2 搜索引擎的搜索功能

1. 一般搜索功能

这是搜索引擎最基本的作用所在。通常情况下，布尔逻辑搜索、词组搜索、截词搜索、字段搜索、限制搜索等都属于一般搜索功能。一般说来，并不是每种搜索引擎都包括了全部的搜索功能，而且每一种搜索功能在各个不同的搜索引擎中，表现也不完全相同，每个搜索引擎都有自己的特色，在某一方面特别突出。下面具体介绍搜索引擎中的几种搜索功能。

（1）布尔逻辑搜索（Boolean）

常见的逻辑运算符包括“与”（AND）、“或”（OR）、“非”（NOT）等。首先，各种搜索引擎对该功能的支持程度有所不同，有的是“完全支持”全部以上逻辑运算，如搜索引擎 Infoseek、Altavista 和 Excite 等；在“高级搜索”模式中“完全支持”，而在“简单搜索”模式中“部分支持”的搜索引擎有 HotBot、Lycos 等。其次，在提供运算符号方面也有所区别，有些搜索引擎采用常规的命令驱动方式，即用布尔运算符（AND，OR，NOT）或直接用符号进行逻辑运算，如 Altavista、Excite 等；有的则采用符号“+”和“–”代替 AND 和 NOT 进行运算，如 Google；也有部分搜索引擎采用菜单驱动方式，用菜单选项来替代布尔运算符或符号进行逻辑运算，如 HotBot、Lycos 均提供了两个菜单选项“All the words”和“And of the words”，它们分别代表 AND 和 OR 运算。

（2）词组搜索（Phrase）

词组搜索就是将一个词组当做一个独立运算单元，进行严格匹配，以提高搜索的精度和准确度，它也是一般数据库搜索中常用的方法。词组搜索实际上体现了临近位置（Near 运算）的功能，它不仅规定搜索引擎都支持词组搜索，并且采用双引号来代表词组，如“Internet”。但在 Infoseek 搜索引擎中，除了双引号外还使用短横线“—”来代表词组，区别在于“—”表示的词组不区分大小写。

（3）截词搜索（Truncation）

在一般的数据库搜索中，常用的截词方法有左截、右截、中间截断和中间屏蔽等 4 种。在搜索引擎中通常只提供右截法，而且搜索引擎中的截词符通常采用星号“*”。它相当于 DOS 命令中的两个通配符“*”、“?”。例如：“师*”相当于“师父”、“师傅”、“师范大学”等。在实际应用中通常左截取和右截取都不用加“*”，系统自动都会默认搜索准确符合关键字的内容和符合左/右截取关键字的。

（4）字段搜索（Fields）

字段搜索和限制搜索通常结合使用，字段搜索是限制搜索的一种，因为限制搜索往往是对字段的限制。在搜索引擎中，字段搜索多表现为限制前缀符的形式。搜索引擎还提供了许多带有典型网络搜索特征的字段限制类型，例如，主机名（Host）、域名（Domain）、链接（Link）、URI（Site）、新闻组（NewsGroup）和 E-mail 限制等。这些字段限制功能限定了搜索词在数据记录中出现的区域，它可以用来控制搜索结果的相关性，以提高搜索效果。目前，能提供较丰富的限制搜索功能的搜索引擎包括 Altavista、Lycos 和 HotBot 等。

2. 特殊搜索功能

除了以上几种常见的搜索功能之外，搜索引擎还提供了一些具有网络特征的搜索功能。

① 自然语言（Natural Language）搜索，即直接采用自然语言中的字、词或句子提问式进行搜索。如果搜索引擎能较好地支持自然语言，则能够更好地服务上网用户的需求。以目前国内搜

索引擎竞争为例，都打出看谁更能理解汉语的口号。

② 多语种搜索，即提供多语言种类的搜索环境供搜索者选择，系统可按指定的语种进行搜索，并输出相应的搜索结果。例如，百度、Google 等搜索引擎都提供了搜索语言选择。

③ 地图搜索，即提供对地图上地理位置的搜索功能。随着 Google 公司的 Google Earth 软件的推出，很多公司都提供了地图搜索功能，能够很方便快速地定位。

④ 图形搜索引擎，即提供多媒体数据搜索功能。目前，这个领域还处在初级阶段，但是无疑对人们有很强吸引力。当需要搜索一个图片集的其他图片或者一个小图的完整图片时，可能发现无法用语言来描述搜索请求，这个时候图片搜索功能价值就体现出来了。图片搜索对特殊行业，如考古等有重要和特殊的价值。

5.1.3　搜索引擎的分类

1. 全文索引

全文搜索引擎是名副其实的搜索引擎，国外代表有 Google，国内则有著名的百度搜索。它们从互联网提取各个网站的信息（以网页文字为主），建立起数据库，并能搜索与用户查询条件相匹配的记录，按一定的排列顺序返回结果。

根据搜索结果来源的不同，全文搜索引擎可分为两类，一类拥有自己的搜索程序（Indexer），俗称“蜘蛛”（Spider）程序或“机器人”（Robot）程序，能自建网页数据库，搜索结果直接从自身的数据库中调用，上面提到的 Google 和百度就属于此类；另一类则是租用其他搜索引擎的数据库，并按自定的格式排列搜索结果，如 Lycos 搜索引擎。常见全文搜索引擎如图 5-1 所示。

图 5-1　常见全文搜索引擎 Logo

2. 目录索引

目录索引虽然有搜索功能，但在严格意义上算不上是真正的搜索引擎，仅仅是按目录分类的网站链接列表而已。用户完全可以不用进行关键词（Keywords）查询，仅靠分类目录也可找到需要的信息。目录索引中最具代表性的莫过于大名鼎鼎的 Yahoo 雅虎。其他著名的还有 Open Directory Project（DMOZ）、LookSmart、About 等。常见目录搜索引擎如图 5-2 所示。

图 5-2　常见目录搜索引擎 Logo

3. 元搜索引擎

元搜索引擎（META Search Engine）接受用户查询请求后，同时在多个搜索引擎上搜索，并将结果返回给用户。著名的元搜索引擎有 InfoSpace、Dogpile、Vivisimo 等，中文元搜索引擎中具代表性的是搜星搜索引擎。在搜索结果排列方面，有的直接按来源排列搜索结果，如 Dogpile；有的则按自定的规则将结果重新排列组合，如 Vivisimo。常见元搜索引擎如图 5-3 所示。

图 5-3　常见元搜索引擎 Logo

4. 其他非主流搜索引擎形式

① 集合式搜索引擎：该搜索引擎类似元搜索引擎，区别在于它并非同时调用多个搜索引擎进行搜索，而是由用户从提供的若干搜索引擎中选择，如 HotBot 在 2002 年底推出的搜索引擎。

② 门户搜索引擎：AOL Search、MSN Search 等虽然提供搜索服务，但自身既没有分类目录也没有网页数据库，其搜索结果完全来自其他搜索引擎。

③ 免费链接列表（Free For All Links，FFA）：一般只简单地滚动链接条目，少部分有简单的分类目录，不过规模要比 Yahoo 等目录索引小很多。

在大型搜索引擎上，全文搜索引擎与目录索引有相互融合渗透的趋势。原来一些纯粹的全文搜索引擎现在也提供目录搜索，如 Google 就借用 Open Directory 目录提供分类查询。而像 Yahoo 这些老牌目录索引则通过与 Google 等搜索引擎合作扩大搜索范围（Yahoo 已于 2004 年 2 月正式推出自己的全文搜索引擎，并结束了与 Google 的合作）。在默认搜索模式下，一些目录类搜索引擎首先返回的是自己目录中匹配的网站，如国内搜狐、新浪、网易等；而另外一些则默认的是所有网页搜索，如 Yahoo。

5.1.4　搜索引擎的商业赢利方式

在搜索引擎发展早期，多是作为技术提供商为其他网站提供搜索服务，网站付钱给搜索引擎。后来，随着 2001 年互联网泡沫的破灭，大多转向为竞价排名方式。

现在搜索引擎的主流商务模式都是在搜索结果页面放置广告，通过用户的单击或查看次数向广告主收费。这种模式最早是比尔·格罗斯（Bill Gross）提出的。这种模式有两个特点，一是单击付费（Pay Per Click），用户不单击则广告主不用付费；二是竞价排序，根据广告主的付费多少排列结果。比较具有代表性的模式如图 5-4、图 5-5 所示。

图 5-4　百度的凤巢竞价广告服务

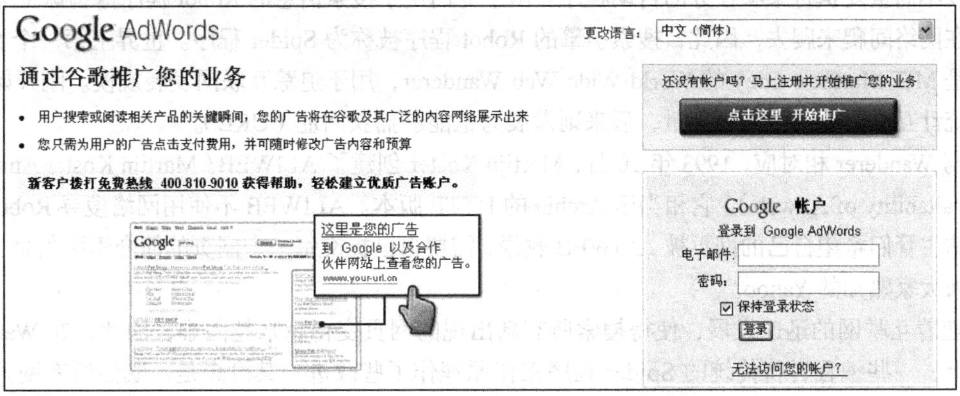

图 5-5　Google 的 AdWords 竞价广告服务

5.2　搜索引擎的发展

同其他技术一样，搜索引擎的发展也是一个逐渐进步、不断完善的过程，伴随着 Internet 的产生和发展，搜索引擎技术也从无到有，逐步发展壮大，成为人们工作学习生活中不可或缺的强力助手。

5.2.1　WWW 产生前的搜索引擎

1990 年，加拿大麦吉尔大学（University of McGill）计算机学院的师生开发出 Archie。当时，万维网（World Wide Web）还没有出现，人们通过 FTP 来共享交流资源。Archie 能定期搜集并分析 FTP 服务器上的文件名信息，提供查找分别在各个 FTP 主机中的文件。用户必须输入精确的文件名进行搜索，Archie 告诉用户哪个 FTP 服务器能下载该文件。虽然 Archie 搜集的信息资源不是网页（HTML 文件），但和搜索引擎的基本工作方式是一样的：自动搜集信息资源、建立索引、提供搜索服务。所以，Archie 被公认为现代搜索引擎的鼻祖。

由于 Archie 深受欢迎，受其启发，Nevada System Computing Services 大学于 1993 年开发了一个 Gopher 搜索工具 Veronica。Gopher 是 Internet 上一个非常有名的信息查找系统，它将 Internet 上的文件组织成某种索引，很方便地将用户从 Internet 的一处带到另一处，允许用户使用层叠结构的菜单与文件，以发现和搜索信息。Gopher 客户程序和 Gopher 服务器相连接，并能使用菜单结构显示其他的菜单、文档或文件，并索引，同时可通过 Telnet 远程访问其他应用程序。Gopher 协议使得 Internet 上的所有 Gopher 客户程序，能够与 Internet 上的所有已“注册”的 Gopher 服务器进行对话。

在 WWW 出现之前，Gopher 软件是 Internet 上最主要的信息搜索工具，Gopher 站点也是最主要的站点。在 WWW 出现后，Gopher 失去了昔日的辉煌。尽管如此，今天 Gopher 仍很流行，因为 Gopher 站点能够容纳大量的信息，供用户查询。

5.2.2　WWW 产生初期的搜索引擎

Robot（机器人）一词对编程者有特殊的意义。Computer Robot 是指某个能以人类无法达到的速度不断重复执行某项任务的自动程序。由于专门用于搜索信息的 Robot 程序像蜘蛛（Spider）一样在网络间爬来爬去，因此，搜索引擎的 Robot 程序被称为 Spider 程序。世界上第一个 Spider 程序是 MIT Matthew Gray 的 World Wide Web Wanderer，用于追踪互联网发展规模。刚开始它只用来统计互联网上的服务器数量，后来则发展为也能够捕获网址（URL）。

与 Wanderer 相对应，1993 年 10 月，Martijn Koster 创建了 ALIWEB（Martijn Koster Annouces the Availability of Aliweb），它相当于 Archie 的 HTTP 版本。ALIWEB 不使用网络搜寻 Robot，如果网站主管们希望自己的网页被 ALIWEB 收录，需要自己提交每一个网页的简介索引信息，类似于后来大家熟知的 Yahoo。

随着互联网的迅速发展，使得搜索所有新出现的网页变得越来越困难，因此，在 Wanderer 基础上，一些编程者将传统的 Spider 程序工作原理作了些改进。其设想是，既然所有网页都可能有连向其他网站的链接，那么从一个网站开始，跟踪所有网页上的所有链接，就有可能搜索整个互联网。到 1993 年底，一些基于此原理的搜索引擎开始纷纷涌现，其中最负盛名的 3 个是：Scotland 的 JumpStation、科罗拉多大学 Oliver McBryan 的 The World Wide Web Worm（简称 WWW Worm）、美国航空航天局（NASA）的 Repository-Based Software Engineering spider（简称 RBSE）。JumpStation 和 WWW Worm 只是以搜索工具在数据库中找到匹配信息的先后次序排列搜索结果，因此毫无信息关联度可言。而 RBSE 是第一个索引 HTML 文件正文的搜索引擎，也是第一个在搜索结果排列中引入关键字串匹配程度概念的引擎。

Excite 的历史可以上溯到 1993 年 2 月，6 个斯坦福大学生的想法是分析字词关系，以对互联网上的大量信息作更有效的搜索。到 1993 年中，这已是一个完全投资项目 Architext，他们还发布了一个供 Webmasters 在自己网站上使用的搜索软件版本，后来被叫做 Excite for Web Servers（注：Excite 后来曾以概念搜索闻名，2002 年 5 月，被 Infospace 收购的 Excite 停止自己的搜索引擎，改用元搜索引擎 Dogpile）。

1994 年 1 月，第一个既可搜索又可浏览的分类目录 EINet Galaxy（Tradewave Galaxy）上线。除了网站搜索，它还支持 Gopher 和 Telnet 搜索。

5.2.3 国外的现代搜索引擎

1994 年 4 月，斯坦福大学的两名博士生，美籍华人杨致远和 David Filo 共同创办了 Yahoo（雅虎）。随着访问量和收录链接数的增长，Yahoo 目录开始支持简单的数据库搜索。因为 Yahoo 的数据是手工输入的，所以不能真正被归为搜索引擎，事实上只是一个可搜索的目录。Yahoo 中收录的网站，因为都附有简介信息，所以搜索效率明显提高。

雅虎公司曾经一度股价总值超千亿美元，成为世界上最有价值的 IT 公司。在 20 世纪 90 年代，Yahoo 几乎成为因特网的代名词，人们使用搜索引擎、看时事新闻、收发电子邮件等都乐于使用它。尽管已经被 Google 取代了搜索引擎霸主地位，Yahoo 的搜索引擎仍然非常受欢迎，根据互联网流量调查机构的统计，其搜索排名全球第二，占有市场份额的 12.8%，仅次于 Google。Yahoo 网址是 http://www.yahoo.com/，其界面如图 5-6 所示，如果国内用户访问可以访问中文雅虎（http://cn.yahoo.com/）。

1994 年 7 月，卡内基 · 梅隆大学的 Michael Mauldin 将 John Leavitt 的 Spider 程序接入到其索引程序中，创建了 Lycos。除了相关性排序外，Lycos 还提供了前缀匹配和字符相近限制，Lycos 第一个在搜索结果中使用了网页自动摘要，而最大的优势还是它远胜过其他搜索引擎的数据量。Lycos 的官方网址是 http://www.lycos.com/，其界面如图 5-7 所示。

图 5-6　Yahoo 搜索引擎首页

图 5-7　Lycos 搜索引擎首页

1994 年底，InfoSeek 正式亮相。其友善的界面，大量的附加功能，使之和 Lycos 一样成为搜索引擎的重要代表。起初，InfoSeek 只是一个不起眼的搜索引擎，它沿袭 Yahoo 和 Lycos 的概念，并没有什么独特的革新。但是它的发展史和后来受到的众口称赞证明，起初第一个登台并不总是很重要。Info Seek 友善的用户界面、大量附加服务使它声望日隆。而 1995 年 12 月与 Netscape 的战略性协议，使它成为一个强势搜索引擎：当用户单击 NetScape 浏览器上的搜索按钮时，弹出 InfoSeek 的搜索服务，而此前由 Yahoo 提供该服务。

InfoSeek 公司后被 Disney 公司兼并，InfoSeek 搜索引擎成为 Go.com 的一部分，并采用 Google 的引擎技术。其网址是 http://infoseek.go.com，其界面如图 5-8 所示。

1995 年，一种新的搜索引擎形式出现了——元搜索引擎（Meta Search Engine）。用户只需提交一次搜索请求，由元搜索引擎负责转换处理后提交给多个预先选定的独立搜索引擎，并将从各独立搜索引擎返回的所有查询结果，集中起来处理后再返回给用户。第一个元搜索引擎，

图 5-8　InfoSeek 搜索引擎首页

是华盛顿大学硕士生 Eric Selberg 和 Oren Etzioni 的 Metacrawler。1994 年初，华盛顿大学的学生 Brian Pinkerton 开始了他的小项目 WebCrawler。1994 年 4 月 20 日，WebCrawler 正式亮相时仅包含来自 6 000 个服务器的内容。WebCrawler（http://www.webcrawler.com/）是互联网上第一个支持搜索文件全部文字的全文搜索引擎，其界面如图 5-9 所示。在它之前，用户只能通过 URL 和摘要搜索，摘要一般来自人工评论或程序自动取正文的前 100 个字。元搜索引擎概念上好听，但搜索效果始终不理想，所以没有哪个元搜索引擎有过强势地位。

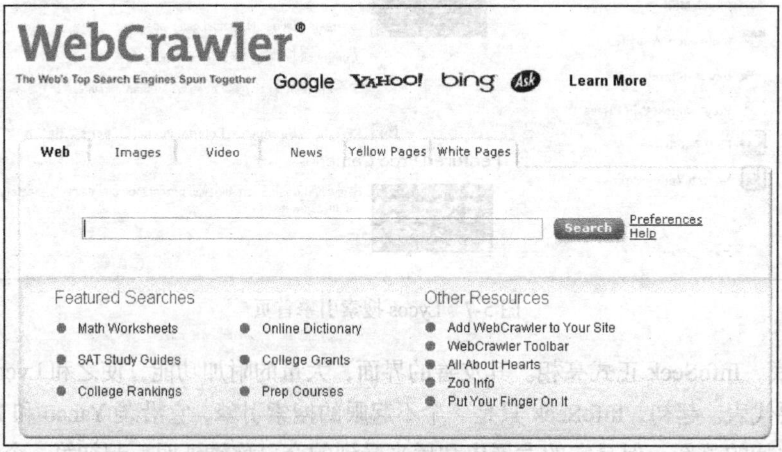

图 5-9　第一个元搜索引擎 WebCrawler

1995 年 9 月 26 日，加州伯克利分校助教 Eric Brewer、博士生 Paul Gauthier 创立了 Inktomi，1996 年 5 月 20 日，Inktomi 公司成立，强大的 HotBot（http://www.hotbot.com/）出现在世人面前，其界面如图 5-10 所示，声称每天能抓取索引 1 000 万页以上，所以有远超过其他搜索引擎的新内容。HotBot 也大量运用 Cookie 储存用户的个人搜索喜好设置。

1995 年 12 月，DEC 公司正式发布 AltaVista（http://www.altavista.com/），其界面如图 5-11 所示。AltaVista 是第一个支持自然语言搜索的搜索引擎，是第一个实现高级搜索语法的搜索引擎（如 AND、OR、NOT 等）。用户可以用 AltaVista 搜索新闻组（NewsGroups）的内容并从互联网上获

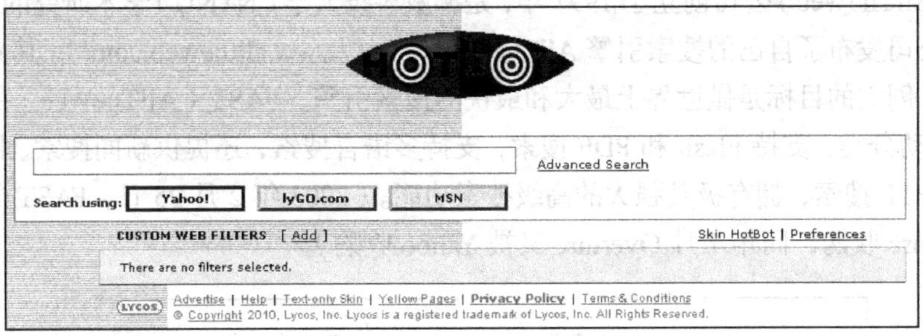

图 5-10　HotBot 搜索引擎首页

得文章，还可以搜索图片名称中的文字、搜索 Titles、搜索 Java Applets、搜索 ActiveX Objects。AltaVista 也声称是第一个支持用户自己向网页索引库提交或删除 URL 的搜索引擎，并能在 24 小时内上线。AltaVista 最有趣的新功能之一，是搜索有链接指向某个 URL 的所有网站。在面向用户的界面上，AltaVista 也做了大量革新。它在搜索框区域下放了“tips”（提示）以帮助用户更好地表达搜索式，这些小 tips 经常更新，这样，在搜索过几次以后，用户会看到很多他们可能从来不知道的有趣功能。这一系列功能，逐渐被其他搜索引擎广泛采用。1997 年，AltaVista 发布了一个图形演示系统 LiveTopics，帮助用户从成千上万的搜索结果中找到想要的内容。

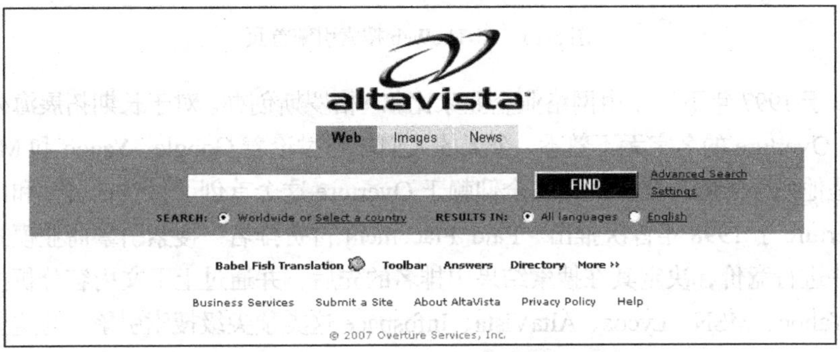

图 5-11　AltaVista 搜索引擎首页

1997 年 8 月，Northernlight（http://www.northernlight.com/）搜索引擎正式现身，其界面如图 5-12 所示。它曾是拥有最大数据库的搜索引擎之一，它有出色的时事新闻、七千多种出版物组成的刊物资料库、良好的高级搜索语法，第一个支持对搜索结果进行简单的自动分类。

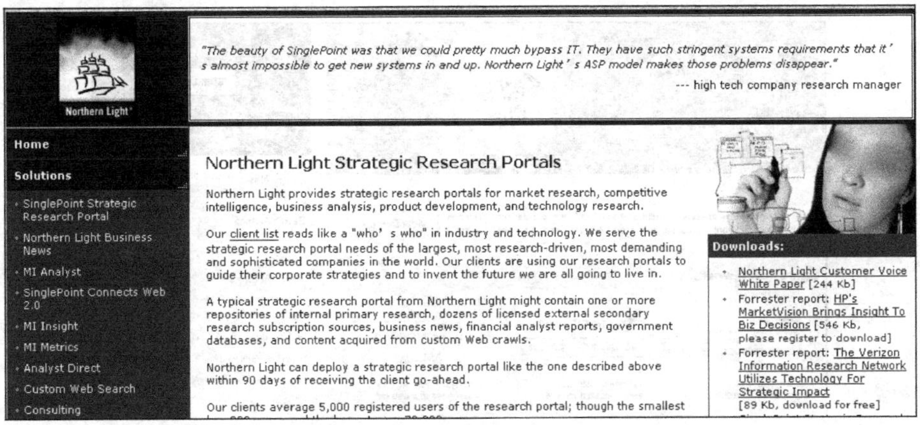

图 5-12　Northernlight 搜索引擎首页

FAST（AllTheWeb）公司创立于 1997 年，是挪威科技大学（NTNU）学术研究的副产品。1999 年 5 月，该公司发布了自己的搜索引擎 AllTheWeb（http://www.alltheweb.com/），其界面如图 5-13 所示。FAST 创立的目标是做世界上最大和最快的搜索引擎，FAST（AllTheWeb）的网页搜索可利用 ODP 自动分类，支持 Flash 和 PDF 搜索，支持多语言搜索，还提供新闻搜索、图像搜索、视频、MP3 和 FTP 搜索，拥有极其强大的高级搜索功能。（2003 年 2 月 25 日，FAST 的互联网搜索部门被 Overture 收购，同年 7 月 Overture 又被 Yahoo 收购）。

图 5-13 AllTheWeb 搜索引擎首页

Overture 于 1997 年下半年由网络业企业家比尔·格罗斯创办。对于长期拓展海外市场的网络营销人来说，Overture 的名字无不熟悉。今天的人们热烈讨论着 Google、Yahoo 和 MSN 的竞争角逐关系，但是他们今天的主要赢利模式全仰赖于 Overture 这个首创“付费排名”和内容关联广告的先驱。Overture 于 1998 年首次推出“Paid Placement 付费排名”搜索引擎商业模式，客户通过购买关键字并进行竞价，决定其在搜索结果中排名的先后，并通过上下文内容分析技术，将广告同时投放于 Yahoo、MSN、Lycos、AltaVista、Infospace 这类顶尖级搜索引擎，与这些合作伙伴共同分享巨额商业利益。Overture 鼎盛时期，被传在美国的影响是，如果一家公司成立，要办两件事，一是注册成立，二是注册 Overture。

2003 年 7 月，Yahoo 不满足于仅仅作为商业合作伙伴的角色，斥资 16.3 亿美元收购了 Google 在当时的最大竞争对手 Overture。Overture 成为 Yahoo 门户网站属下子公司，继续自有运作（网址 http://advertising.yahoo.com/smallbusiness/ysm，其界面如图 5-14 所示）。

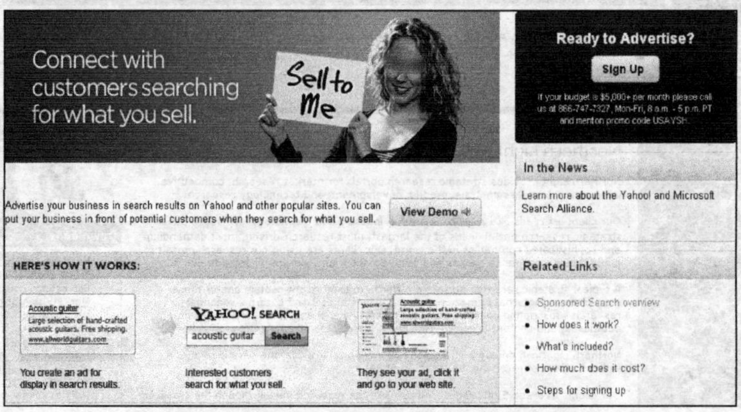

图 5-14 Yahoo 的竞价排名系统（原 Overture 的）

1998 年 10 月之前，Google（谷歌）只是斯坦福大学（Stanford University）的一个小项目 BackRub。1995 年，博士生 Larry Page 开始学习搜索引擎设计，于 1997 年 9 月 15 日注册了 google.com 的域名，1997 年底，在 Sergey Brin 和 Scott Hassan、Alan Steremberg 的共同参与下，BachRub 开始提供 Demo。1999 年 2 月，Google 完成了从 Alpha 版到 Beta 版的蜕变。Google 公司则把 1998 年 9 月 27 日认作自己的生日。Google 以网页级别（Pagerank）为基础，判断网页的重要性，使得搜索结果的相关性大大增强。Google 公司的奇客文化氛围、不作恶的理念，为 Google 赢得了极高的口碑和品牌美誉，Google 迅速取代 Yahoo 成为全球最大的搜索引擎。

"Googol" 是一个数学术语，表示 10 的 100 次方，天文数字。它是由美国数学家爱德华・卡斯纳的侄子米尔顿・西洛塔所创造的。Google 公司对这个词作了微小改变，借以反映公司的使命，意在组织网上无边无际的信息资源。根据互联网流量监测机构 ComScore 最新发布的统计数据，2009 年全球搜索引擎市场中谷歌继续保持压倒性领先地位，占全球搜索市场份额的 62%，其网站仅在 2009 年 12 月的搜索量就达 878.1 亿次。Google 的搜索引擎首页如图 5-15 所示。

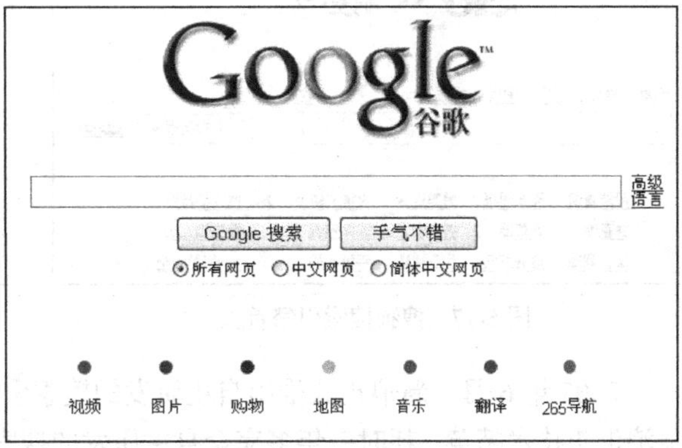

图 5-15 Google 搜索引擎首页

Bing 搜索引擎（Bing.com）是一款微软公司推出的用以取代 Live Search 的搜索引擎。英文版搜索引擎服务在 2009 年 5 月 28 日正式发布，简体中文版 Bing（http://cn.bing.com/）于 2009 年 6 月 1 日正式对外开放访问，其界面如图 5-16 所示，其他语言版本于 2009 年 6 月 3 日正式在世界范围内发布。中文名称被定为"必应"，有"有求必应"的寓意。为了确保新版搜索引擎 Bing 成为全球化品牌，微软已经申请了能想到的几乎所有国家的地理域名。在微软的强力推动下，Bing 在 2009 年搜索引擎排名中已经排名第四，占有 2.9%的全球市场份额。

图 5-16 中文 Bing 搜索引擎首页

5.2.4 国内搜索引擎

中国的互联网技术起步较晚，1994 年才正式全功能接入 Internet，因此搜索引擎发展也相对较晚，多数搜索公司很长时间内都使用国外的搜索引擎技术，直到百度等中文搜索引擎的崛起后情况才得到明显改变。随着 Google 公司宣布退出中国内地市场，国内的搜索引擎市场顿时硝烟弥漫。

1996 年 8 月，搜狐（sohu）公司成立，制作中文网站分类目录，曾有"出门找地图，上网找搜狐"的美誉。随着互联网网站的急剧增加，这种人工编辑的分类目录已经不适应。sohu 于 2004 年 8 月建立独立域名的搜索网站"搜狗"（http://www.sogou.com/），自称"第三代搜索引擎"，其界面如图 5-17 所示。

2000 年 1 月，两位北大校友，超链分析专利发明人、前 InfoSeek 资深工程师李彦宏与好友徐勇（加州伯克利分校博士后）在北京中关村创立了百度（Baidu）公司。百度的起名，来源于“众里寻他千百度，蓦然回首，那人却在灯火阑珊处”的灵感。2001 年 8 月，Baidu.com 搜索引擎 Beta 版发布，2001 年 10 月 22 日，Baidu 搜索引擎正式发布，专注于中文搜索，其界面如图 5-18 所示。

中国所有提供搜索引擎的门户网站中，超过 80%以上都曾由百度提供搜索引擎技术支持。百度是目前全球最大的中文搜索引擎，同时在全球搜索引擎排名中位居第三，占全球搜索市场份额 5.2%，仅次于 Google 和 Yahoo，而在中文搜索市场则是市场老大，占据 70%左右的市场。由于其技术的先进性和中文市场的地位，教材后续的搜索引擎应用将重点以它为例进行介绍。

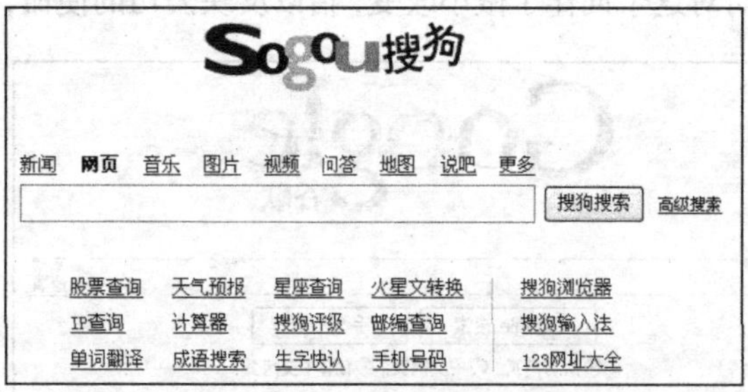

图 5-17　搜狗搜索引擎首页

图 5-18　百度搜索引擎首页

2005 年 6 月，新浪正式推出自主研发的搜索引擎“爱问”，这是由全球最大的中文网络门户新浪汇集技术精英、耗时一年多完全自主研发的搜索产品，其界面如图 5-19 所示。新浪首席执行官兼总裁汪延解释说：“用户可以在这个平台上无所不问，而爱问的最终诉求则是能做到有问必答。”作为首个中文智慧型互动搜索引擎，“爱问”在保留了传统算法技术在常规网页搜索的强大功能外，以一个独有的互动问答平台弥补了传统算法技术在搜索界面上智慧性和互动性的先天不足。通过调动网民参与提问与回答，“爱问”能汇集千万网民的智慧，让用户彼此分享知识与经验。

图 5-19　新浪爱问搜索引擎首页

2007 年 7 月 1 日，网易全面采用自主研发的有道（http://www.youdao.com/）搜索技术，并且合并了原来的综合搜索和网页搜索。有道网页搜索、图片搜索和博客搜索为网易搜索提供服务。其中，网页搜索使用了其自主研发的自然语言处理、分布式存储及计算技术；图片搜索首创根据拍摄像机品牌、型号，甚至季节等高级搜索功能；博客搜索相比同类产品具有抓取全面、更新及时的优势，提供“文章预览”、“博客档案”等创新功能。网易有道搜索界面

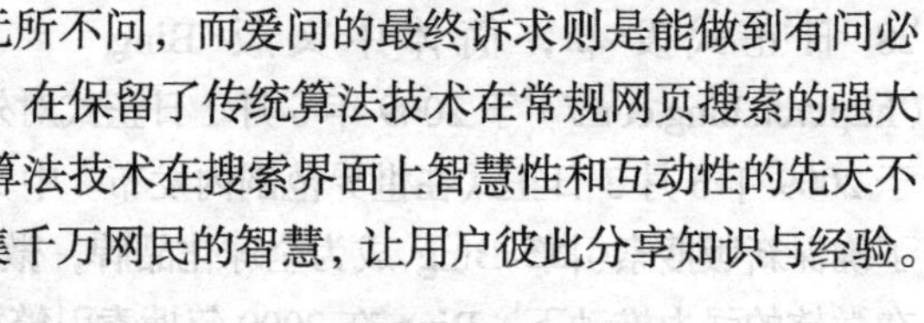

图 5-20　网易有道搜索引擎首页

如图 5-20 所示。

腾讯公司是目前国内最大的 IT 企业，依托其庞大的 QQ 用户群，相对来说其任何业务都有很大潜力。腾讯的 SOSO（http://www.soso.com/）搜索服务是 2006 年开始使用的，最初采用的是 Google 的搜索技术，所以网民使用 SOSO 搜索到的搜索结果页面与 Google 中文搜索结果页面大致相同，在结果页面头部一固定位置也会看到“Google 技术支持”的字样。随着 Google 的退出，腾讯推出自主研发的搜索引擎，其界面如图 5-21 所示，预示了搜索引擎的竞争将更加激烈，到了白炽化阶段。

图 5-21　腾讯 SOSO 搜索引擎

目前，国内 IT 巨头们纷纷进入搜索引擎自主研发领域，表明了他们对搜索引擎市场的重视，这也将使市场的竞争格局发生改变，搜索引擎市场将重新洗牌。

5.3　常用搜索引擎应用

搜索引擎发展到现在，各个搜索引擎的界面和基本应用方式已经差别不大，搜索引擎之间的差别主要在于搜索引擎技术能力上。这里就以百度中文搜索引擎为例介绍常用的信息搜索方式。

5.3.1　百度简介

百度由李彦宏与徐勇于 2000 年在北京中关村创立。2000 年 5 月，百度首次为门户网站——硅谷动力提供搜索技术服务，之后迅速占领中国搜索引擎市场，成为最主要的搜索技术提供商。中国所有提供搜索引擎的门户网站中，超过 80%以上都曾由百度提供搜索引擎技术支持。2001 年 8 月，百度发布 Baidu.com 搜索引擎 Beta 版，从后台服务转向独立提供搜索服务，并且在中国首创了竞价排名商业模式，2001 年 10 月 22 日，正式发布 Baidu 搜索引擎。2005 年 8 月 5 日，百度在美国纳斯达克上市，成为 2005 年全球资本市场上最为引人注目的上市公司，百度由此进入一个崭新的发展阶段。

百度除了为普通用户提供免费搜索引擎服务，也同时为各类企业提供竞价排名推广业务，以及关联广告服务。每个月，有超过 5 000 家的企业通过百度获得商机，5 万家企业使用百度竞价排名服务，超过 300 家大型企业使用百度搜索推广及广告服务。竞价排名服务已经成为百度的核心利润来源。

5.3.2　百度的网页搜索功能

绝大多数人使用搜索引擎时都主要应用网页搜索功能。这里简要介绍其网页搜索功能。

1. 搜索入门

百度搜索简单方便。用户只需要在搜索框内输入需要查询的内容，即通常所说的关键字，敲回车键或者单击搜索框右侧的百度搜索按钮，就可以得到最符合查询需求的网页内容，如图 5-22 所示。当然，为了提高搜索的有效性，关键字应该尽量是一个名词、一个短语或短句，目前的搜索引擎还不支持复杂的自然语言理解。如果搜索的结果不理想，就可以更换关键字来重新搜索或者使用其他搜索方法。百度的搜索结果是以超链接和链接说明的形式提供的，用户可以通过粗略查看说明来判断搜索结果是否符合需要，然后单击符合需要的链接进行详细浏览，如图 5-23 所示。百度搜索，就是这么简单！

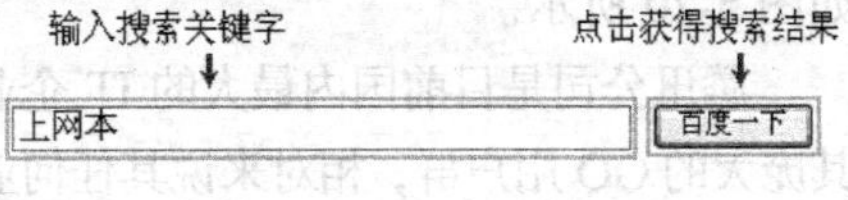

图 5-22 搜索引擎最简单使用

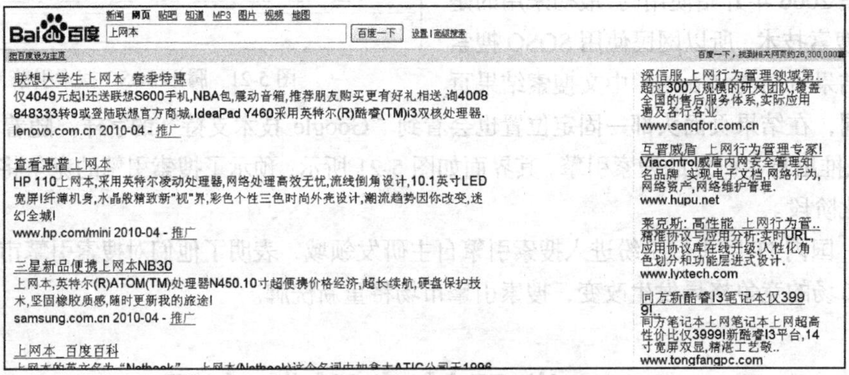

图 5-23 单关键字搜索效果

如果搜索结果不佳，有时候是因为选择的查询关键词不是很妥当。用户可以通过参考别人是怎么搜的，来获得一些启发。百度的“相关搜索”，就是和用户的搜索很相似的一系列查询词。百度相关搜索排布在搜索结果页的下方，按搜索热门度排序。例如，针对刚才的“上网本”关键词搜索，其相关搜索内容如图 5-24 所示，用户可以直接单击其他的关键词就可以获得相应关键词的查询结果。

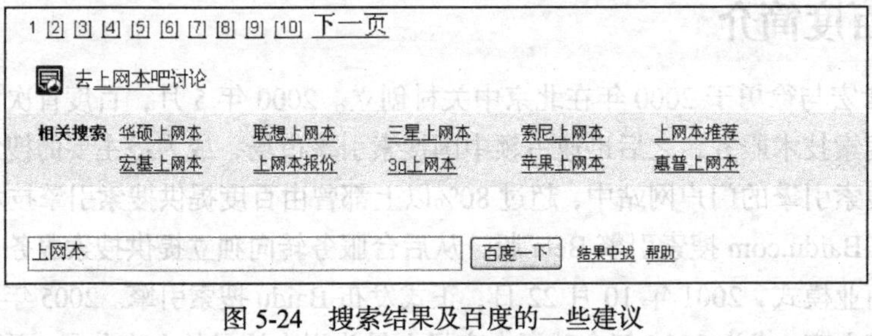

图 5-24 搜索结果及百度的一些建议

2. 使用多个词语搜索

输入多个词语搜索（不同字词之间用一个空格隔开），可以获得更精确的搜索结果。例如，用户想搜索联想的上网本，而不是搜索所有上网本，就可以按语句限制顺序输入两个关键字“联想 上网本”，对比前面的搜索结果，多关键字的命中明显准确多了，搜索的结果也更为符合需要，如图 5-25 所示。

图 5-25 多个关键字搜索效果

3. 百度快照

如果无法打开某个搜索结果，或者打开速度特别慢，该怎么办？“百度快照”能帮用户解决问题。每个未被禁止搜索的网页，在百度上都会自动生成临时缓存页面，称为“百度快照”，只要用户可以访问百度就可以使用网页快照功能，使用快照功能时用户访问的实际上是百度，而不是网页所在的原服务器。当然，由于百度快照只会临时缓存网页的文本内容，所以那些图片、音乐等非文本信息，仍是存储于原网页，如果原来的网站已经不存在或者暂时无法访问，这些多媒体信息也无法呈现出来，只能把网页的文本信息呈现出来。所以，当用户遇到目标网站服务器暂时故障或网络传输堵塞时，可以通过“快照”快速浏览页面文本内容，如图 5-26 所示。打开网页快照后如果用户对快照内容不满意，可以单击快照上的原始网址去查看。

当原网页进行了修改、删除或者屏蔽后，百度搜索引擎会根据技术安排自动修改、删除或者屏蔽相应的网页快照。

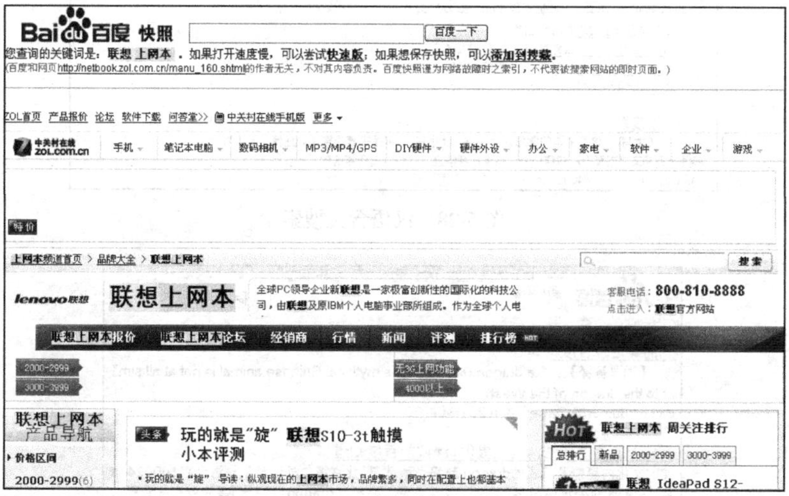

图 5-26　百度网页快照

4. 自动纠错

由于汉字输入法的局限性，用户在搜索时经常会输入一些错别字，导致搜索结果不佳。别担心，百度会给出错别字纠正提示。错别字提示显示在搜索结果上方。如输入“唐醋排骨”，提示为“您要找的是不是：糖醋排骨”，如图 5-27 所示。这时用户可以单击提示的关键字进行搜索。

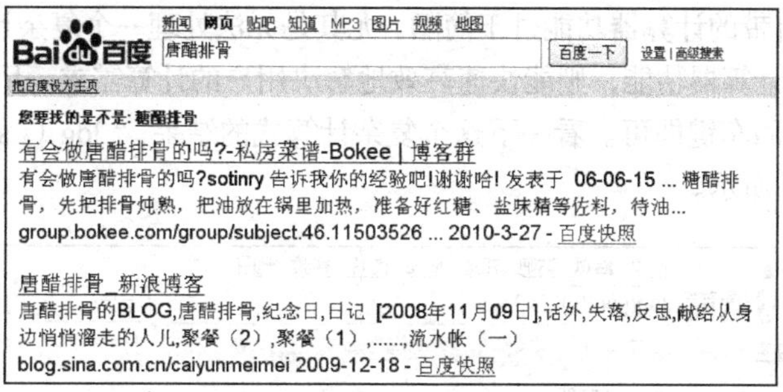

图 5-27　百度自动纠错提示

5. 英汉互译词典

百度网页搜索内嵌英汉互译词典功能。如果用户想查询英文单词或词组的解释，可以在搜索框中输入想查询的“英文单词或词组”+“是什么意思”，搜索结果第一条就是英汉词典的解释，如 china 是什么意思，其搜索结果如图 5-28 所示；如果用户想查询某个汉字或词语的英文翻译，可以在搜索框中输入想查询的“汉字或词语”+“的英语”，搜索结果第一条就是汉英词典的解释，如龙的英语，其搜索结果如图 5-29 所示。另外，用户也可以通过单击搜索框右上方的“词典”链接，到百度词典中查看想要的词典解释。

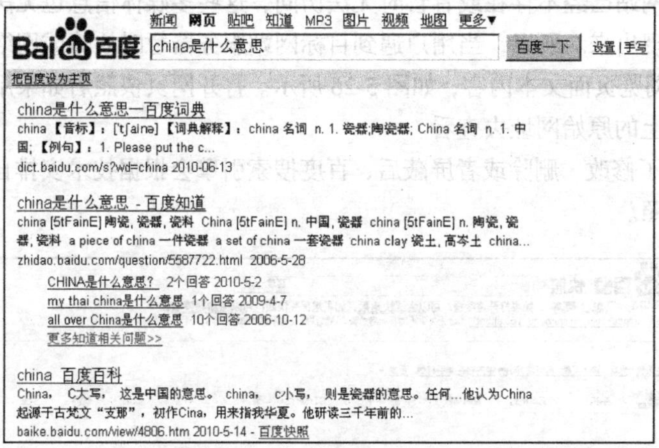

图 5-28 汉语含义搜索

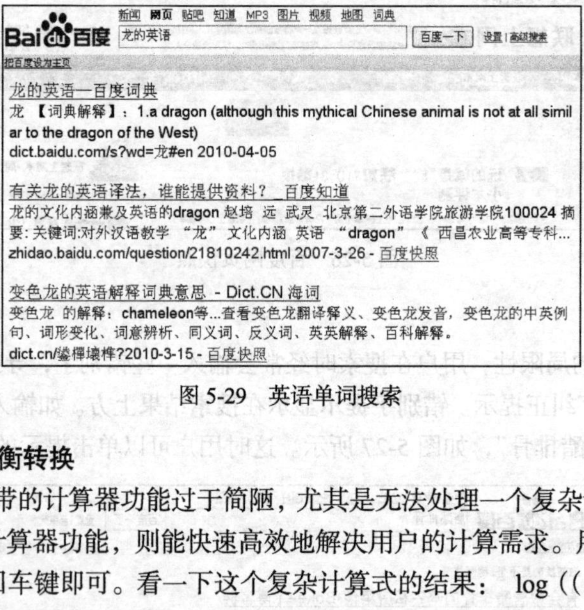

图 5-29 英语单词搜索

6. 计算器和度量衡转换

Windows 系统自带的计算器功能过于简陋，尤其是无法处理一个复杂计算式，很不方便。而百度网页搜索内嵌的计算器功能，则能快速高效地解决用户的计算需求。用户只需简单地在搜索框内输入计算式，按回车键即可。看一下这个复杂计算式的结果： log（(sin（5））^2）−3+pi，其搜索结果如图 5-30 所示。

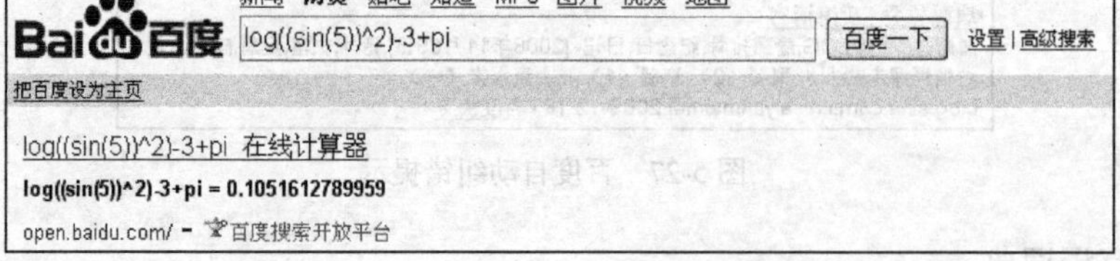

图 5-30 公式搜索

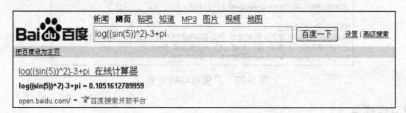

如果用户要搜索的是含有数学计算式的网页，而不是做数学计算，单击搜索结果上的表达式链接，就可以达到目的，如图 5-31 所示。

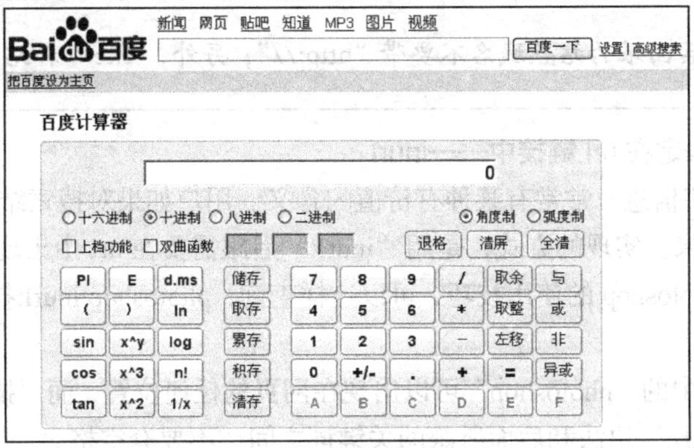

图 5-31　百度基于网页的计算器

5.3.3　高级语法搜索

和 Google 等搜索引擎类似，百度支持一些高级语法的搜索，通过这些语法限制可以更准确地获取搜索目标。特别注意的是，语法搜索中的所有标点符号都是小写的。随着百度搜索引擎的不断升级，新的语法搜索功能会不断出现，同时一些原有的语法搜索功能可能会被放弃。

1. 把搜索范围限定在网页标题中——intitle

网页标题通常是对网页内容提纲挈领式的归纳。把查询内容范围限定在网页标题中，有时能获得良好的效果。使用的方式，是把查询内容中特别关键的部分，用“intitle:”领起来。

例如，找诸葛亮的文章，就可以这样查询：文章 intitle:诸葛亮，其查询结果如图 5-32 所示。

注意　“intitle:”和后面的关键词之间，不要有空格。

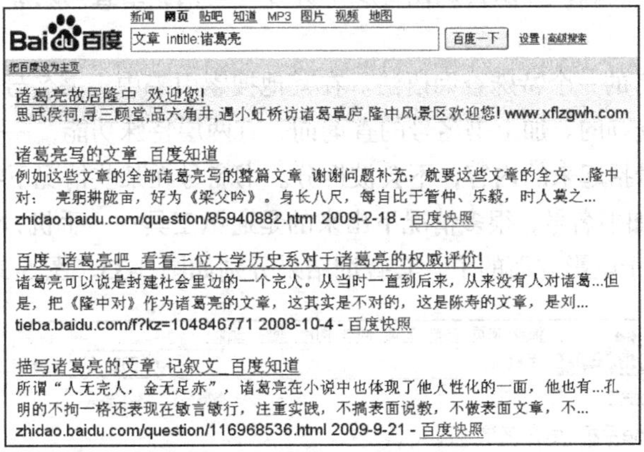

图 5-32　使用 intitle 语义搜索

2. 把搜索范围限定在特定站点中——site

有时候，用户如果知道某个站点中有自己需要找的东西，就可以把搜索范围限定在这个站点中，提高查询效率。使用的方式，是在查询内容的后面加上“site:站点域名”。

例如，天空网下载软件不错，用户要去下载 MSN 的最新版本，就可以这样查询：msn site:skycn.com，其查询结果如图 5-33 所示。

注意　"site:"后面跟的站点域名不要带"http://"；另外，"site:"和站点名之间不要带空格。

3. 把搜索范围限定在 url 链接中——inurl

网页 url 中的某些信息，常常有某种有价值的含义。用户如果对搜索结果的 url 做某种限定，就可以获得良好的效果。实现的方式，是用"inurl:"后跟需要在 url 中出现的关键词。

例如，找关于 photoshop 的使用技巧，可以这样查询：photoshop inurl:技巧，其查询结果如图 5-34 所示。

上面这个查询串中的"photoshop"可以出现在网页的任何位置，而"技巧"则必须出现在网页 url 中。注意，"inurl:"语法和后面所跟的关键词之间，不要有空格。

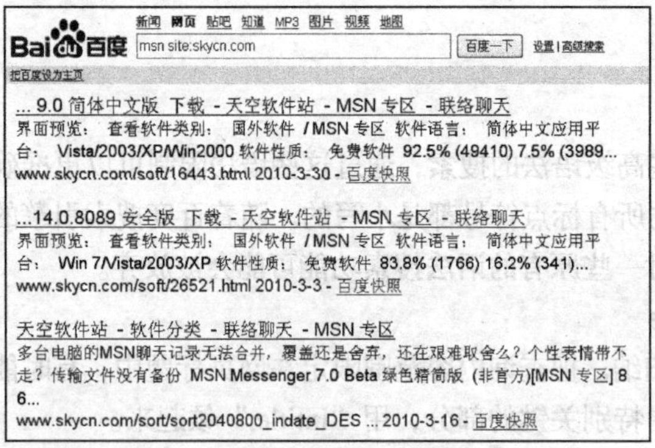

图 5-33　使用 site 语义搜索

图 5-34　使用 inurl 语义搜索

4. 精确匹配——双引号和书名号

如果输入的查询词很长，百度在经过分析后，给出的搜索结果中的查询词，可能是拆分的。如果用户对这种情况不满意，可以尝试让百度不拆分查询词。给查询词加上双引号，就可以达到这种效果。

书名号是百度独有的一个特殊查询语法。在其他搜索引擎中，书名号会被忽略，而在百度，中文书名号是可以被查询的。加上书名号的查询词，有两层特殊功能，一是书名号会出现在搜索结果中；二是被书名号括起来的内容，不会被拆分。书名号在某些情况下特别有效果，例如，查电影"手机"，如果不加书名号，很多情况下出来的是通讯工具——手机，而加上书名号后，查询《手机》结果就都是关于电影方面的了，其查询结果分别如图 5-35、图 5-36 所示。

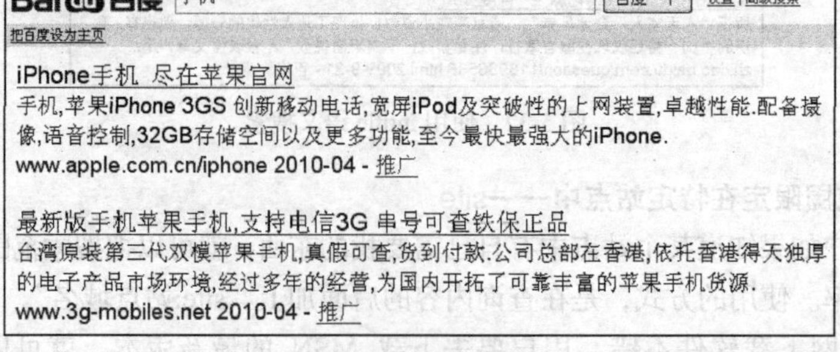

图 5-35　普通搜索

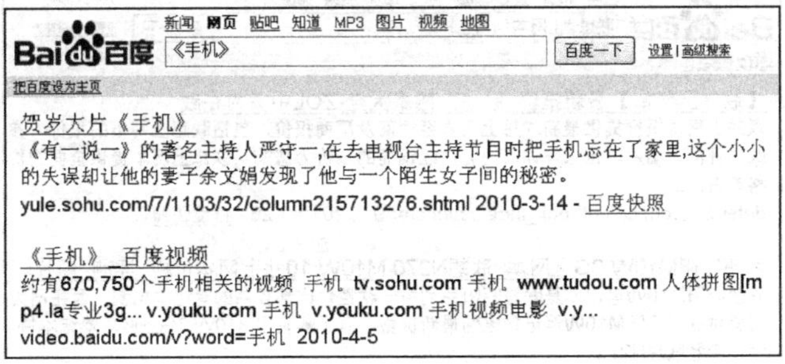

图 5-36　精确搜索

5.3.4　百度的高级搜索功能

有些时候，搜索要求很多很复杂，普通用户无法通过简单手段描述出来，这个时候就可以使用百度的高级搜索功能，其界面如图 5-37 所示。

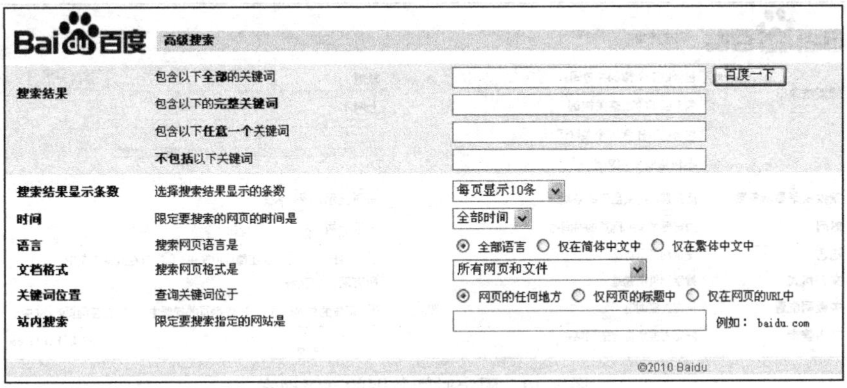

图 5-37　百度高级搜索

使用高级搜索功能可以使用多个关键字，完整关键字，排除某些关键字，设置每页显示的搜索结果数量，设定搜索指定时间范围的信息，设定搜索网页的语言类型，设置搜索结果的文档格式，还可以在特定的网站或网页的指定范围搜索。

1. 多关键字和排除关键字搜索

例如，搜索所有的不是白色的联想上网本，其搜索设置如图 5-38 所示，其搜索结果如图 5-39 所示。

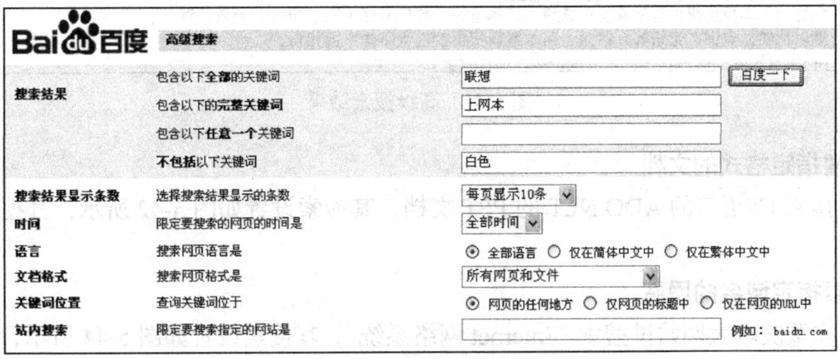

图 5-38　多关键字高级搜索应用

图 5-39 高级搜索结果

2. 指定时间范围搜索

例如，搜索最近一周内出现的关于联想上网本的信息，其搜索设置如图 5-40 所示，其搜索结果如图 5-41 所示。

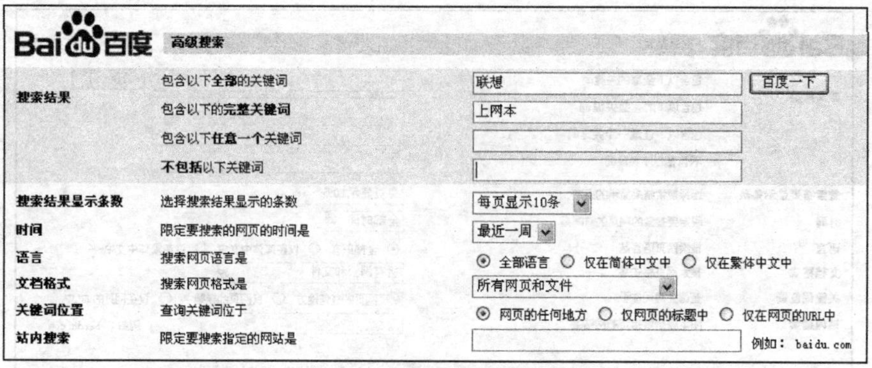

图 5-40 限定时间范围的高级搜索

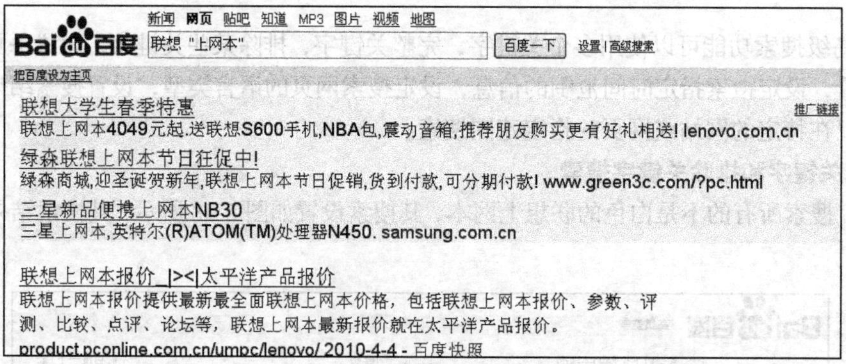

图 5-41 高级搜索结果

3. 搜索指定格式的文档

例如，搜索 C#语言的 ADO.NET 的 PPT 文档，其搜索设置如图 5-42 所示，其搜索结果如图 5-43 所示。

4. 搜索指定域名的网站

例如，在重庆电大网站里搜索“Internet 网络系统”，其搜索设置如图 5-44 所示，其搜索结果如图 5-45 所示。

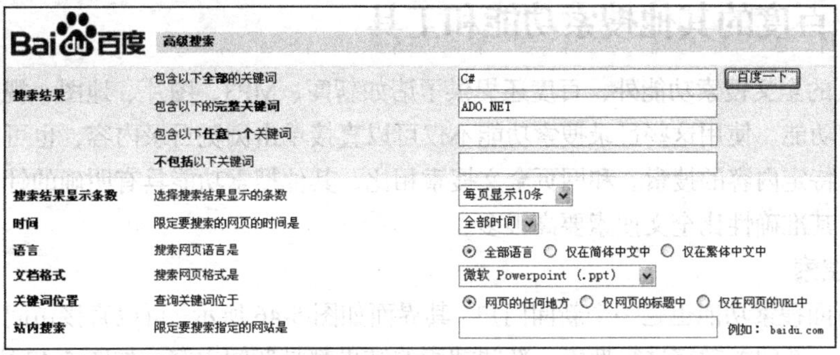

图 5-42 限定搜索目标文档类型高级搜索

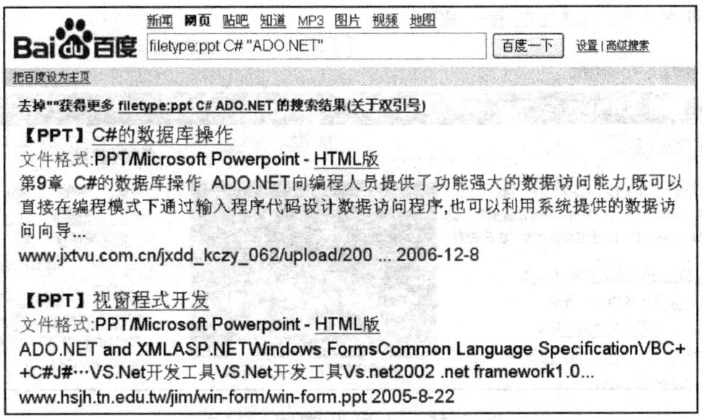

图 5-43 高级搜索结果

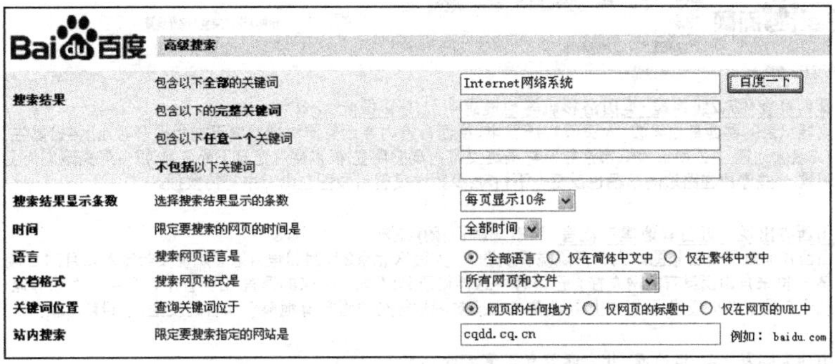

图 5-44 限定搜索目标网站的高级搜索

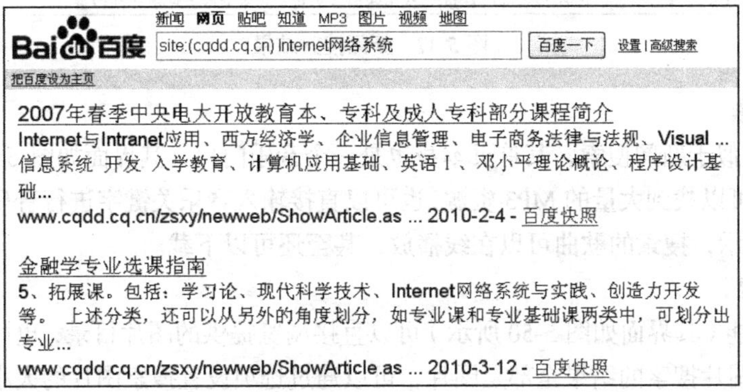

图 5-45 高级搜索结果

5.3.5 百度的其他搜索功能和工具

除了网页的全文搜索功能外，百度还提供了诸如新闻、MP3、图片、地图、视频、贴吧、知道等目录搜索功能。使用这些目录搜索功能不仅可以直接单击浏览目录内容，也可以类似于全文搜索一样进行特定内容的搜索。和网页全文搜索相比，其他搜索功能具有明确的针对性，对于特定类型搜索，其准确性比全文搜索要高很多。

1. 新闻搜索

百度的新闻搜索功能也是一个新闻门户，其界面如图 5-46 所示，可以直接访问上面提供的新闻，也可以输入新闻关键字进行搜索，新闻搜索的结果都是新闻内容，如图 5-47 所示。

图 5-46　百度新闻搜索首页

图 5-47　新闻搜索结果

2. MP3 搜索

MP3 搜索类似于新闻搜索，其首页本身也是一个音乐门户，其界面如图 5-48 所示，直接通过其提供的目录可以找到大量的 MP3 资源，也可以直接输入音乐关键字进行音乐文件或歌词的搜索，如图 5-49 所示，搜索的歌曲可以在线播放，甚至还可以下载。

3. 图片搜索

图片搜索功能（其界面如图 5-50 所示）可以直接浏览提供的图片目录，也可以进行指定关键字的图片搜索。图片搜索的结果全部是图片，可以通过选项设置搜索图片的大小、格式和来源。

例如，搜索三角函数的图片，其搜索结果如图 5-51 所示。

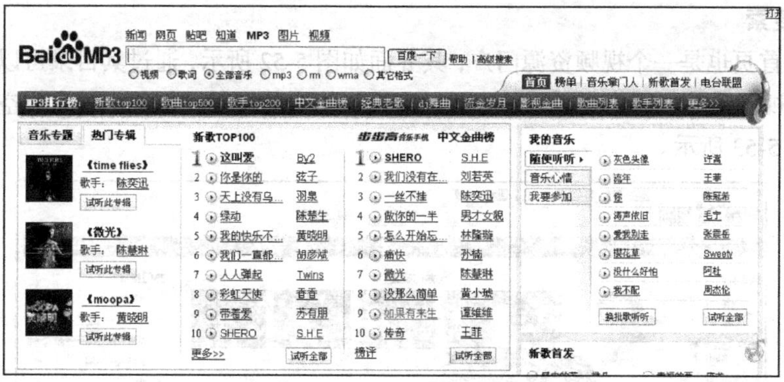

图 5-48 百度 MP3 搜索首页

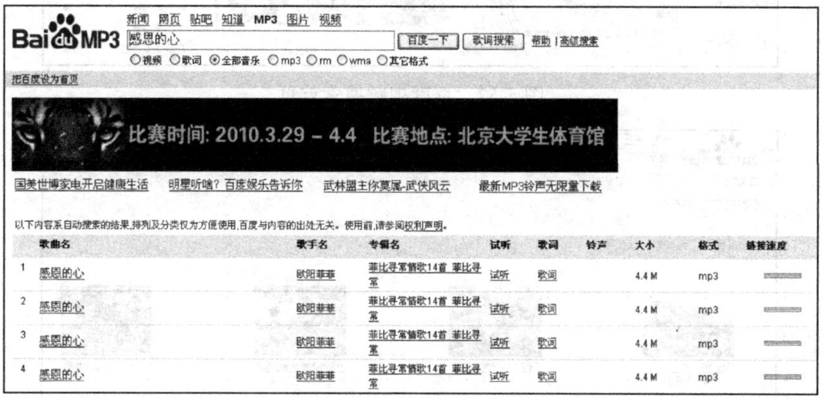

图 5-49 搜索结果

图 5-50 百度图片搜索首页

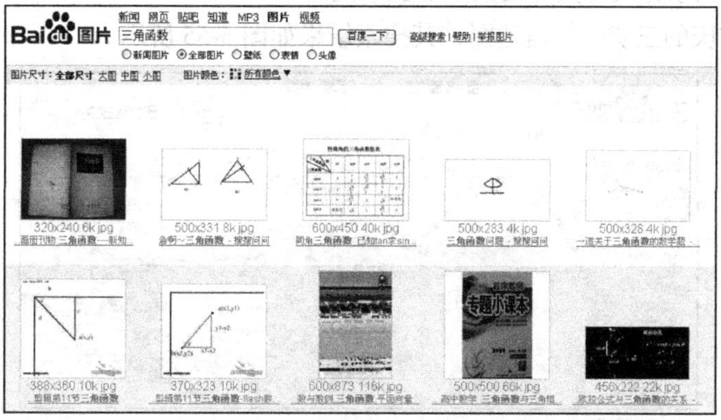

图 5-51 图片搜索结果

4. 视频搜索

视频搜索首页也是一个视频资源门户，其界面如图 5-52 所示，通过其目录可以访问到大量时事、热门话题视频文件。用户也可以输入关键字搜索指定的视频，例如，搜索航空母舰视频，其搜索结果如图 5-53 所示。

图 5-52　百度视频搜索首页

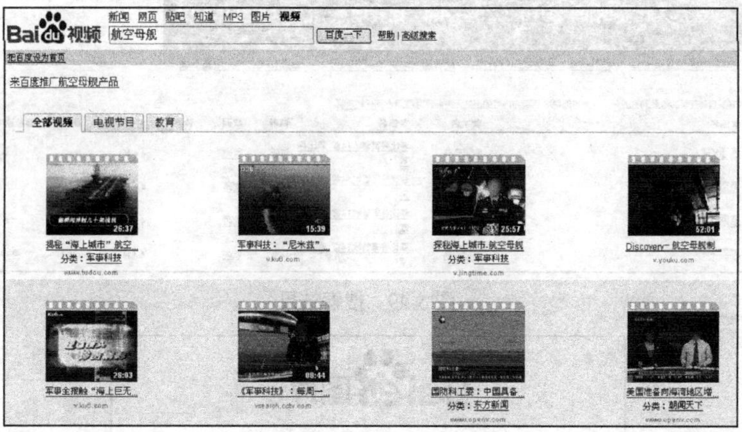

图 5-53　视频搜索结果

5. 地图搜索

地图搜索是百度在 Google 地球之后推出的一项地图服务，对于出门去陌生城市的人特别有用，完全可以取代传统地图，使用中还可以调整地图的比例。默认情况下地图搜索的首页是用户所在地的城市地图，可以输入关键字搜索其他地区地图。对于一些知名的单位或场馆，除了定位外，还能搜索出其联系方式。其界面如图 5-54 所示。

例如，搜索重庆的三峡博物馆地图，其搜索结果如图 5-55 所示。

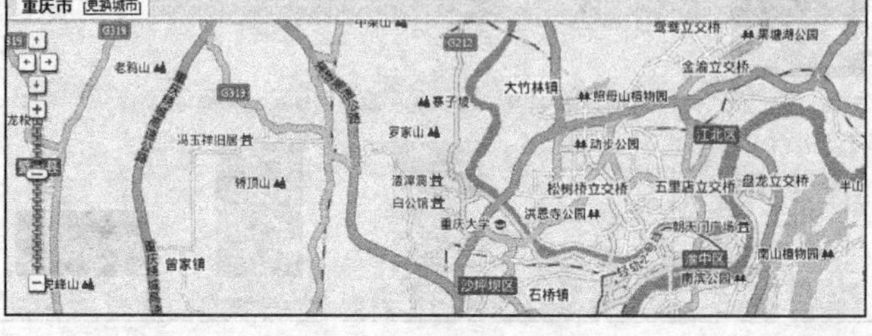

图 5-54　百度地图搜索首页

图 5-55　地图搜索结果

6. 百度贴吧、知道

除了搜索功能外，百度还提供了百度用户的交互功能。为了鼓励这些功能的开展，百度提供了百度账号的申请，注册用户参与到百度的动态交互中可以根据其贡献值获得一些特权。当然，匿名用户（即没有登录的用户）也可以浏览和使用部分功能。贴吧就是这样一个交互平台，用户可以建立一个话题，其他人可以加入这个话题发帖交流，类似于传统的 BBS。这样就将一些不容易搜索到的内容通过网友协助的形式间接实现。百度贴吧自从诞生以来逐渐成为世界最大的中文交流平台，这里为用户提供一个表达和交流思想的自由网络空间，其界面如图 5-56 所示，其搜索结果如图 5-57 所示。

图 5-56　百度贴吧首页

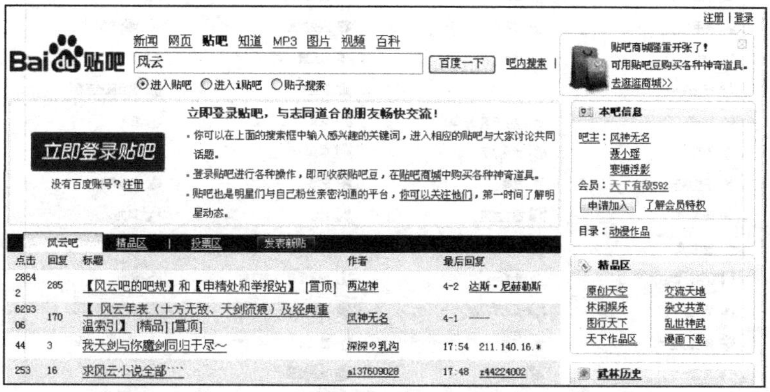

图 5-57　贴吧搜索结果

百度知道是由百度自主研发、基于搜索的互动式知识问答分享平台，其界面如图 5-58 所示。用户可以根据自身的需求，有针对性地提出问题或者去回答别人的问题；同时，这些答案又将作为搜索结果，进一步提供给其他用户。其搜索结果如图 5-59 所示。

图 5-58 百度知道首页

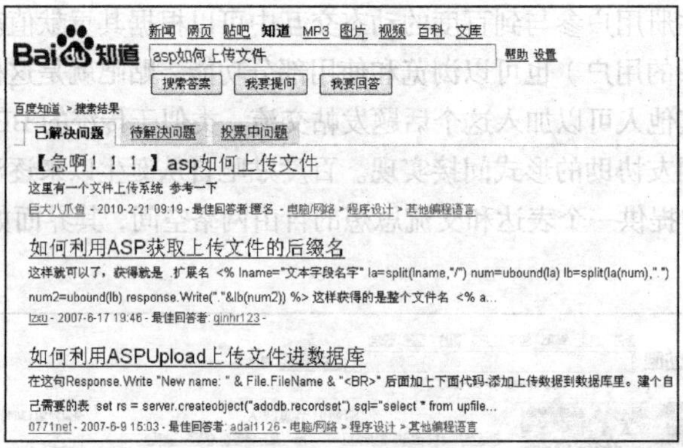

图 5-59 百度知道搜索结果

7. 百度的其他功能

百度除了前面介绍的各种功能外还有很多特色功能，这里就不一一介绍了，随着百度的发展肯定还有更多的功能开发出来，这些就需要用户结合自己的需要去进行探索了。

目前，百度的全部功能汇总如图 5-60 所示。

图 5-60 百度的搜索功能汇总

5.4　非网站的搜索工具

除了网站搜索引擎及搜索引擎站点自己提供的搜索工具以外，还有很多专门的软件可以帮助用户搜索信息，这些搜索工具根据其工作原理大体可以划分为两大类型：基于传统搜索引擎的工具软件，如飓风搜索通；基于 P2P 技术的搜索软件，如迅雷、电驴等。一般来说，基于传统搜索引擎的工具软件能胜任所有搜索任务，具有通用性，而基于 P2P 技术的搜索工具通常专门搜索一类信息，具有针对性。灵活使用这些工具软件将为用户的工作学习带来很多便利，P2P 技术软件将在 Internet 工具章节介绍，这里就以飓风搜索软件为例进行介绍。

5.4.1　飓风搜索软件介绍

飓风搜索通是任良开发的一个免费搜索工具软件，在网上评价相当高（五星级），它整合了近百个著名搜索引擎，包括网站、网页、软件、音乐、MP3、证券、新闻、购物、拍卖、游戏等数十个分类搜索；采用多线程并行运作，能同时开动多个搜索引擎，高效实用；并且完全兼容用户搜索习惯和结果浏览方式，内嵌入浏览器窗口直接分页显示搜索结果；支持链接验证、结果保存、分类归档等辅助功能。

5.4.2　软件的获得和安装

飓风搜索通在国内各大下载站点均可以下载。

软件的安装文件只有一个，直接双击下载完的安装文件就可以开始安装了，用户按照安装向导的提示可以很简单地完成安装，（这里以 5.1 版为例）具体安装过程略。安装完成后飓风搜索通会在“开始”菜单的程序项目下建立一个快捷方式，可以通过它启动飓风搜索通。

5.4.3　飓风搜索通的使用

软件启动后的界面如图 5-61 所示。

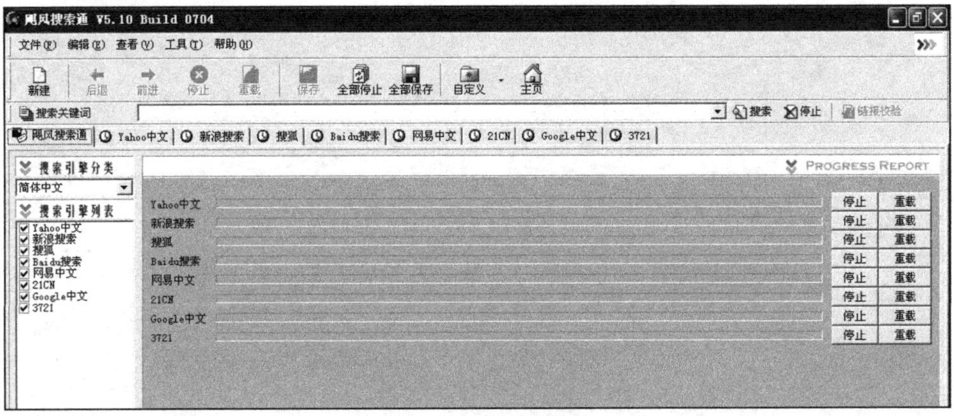

图 5-61　飓风搜索通界面

飓风搜索通的使用非常简单，用户搜索内容时就像使用 Google 一样直接在“输入关键字”文本框中输入要查询的关键字（类似 Google 用法），然后直接单击“搜索”按钮就开始搜索了，默认是在几个简体中文搜索网站（中文 Yahoo，中文 Google，百度，新浪，搜狐，网易，21CN，3721）中同时进行搜索，在搜索过程中可以看到搜索的进度，可以随意将不满意的引擎停下或让它重新开始。因为这些搜索站点各有特色，因此找到资料的可能性和准确性都比单一网站引擎大大提高，搜索完成后，可以单击各站点卡片切换浏览各个引擎搜索的结果（站点卡片如图 5-62 所示）。

图 5-62 搜索引擎卡片工具栏

如果想要在其他搜索引擎中搜索一些特殊内容，可以通过“搜索引擎分类”中的下拉列表选择适合的引擎类型，以及通过复选框设置使用该类型中哪些搜索引擎来搜索，如图 5-63、图 5-64 所示。

图 5-63 搜索引擎分类列表

图 5-64 具体搜索使用站点设定复选框列表

总的来说，飓风搜索通是一款非常有创意也非常好用的搜索软件，值得一试。

第 6 章 电子商务

电子商务——Electronic Commerce，这个词现在人们已是耳熟能详。随着国际互联网的迅速延伸，电子商务逐渐普及，许多企业或个人已在或正准备通过互联网和现代通信手段进行商务活动，包括网上购物、网上炒股、电子贸易、电子银行、网上纳税、网上报关等。

早在 1998 年初，就有许多人预测当年是“电子商务年”，果然，一年之中，电子商务迅速走红。各国政府纷纷制定电子商务规划；时任国家主席江泽民在亚太经合组织会议中畅谈电子商务；克林顿认为电子商务将是美国经济发展的下一个增长点；IT 厂商们广推电子商务解决方案；银行业推出网上银行；商家开办网上商场。电子商务在全球已成为引人注目的技术和应用焦点。随着信息技术的突飞猛进，基于网络的电子商务也在迅速发展。这种新的商业模式不仅从诸多微观领域向传统的运作方式发起了严重挑战，而且也带来了宏观经济运行与管理的革命性变革。许多专家认为，电子商务的发展是 2009 年后未来 25 年内世界经济发展的一个主要推动力，是世界经济向知识经济转变的重要推动力，电子商务即将成为商务活动的主导形式。本章中将就这一热门话题，向用户详细介绍电子商务。

6.1 认识电子商务

今天，没有人否认电子商务是未来的发展方向。虽然电子商务正在迅速发展，但是国内外迄今为止还没有发现对电子商务权威的严格的定义。根据通常的理解，可以认为电子商务即整个事务活动和贸易活动的电子化。下面是几家著名的计算机公司对电子商务的定义：Intel 公司认为，电子商务=电子市场+电子交易+电子服务；IBM 认为，电子商务=Web；惠普公司则说“电子商务是通过电子化的手段来完成商业贸易活动的一种方式”。那么，究竟什么是电子商务？电子商务的现状、前景如何？下面介绍电子商务这个神奇的网上交易工具。

6.1.1 什么是电子商务

电子商务，顾名思义是指在互联网上进行的商务活动，即在广泛的商业贸易活动中，在因特网开放的网络环境下，买卖双方不谋面地进行各种商贸活动，实现交易达成的一种新型的商业运营模式。

电子商务将信息网络、金融网络和物流网络结合起来，把事务活动和贸易活动中发生关系的各方有机地联系起来，使得信息流、资金流、实物流迅速流动，极大地方便了各种网络上的事务活动和贸易活动，其活动过程如图 6-1 所示。

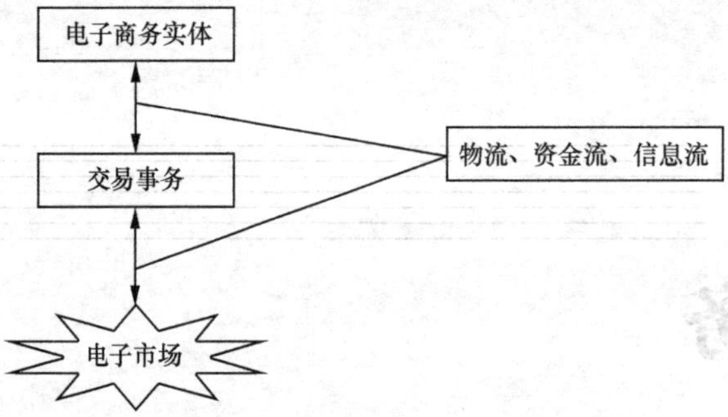

图 6-1　电子商务活动过程

可见，电子商务包含信息网、金融网和物流网 3 个关键要素。

从狭义上看，电子商务也就是电子交易，主要指利用 Web 提供的通信手段在网上进行交易活动，包括通过 Internet 买卖产品和提供服务。产品可以是实体化的，如汽车、电视，也可以是数字化的，如新闻、录像、软件等基于知识的产品；此外，还可以提供各类服务，如安排旅游、远程教育等。不要以为电子商务仅仅局限于在线买卖，它还从生产到消费各个方面影响进行商务活动的方式。除了网上购物，电子商务还大大改变了产品的定制、分配和交换的手段。而对于顾客，查找和购买产品乃至服务的方式也大为改进。

而从广义上讲，电子商务还包括企业内部商务活动，如生产、管理、财务等以及企业间的商务活动，它不仅仅是硬件和软件的结合，更是把买家、卖家、厂家和合作伙伴在 Internet、Intranet 和 Extranet 上利用 Internet 技术与现有的系统结合起来进行业务活动。从最初的电话、电报到电子邮件以及 20 多年前开始的 EDI（Electronic Data Interchange，电子数据交换），都可以说是电子商务的某种形式；发展到今天，人们已提出了包括通过网络来实现从原材料的查询、采购、产品的展示、定购到出品、储运以及电子支付等一系列贸易活动在内的完整电子商务的概念。在发达国家，电子商务发展迅速，通过 Internet 进行交易已成为生活常态。基于电子商务而推出的金融电子化方案、信息安全方案、Internet 方案，又形成一个又一个的产业，给信息技术带来许多新的机会，把握和抓住这些机会，就有机会成为国际信息技术市场竞争的主流。

6.1.2　电子商务的特性

电子商务的特性可归结为以下几点：商务性、服务性、集成性、可扩展性、安全性、协调性。

1. 商务性

电子商务最基本的特性为商务性，即提供买、卖交易的服务、手段和机会。网上购物提供一种客户所需要的方便途径。因而，电子商务对任何规模的企业而言，都是一种机遇。

就商务性而言，电子商务可以扩展市场，增加客户数量；通过将万维网信息连至数据库，企业能记录下每次访问、销售、购买形式和购货动态以及客户对产品的偏爱，这样企业就可以通过统计这些数据来获知客户最想购买的产品是什么。

2. 服务性

在电子商务环境中，客户不再受地域的限制，像以往那样忠实地只做某家邻近商店的老主顾，他们也不再仅仅将目光集中在最低价格上。因而，服务质量在某种意义上成为商务活动的关键。技术创新带来新的结果，万维网应用使得企业能自动处理商务过程，并不再像以往那样强调公司内部的分工。现在，在 Internet 上许多企业都能为客户提供完整服务，而万维网在这种服务的提高中充当了催化剂的角色。

企业通过将客户服务过程移至万维网上，使客户能以一种比过去简捷的方式完成过去较为费事才能获得的服务。如将资金从一个存款户头移至一个支票户头，查看一张信用卡的收支，记录发货请求，乃至搜寻购买稀有产品，这些都可以足不出户而实时完成。

显而易见，电子商务提供的客户服务具有一个明显的特性：方便。这不仅对客户来说如此，对于企业而言，同样也能受益。例如，现在的网上银行业务的兴起就给传统银行带来了巨大的利润，银行通过提供电子商务服务，不用增加太多人手就可以使得客户能全天候地存取资金账户，快速地阅览诸如押金利率、贷款过程等信息，这使得服务质量大为提高。同时，网上银行业务还大大分流了银行网点的业务压力。

3. 集成性

电子商务是一种新兴产物，其中用到了大量新技术，但并不是说新技术的出现就必须导致老设备的消亡。万维网的真实商业价值在于协调新老技术，使用户能更加行之有效地利用万维网已有的资源和技术，更加有效地完成万维网的任务。

电子商务的集成性，还在于事务处理的整体性和统一性，它能规范事务处理的工作流程，将人工操作和电子信息处理集成为一个不可分割的整体。这样不仅能提高人力和物力的利用，也提高了系统运行的严密性。

4. 可扩展性

要使电子商务正常运作，必须确保其可扩展性。万维网上有数以百万计的用户，而传输过程中，时不时地出现高峰状况。倘若一家企业原来设计每天可受理 40 万人次访问，而事实上却有80万，就必须尽快配有一台扩展的服务器，否则客户访问速度将急剧下降，甚至还会拒绝数千次可能带来丰厚利润的客户的来访。

对于电子商务来说，可扩展的系统才是稳定的系统。如果在出现高峰状况时能及时扩展，就可使得系统阻塞的可能性大为下降。电子商务中，耗时仅 2 分钟的重新启动也可能导致大量客户流失，因而可扩展性可谓极其重要。

1998 年，日本长野冬奥会的官方万维网结点的使用率是有史以来基于 Internet 应用中最高的，短短的 16 天，该结点就接受了将近六亿五千万次访问。

全球体育迷将数以百万计的信息直接通过体育迷电子邮件结点发给运动员，而与此同时，还成交了 600 多万笔交易。这些惊人的数字说明，随着技术的日新月异，电子商务的可扩展性将不会成为瓶颈所在。

5. 安全性

对于客户而言，无论网上的物品如何具有吸引力，如果他们对交易安全性缺乏把握，他们根本就不敢在网上进行买卖。企业和企业间的交易更是如此。

在电子商务中，安全性是必须考虑的核心问题。欺骗、窃听、病毒和非法入侵都在威胁着电子商务，因此要求网络能提供一种端到端的安全解决方案，包括加密机制、签名机制、分布式安全管理、存取控制、防火墙、安全万维网服务器、防病毒保护等。为了帮助企业创建和实现这些方案，国际上多家公司联合开展了安全电子交易的技术标准和方案研究，并发表了 SET（安全电子交易）和 SSL（安全套接层）等协议标准，使企业能建立一种安全的电子商务环境。

随着技术的发展，电子商务的安全性也会相应得以增强，成为电子商务的核心技术。

6. 协调性

商务活动是一种协调过程，它需要雇员和客户，生产方、供货方以及商务伙伴间的协调。为提高效率，许多组织都提供了交互式的协议，电子商务活动可以在这些协议的基础上进行。

传统的电子商务解决方案能加强公司内部相互作用，电子邮件就是其中一种。但那只是协调员工合作的一小部分功能。利用万维网将供货方连接到客户订单处理，并通过一个供货渠道加以处理，这样公司就节省了时间，消除了纸张文件带来的麻烦并提高了效率。

电子商务是迅捷简便的、具有友好界面的用户信息反馈工具，决策者们能够通过它获得高价值的商业情报、辨别隐藏的商业关系和把握未来的趋势。因而，他们可以做出更有创造性、更具战略性的决策。

6.1.3 电子商务的交易过程

不同的电子商务类型交易过程不尽相同，这里以 B2C 来介绍，C2C 的交易过程基本类似于 B2C。整个购物流程可大致分为以下几方面。

① 消费者进入 Internet，查看企业和商家的网页。

② 消费者通过虚拟的购物车选购商品。

③ 消费者提交订单，包括选购的商品明细、自己的联系方式、支付方式。

④ 商家收到订单，验证消费者信息和订单的有效性，并向消费者的金融机构请求支付认可。

⑤ 金融机构验证商家和订单的有效性后，向消费者发出支付确认请求。

⑥ 消费者验证金融机构请求，并确认支付。金融机构将确认信息返回给商家。

⑦ 商家在得到金融机构的确认信息后，发送订单确认信息给顾客。

⑧ 商家按顾客要求发货或送货上门，然后请求金融机构将货款转账到商家账号。在认证操作和支付操作中一般会有一个时间间隙。

从整个购物过程中可以看到， 消费者、商家与网关都必须通过 CA（认证中心）验证通信主体的身份，以避免其中的欺诈行为，这样就保证了用户和商家能够彼此信任，电子商务购物过程如图 6-2 所示。

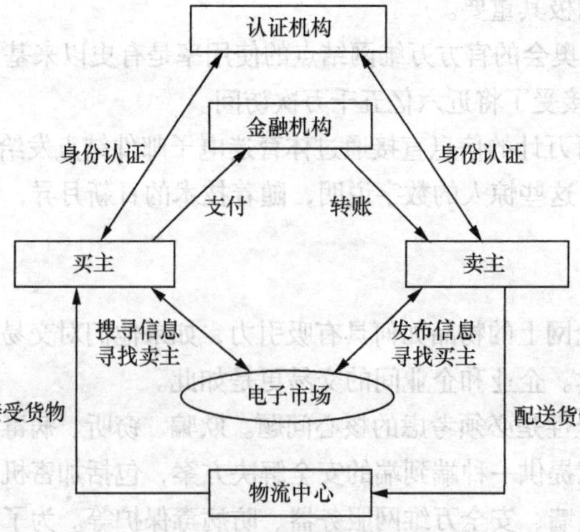

图 6-2 电子商务购物过程

6.1.4 电子商务的功能

电子商务可提供网上交易和管理等全过程的服务，因此它具有广告宣传、咨询洽谈、网上订购、网上支付、电子账户、服务传递、意见征询、交易管理等各项功能。

1. 广告宣传

电子商务可凭借企业的 Web 服务器和客户的浏览，在 Internet 上发布各类商业信息。客户可借助网上的检索工具（Search）迅速地找到所需商品信息，而商家可利用网上主页（HomePage）和电子邮件（E-mail）在全球范围内做广告宣传，如图 6-3 所示。与以往的各类广告相比，网上的广告成本最为低廉，而给顾客的信息量却最为丰富。

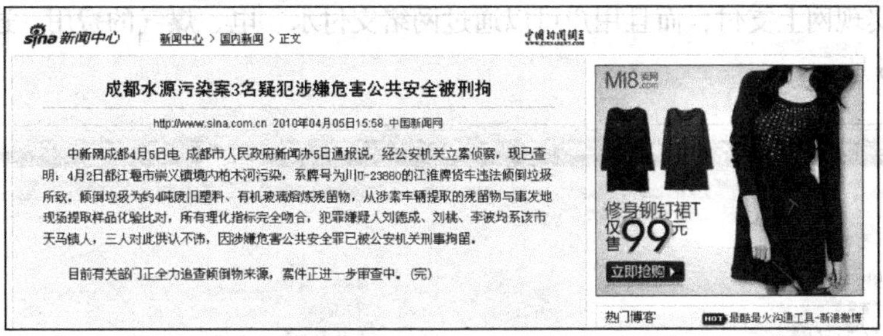

图 6-3　网页中无处不在的广告

2. 咨询洽谈

电子商务可借助非实时的电子邮件（E-mail），新闻组（NewsGroup）和实时的讨论组（Chat）来了解市场和商品信息、洽谈交易事务，如有进一步的需求，还可用网上的白板会议（Whiteboard Conference）来交流即时的图形信息。网上的咨询和洽谈能超越人们面对面洽谈的限制，提供多种方便的异地交谈形式，如图 6-4 所示。

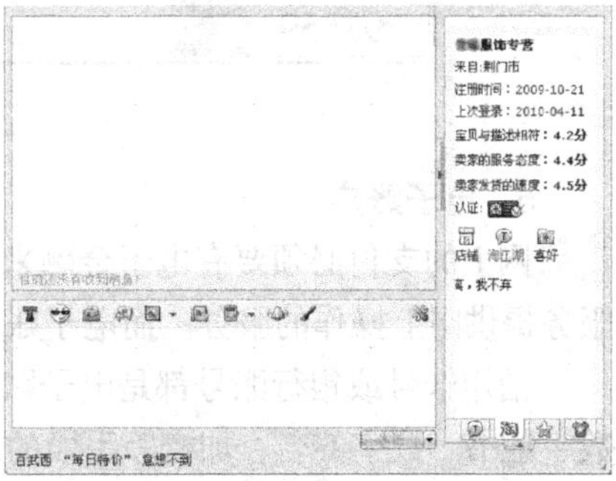

图 6-4　阿里旺旺和卖家交流

3. 同上订购

电子商务可借助 Web 中的邮件交互传送实现网上的订购。网上订购通常都是在产品介绍的页面上提供十分友好的订购提示信息和订购交互格式框。当客户填完订购单后，通常系统会回复确认信息单来保证订购信息的收悉。订购信息也可采用加密的方式使客户和商家的商业信息不会泄露。图 6-5 所示的界面就是一个很好的网上订购站点。在网上，用户可以查询订购信息，按自己的意愿订购邮票、计算机、火车票等各种东西。

图 6-5　网上购买车票

4. 网上支付

电子商务要成为一个完整的过程，网上支付是重要的环节。客户和商家之间可采用信用卡账号进行支付。在网上直接采用电子支付手段将省略交易中很多人员的开销。网上支付将需要更为可靠的信息传输安全性控制以防止欺骗、窃听、冒用等非法行为。我国最早建立电子商务系统时的最大难题是支付手段问题，但是现在几乎所有的银行都提供了个人网上银行业务，不仅仅可以通过网上银行实现网上支付，而且用户可以通过网络支付水、电、煤气的费用，这就大大方便了用户，如图 6-6 所示。

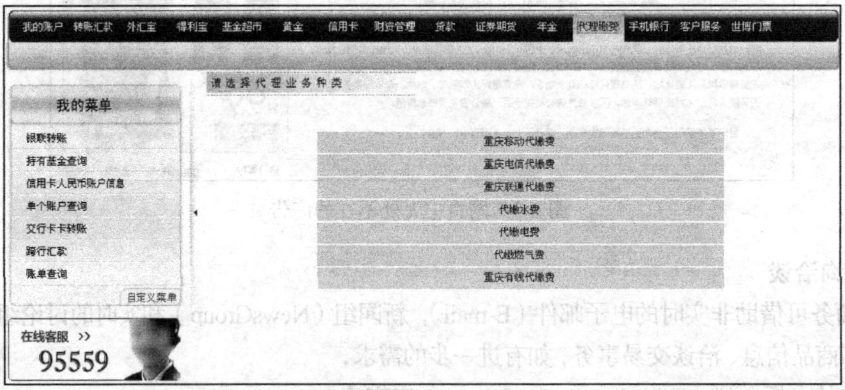

图 6-6　网上银行代缴费

5. 电子账户

网上的支付必须要有电子金融来支持，即银行或信用卡公司及保险公司等金融单位要为金融服务提供网上操作的服务。而电子账户管理是其基本的组成部分。

信用卡号或银行账号都是电子账户的一种标志。而其可信度须配以必要技术措施来保证，如数字证书、数字签名、加密等手段的应用提供了电子账户操作的安全性。例如：交通银行就采用了手机短信认证和数字证书认证两种方式，前者在交易时需要输入手机收到的短信信息来确认，保证是本人；另一种方式在交易时检查是否安装了数字证书。相对来说，手机短信方式更为安全和简便。交通银行个人网上银行登录界面如图 6-7 所示。

图 6-7　交通银行的个人网上银行

6. 服务传递

已付了款的客户希望能很快收到订购的货物。而有些货物在本地，有些货物在异地，电子邮件能在网络中进行物流的调配。而最适合在网上直接传递的货物是信息产品，如软件、电子读物、信息服务等，电子邮件能直接从电子仓库中将货物发给用户端，如图 6-8 所示的联邦软件销售网。

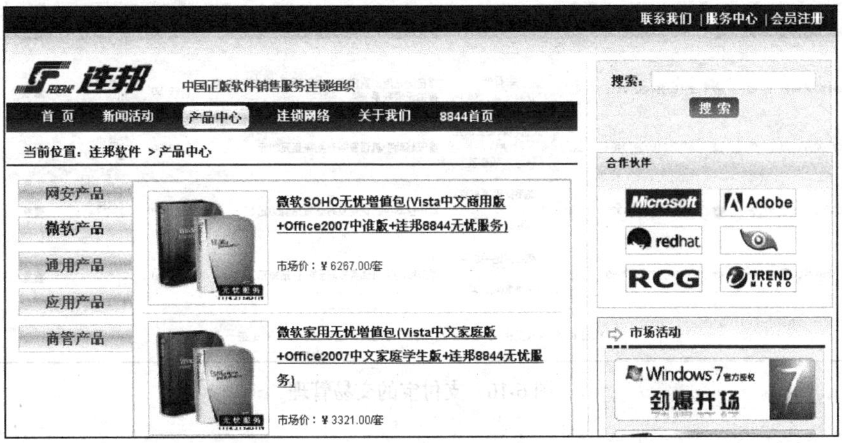

图 6-8 联邦软件销售网

7. 意见征询

电子商务能十分方便地采用网页上的“选择”、“填空”等格式文件来收集用户对销售服务的反馈意见。这样使企业的市场运营能形成一个封闭的回路。客户的反馈意见不仅能提高售后服务的水平，更是企业获得改进产品、发现市场的商业机会。相信上过网的网民们，会经常在网上看到很多这样的问卷，如图 6-9 所示。

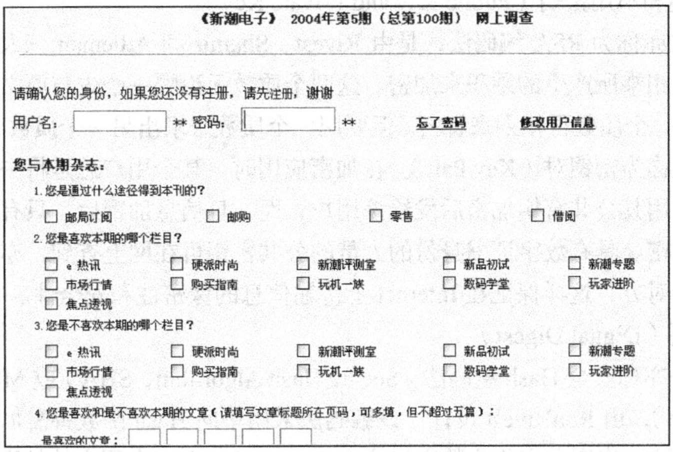

图 6-9 网上问卷调查

8. 交易管理

整个交易的管理涉及人、财、物多个方面，涉及企业和企业、企业和客户及企业内部等各方面的协调和管理。因此，交易管理是涉及商务活动全过程的管理。电子商务的发展，将会提供一个良好的交易管理的网络环境及多种多样的应用服务系统，保障电子商务获得更广泛的应用，如图 6-10 所示的支付宝的交易管理。

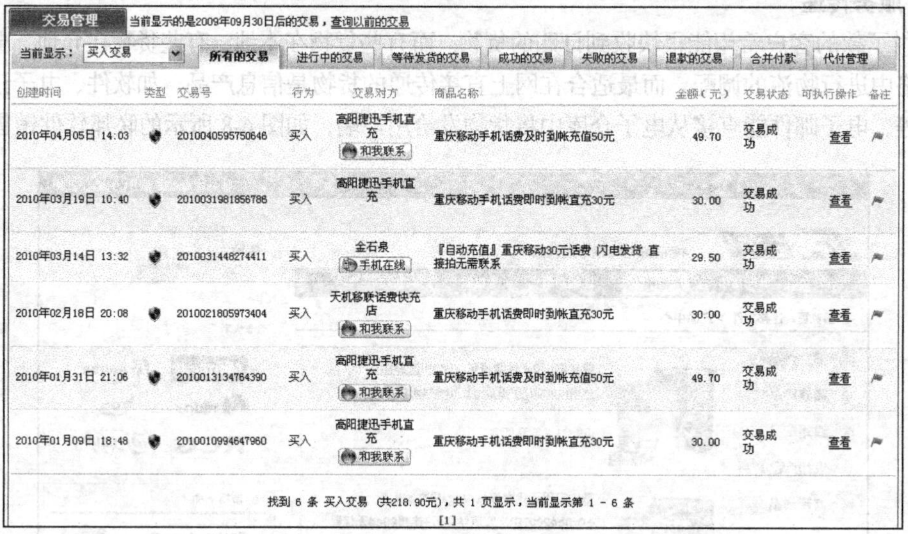

图 6-10 支付宝的交易管理

6.1.5 常用的安全电子交易手段

在近年来发表的多个安全电子交易协议或标准中，均采纳了一些常用的安全电子交易的方法和手段。典型的方法和手段有以下几种。

1. 密码技术

采用密码技术对信息加密，是最常用的安全交易手段。在电子商务中获得广泛应用的加密技术有以下两种。

（1）公共密钥和私用密钥（Public Key and Private Key）

这一加密方法亦称为 RSA 编码法，是由 Rivest、Shamir 和 Adleman 三人研究发明的。它利用两个很大的质数相乘所产生的乘积来加密。这两个质数无论哪一个先与原文件编码相乘，对文件加密，均可由另一个质数再相乘来解密。但要用一个质数来求出另一个质数，则是十分困难的，因此将这一对质数称为密钥对（Key Pair）。在加密应用时，某个用户总是将一个密钥公开，让需发信的人员将信息用其公共密钥加密后发给该用户，而一旦信息加密后，只有该用户一个人知道的私用密钥才能解密。具有数字证书身份的人员的公共密钥可在网上查到，亦可在请对方发信息时将公共密钥传给对方，这样保证在 Internet 上传输信息的保密性和安全性。

（2）数字摘要（Digital Digest）

这一加密方法亦称安全 Hash 编码法（Secure Hash Algorithm，SHA）或 MD 5（MD Standards for Message Digest），由 RonRivest 设计。该编码法采用单向 Hash 函数将需加密的明文摘要成一串 128bit 的密文，这一串密文亦称为数字指纹（Finger Print），它有固定的长度，且不同的明文摘要成密文，其结果总是不同的，而同样的明文其摘要必定一致。这样，这串摘要便可成为验证明文是否是“真身”的“指纹”了。

上述两种方法可结合起来使用，数字签名就是上述两法结合使用的实例。

2. 数字签名（Digital Signature）

在书面文件上签名是确认文件的一种手段，签名的作用有两点，一是因为自己的签名难以否认，从而确认了文件已签署这一事实；二是因为签名不易仿冒，从而确定了文件是真实的。数字签名与书面文件签名有相同之处，采用数字签名，也能确认以下两点。

① 信息是由签名者发送的。

② 信息自签名后到收到为止未曾作过任何修改。

这样，数字签名就可用来防止电子信息因易被修改而有人作伪；或冒用别人名义发送信息；或发出（收到）信件后又加以否认等情况发生。

数字签名并非用“手书签名”类型的图形标志，它采用了双重加密的方法来实现防伪、防赖。其原理如下。

① 被发送文件用 SHA 编码加密产生 128bit 的数字摘要。

② 发送方用自己的私用密钥对摘要再加密，这就形成了数字签名。

③ 将原文和加密的摘要同时传给对方。

④ 对方用发送方的公共密钥对摘要解密，同时对收到的文件用 SHA 编码加密产生另一个摘要。

⑤ 将解密后的摘要和收到的文件在接收方重新加密产生的摘要互对比。如两者一致，则说明传送过程中信息没有被破坏或篡改过，否则不然。

3. 数字时间戳（Digital Time Stamp）

交易文件中，时间是十分重要的信息。在书面合同中，文件签署的日期和签名一样均是十分重要的防止文件被伪造和篡改的关键性内容。

在电子交易中，同样需对交易文件的日期和时间信息采取安全措施，而数字时间戳服务（Digital Time Stamp Service，DTS）就能提供电子文件发表时间的安全保护。

数字时间戳服务（DTS）是网上安全服务项目，由专门的机构提供。时间戳（Time-stamp）是一个经加密后形成的凭证文档，它包括 3 个部分。

① 需加时间戳的文件的摘要（Digest）。

② DTS 收到文件的日期和时间。

③ DTS 的数字签名。

时间戳产生的过程为：用户首先将需要加时间戳的文件用 Hash 编码加密形成摘要，然后将该摘要发送到 DTS，DTS 在加入了收到文件摘要的日期和时间信息后再对该文件加密（数字签名），然后送回用户。由 Bellcore 创造的 DTS 采用如下的过程：加密时将摘要信息归并到二叉树的数据结构，再将二叉树的根值发表在报纸上，这样更有效地为文件发表时间提供了佐证。注意，书面签署文件的时间是由签署人自己写上的，而数字时间戳则不然，它是由认证单位 DTS 来加的，以 DTS 收到文件的时间为依据。因此，时间戳也可作为科学家的科学发明文献的时间认证。

4. 数字证书

数字证书是一段包含用户身份信息、用户公钥信息以及身份验证机构数字签名的数据。身份验证机构的数字签名可以确保证书信息的真实性，用户公钥信息可以保证数字信息传输的完整性，用户的数字签名可以保证数字信息的不可否认性。

数字证书是各类终端实体和最终用户在网上进行信息交流及商务活动的身份证明，在电子交易的各个环节，交易的各方都需验证对方数字证书的有效性，从而解决相互间的信任问题。

数字证书是一个经证书认证中心（CA）数字签名的包含公开密钥拥有者信息以及公开密钥的文件。认证中心（CA）作为权威的、可信赖的、公正的第三方机构，专门负责为各种认证需求提供数字证书服务。认证中心颁发的数字证书均遵循 X.509 V3 标准。X.509 标准在编排公共密钥密码格式方面已被广为接受。X.509 证书已应用于许多网络安全，其中包括 IPSec（IP 安全）、SSL、

SET、S/MIME。数字证书可用于电子邮件、电子商务、群件、电子基金转移等各种用途。用户可以通过 IE 查看证书，如图 6-11 所示。

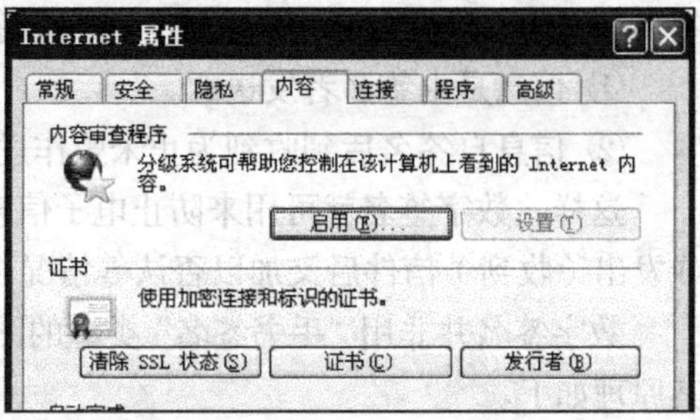

图 6-11　通过 IE 查看证书

数字证书的内部格式是由 CCITTX.509 国际标准所规定的，它包含了以下几点。

① 数字证书拥有者的姓名。

② 数字证书拥有者的公共密钥。

③ 公共密钥的有效期。

④ 颁发数字证书的单位。

⑤ 数字证书的序列号（Serial Number）。

⑥ 颁发数字证书单位的数字签名。

5. 认证中心（Certification Authority，CA）

在电子交易中，无论是数字时间戳服务（DTS）还是数字证书（Digital ID）的发放，都不是靠交易的双方自己能完成的，而需要有一个具有权威性和公正性的第三方来完成。认证中心（CA）就是承担网上安全电子交易认证服务、能签发数字证书并能确认用户身份的服务机构，如图 6-12 所示的上海数字证书认证中心。认证中心通常是企业性的服务机构，主要任务是受理数字证书的申请、签发及对数字证书的管理。认证中心依据认证操作规定（Certification Practice Statement，CPS）来实施服务操作。

图 6-12　上海数字证书认证中心

上述 5 个方面介绍了安全电子交易的常用手段，各种手段常常是结合在一起使用的，从而构成安全电子交易的体系。

6.2　常见的电子商务形式

电子商务的类型依据不同的分类标准而不同。

6.2.1　根据电子商务活动的性质划分

根据电子商务活动的性质划分，电子商务可分为电子事务处理（无支付）和电子贸易处理（有支付）两大部分。

1. 电子事务处理

电子事务处理如网上报税、网上办公等可以大大提高工作效率，增加工作透明度，有助于树立信息化政府和企业的形象。

2. 电子贸易处理

电子贸易处理如网上购物、网上交费能够方便消费者，降低企业运作成本，减少交易环节，增强企业的竞争能力。当然，这种划分并不是绝对的。

6.2.2　从其交易双方和实质内容上划分

电子商务从其交易双方和实质内容上划分，主要可以划分为 3 种：企业对企业的电子商务（B2B）、企业对消费者的电子商务（B2C）、用户对用户的电子商务（C2C）。

1. 企业对企业的电子商务

B2B 电子商务是指通过 Internet、Extranet、Intranet 或者虚拟专用网 VPN 等网络，以电子化方式在企业间进行的交易。这种交易可能是在企业及其供应链成员间进行的，也可能是在企业和任何其他企业间进行的。这里的企业可以指代任何组织，包括私人的或者公共的，营利性的或者非营利性的。B2B 的主要特点是企业将交易过程自动化。

一般将 B2B 交易分为两种基本类型：即期购买和战略性物资采购。即期购买是指以市场价格来购买产品和服务，价格根据供需动态决定，买卖双方一般互不相识。股票交易和普通商品交易（原油、糖和玉米等）都属于这种类型。战略性物资采购则是在买卖双方磋商的基础上建立的长期合同关系。即期购买可以由第三方交易所来支持，而战略性物资采购可以通过改进供应链来高效地进行。

电子商务能够给商家带来巨大的效益，因而，商家是电子商务最热心的推动者，企业与企业之间的电子商务是电子商务中的重头戏。B2B 电子商务是电子商务的主流，也是企业面临激烈的市场竞争，改善竞争条件、建立竞争优势的主要方法。无论是从目前电子商务的现状看，还是从未来电子商务的发展趋势来看，B2B 电子商务市场都远远大于 B2C 电子商务市场，如图 6-13 所示。

根据艾瑞咨询统计数据估算，2009 年中国 B2B 电子商务交易规模为 2.78 万亿元，较去年同期下降 6.4%；从运营商的营收规模来看，2009 年中国 B2B 电子商务运营商营收规模达到 63.0 亿元，同比增长 13.8%；从运营商格局来看，阿里巴巴市场份额扩大至 60.4%，环球资源为 10.9%，中国制造网为 3.2%，慧聪网为 2.1%，中国化工网为 1.2%。艾瑞咨询认为，目前中国 B2B 电子商务运营商的格局基本稳定，阿里巴巴的垄断优势明显，投资客户的效果持续显现，带来了付费会员的持续增长，2009 年营收规模快速增长，而其他运营商也在各自领域有了不同幅度的增长。

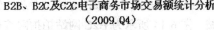

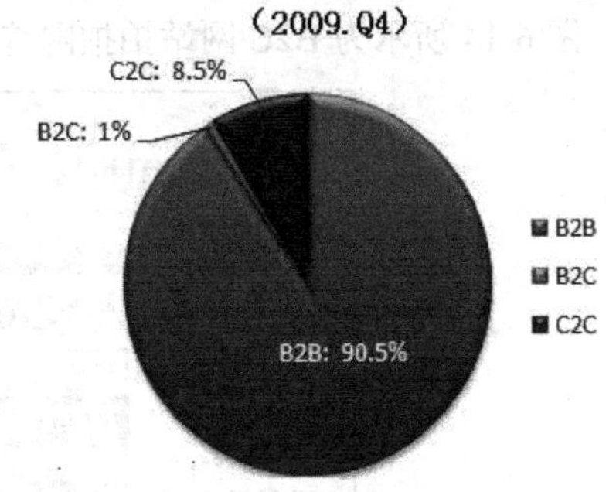

图 6-13　B2B 占了绝对地位

2. 企业对消费者的电子商务

B2C 电子商务，实际上是企业和消费者在网络所构造的虚拟市场上开展的买卖活动。它最大的特点是，速度快、信息量大、费用低。如果用一句话来描述这种电子商务，可以这样说，它是以 Internet 为主要服务手段，实现公众消费和提供服务，并保证与其相关的付款方式的电子化，它是随着 Web 技术的出现而迅速发展的，可以被视作一种电子化的零售。它最直观的表现就是网上专卖店（垂直型）或网上商城（综合型）。

无疑，这是人们最熟悉的一种商务类型，以至许多人错误地认为电子商务就只有这样一种模式。事实上，这缩小了电子商务的范围，错误地将电子商务与网上购物等同起来。近年来，随着万维网技术的兴起，出现了大量的网上商店，由于 Internet 提供了双向的交互通信，网上购物不仅成为了可能，而且成为了热门。由于这种模式节省了客户和企业双方的时间、空间，大大提高了交易效率，节省了各类不必要的开支，随着 WWW 的出现和迅速发展，这种类型的电子商务发展很快，B2C 模式电子商务网站的企业类型主要有以下几种。

① 经营离线商店的零售企业。这些企业有着实实在在的商店或商场，网上的零售只是作为企业开拓市场的一条渠道，它们并不依靠网上的零售生存，如美国的沃尔玛、中国的上海书城、上海联华超市、北京西单商场等。

② 没有离线商店的虚拟零售企业。这类企业是电子商务的产物，网上零售是他们唯一的销售方式，它们靠网上销售生存，如中国的当当网上书店、卓越网等。

③ 商品制造企业。商品制造企业采取网上直销的方式销售其产品，不仅给顾客带来了价格上的优势及商品的客户化，而且减少了商品库存的积压。DELL 计算机制造商就是商品制造商网上销售最成功的例子。中国的海尔集团是中国家电制造业中的佼佼者，它也通过建立自已的电子商务网站来宣传企业形象，扩大销售。

④ 网络交易服务公司。这种公司专门为多家商品销售企业开展网上售货服务。例如：美国 AOL 是一家 Internet 服务提供商，它吸收了几百家商店为会员，在 AOL 的电子商务网站中首先按类划分商品，进入某一商品后，再通过选择不同的商店，再进入会员商店。

2009 年 6 月召开的中国 B2C 电子商务大会的研究报告显示中国几大 C2C 巨头均已涉足 B2C 领域且将其视为重要战略。传统制造企业及零售企业开始密切关注并且尝试网络销售，途径主要是网络部门、建站公司、解决方案提供商、与网络公司合作等。企业网站增加“商城”的功能，加上懂得网络技术的个人及公司大量新建网站，最终使得具备购物功能网站数量达到 10 万级别。垂直类 B2C 占到 85.3%，专注又专业的优势使其赢利能力及单位资金产出能力高于综合类 B2C 商城。图 6-14 所示为 B2C 网站拍拍网首页。

图 6-14　B2C 网站：拍拍网

3. 消费者对消费者的电子商务

C2C 是消费者对消费者的交易模式，C2C 电子商务平台就是通过为买卖双方提供一个在线交易平台，使卖方可以主动提供商品上网拍卖，而买方可以自行选择商品进行竞价。国际上的 C2C 电子商务平台的代表商家为 ebay，而国内的代表商为易趣、淘宝等。

iResearch 艾瑞市场咨询最新的研究成果显示，虽然现阶段的 C2C 电子商务网站为交易双方提供的各项服务主要以免费为主流，但是从长远来看，收费将是必然的趋势。针对卖家用户进行收费有利于 C2C 网站更好地保证买卖双方的信用，创建安全可靠的交易环境。综合来讲，未来 C2C 电子商务网站的赢利模式主要有店铺费用、交易服务费、广告费等方式。

根据易观国际 Enfodesk 产业数据库发布的《2009 年第四季度中国 C2C 网上零售市场季度监测》数据显示，2009 年第四季度中国 C2C 网上零售市场交易规模达到 729 亿元，环比增长 19.8%。2009 年中国 C2C 网上零售市场交易规模达到 2307 亿，较 2008 年增长率达到 102.61%。淘宝网、腾讯拍拍网、ebay 易趣、百度有啊名列 2007 年 C2C 市场成交额前四强，其 2009 年第一季度所占 C2C 市场份额如图 6-15 所示。

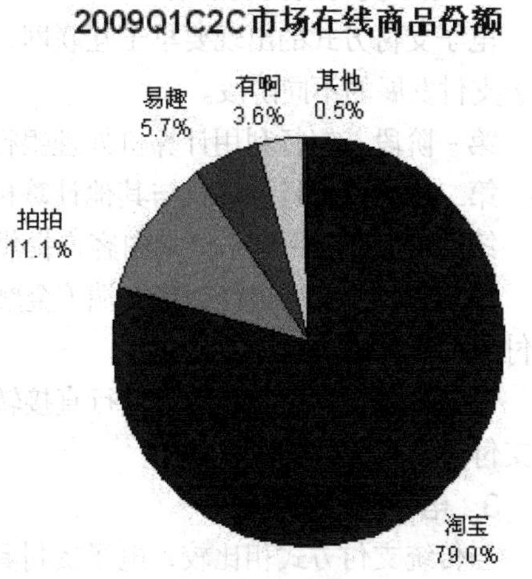

图 6-15　2009 年第一季度国内 C2C 商家市场份额

6.3　电子支付

在日常的商业活动中，都需要以不同方式对商品和服务进行各种支付。对于个人来说，现金、支票、信用卡是人们比较熟悉的支付手段；对于商业团体而言，电子化的资金处理则是企业目前的热门话题。随着 Internet 技术的日趋成熟并逐步向商业化发展，消费者和企业都在寻找 Internet 上新的支付业务的操作途径。

企业在建立网站或使用一个 Internet 商业站点时所想到的第一个问题是，有没有具有足够购买力的顾客访问自己的站点，如果有，该怎样安全地将客户手中的钱转移到公司里去。

6.3.1　电子支付概述

目前，世界各国争先恐后开展着一系列花样繁多的关于电子货币的研究和实验项目，并逐渐走向实用化。我国也相应有了原电子工业部、中国人民银行、原邮电部、原内贸部、国家旅游局等部门参与规划实施的“金卡工程”。

我国原有的网上商店在谈及付款时，采用邮局汇款或货到后现金支付，或者在线查询、在线下单、网下交易，难以体现网上购物的便利及优势，致使用户的热情大打折扣。这样的电子商务只能是一种电子商情、电子合同或者初级意义上的电子商务。那么，如何实现世界范围内的电子商务活动的支付问题？如何处理每日通过信息技术网络产生的成千上万个交易的支付问题？答案只能是利用电子支付。

1. 电子支付的概念

所谓电子支付，是指以金融电子化网络为基础，以商用电子化工具和各类交易卡为媒介，以计算机技术和通信技术为手段，以电子数据形式存储在银行的计算机系统中，并通过计算机网络系统以电子信息传递形式实现流通和支付。

1989 年，美国法律学会批准《统一商业法规》对电子支付做出如下定义：电子支付是支付命令发送方把存放于商业银行的资金，通过一条线路划入收益方开户银行，以支付给收益方的一系列转移过程。

2. 电子支付的发展阶段

电子支付方式的出现要早于互联网，最早出现在银行。银行进行电子支付的 5 种形式代表着电子支付发展的不同阶段。

第一阶段：银行利用计算机处理银行之间的业务，办理结算。

第二阶段：银行计算机与其他计算机之间资金的结算，如代发工资等业务。

第三阶段：利用网络终端向客户提供各项银行服务，如客户在 ATM 上进行取、存款操作等。

第四阶段：利用银行销售终端（金融用 POS）向客户提供自动的扣款服务，这是现阶段电子支付的主要方式。

第五阶段：利用互联网络进行直接转账结算，最终形成电子商务环境。这一阶段支付又称网上支付。

3. 电子支付的特征

与传统支付方式相比较，电子支付具有以下特征。

① 电子支付的工作环境是基于一个开放的系统平台（即 Internet 中），而传统的交易支付方式在较为封闭的系统中运作。

② 电子支付是在开放的网络系统中以先进的数字流转技术来完成信息传输，采用数字化的方式进行款项支付的，而传统的交易支付方式则以传统的通信媒介通过现金流转、票据转让和银行的汇兑等物理实体来完成款项的支付。

③ 电子支付对软、硬件设施有很高的要求，一般要求有联网的微机、相关的软件及其他一些配套设施，而传统的交易支付方式对设施没有什么特殊的要求。

④ 由于电子支付工具、支付过程具有无形化的特征，它将传统支付方式中面对面的信用关系虚拟化。如对支付工具的安全管理不是依靠普通的防伪技术，而是通过用户密码，软、硬件加、解密系统以及路由器等网络设备的安全保护功能来实现的；为保证支付工具的通用性，需制定一系列标准，其风险管理的复杂性进一步增大。

⑤ 电子支付具有方便、快捷、高效、经济的优势，交易方只要拥有一台上网的 PC 机，便可足不出户，在很短的时间内完成整个支付过程。支付费用仅相当于传统支付方式的几十分之一，甚至几百分之一。

就目前而言，电子支付仍然存在一些缺陷。比如：安全问题，一直是困扰电子支付发展的关键性问题。大规模地推广电子支付，必须解决防止黑客入侵、内部作案、密码泄漏等涉及资金安全的问题。还有一个支付的条件问题，消费者所选用的电子支付工具必须满足多个条件，要由消费者账户所在的银行发行，有相应的支付系统和商户所在银行的支持，被商户所认可等。如果消费者的支付工具得不到商户的认可，或者说缺乏相应的系统支持，电子支付也还是难以实现的。

4. 电子支付系统模式

人们在利用互联网进行商务活动的同时也呼唤尽快实现网上支付。目前，在互联网上出现的支付系统模式已有十几种。这些大多包含信息加密措施的系统大致上可以划分为 3 类：第 1 类是数字化的电子货币系统；第 2 类是使用已有的安全清算程序对互联网的网上支付提供信息中介服务；第 3 类是通过加密系统，使银行卡支付信息通过互联网向商家传送，利用金融专用网络提供独立的支付授权，或者采用智能卡技术实现联机支付。

电子货币系统，这是一种允许支付以匿名方式直接完成的支付系统，支付行为的完成是通过代表等量数字化货币的加密信息完成的，其目的主要是无需通过中介就可以使交易双方直接实现支付。

支付清算系统，通过建立电子清算系统来克服在互联网上处理支付时所涉及的安全问题。本质上这类系统提供的服务都会依托于一种信息安全体系，它允许交易双方自由地通信，同时也允许支付指令通过支付清算发送，通常是利用现有的金融专用网络。在这类系统中，第一虚拟公司（First Virtual Holding）开发的系统颇具代表性。

信用卡支付系统，信用卡公司是目前在互联网上积极创建支付系统的主要金融机构。尽管传统银行卡支付系统存在许多限制，但现行的银行卡仍然是互联网支付的首选支付工具。

1994年，维萨（Visa）和万事达（MasterCard）宣布联合开发基于安全结构的软件，使客户能够联机使用信用卡。1996年，这两家全球性的信用卡公司宣布将同产业界的知名公司联手制定出基于数字签名的SET规程，并于1997年联合创立了一家名为SETCo的公司来实施其SET系统。应该说，SET系统解决了如何将现有的信用卡交易做法从专用金融网络部分移植到互联网上的问题。

5. 电子支付系统的基本结构

电子支付系统一般模型如图6-16所示，线条代表钱或商品的流向，方框是支付系统中的各方主体。

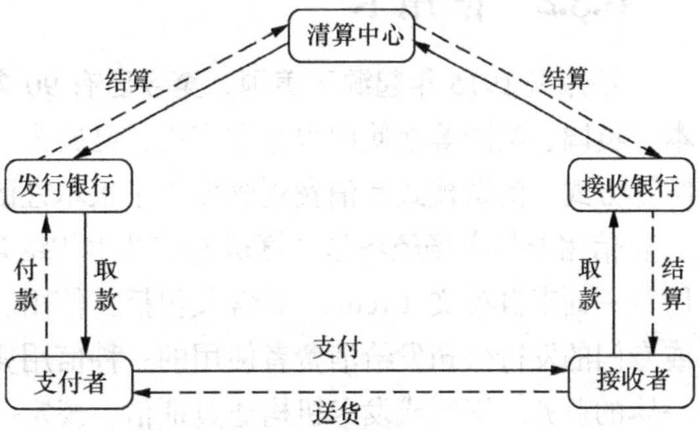

图6-16 电子支付图

（1）电子支付系统的参与者

该电子支付系统所包含的参与者如下。

① 发行银行。该机构为支付者发行有效的电子支付手段，如电子现金、电子支票和信用卡等。

② 支付者。支付者通过取款协议从发行银行取出电子支付手段，并通过付钱协议从发行银行换得电子支付手段。

③ 商家。商家接收支付者的电子支付手段并为支付者提供商品或服务。

④ 接收银行。接收银行接收商家从支付者处收到的电子支付手段，验证其有效性，然后提交给清算中心，将钱从发行银行贷给商家账户。

⑤ 清算中心。清算中心从接收银行收到电子支付手段并验证其有效性，然后提交给发行银行。

（2）电子支付系统的协议

该电子支付系统所包含的协议如下。

① 付款。该协议的目的是将支付者的钱传给发行银行，以更新支付者的账户。这里的钱是指传统意义上的现钞、支票等。

② 取款。该协议是在发行银行和支付者之间执行，其目的是为支付者提供电子支付手段。

③ 支付。该协议在支付者和商家之间执行。为了向支付者提供其申请购买的商品，商家要求支付者提供有效的电子支付手段。

④ 存款。在存款时，商家把从支付者处获得的电子支付手段以及相关的一些数据提供给接收银行。

6. 电子支付系统的安全需求

对于网上支付系统的安全，一个安全有效的支付系统，是实现电子商务的重要前提需求，主要表现为如下几个方面。

① 使用数字签名和数字证书实现对各方的认证，以证实身份的合法性。

② 使用加密算法对业务进行加密，以防止未被授权的非法第三者获取消息的真正含义。

③ 使用消息摘要算法以确认业务的完整性。

④ 保证对业务的不可否认性。当交易双方出现异议、纠纷时，支付系统必须在交易的过程中生成或提供足够充分的证据来迅速辨别纠纷中的是非，例如：可以采用仲裁签名、不可否认签名等技术来实现。

⑤ 处理多方贸易业务的多边支付问题，这种多边支付的关系可以通过双联签字等技术来实现。

因此，电子商务中的网上支付结算体系应该是融购物流程、支付工具、安全技术、认证体系、信用体系以及现在的金融体系为一体的综合大系统。也由此可以看出，网上支付体系的建立不是一蹴而就的，它受多种因素的影响，并与这些因素相互促进、共同发展。在目前各方面的条件还不完全成熟的情况下，坐等时机的到来不现实，也不符合事物发展的规律。承担一定风险推动网上支付系统的发展，以期与其他因素相互作用、相互促进，这也许是信息社会中的一种新方法或新思维。

6.3.2 信用卡

信用卡 1915 年起源于美国，至今已有 90 多年的历史，目前在发达国家及地区，如美国、日本、英国、法国等地使用得非常广泛，已成为一种普遍使用的支付工具和信贷工具。它使人们的结算方式、消费模式和消费观念发生了根本性的改变。

信用卡是市场经济与计算机通信技术相结合的产物，是一种特殊的金融商品和金融工具。“信用”一词来自英文 Credit，其含义包括：信用、信贷、信誉、赊销及分期付款等。信用卡是银行或专门的发行公司发给消费者使用的一种信用凭证，是一种把支付与信贷两项银行基本功能融为一体的业务。银行或发卡机构通过征信，规定一定的信用额度，发给资信情况较好的企业和有稳定收入的消费者。持卡人就可以凭卡到指定的银行机构存取现金，到指定的特约商户消费，受理信用卡的商户将持卡消费者签出的记账单送交银行或发卡机构，由银行或发卡机构向持卡人收账。信用卡这种结算方式对卖方（特约商户）具有加速商品推销及流通的优点；对买方（持卡人）则具有先消费后付款，避免携带大量现金的优点；而对信用卡发行机构则可收取手续费、发放贷款取得利息、扩大资金的周转，可以说具有惠及三方的优越性。

信用卡的最大特点是同时具备信贷与支付两种功能。持卡人可以不用现金，凭信用卡购买商品和享受服务，由于其支付款项是发卡银行垫付的，银行使对持卡人发生了贷款关系，而信用卡又不同于一般的消费信贷。一般的消费信贷，只涉及银行与客户二者之间的关系，信用卡除银行与客户之外，还与受理信用卡的商户发生关系，这是一个三角关系。

信用卡是由附有信用证明和防伪标志的特殊塑料制成的卡片。国际统一标准为：长 85.72mm、宽 53.975mm、厚 0.762mm。信用卡正面印有发卡银行（或机构）的名称、图案、简要说明、打制的卡号、有效期、持卡人姓名、性别、发卡行名缩写；背面附有磁条和签名条；还可印上持卡人的彩色照片和证件号码等。

1. 信用卡的种类

信用卡按发卡机构所提供的不同功用，其种类可做如下划分。

① 贷记卡。贷记卡是具有透支功能的信用卡。其特点是当用户的资金不足时，在规定数额内银行可为用户提供透支贷款服务，以解用户的燃眉之急。但这种信用卡申办手续比较复杂，而且需要交纳保证金，需要有担保人提供担保。

② 借记卡。借记卡是不具备透支功能但其他购物结算功能都齐全的信用卡，如牡丹灵通卡、长城借记卡和龙卡转账卡。申办借记卡无需担保，不用交纳保证金，也不需进行资信审查。用卡时也不必使用身份证。这种卡具有储蓄存款、提取现金、购物消费的功能，手续简便，使用方便。

③ 收费卡。收费卡类似于贷记卡，区别是客户在收到账单的同时就需支付。这种卡功能较为单一，专用交纳某种费用或购物消费。像智能卡（IC 卡）就可以专门用来代发工资、交纳社会保险费、交纳交通违规罚款、汽车加油等。

④ 旅行娱乐卡。旅行娱乐卡是具有特定用途的收费卡，可用于诸如航空公司、宾馆、出租车公司等服务行业。

20 世纪 70 年代以来，支票和现金支付方式逐渐将主导地位让给信用卡，在这一转换过程中伴随着银行计算机网络技术应用的不断深入，银行已经能够利用计算机应用系统将支付过程的"现金流动"和"票据流动"转变成计算机中的"数据流动"。资金在银行计算机网络系统中以肉眼看不见的方式进行转账和划拨，这就是银行业推出的一种现代化支付方式。这种以电子数据形式存储在计算机中并能通过计算机网络使用的资金被人们越来越广泛地应用于电子商务中。

2. 信用卡的功能

信用卡有如下基本功能。

① ID 功能，即能够证明持卡人的身份、确认使用者是否为本人的功能。

② 结算功能，即可用于支付购买商品、享受服务的款项，用非现金、支票、期票的结算功能。

③ 信息记录功能，即将持卡人的属性（身份、密码）、对卡的使用情况等各种数据记录在卡中的功能。

在基本功能的基础上，为了使信用卡的功能更具多元化和优越性而增加的服务功能，称为附加服务功能，主要有以下几项。

① 消费信用功能。使用消费信用代替现金到特约商店、酒店、宾馆直接购物、就餐、住宿或进行其他消费，款项后付的功能。

② 消费信贷功能。信用卡不仅仅是记账性的先存款后消费的工具，而且是更具特色的消费信贷工具。例如：目前我国银行发行的信用卡，持卡人在自己的备用金账户存款余额不足以支付时，可以透支一定额度，即先消费后补款。在透支时要支付银行透支利息，且利率较高，因此消费信贷是信用卡业务的主要收入来源之一。

③ 吸收储蓄功能。信用卡是一种吸收存款的途径。在信用卡保证金账户储蓄的保证金，一般为两年，按同期定期储蓄计息，备用金则按活期储蓄存款的利息计息。

④ 转账结算功能。持卡人凭卡也可在非特约商户购物，即到开办信用卡业务的分支机构办理异地或同城购物的转账结算。

⑤ 通存通兑功能。可在开办信用卡业务的分支机构，以及不同发卡系统的分支机构通存通兑现金。

⑥ 自动存取款功能。持信用卡可在自动柜员机（ATM）上自动存取款、转账、查询余额和修改密码等。

⑦ 代发工资功能。企事业单位可定期将员工的工资转入相应的信用卡或 ATM 卡账户，持卡人凭卡支取或使用。

⑧ 代理收费功能。银行代理公用事业单位收费，如水费、电费、房费、煤气费、加油费、电话费、医药费等，均可采用信用卡转账结算。

⑨ 信誉标志功能。在发卡前，发卡机构要对申请人的经济状况、收入来源、担保能力、道德

行为等进行详细的资信调查；对资金活动且较大的个体业者，还要求存入一定量的保证金；对申办公司卡的单位，则要对财务状况、生产经营状况、资金清偿能力进行调查评估。因而，获准领取信用卡的人（或公司）是信誉好的人（或公司）。特别是金卡，更是持卡人信誉、富有与高尚的象征。

3. 商界推行信用卡的意义

① 有利于减少手续，扩大转账结算业务，增加国家银行存款。大量使用信用卡消费，减少现钞流通，有利于调节货币流通市场。

② 为消费者和商户提供电子转账结算服务，方便了购物消费，增强买卖双方的安全感，免除了随身携带巨款的种种忧患。

③ 促进商户的销售，扩大消费服务手段，大大提高了商业信誉和商业形象，从而获得更多的商业机会，提高了企业经济效益。

④ 大大简化收款手续，减轻商业部门收款、清点、搬运、保管现金的繁重劳动，节约劳动力。

⑤ 有利于推动账务结算向国际化方向发展，为走向国际大流通、大市场提供良好的商业结算环境。

4. 作为电子货币应用

在互联网上使用信用卡，是金融服务的常见方式，是目前互联网上支付工具中使用积极性最高、应用最广泛、发展速度最快的一种方式，也是距离实用化阶段最近，或者可以说是正在步入实用化阶段的电子支付工具，可在商场、饭店、宾馆及其他场所中使用。

信用卡包括贷记卡、借记卡等，客户可使用银行卡随时、随地完成在线安全支付操作，有关个人、信用卡及密码信息经过加密后直接传送到银行进行支付结算。

信用卡型电子货币作为结算工具而引人注目的原因，除了其结算体系本身为电子化处理方式容易实现的优点之外，还因为使用信用卡的支付适用于计算机网络空间即虚拟的结算方法，因而具有独特的优点。

① 特约商店无需太多投入即能使用。

② 无论何时均可使用。

③ 能受理信用卡的商店在全世界数量很多。作为支付中介机构，以 VISA 卡和 MasterCard 为中心的国际信用卡公司，不断充实他们的国际网络。例如，VISA 卡的特约商店数已超过 1 220 万家，这对于虚拟空间的支付而言，无疑提供了必要的基础设施。

④ 法律和制度方面的问题较少。

关于信用卡的使用仍有一些相当重要的问题有待进一步探索并完善。

① 法律上的地位尚不明确。关于信用卡的使用与现存的各种制度、政策不可避免会有相抵触的地方。例如，信用卡这种与货币相类似的支付手段的发行，如果不加以限制的话，必然发生与“国际垄断的货币发行权”相抵触的问题。另外，在顾客以预付方式支付现金给非金融卡的发行机构换取电子货币时，即发生了与存款类似的行为，出现了抵触“存款业务是银行及有关金融机构的专营业务”的法律规定。

在我国，根据中国人民银行颁布的 1996 年 4 月 1 日起实施的《信用卡业务管理办法》规定，只有商业银行经过批准才具有信用卡的发行权。而且，信用卡作为非现金的支付方式已经使用并逐渐为社会所接受，即使将信用卡作为互联网上应用的电子货币，也必须遵守既有制度、法律、法规的约束。

② 安全问题。在信用卡这种电子货币步入实用化阶段，充分显示其作为新形式电子化支付方法所具备的优越性的同时，关于信用卡的安全性问题日益严重。1994 年，VISA 卡和万事达卡

因伪卡及信息被窃听（卡号、密码）而造成的损失额约3亿美元。所以，互联网上有关信用卡的支付信息，若不加保护直接传递是很危险的。

第一虚拟公司（First Virtual Holding）是最先提供网络信用卡系统的公司之一，该公司开创了一个相对简单的使用电子信箱的系统，该系统使消费者可以在 Internet 上使用信用卡，并且不必担心他们的账号被盗用。因为使用该系统的信用卡号码存储在经过保护的计算机系统中，从来不在计算机网络中传递。而第一虚拟公司只要消费者在该公司登记注册，就发给用户一个与信用卡等效的身份号码——Virtual PIN。当用户要在网上购物时，不必出示信用卡号码，只需向卖方提供 Virtual PIN，当然，Virtual PIN 必须做加密处理，以便在网上安全通行。

6.3.3 电子货币

1. 电子货币的概念

电子支付中使用的货币称为电子货币，也称数字货币。电子货币是电子商务促进金融业创新应用的结果。电子货币系统是电子商务活动的基础，人们只有在完整认识和建立可行的电子货币系统的基础上，才能真正开展电子商务活动。

电子货币实际上是由一组数字构成的特殊信息，它含有用户的身份、密码、金额、使用范围等内容。人们使用数字货币支付时，实际上交换的是相关信息，这些信息传输到开设这种业务的银行后，银行就可以为双方的交易结算。

电子货币是在传统货币基础上发展起来的。它与传统货币在本质、职能以及作用等方面存在着许多共同之处。电子货币和传统货币一样，本质上都是充当一般等价物的特殊商品，而这种特殊商品在一定程度上体现了特殊的社会生产关系。两者都具有价值尺度、流通手段、支付手段、储藏手段和国际通货等职能。它们都反映了商品的价值，对商品交换起到媒介作用，并对商品流通有调节作用。

但是，电子货币同传统货币相比，两者的产生背景不同。电子货币可以说是货币发展的高级阶段。电子货币是用数字脉冲代替金融、纸张等媒体进行传输和显示资金的，通过芯片进行处理和存储，同时也没有传统货币的形状、大小、重量和印记。电子货币在流通领域的流通速度远大于传统货币的流通速度。

电子货币的类型包括电子现金、信用卡、电子支票，现阶段电子货币主要是信用卡。

2. 电子货币的特点

电子货币通常在专用网络上传输，通过 POS、ATM 机进行处理。它具有以下几个特点。

① 它是以电子计算机技术为依托，进行储存支付和流通。

② 它是包含与现金货币价值等量金额的一种支付工具，其金额被写入特制 IC 卡中或存于特制的电子“钱包”里。现阶段，电子货币的使用通常以银行卡（磁卡或 IC 卡）为媒体。

③ 货币中的金额必须用专门的“读写卡”电子装置才能识别。用户使用时须输入账号与密码。

④ 在支付数字货币时，其金额信息以电子数据形式流动或通过网络系统送至网上银行或转移到收款人指定的账户。

⑤ 在交易和支付过程中，电子货币中的电子现金就像纸币现金的支付一样，一经付出，其中的金额就以无记名的形式变为他人所有。人们不会查到这笔电子货款是从哪里发送出来的，它们又被送到何人手中。

⑥ 电子货币应用广泛，它可广泛应用于生产、交换、分配和消费等各领域中，融储蓄、信贷和非现金结算等多种功能为一体。

⑦ 电子货币具有使用简便、安全、迅速、可靠的特征。

3. 电子现金

电子现金是一种以数据形式流通的能被消费者和商家普遍接受的通过互联网购物时使用的数字化货币。用户可以随时通过互联网从银行账号上下载电子现金，从而保证了电子现金使用的便捷性。

（1）电子现金支付的优点

① 匿名、保密、隐私。

② 银行和卖方之间应有协议和授权关系。

③ 买方、卖方和 E-Cash 银行都需使用 E-Cash 软件。

④ 适用于小的交易量。

⑤ 身份验证是由 E-Cash 本身完成的。

⑥ E-Cash 银行负责买方和卖方之间资金的转移。

⑦ 具有现金特点，可以存、取、转让。

⑧ 比较安全，买卖双方都无法伪造银行的数字签名，而且双方都可以确信支付是有效的。

⑨ 节省资金传输、流通、存储、交易等费用及风险。

（2）电子现金支付的缺点

① 非法多次使用。简单的办法是采取中央清算机制，监视每一笔涉及电子现金的交易，预防相同的数字串被多次使用。这在网络技术迅速发展和网络运用日益普及的今天，是完全可以做到的。

② 只有少数商家接受电子现金，而且只有少数几家银行提供电子现金开户服务。

③ 成本较高。电子现金对于硬件和软件的技术要求都较高，需要一个大型的数据库存储用户完成的交易和 E-Cash 序列号以防止重复消费。因此，尚需开发出硬软件成本低廉的电子现金。

④ 存在货币兑换问题。由于电子货币仍以传统的货币体系为基础，因此德国银行只能以德国马克的形式发行电子现金，法国银行发行以法郎为基础的电子现金，诸如此类，因此从事跨国贸易就必须要使用特殊的兑换软件。

⑤ 风险较大。如果某个用户的硬驱损坏，电子现金丢失，钱就会无法恢复，这个风险许多消费者都不愿承担。更令人担心的是电子伪钞的出现，美国联邦储备银行电子现金专家 Peter Ledingham 在他的论文《电子支付实施政策》一文中告诫说："似乎可能的是，电子'钱'的发行人因存在伪钞的可能性而陷于危险的境地。使用某些技术，就可能使电子付款的收款人，甚至发行人难于或无法检测电子伪钞……复杂的安全性能将意味着电子伪钞获得成功的可能性将非常低。然而，考虑到预计的回报相当高，因此不能忽视这种可能性的存在。一旦电子伪钞获得成功，那么，发行人及其一些客户所要付出的代价则可能是毁灭性的。"

⑥ 电子货币没有一套国际兼容的标准，接受电子现金的商家和提供电子现金开户服务的银行都太少，不利于数字现金的流通。

需注间的是，E-Cash 与普通钱一样会丢失，如果买方的硬盘出现故障并且没有备份的话，电子现金就会丢失，就像丢失钞票一样。

尽管存在种种问题，电子现金的使用仍呈现增长势头。Jupiter 通信公司的一份分析报告称：1987 年，电子现金交易在全部电子交易中所占的比例为 6%，到 2000 年年底，这个比例将超过 40%，在 10 美元以下的电子交易中所占的比例将达 60%。因此，随着较为安全可行的电子现金解决方案的出台，电子现金一定会像商家和银行界预言的那样，成为未来网上贸易方便的交易手段。

（3）电子现金的形式

电子现金有存储性质的预付卡和纯电子形式的用户号码数据文件等形式。用户可以购买特定销售方可接受的预付卡。预付卡和储蓄卡一般用于小额支付，很多商家的 POS 机上都可受理，如银行发行的具有数字化现金功能的智能卡、各种储蓄卡等。

纯电子化现金没有明确的物理形式，以用户的数字号码的形式存在，适用于买、卖双方处于不同地点并通过网络进行电子支付的情况。支付时，把电子现金从买方处扣除并传输给卖方。传输过程经过加密系统的加密。

（4）电子现金的支付过程

电子现金的支付过程可以分为 4 步。

① 用户在 E-Cash 发布银行开立 E-Cash 账号，用现金服务器账号中预先存入的现金来购买电子现金证书，这些电子现金就有了价值，并被分成若干成包的“硬币”，可以在商业领域中进行流通。

② 使用计算机电子现金终端软件从 E-Cash 银行取出一定数量的电子现金存在硬盘上，通常少于 100 美元。

③ 购买商品或服务。买方在同意接收 E-Cash 的卖方订货，用卖方的公钥加密 E-Cash 后，传送给卖方。

④ 资金清算。接收电子现金的厂商与数字现金发放银行之间进行清算，E-Cash 银行将用户购买商品的钱支付给厂商。

⑤ 确认订单。卖方获得付款后，向买方发送订单确认信息并发货。

（5）目前的电子现金的软件供应商

① IBM 的 Mini-pay 系统的 E-Cash。

② DigiCash 公司的 E-Cash。

③ CyberCash。

④ NetCash。

⑤ Modex。

4. 电子支票

电子支票支付借鉴了纸质支票的特点，通过互联网络按照特定形式，利用数字传递的电子化支票进行转账支付。

支票一直是银行大量采用的支付工具之一。将支票改变为带有数字签名的电子报文，代替传统支票的全部信息，就是电子支票。

电子支票是将传统支票应用到公共网络上的金融创新结果，是提供电子资金传输的一种付款证明。它包括 3 个实体：购买方、销售方和金融机构。比起前两种电子支付方式，电子支票的出现和开发是比较晚的。电子支票使得买方不必使用写在纸上的支票，而是用写在屏幕上的支票进行支付活动。电子支票几乎和纸质支票有着同样的功能，也是通知银行进行资金转账，这个通知也是先给资金的接受者，然后资金的接受者将支票送到银行以得到资金。

像纸质支票需要签名一样，电子支票需要经过数字签名，被支付人数字签名背书，使用数字凭证确认支付者和被支付者身份、支付银行以及账户，金融机构就可以使用签过名和认证过的电子支票进行账户存储了。电子支票的签注者可以通过银行的公共密钥加密自己的账户号码，以防止被欺骗。

通常情况下，电子支票的收发双方都需要在银行开有账户，使支票交换后的票款能直接在账户间转移。

利用电子支票，可以充分挖掘银行系统的自动化潜力。将脱离了纸张和现金形式的电子支票应用到公共网络上，进行资金转账，可使支票支付业务处理过程实现电子化。

1998 年 6 月 30 日，世界上第一张电子支票在美国出现。当时，IBM 联合美国波士顿银行、美洲银行和美国金融服务技术联合会签发了这张支票，其中美国金融服务技术联合会（FSTC）是发行电子支票的银行和结算机构的联合会。目前，电子支票的应用在世界上还处在探索阶段，但这个"第一"的诞生却有着异乎寻常的意义。

（1）电子支票的优点

① 电子支票与传统支票十分相似，客户不必再接受培训，且因其功能更强，所以接受度很高。

② 减少纸张传递的费用。

③ 电子支票适宜做小额的清算。收款人、收款人银行、付款人、付款人银行都可以使用公开密钥来验证支票，避免收到无效或空头支票，电子签名也可自动验证。

④ 公司企业可以使用将其作为内部资源管理工具，好比公司内部现金的一种形式，以比现在更省钱的方法，通过网络来完成支付。除此之外，由于支票内容可以附在贸易对方的汇票资料上，所以电子支票容易和 EDI 应用的应收账款整合。

⑤ 电子支票技术可连接公众网络金融机构和银行票据交换网络，以达到通过公众网络连接现有金融付款体系。

⑥ 电子支票不需要安全的存储，只需要消费者安全存储私钥。

（2）电子支票支付的业务流程

① 买方首先必须在提供电子支票服务的银行注册，开具电子支票。注册时需要输入信用卡和银行账户信息以支持开设支票，电子支票应具有银行的数字签名。

② 买方访问商家的网站，挑选货物。

③ 买方向商家发出电子支票，并用自己的私钥在电子支票上进行数字签名，用商家的公钥加密电子支票，使用 E-Mail 或其他传递手段向卖方进行支付；商家用私钥解密电子支票，用买方公钥确认买方的数字签名。

④ 商家通过开户银行进一步对支票进行认证，验证客户支票的有效性。

⑤ 如果支票是有效的，商家则接收客户的这宗业务，发货给买方。

⑥ 商家把电子支票发送给自己的开户行。商家可根据自己的需要，自行决定何时发送。

⑦ 票据交易所向买方的开户行兑换支票，并把现金发送给商家的开户行。

⑧ 买方的开户行为买方下账。

（3）电子支票的现状

目前，电子支票一般通过专用网络系统进行企业转账支付，在专用网络系统上的运作已经较为完善，下一步是如何将业务从专用网络扩充到公用互联网上进行。尽管电子支票可以大大节省交易处理的费用，但是，对于在线电子支票的兑现，人们仍持谨慎的态度。电子支票的广泛普及，还需要有一个过程。

5. 电子钱包

电子钱包是顾客在电子商务购物活动中常用的一种支付工具，是在小额购物或购买小商品时常用的新式钱包。顾客可以用它来进行安全电子交易和储存交易记录，就像生活中随身携带的钱包一样。电子钱包内只能装电子货币。

使用电子钱包购物，通常需要在电子钱包服务系统中进行。电子商务活动中的电子钱包的软件通常都是免费提供的，可以直接使用与自己银行账号相连接的电子商务系统服务器上的电子钱包软件，也可以从 Internet 上调出来，采用各种保密方式利用 Internet 上的电子钱包软件。

使用电子钱包的顾客，通常在银行里都有账户。在使用电子钱包时，将有关的应用软件安装到电子商务服务器上，利用电子钱包服务系统就可以把自己的各种电子货币的数据输入进去。在发生收付款时，如果顾客要用电子信用卡付款，只要单击相应项目即可完成。

在电子商务服务系统中设有电子货币和电子钱包的功能管理模块，称为电子钱包管理器，顾客可以用它来改变保密口令或保密方式，用它来查看自己银行账号上的收付往来的电子货币账目、清单和数据。电子商务服务系统中还有电子交易记录器，顾客通过查询记录器，可以了解自己都买了些什么物品，购买了多少，也可以把查询结果打印出来。

电子钱包的使用非常方便，以中国银行电子钱包的使用程序为例，具体的使用步骤如下。

① 消费者在自己的计算机内安装中国银行电子钱包软件。

② 登录中国银行网站（http://www.boc.cn/），在线申请并获得持卡人电子安全证书。

③ 登录到中国银行网上特约商户的站点，选购商品、填写送货地址并最后确认订单。

④ 单击长城电子借记卡支付，浏览器会自动启动电子钱包软件。消费者只要按照画面提示输入借记卡卡号、密码等信息即可实时完成在线支付。

⑤ 消费者等待网上商户将选购的商品邮寄过来或送货上门。

以上步骤中，初次使用中国银行电子钱包进行网上购物时，仅在初次要安装中国银行电子钱包软件和申请获得持卡人电子安全证书。

6. 电子货币发展战略

电子商务是数字化社会的标志，它将在今后一段时期的国际商贸和社会生活中占据主导地位。电子货币则是电子商务的核心，它将在国际金融活动中逐步发挥重要作用。

从1994年开始，欧洲十国中央银行集团、欧洲中央银行、美国中央银行都发表了电子货币的发展报告。报告全面研讨了消费者保护、法律、管理、安全等诸多问题，提出发展战略并鼓励新型金融服务的开展。欧洲中央银行发表的报告中讨论了建立电子货币系统的最低要求如下。

① 严格管理。电子货币的发行需要进行严格管理。

② 可靠明确的法律准备。明确定义与电子货币相关（消费者、商家、银行和操作者）的权利和义务，并可明确作为判决依据。

③ 技术安全保障。电子货币系统必须在技术、组织和处理过程等方面达到足够安全，以防止盗窃活动，特别是防伪造。

④ 防范犯罪活动。在电子货币方案中必须考虑防范诸如洗钱等犯罪活动。

⑤ 货币统计汇报。电子货币系统必须向相关国家中央银行汇报货币政策要求的有关信息。

⑥ 可回购。电子货币发行商在电子货币持有者要求下必须可向中央银行一对一回购货币。

⑦ 储备要求。中央银行可以向所有电子货币发行商提出储备要求。

我国电子商务的应用才刚刚开始，一些实验性项目正在建设，这些应用项目迫切要求建设电子货币系统以保证电子商务活动的进行。目前，中国人民银行组织了一定的力量开始研究和探讨网上电子货币、建立电子货币系统以及相关的经济、社会、法律法规等问题。

我国电子货币系统的发展应该统一规划、放眼未来，以全球电子商务活动为基础，建立适应我国特色的系统，因此，应考虑如下几个方面的问题。

① 电子货币系统的发展是关系到国家经济建设、宏观控制管理以及国际金融合作的大事，它的发行、管理及技术保障有特殊要求。

② 可在原有银行卡系统的基础上进行扩展改造，发展公共网络信用卡支付系统。

③ 智能卡形式的电子现金，特别是多用途电子钱包具有巨大的潜力。

④ 金融专用网络可逐步改造过渡成为公共网络，由此扩展金融服务方式和领域。

⑤ 中央银行应建立电子货币的自动化监控和管理的体系。

⑥ 研究开发电子货币支付的安全技术保障和管理的方法及设备。

⑦ 建立完善的电子货币的发行、交易流量的监测与统计机制，保障电子货币系统的工作。

⑧ 建设全国统一管理的数字认证中心，确认参加电子商务活动人员（消费者、商家、银行、工商税务、政府管理部门）的合法身份，保障电子交易安全可靠。

⑨ 研究制定相关的法律法规，促进电子商务发展。

⑩ 开展国际性电子商务的交流与合作，积极参加全球电子商务活动。发挥中央银行的管理、协调作用，集中力量研究、制定规范和政策，规范电子货币系统。

6.3.4 网上银行

1. 网上银行的概念

网上银行（Internet Banking）是指通过互联网将客户的计算机连接至银行网站，将银行服务直接送到客户办公室或家中的服务系统，使客户足不出户就可以享受到综合、统一、安全和实时的银行服务，包括提供对私、对公的全方位银行业务，还可以为客户提供跨国支付与清算等其他的贸易、非贸易的银行业务服务。

网上银行设在 Internet 上，它没有银行大厅，没有营业网点，只需通过与 Internet 连接的计算机进入该站点，就能够在任何地方每天 24 小时进行银行各项业务，这种金融机构又被称做虚拟银行、网络银行、在线银行、电子银行。

2. 网上银行的特点

网上银行使各种业务和办公完全实现无纸化、电子化和自动化。和传统银行相比，网上银行具有如下特点。

① 突破了银行传统的业务操作模式，摒弃了银行由店堂前台接柜开始的传统服务流程，把银行的业务直接在互联网上推出。网上银行提供的虚拟金融服务柜台使商业银行可以直接将分销前端延伸到各个营销人员或经纪人，从而可以不通过开设分支机构，达到与传统商业银行的庞大分销网络同样的效果，实现商业银行在虚拟金融服务市场上的高度扁平化。

② 不受时间和空间的约束，网络银行依托迅猛发展的计算机网络与通信技术，将银行服务渗透到全球每个角落。客户处理金融服务业务不会再受到地点和时间因素的限制。完善的网上银行将能够提供"3A 式服务"，即在任何时候（Anytime）、任何地方（Anywhere），以任何方式（Anyhow），为客户提供安全、准确、快捷的金融服务。

③ 网上银行实现了交易无纸化、业务无纸化和办公无纸化。所有以前传统银行使用的票据和单据全面电子化，如电子支票、电子汇票和电子收据等，一切银行业务文件和办公文件完全改为电子化文件、电子化票据和证据，签名也采用数字化签名。

④ 实现了银行机构网络化。网上银行实际上就是一种无边界银行，它突破了营业网点约束对银行业务扩张的限制，使金融服务从有形的物理世界延伸到无形的数字世界。由于网上银行的兴起，银行发展将把注重扩大分支机构和营业网点变为注重扩展网络金融服务。

⑤ 个人用户不仅可以通过网上银行查询存折账户、信用卡账户中的余额及交易情况，还可以通过网络自动定期交纳各种社会服务项目的费用，进行网络购物。

⑥ 企业集团用户不仅可以查询本公司和集团子公司账户的余额、汇款、交易信息，而且能够在网上进行电子贸易。

⑦ 网上银行还提供网上支票报失、查询服务，维护金融秩序，最大限度地减少国家、企业

的经济损失。

⑧ 网上银行服务采用了多种先进技术来保证交易的安全，不仅用户、商户和银行三者的利益能够得到保障，随着银行业务的网络化，商业罪犯将更难以找到可乘之机。

网上银行的目的简单说就是“5W”，也就是实现为任何人（Whoever）随时（Whenever）随地（Wherever）与任何账户（Whomever）用任何方式（Whatever）的安全支付和结算。

3. 典型的网上银行

（1）花旗银行

花旗银行简介。花旗银行是目前美国最大的金融服务组织之一，在全世界 90 个国家和地区为近 4 500 万顾客服务，该网站的地址是 http://www.citibank.com，其界面如图 6-17 所示。

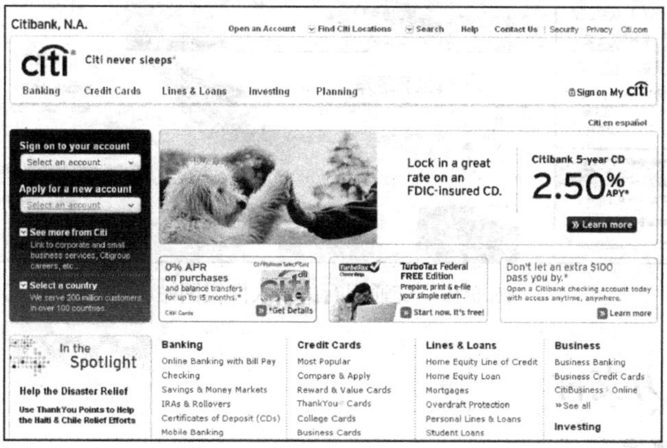

图 6-17 花旗银行

（2）招商银行

1997 年 2 月 28 日，总部设在深圳特区的招商银行正式建立互联网站点，招商银行的“一网通”业务在上海、深圳、广州、北京、重庆、沈阳、南京、武汉、成都、西安、兰州、大连、杭州、黄石、长沙、南昌、丹东、宜昌、无锡、宁波、温州、青岛、天津、济南等城市开展了个人银行、企业银行、网上支付等网上业务。

该网站的地址为 http://www.cmbchina.com，其界面如图 6-18 所示。

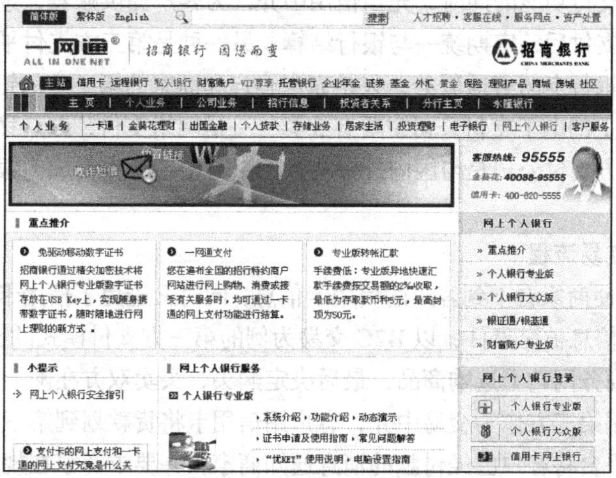

图 6-18 招商银行的个人网银网站

（3）其他国有银行（如交通银行）

随着电子商务对网上银行的需求逐渐增大，以及招商银行网上银行的成功经验带动下，国有银行都推出了各自的网上银行业务。

交通银行的网址是 http://www.bankcomm.com，其界面如图 6-19 所示。

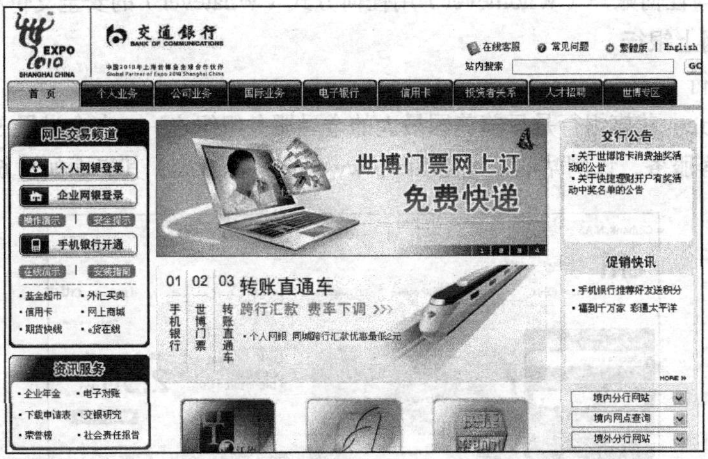

图 6-19　交通银行的个人网银网站

6.3.5　第三方支付

1. 第三方支付概述

第三方支付是具备一定实力和信誉保障的独立机构，采用与各大银行签约的方式，提供与银行支付结算系统接口的交易支持平台的网络支付模式。在第三方支付模式中，买方选购商品后，使用第三方平台提供的账户进行货款支付，并由第三方通知卖家货款到账、要求发货；买方收到货物，并检验商品进行确认后，就可以通知第三方付款给卖家，第三方再将款项转至卖家账户上。

第三方支付平台是指平台提供商通过采用通信、计算机和信息安全技术，在商家和银行之间建立起连接，从而实现从消费者到金融机构，商家的货币支付、现金流转、资金清算、查询统计等问题。

根据研究机构的分析，第三方支付平台的经营模式大致分为两种：一种是第三方支付平台在具备与银行相连完成支付功能的同时，充当信用中介，为客户提供账号，进行交易资金代管，由其完成客户与商家的支付后，定期统一与银行结算；另一种是第三方支付平台与银行密切合作，实现多家银行数十种银行卡的直通服务，只是充当客户和商家的第三方的银行支付网关。

目前，国内市场上的电子支付公司主要有 3 类：一是网络支付，二是移动支付，三是电话支付。通常，这些第三方支付公司是与国内外一些大的银行签约合作，成为银行基础业务之上的增值服务提供商。

2. 第三方支付交易流程

第三方支付模式使商家看不到客户的信用卡信息，同时又避免了信用卡信息在网络多次公开传输而导致的信用卡信息被窃事件，以 B2C 交易为例的第三方支付模式的交易流程如下。

① 客户在电子商务网站上选购商品，最后决定购买，买卖双方在网上达成交易。

② 客户选择利用第三方作为交易中介，客户用信用卡将货款划到第三方账户。

③ 第三方支付平台将客户已经付款的消息通知商家，并要求商家在规定时间内发货。

④ 商家收到通知后按照订单发货。

⑤ 客户收到货物并验证后通知第三方。

⑥ 第三方将其账户上的货款划入商家账户中，交易完成。

3. 第三方支付的特点

第三方支付平台提供一系列的应用接口程序，将多种银行卡支付方式整合到一个界面上，负责交易结算中与银行的对接，使网上购物更加快捷、便利。消费者和商家不需要在不同的银行开设不同的账户，可以帮助消费者降低网上购物的成本，帮助商家降低运营成本；同时，还可以帮助银行节省网关开发费用，并为银行带来一定的潜在利润。

较之 SSL、SET 等支付协议，利用第三方支付平台进行支付操作更加简单而易于接受。SSL 是现在应用比较广泛的安全协议，在 SSL 中只需要验证商家的身份。SET 协议是目前发展的基于信用卡支付系统的比较成熟的技术。但在 SET 中，各方的身份都需要通过 CA 进行认证，程序复杂，手续繁多，速度慢，实现成本高。有了第三方支付平台，商家和客户之间的交涉由第三方来完成，使网上交易变得更加简单。

第三方支付平台本身依附于大型的门户网站，且以与其合作的银行的信用作为其信用依托，因此第三方支付平台能够较好地突破网上交易中的信用问题，有利于推动电子商务的快速发展。

4. 第三方支付问题分析

（1）法律地位问题

在网络支付中，交付双方与第三方支付服务商达成协议，是一种典型的民事法律关系，属于民事法律调整的范畴。但是由于涉及用户资金的大量往来和一定时期的代管等类似于金融业务，就必然引起行政监管的介入，以避免出现没有监管私自使用资金的风险，维护社会公共利益。

对于银行提供网络支付系统服务中的法律问题，各国一般都有相应的银行法律，对银行的法律地位、银行与用户相互之间的权利义务关系等相关问题都有明确的规定。但第三方支付平台在网络支付中的法律地位等问题，是目前政府、企业和用户都较为困惑的。这些提供网络支付服务的第三方支付平台在提供支付服务的背后，聚集了大量的用户资金或者发行了大量的电子货币，从某种程度上说已经具备了银行的一些特征，甚至被当作不受管制的银行。从各国银行法来看，能否经营存贷款和货币结算业务通常是确定一个企业是否成为银行的一个重要标准，我国《商业银行法》第 2 条也规定："本法所称的商业银行是依照本法和《中华人民共和国公司法》设立的吸收公众存款、发放贷款，办理结算等业务的企业法人。"尽管任何一个第三方支付服务商，都会尽量称自己为中介方，在用户协议中避免称自己为银行或金融机构，试图确立自身是为用户提供网络代收代付的中介地位，但其具体应该属于哪一类业务并不明确，是否需要经过银监会的批准才能行事也存在诸多疑惑点。这些都需要明确的立法加以规范。

最近颇受关注的由中国人民银行发布的《电子支付指引（第 1 号）》，虽然可以说是针对电子支付出台的规定，但是，一方面，其尚处于征集意见阶段，另一方面，它的法律约束力或适用范围还有待明确。可见，我国电子支付方面的立法还有很大面积的空白地带。

（2）金融风险问题

① 第三方支付平台利用资金的暂时停留，在交易过程中约束和监督了买家和卖家，但是，不能忽视这样一个事实：当买方把资金划到了第三方的账户，第三方此时起到了一个对资金的保管人的作用。资金的所有权并没有发生转移，买方仍然是资金的所有权人，当买方和卖方达成某笔交易，买方收到商品，通过第三方向卖方付款时，此时款项的所有权仍属于买方所有，直至款项进入卖方账户，或者买方确认接受付款后，所有权转为卖家。可以看到，第三方作为款项的保管人，始终不具备对资金的所有权，只是保管的义务。随着将来用户数量的增长，这个资金沉淀量将会非常巨大。根据结算周期

不同，第三方支付公司将可以取得一笔定期存款或短期存款的利息，而利息的分配就成为一大问题。

② 在这些第三方支付平台中，除支付宝等少数几个并不直接经手和管理来往资金，而是将其存在专用账户外，其他公司大多代行银行职能，可直接支配交易款项，这就可能出现不受有关部门的监管，而越权调用交易资金的风险。

③ 第三方支付可能成为某些人通过制造虚假交易来实现资金非法转移套现，以及洗钱等违法犯罪活动的工具。例如，据一位网友介绍，如果信用卡持卡人利用亲戚或朋友的身份证和银行卡在网上开店，然后用自己的信用卡去店里买东西，第三方也无从查证该笔交易是否真实，全凭买家和卖家在网上的确认而进行付款。因此，用这种方法完全可以实现信用卡的套现而不花任何费用。

（3）第三方支付与银行的关系

当前，第三方支付平台和银行的关系比较微妙。第三方支付一旦做大，将与银行的网上银行及网上支付抢生意，甚至有可能会取得银行牌照、变身做零售银行的可能，因此它的靠山银行绝对不会养虎为患。反过来说，第三方支付也为将来银行推出网上电子支付业务扮演了排头兵冲锋陷阵的角色，使银行网上电子支付业务的推出更容易一些，因此银行目前也不想做得太绝，把其扼杀在摇篮中，这有点卸磨杀驴之嫌。但还是那句话，在商场上只有永远的利益没有永远的朋友。第三方支付与银行的业务冲突目前看来不是很明显，但在不远的将来就会越来越明显，但如前所述，出于第三方支付在以前也为银行做了不少有益的事，马上翻脸扼杀第三方支付银行可能也有所顾忌，因此银行业总是避免同第三方支付企业撕破脸。

6.4 网上购物

网上购物是普通用户接触最多的电子商务形式，通常表现为 B2C 或 C2C。本小节以国内用户群最大的电子商务网站——淘宝网为例介绍网上购物的过程和注意事项。

6.4.1 淘宝网简介

淘宝网（Taobao，口号：淘！我喜欢）是亚太最大的网络零售商圈，致力打造全球领先网络零售商圈，由阿里巴巴集团在 2003 年 5 月 10 日投资创立，网址是 http://www.taobao.com/。淘宝网现在业务跨越 C2C、B2C 两大部分。截止到 2008 年 12 月 31 日，淘宝网注册会员超过 9 800 万人，覆盖了中国绝大部分网购人群。2007 年，淘宝的交易额实现了 433 亿元；2008 年，交易额为 999.6 亿元；2009 年，淘宝的交易额突破了 2 000 亿元。

1. 淘宝店铺和淘宝商城

淘宝采用店铺管理来实现 C2C，卖家需要先建立一个店铺。同时，店铺又将普通店铺和旺铺分开，实现了网站的分流。2009 年，淘宝旺铺进一步升级，实现了 Flash 技术的淘宝店铺展示技术，使得大部分的旺铺成功走出了单一的展示，为淘宝成功实现功能的提升打下了基础，这也进一步说明淘宝有进一步开放淘宝店铺装修收费功能的举动。

淘宝商城是淘宝最新开启的 B2C 服务，服务的主要对象为大型卖家和部分品牌卖家或者授权卖家，主要服务对象包含了摩托罗拉、耐克、阿迪达斯等世界知名品牌的代理商和经销商，将淘宝的品牌价值和品牌意识提高到了新的水平，也进一步稳固了因质量问题和信誉问题而动摇的市场，并且在一定程度上让利给广大的买家，促进了淘宝的多样发展。

区别于国内其他大型综合 B2C 购物平台，淘宝商城与淘宝网共享超过 9 800 万会员，为网购消费者提供快捷、安全、方便的购物体验；提供 100%品质保证的商品，7 天无理由退货的售后服务，提供购物发票以及购物现金积分等优质服务。

同时，淘宝商城在淘宝网战略中也逐渐成长为淘宝网重要的一环，成为淘宝网的主要服务之一，淘宝商城作为淘宝网主打的服务品牌也越来越受到广大买家的关注和支持，在新一轮的网上购物博弈中，淘宝网凭借淘宝商城打破了之前淘宝网商城的低迷态势，正式走出了自己的 B2C 之路。

2. 淘宝信用评价体系

淘宝信用评价体系由心、钻石、皇冠、金冠 4 部分构成，并呈等级提升，目的是为诚信交易提供参考，并在此过程中成功保障买家利益，督促卖家诚信交易。买家选择卖家时应优先选择信用等级高的。

淘宝会员在淘宝网每使用支付宝成功交易一次，就可以对交易对象作一次信用评价。评价分为“好评”、“中评”、“差评” 3 类，每种评价对应一个信用积分，具体为：“好评”加一分，“中评”不加分，“差评”扣一分。在交易中作为卖家的角色，其信用度分为以下 20 个级别，如图 6-20 所示。

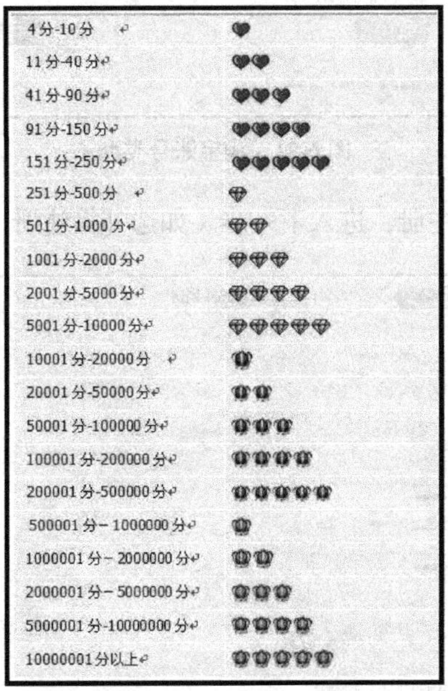

图 6-20　淘宝的卖家信誉等级

2009 年，淘宝信用评价系统升级：2009 年 9 月 24 日即日起，淘宝网所有店铺违规、产生纠纷的退款及受到的处罚，将被完全公布在评价页面。这将成为除评价以外，买家对卖家诚信度判断的最重要标准。

这是淘宝网全网购物保障计划中一条重要措施。此前，淘宝网已启动 2 000 万购物保障基金及购买机票 6 重保障。店铺评价页面升级后，消费者可参考参数更多，并且不限于交易完成后的评价，买家将能够知悉卖家诸多维度的信息，网购将因更公开透明而安全、放心。

升级后的评价体系将在以往的评价列表基础上，加上店铺相关信息，包括是否参加消费者保障计划，对消费者有何种承诺，受到处罚的情况。

对于已经加入消保的卖家，显示信息包括：该店铺已加入淘宝网消费者保障服务及对买家的承诺等。对于因为违规被清退出消保的卖家，在被清退后 30 天之内，将显示：该店铺已被清退出淘宝网消费者保障服务。

同时，在卖家服务质量查询栏里面，消费者可以看到该卖家近期是否有被投诉情况、产生纠纷的退款情况及违规情况。

6.4.2 用户注册

无论买家还是卖家，首先必须要注册成为淘宝的会员，然后才能进行购物或销售。注册步骤：单击淘宝页面顶部的“免费注册”进入注册页面。

1. 淘宝账号注册

淘宝账号类型如图 6-21 所示。

图 6-21 淘宝账号类型

选择一种自己喜欢的方式注册，进入下一步（如选邮箱注册），如图 6-22 所示。

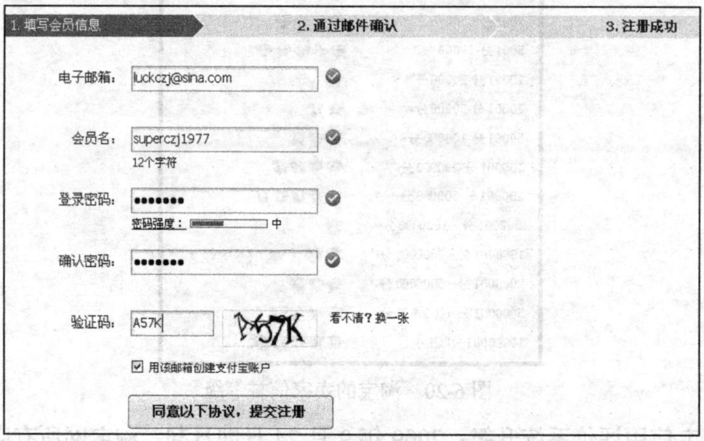

图 6-22 注册邮箱类型淘宝账号

这里需要提醒的是，邮箱地址一定要是用户的真实有效的邮箱地址，这个地址会在以后很多地方用到，如下一步就是一个证明。提交注册后，进入下一步，如图 6-23 所示。

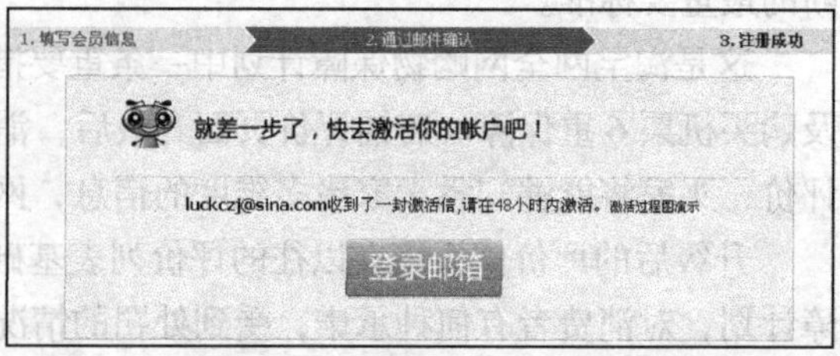

图 6-23 提醒账号激活方式

如果前面填写的是一个有效邮箱地址，用户登录前面填写的邮箱，即可查收淘宝发来的激活邮件，如图 6-24 所示。

用户可以直接点“完成注册”按钮，也可以复制下面链接到浏览器地址栏执行。不管哪种激活，成功后即可进入下一步，如图 6-25 所示。

可以看到，注册的用户名即淘宝的用户名，而邮箱地址则成为支付宝的账号名字，两个账号的登录口令都是相同的。

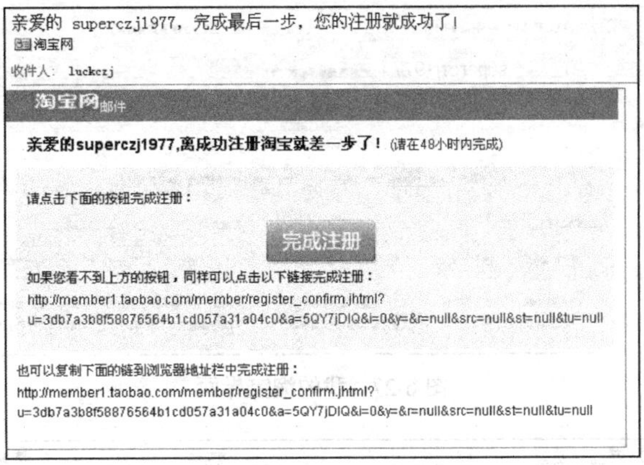

图 6-24　账号激活邮件内容

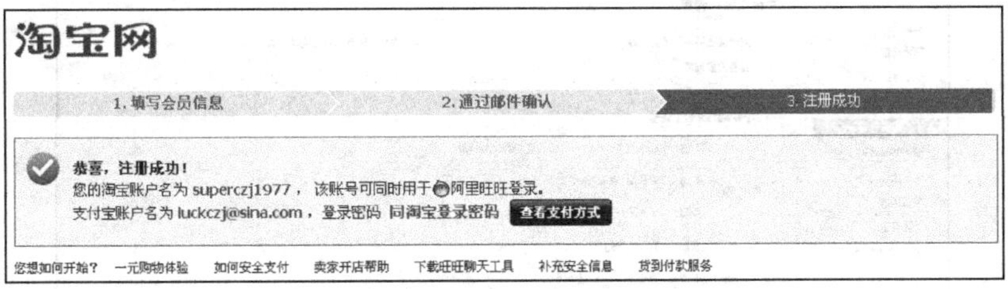

图 6-25　账号注册成功信息

2. 支付宝账号激活

到目前为止，用户已经可以登录淘宝浏览各种商品了，但是支付宝账户里是空的，还无法进行支付。对于网购强力建议使用支付宝，因为支付宝购物时用户支付的钱并不立即付给卖家，而是被淘宝代为管理，当用户收到商品后并确认或者 7 天后商家才能获得；如果商品质量有问题或卖家违约用户还可以申请退款，所以它不仅快捷，而且安全。由于支付宝的管理方式，卖家如果支持支付宝也能赢得买家的信任。如果要充值支付宝最好使用网上银行，银行的网上银行申请业务都是要求到柜台现场办理的，这里就略过了。用户应先激活支付宝账号，然后再进行充值。用户首先使用淘宝账号登录淘宝，选择网页右上角的“我的淘宝”，如图 6-26 所示，进入个人信息页面。

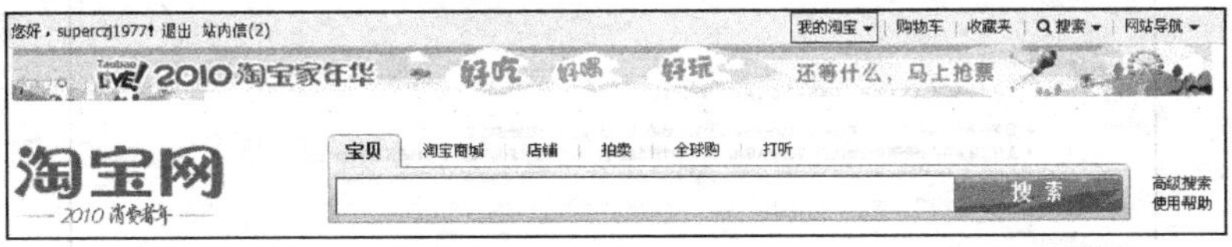

图 6-26　我的淘宝位置

“我的淘宝”是淘宝用户的大本营，用户的各种信息管理都集中于此，比如：账号管理、支付宝管理、已购商品管理、卖家中心、已卖出商品管理等，用户要实现对自己的各种信息的管理都可以从这里入口，如图 6-27 所示。

除此以外，“我的淘宝”还有大量的帮助信息，帮助用户了解淘宝的各种功能如何使用或者如何实现。

直接单击支付宝账号链接或者账户管理，打开“支付宝账户管理”界面即可查看支付宝账号的详细信息，如图 6-28 所示。

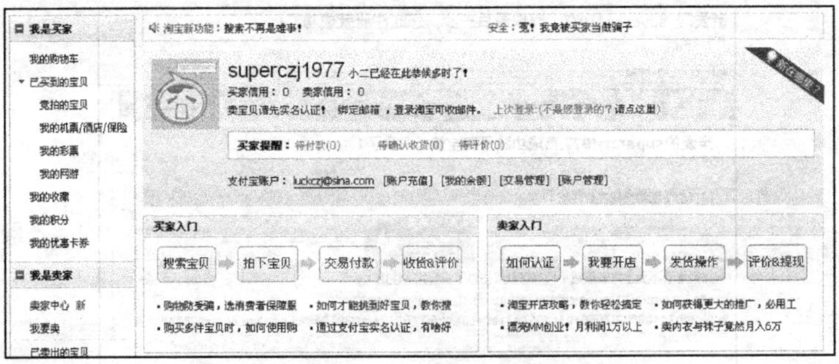

图 6-27　我的淘宝界面

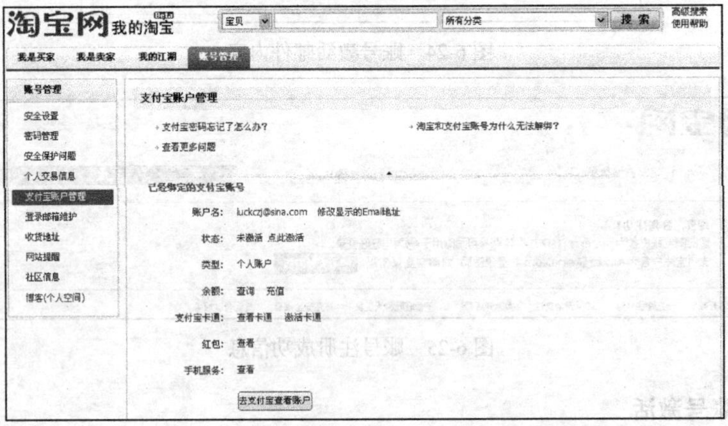

图 6-28　支付宝账户管理

用户单击账号状态右边的"点此激活"，就会自动登录支付宝账号，并进入账号激活程序，如图 6-29 和图 6-30 所示，激活信息很重要，用户要认真填写。这里需要提醒的是，建议将支付宝的登录密码和支付密码以及淘宝的登录密码都设置为不同，至少要保证支付密码和登录密码不相同，可以尽可能避免由于登录密码的泄漏导致支付宝里的金额被别人恶意盗用。

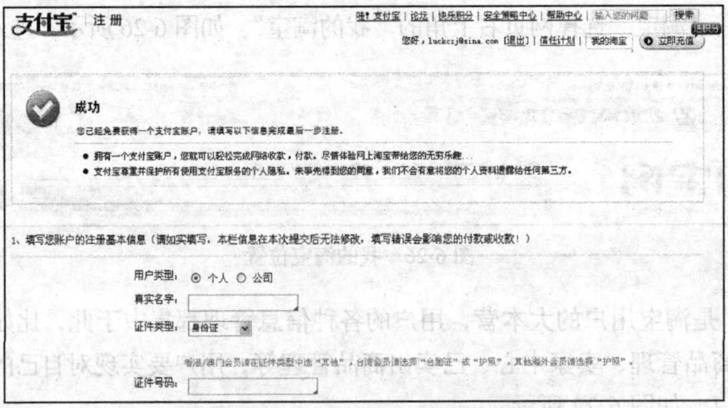

图 6-29　支付宝账户激活向导步骤 1

为了避免后期的麻烦，建议激活时填写的信息都要真实有效。如果胡乱填写一些信息，可能给自己以后的网购纠纷维权造成很大的困难或者不能进行维权。电子商务的开展需要每个参与者都尽可能地诚信，用户信息的真实就是最基础的诚信内容。

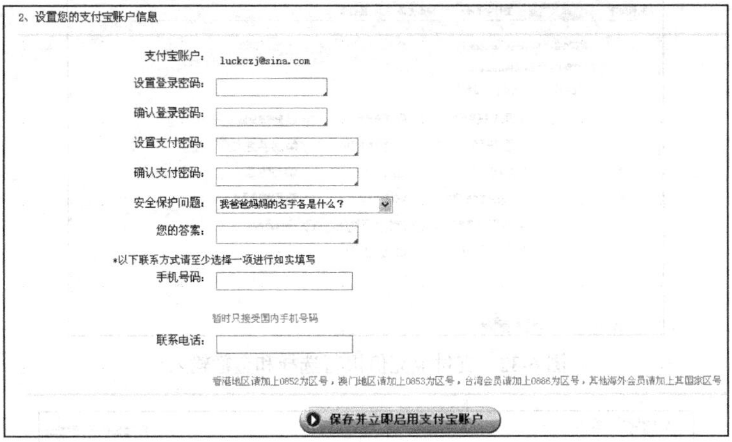

图 6-30　支付宝账户激活向导步骤 2

完成上述两步的正确填写即可激活支付宝账户。为了自己的交易信息安全，建议用纸质的笔记本记录自己的淘宝账户、支付宝账户信息，避免遗忘。但是不建议用户将重要信息直接用电子文档记录下来，如果要这样做记得要加密。

3. 支付宝账号充值

支付宝账号被启用后，就可以往里面充值了。在“我的淘宝”或支付宝账号管理界面，单击“立即充值”，即启动充值向导，如图 6-31 所示。

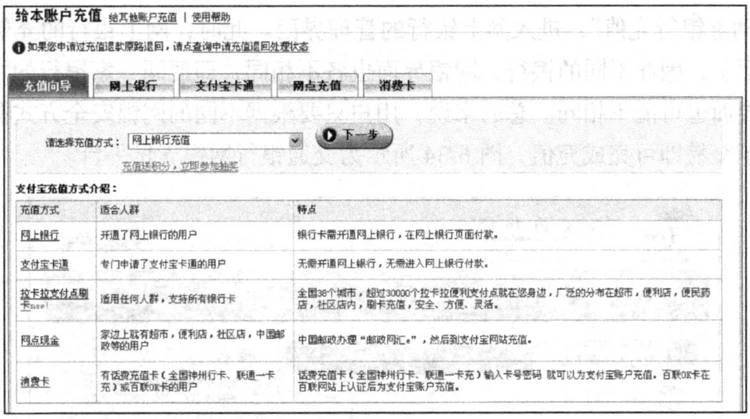

图 6-31　支付宝充值向导

默认即给本账号充值，如有必要也可以单击“给其他账号充值”链接来实现对其他账号的充值。充值方式选择“网上银行”或用户已有的其他方式，这里以网上银行为例，直接单击“下一步”按钮，打开如图 6-32 所示的输入界面。

选择用户的网上银行，从这里可以看出和淘宝有密切合作的银行还是很多的，同时淘宝会记录用户的选择，当下一次充值时会将上一次充值的银行默认选中。用户不用担心充值后银行卡和支付宝的关系，它们之间没有联系，即便用户用自己的网银帮别人支付宝充值也不会产生其他后果，充值以后支付宝的行为不会影响到银行卡。选择好银行后输入要充值金额（对于普通买家不建议充值太多，除非需要买很贵重的商品），单击“下一步”按钮，打开如图 6-33 所示的向导界面。

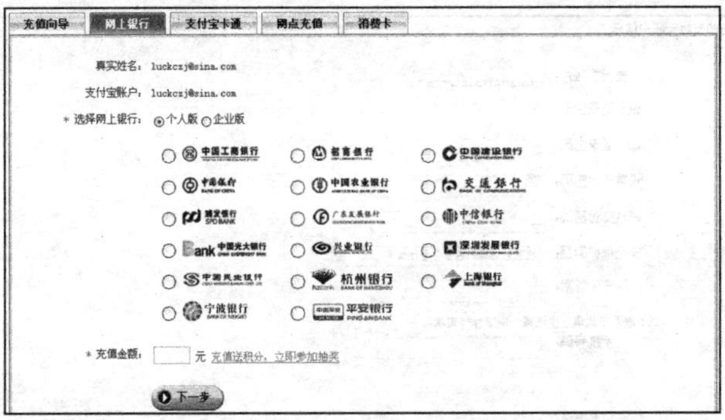

图 6-32　支付宝充值银行选择和金额输入

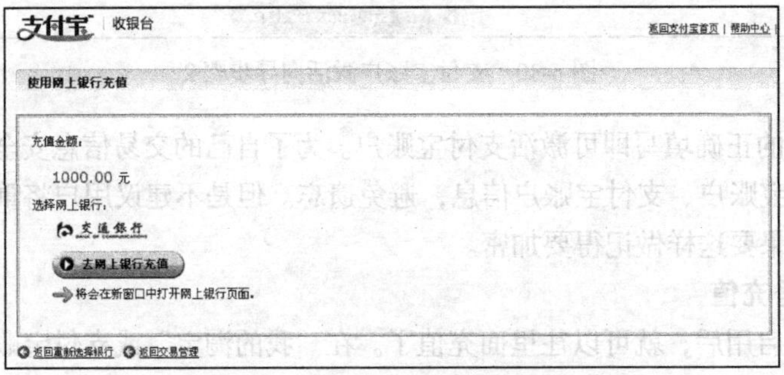

图 6-33　使用网上银行充值

单击“去网上银行充值”，进入网上银行的管理界面。此时，网上银行的充值网页已经不是淘宝网站的页面了，因此不同的银行，网银界面也各不相同，即便同一家银行的网上银行，不同的安全方式下界面也可能不相同。总的来说，用户只要根据不同的网银安全方式登录后，输入交易密码确认这笔交易即可完成充值，图 6-34 所示为交通银行网银支付平台。

图 6-34　交通银行网银支付平台

需要提醒的是，如果浏览器有问题可能会导致网上银行无法使用，这种情况可以考虑用软件修复或者安装一个新的浏览器。

4. 激活支付宝卡通

在激活支付宝账号后，用户还可以考虑激活"支付宝卡通"，它是支付宝与工行、建行、招行等 36 家银行联合推出的一项网上支付服务。开通"支付宝卡通"就可直接在网上付款，不再需要开通网上银行，同时还享受支付宝提供的"先验货，再付款"的担保服务（实质上是用户的银行卡在做担保）。一个账户可申请多个支付宝卡通，还可以在支付宝网站上查询银行卡中的余额。

使用"支付宝卡通"优点很多。

① 简单：付款只需 1 个密码，不需要开通网上银行。

② 安全：账户证书和手机短信实时通知账户资金变动。

③ 开店：开通激活后，当天就能在淘宝开店，实现创业的梦想。

④ 方便：单笔付款限额最高达 5 000 元，在支付宝网站随时查询银行卡内余额。

⑤ 实时提现：开通卡通，实时提现，随提随到。

目前，"支付宝卡通"主要有两种开通方式。

① 网上开通（仅需 1 分钟），在线签约模式，无需至银行柜台签约，可在线直接激活。支持银行：招商银行、工商银行、中信银行。

② 银行柜台开通（仅需三步）：支付宝网站——携身份证去银行柜台签约——支付宝网站激活。

"支付宝卡通"的开通流程如下（以建行为例）。

① 使用 E-mail 注册支付宝账户支付宝卡通开通流程。

② 登录支付宝网站核实支付宝卡通的个人信息。

③ 到建行柜台申领"支付宝龙卡"，开通"支付宝卡通"服务，并设置当日累计支付限额。

④ 登录支付宝网站绑定手机。

⑤ 登录支付宝网站输入支付宝龙卡号码，完成激活。

⑥ 支付宝系统自动通过会员的支付宝实名认证。

⑦ 会员可以申请开通数字证书。如果不开通单笔最高限额是 200 元，如果开通，那么依据会员在银行设定的额度，支付宝不作支付额度控制。

5. 找回淘宝密码

互联网时代每个人都有大量的网上账号，账号的管理也是很重要的事情。如果在使用中遗忘了淘宝密码，可以通过淘宝的"帮助中心"（其界面如图 6-35 所示）来找回登录密码。

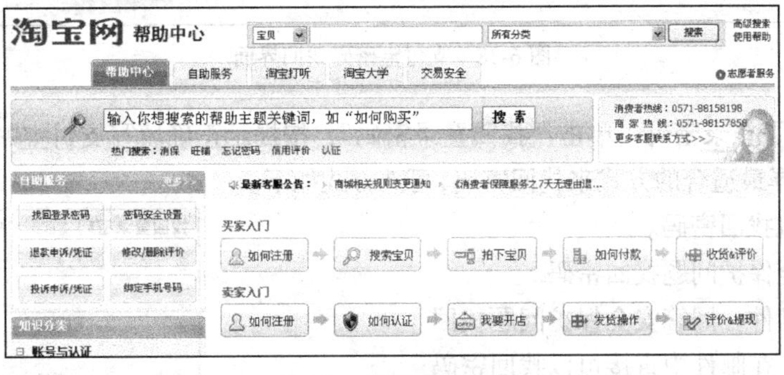

图 6-35　淘宝帮助中心

单击"帮助中心"界面的"找回登录密码"按钮，即可打开密码找回向导，如图 6-36 所示。

输入会员名后单击“下一步”按钮（如果连会员名都忘了，可以单击下一步按钮下面的链接），打开如图 6-37 所示的界面，会根据用户注册的账号类型提示用户找回密码的方式，例如，“superczj1977”账号是邮箱类型账号，所以第二种方式是可以用的。单击“马上找回”按钮，淘宝会把用户的账号密码发送到用户的注册邮箱中。

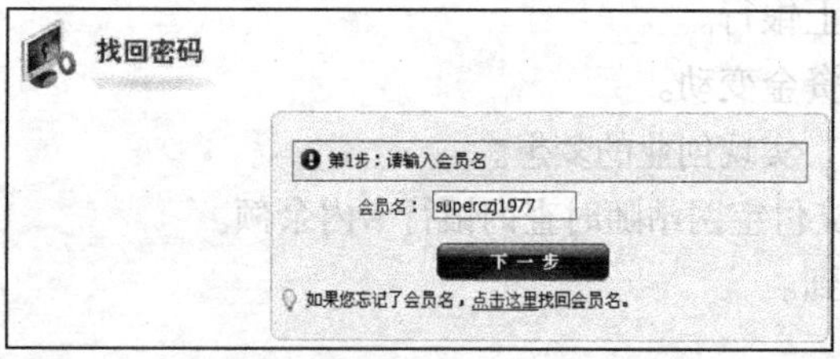

图 6-36　淘宝账号密码找回

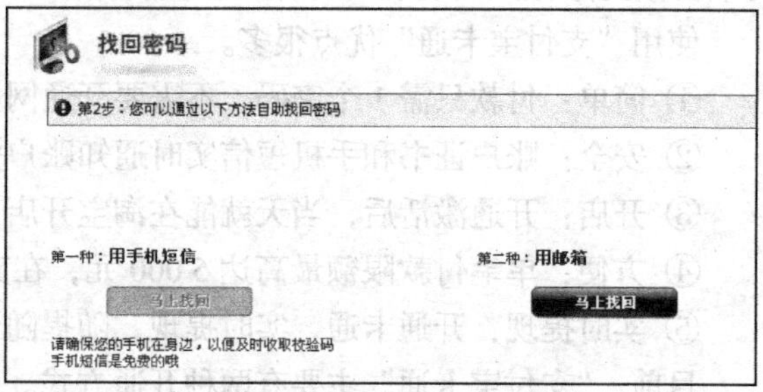

图 6-37　根据账号类型找回密码

6. 支付宝密码找回

如果是支付宝密码遗忘，则登录淘宝账号，选择“我的淘宝”，然后选择“支付宝管理”，单击“支付宝密码忘记了怎么办”，进入“支付宝个人版帮助中心”，选择“自助大厅”即可通过上面的“找回登录密码”和“找回支付密码”两个按钮进行密码找回，如图 6-38 所示。

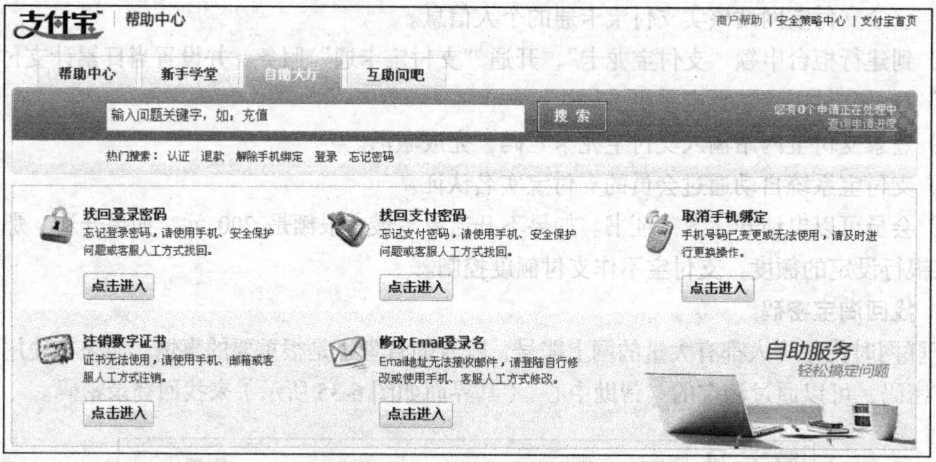

图 6-38　支付宝密码找回界面

如果是遗忘了登录密码，单击“找回登录密码”，按提示正确填写支付宝账户和验证码，如图 6-39 所示，选择最适合的方式来找回密码，可选方式如下。

① 通过手机找回密码。

② 通过安全保护问题找回密码。

③ 通过收邮件，回答安全保护问题找回。

④ 收邮件，在邮件中直接可以找回密码。

⑤ 通过收邮件，填写证件号码正确后找回密码。

⑥ 通过人工找回密码。

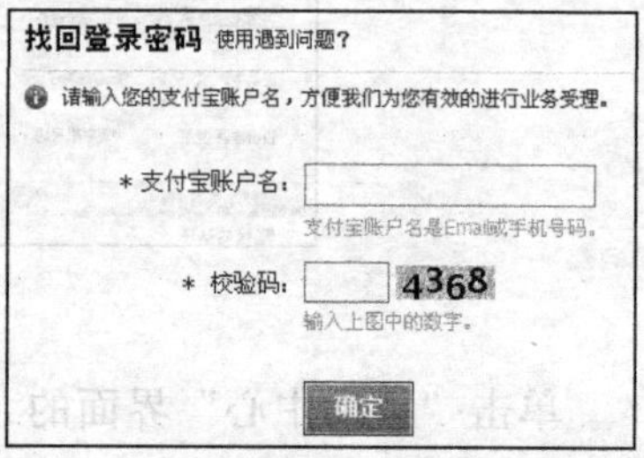

图 6-39　找回登录密码的验证

如果忘记支付宝的支付密码了，单击“找回支付密码”，登录支付宝账号，如图 6-40 所示。然后系统会根据用户的账号情况选择不同方式让用户找回口令。

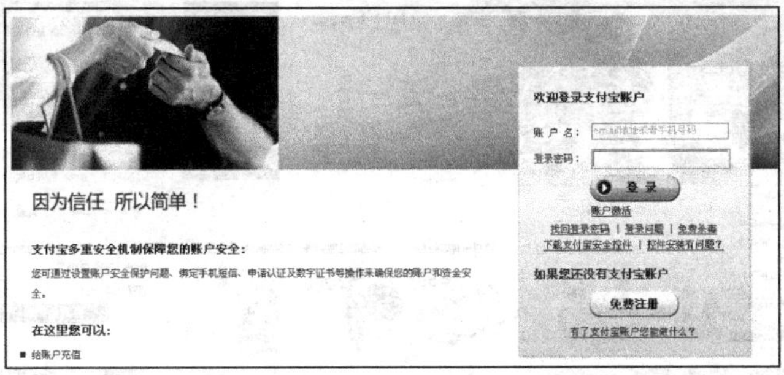

图 6-40　找回支付密码要先登录

以邮箱账户为例，会发一封邮件到用户的信箱，然后用户根据邮件内容回答问题，回答正确后就可以重新设置支付口令了。

注意

单击找回登录密码或者支付密码，安全保护问题答案请确认后再输入，有 5 次输入的机会，输错 5 次后可以单击页面上的“请选择其他方式进行操作”提交人工审核申请单由客服处理。

6.4.3　购买商品

登录淘宝后，用户有很多方式可以去找到需要的商品，如商品目录、广告链接、淘宝的搜索等，如图 6-41 ~ 图 6-45 所示，然后就可以根据需要和卖家的情况进行商品购买了。

1. 选择商品

在淘宝，商品选择的方式多种多样，可以去普通卖家那里以 C2C 的模式购买，也可以选择去淘宝商城以 B2C 的模式购买。

图 6-41　淘宝商城的商品分类目录

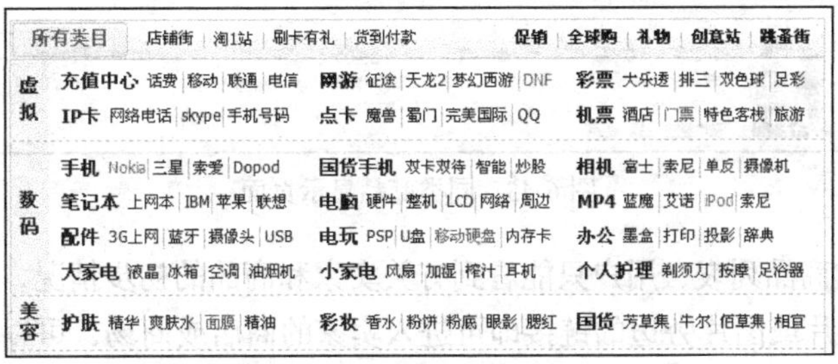

图 6-42　所有商品的分类目录

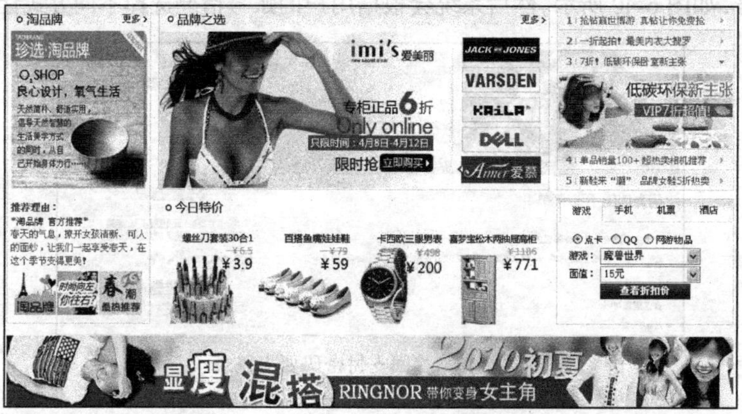

图 6-43　热卖商品广告页面

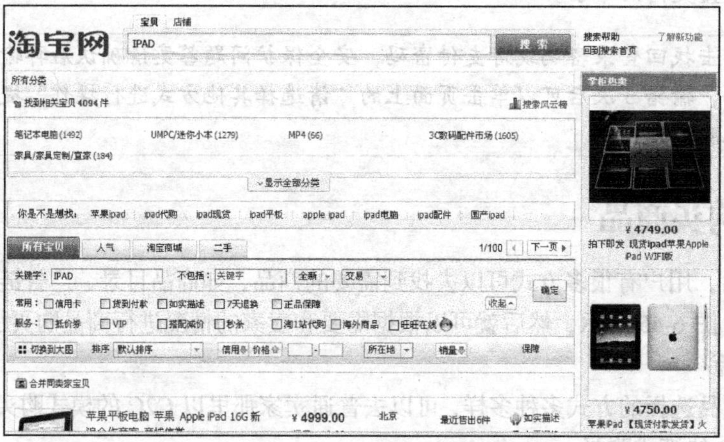

图 6-44　使用搜索查找商品

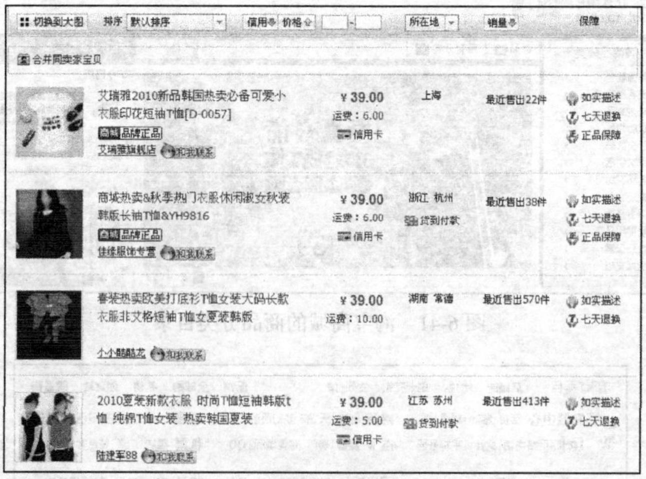

图 6-45　同类商品显示页面

对于直接找到的商品列表，用户只能看到有关卖家和商品的初步情况，是否购买还需要进一步查看。直接单击图片或图片旁边的链接即可进入卖家的商店或商场，可以看到更详细的情况，如图 6-46 所示。

图 6-46　具体商品显示页面

一般来说，商场卖家直接欺骗用户的情况不会出现，但是其宣传的东西的质量未必如资料所说的，所以选择时要参考买家的评价，如图 6-47 所示，因为 2009 年后淘宝官方会将对卖家的处罚等都计入评价里，通过评价用户可以较为准确地把握产品质量。当然，用户其实也清楚什么价格对应什么样的质量，对于相对很便宜的产品，质量不会高到哪里去。

图 6-47　某个商品的买家评价信息

产品销量也是用户判断卖家产品情况的一个依据，如图 6-48 所示，如果产品上架时间很久了，销量还不怎么样，要么说明质量有问题，要么就是价格不够优惠。用户还可以去另外查找其他店铺。

如果用户选择购买普通卖家的产品，则需要注意几个方面细节避免被骗。因为这是 C2C 模式，普通卖家没有商场卖家的那种信誉感，而且淘宝里确实有一部分卖家就是职业骗子，每年都有这样那样的被骗报道。用户要看卖家的等级，前面已经说了淘宝卖家有 4 个等级：心级、钻级、皇冠级、金冠级，等级越高表明其信誉越佳，可信度也越高，如图 6-49 ~ 图 6-52 所示。

需要特别提醒的是，部分产品价格低到无法想像，用户都觉得没有可能性的就一定不要贪便宜了，这种卖家一般都要求直接汇款，不支持支付宝，而直接汇款淘宝是没有办法给用户提供证明的。就算最终损失不大，但是何必助长小人气焰，而让自己也心情不愉快呢。

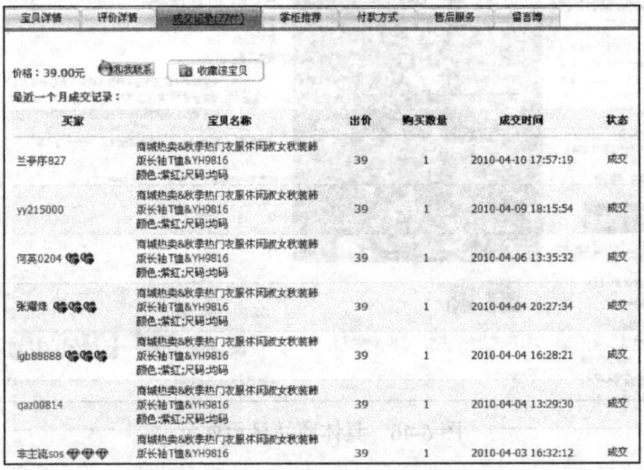

图 6-48　某个商品的销售记录

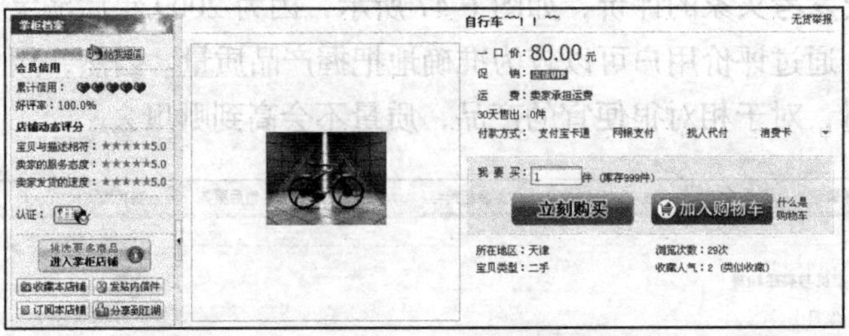

图 6-49　五心信用卖家

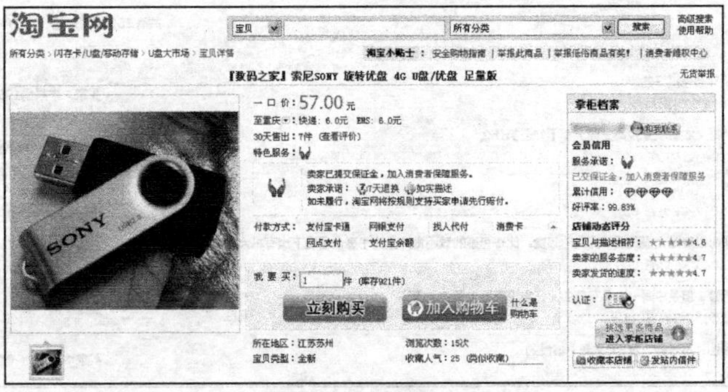

图 6-50　四钻信用卖家

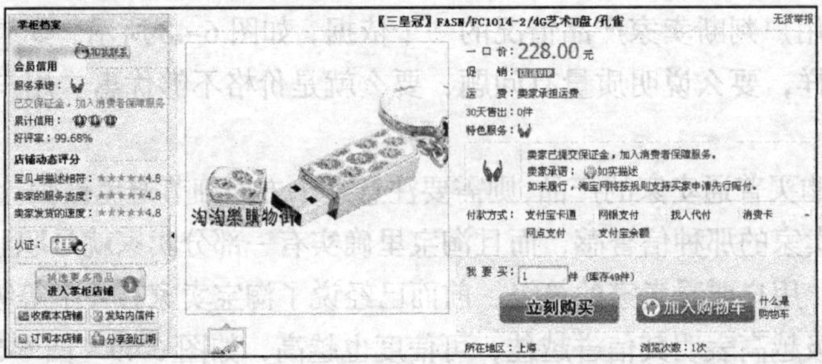

图 6-51　三皇冠信用卖家

图 6-52　金冠信用卖家

2. 购买商品

如果商品的款式、价格和商家的信誉都符合需要，用户就可以选择购买了，具体购买时可以选择“立刻购买”或“加入购物车”。“立即”购买即选好后直接进行支付，而“加入购物车”则是可以购买多样后集中支付。前者类似于小摊上买东西，后者类似超市推着购物车购物。

淘宝会将卖家的曾经送货地址都保留（可以进行管理，删除一些无效的），因此用户可以直接选择某个地址作为收货地址。如果用户购物前和卖家在旺旺上交流过，如要赠品、要特殊型号等都建议用户在留言里作说明。因为有的卖家生意很好，顾客很多的情况下不作留言提示，卖家很容易粗心搞错，如图 6-53 所示。

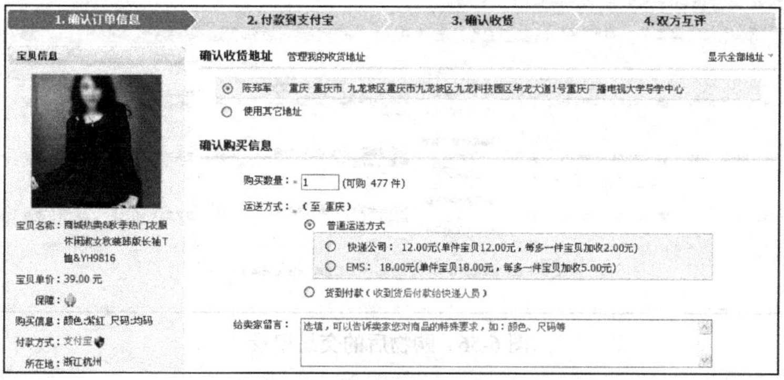

图 6-53　填写购物信息和送货地址

收货地址和给卖家的留言确认无误后就可以单击“确认无误，购买”按钮进行支付了，如图 6-54 所示。确认购买后买家就向卖家下了订单，即使买家后悔不想进行支付，都不能关闭这个订单。

图 6-54　确认购买

在支付步骤中如果输入了支付密码，并确认支付，则一个交易成功，如图 6-55 所示。如果订单已经下了用户想放弃购买，可以有两种方法：一种是不进行支付，7 天后淘宝自动帮用户放弃；

另一种是主动和卖家联系，让卖家关闭这次交易。建议采用后者方式，卖家一般都帮用户关闭。

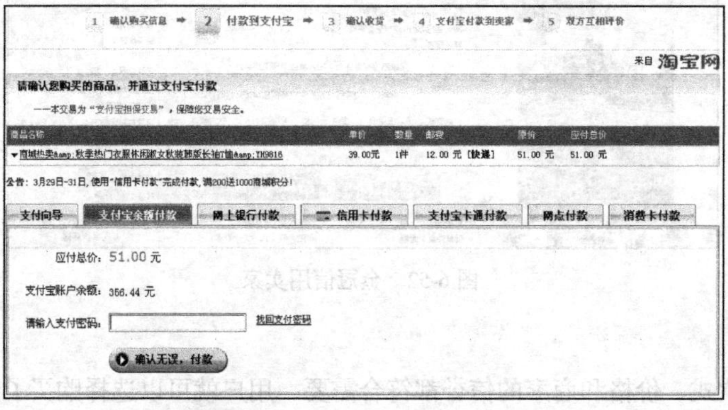

图 6-55　输入支付密码完成支付

如果交易成功后还要继续对交易进行管理，可以进入支付宝交易管理，一方面可以查看交易记录，如图 6-56 所示；另一方面可以对已购买的商品信息进行确认，这样可以让卖家尽早拿到交易款；如果有空余时间可以对卖家进行评价，评价应该尽可能客观公正，2009 年曾经发生几起由评价引起的纷争。

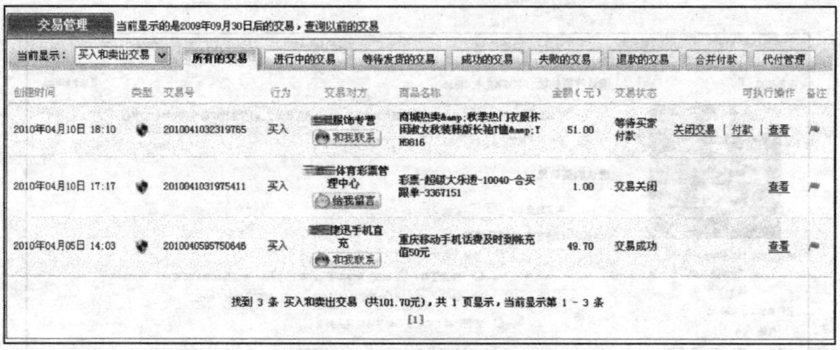

图 6-56　购物后的交易记录

如果对东西不满意，退货和申请退款也是在淘宝进行的。要提醒的是，网购后退货是很麻烦的事情，用户最好选购时多花心思，免得后期费钱费力。

买家支付宝的交易记录管理中的“关闭交易”只是一个提示，并不能完成交易的关闭。交易关闭只能通过淘宝或卖家来进行。

3. 和卖家交流

很多人会想当然以为网上购物和卖家没有交流，就是冷冰冰的电子交易。事实上，电子商务购物不仅提供了交互，而且有些时候还能取得比普通购物的讨价还价更佳的效果。

以淘宝为例，淘宝除了开发了买卖双方的网页版聊天室交流软件外，还专门开发了一款类似 QQ（QQ 的应用参看第 7 章）的即时商务通讯平台：阿里旺旺。

网页版本的在线交流不用安装任何软件即可实现，查看商品信息时会看到卖方提供的联系提示“和我联系”。如果卖家正在网上并已经登录，则“和我联系”前的卡通图标是亮色的，否则是灰色的。如图 6-57 中所示就有直接网页在线、不在线和手机短信在线 3 种情况。

如果卖家在线上，用户直接单击“和我联系”就会直接打开和卖家联系的聊天界面，如图 6-58 所示。

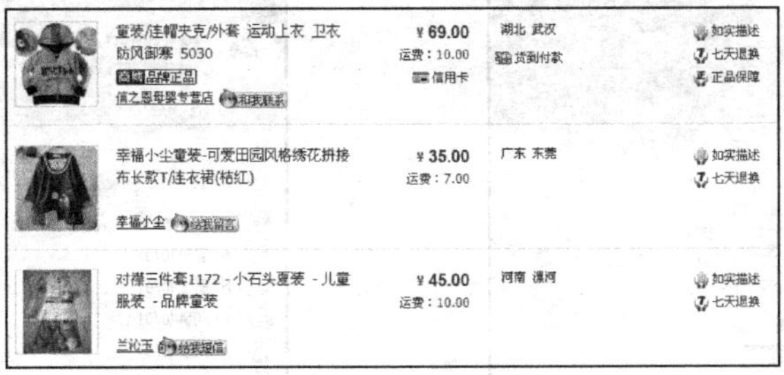

图 6-57　商品信息旁的卡通图标表明是否在线

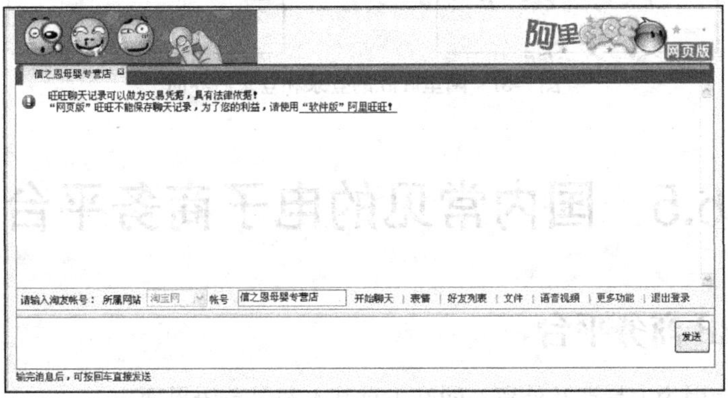

图 6-58　网页版的旺旺聊天

如果用户已经安装了阿里旺旺就会自动用阿里旺旺打开和卖家的联系界面，如图 6-59 所示，由于阿里旺旺应用程序比网页版要多很多功能，使用也更为方便，建议经常网购的用户可以安装一个。

阿里旺旺的下载地址是 http://www.taobao.com/ wangwang/，其下载页面如图 6-60 所示。阿里旺旺有两个版本：买家版本和卖家版本，同时该页面还有使用帮助。买家版本主要侧重于和卖家的交互，买家之间的交互。而卖家版本则侧重于商业功能，除了普通的交互功能外，还能对所有店内商品的被交易情况进行通知、能对淘宝的商店进行装饰、商品上架和销售数据统计；如果是大一点的商场或专卖店有多个业务员的时候，还能将客户的咨询信息自动分流给各个业务员。阿里旺旺的登录和登录后界面如图 6-61 所示。

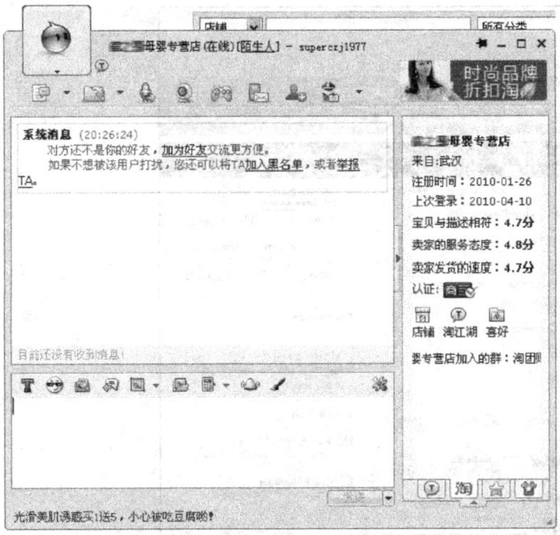

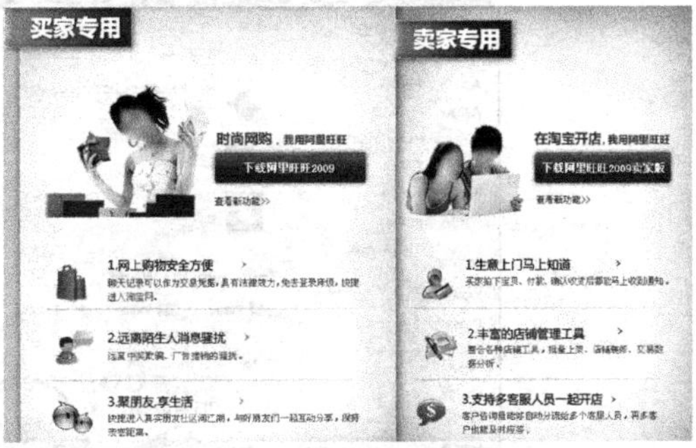

图 6-59　阿里旺旺和卖家交互　　　　图 6-60　阿里旺旺下载页面

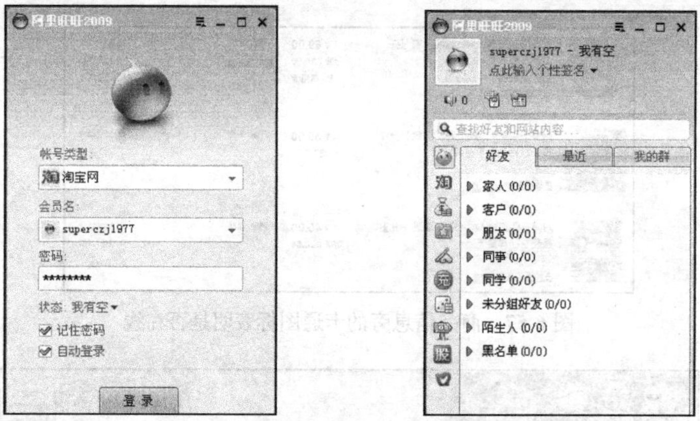

图 6-61　阿里旺旺的登录和登录后界面

6.5　国内常见的电子商务平台

6.5.1　B2B 商务平台

B2B 商务平台因为大量涉及外贸，网站主页基本都是英语界面。

1. 阿里巴巴（www.alibaba.com，其界面如图 6-62 所示）

阿里巴巴网络有限公司为全球领先的小企业电子商务公司，也是阿里巴巴集团的旗舰业务。阿里巴巴于 1999 年成立,通过旗下 3 个交易市场协助世界各地数以百万计的买家和供应商从事网上生意。3 个网上交易市场包括：集中服务全球进出口商的国际交易市场（www.alibaba.com），集中服务国内贸易商的中国交易市场（www.1688.com），以及透过一家联营公司经营、促进日本外销及内销的日本交易市场（www.alibaba.co.jp）。3 个交易市场形成一个拥有来自 240 多个国家和地区超过 4 700 万名注册用户的网上社区。阿里巴巴亦向中国各地的小企业提供商务管理软件及互联网基础设施服务，并通过阿里学院为国内小企业培育电子商务人才。

阿里巴巴创立于中国杭州市，在中国、日本、韩国、欧洲和美国等国家共设有 60 多个办事处。

图 6-62　阿里巴巴

2. 环球资源网（http://www.globalsources.com/，其界面如图 6-63 所示）

环球资源创立于 1971 年，通过促成亚洲制造商与国际优质买家之间的成功贸易，积极推动着全球经济的发展。如今，环球资源已拥有 39 年国际贸易成功推广经验，也已植根中国内地 29 年，在中国超过 40 个城市设有销售代表办事机构，拥有约 2 500 多名团队成员。2005 年，其在深圳中央商务区购入超过 9 000m^2 的全新商务写字楼，并在此设立了新的中国总部。

图 6-63　环球资源网

3. 中国制造网（http://www.made-in-china.com/，其界面如图 6-64 所示）

中国制造网由焦点科技股份有限公司全力开发及运营。焦点科技股份有限公司（http://www.focuschina.com）成立于 1996 年，是国内最早专业从事电子商务开发及应用高新技术的企业之一，致力于为客户提供全面的电子商务解决方案。焦点科技拥有雄厚的资金、技术、通信资源和市场运作实力，经过多年持续、高速的发展，伴随着中国电子商务应用的逐渐深化，逐步建立了一支技术过硬、善于创新的技术队伍和一套规范、完善的服务体系。

面对日益增长的中国贸易出口商和互联网用户，焦点科技推出了在线的国际贸易平台——中国制造网，提供最全面和准确的中国产品和供应商信息。经过多年的踏实积累和成功运营，中国制造网现已成为最知名的 B2B 网站之一，有效地在全球买家和中国产品供应商之间架起了贸易桥梁。

图 6-64　中国制造网

4. **慧聪网（http://www.hc360.com/，其界面如图 6-65 所示）**

慧聪网（HK8292）成立于 1992 年，是国内领先的 B2B 电子商务服务提供商，依托其核心互联网产品买卖通以及雄厚的传统营销渠道——慧聪商情广告与中国资讯大全、研究院行业分析报告为客户提供线上、线下的全方位服务，这种优势互补、纵横立体的架构，已成为中国 B2B 行业的典范，对电子商务的发展具有革命性影响。

2003 年 12 月，慧聪网实现了在香港联交所创业板的成功上市，为国内信息服务业及 B2B 电子商务服务业首家上市公司。2009 年 2 月，慧聪网顺利通过 ISO9001 质量管理体系认证，成为国内首个引入该标准的互联网公司。目前，慧聪网注册用户超过 960 万，买家资源达到 900 万，覆盖行业超过 70 余个，员工 2 600 名，是国内最有影响力的互联网电子商务公司。

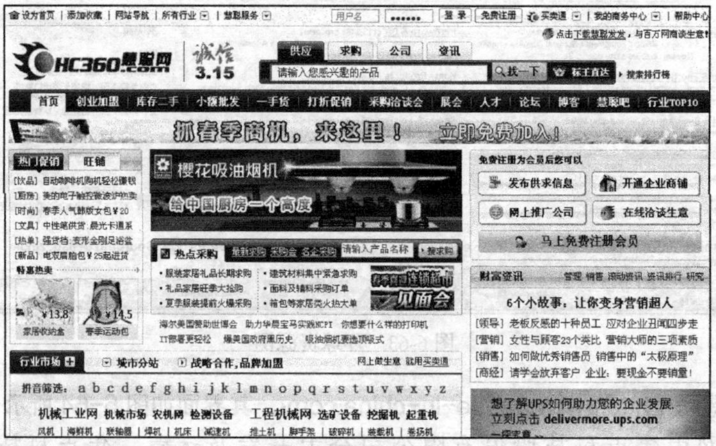

图 6-65　慧聪网

5. **中国化工网（http://china.chemnet.com/，其界面如图 6-66 所示）**

中国化工网是浙江网盛生意宝股份有限公司经营的专业化工商务网站，专门做化工类 B2B 的商务平台。浙江网盛生意宝股份有限公司（原浙江网盛科技股份有限公司）是一家专业从事互联网信息服务、电子商务和企业应用软件开发的高科技企业，是国内最大的垂直专业网站开发运营商，国内专业 B2B 电子商务标志性企业。公司分别创建并运营中国化工网（www.chemnet.com.cn）、全球化工网（www.chemnet.com）、中国纺织网（www.texnet.com.cn）、中国医药网（www.pharmnet.com.cn）、中国

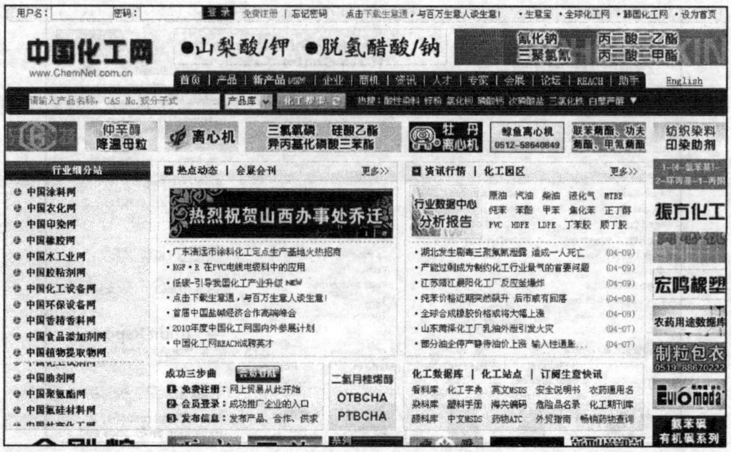

图 6-66　中国化工网

服装网（www.efu.com.cn）、机械专家网（www.mechnet.com.cn）等多个国内外知名的专业电子商务网站，并推出了“基于行业网站联盟的电子商务门户及生意搜索平台——生意宝”（www.toocle.cn），开创了“小门户+联盟”的新一代 B2B 电子商务模式。

6.5.2　B2C 商务平台和 C2C 商务平台

随着市场竞争的加剧，单一经营模式更容易受到冲击，因此国内外 B2B 商务平台和 C2C 商务平台逐渐走向综合经营。

1. 淘宝（http://www.taobao.com/，其界面如图 6-67 所示）

淘宝成立于 2003 年 5 月 10 日，由阿里巴巴集团投资创办。经过 6 年的发展，截至 2009 年 6 月淘宝拥有注册会员 1.45 亿，2008 年实现年交易额 999.6 亿人民币，是亚洲最大的网络零售商圈。

图 6-67　淘宝网

2. 拍拍网（http://www.paipai.com/，其界面如图 6-68 所示）

腾讯拍拍网是腾讯旗下知名电子商务网站。拍拍网于 2005 年 9 月 12 日上线发布，2006 年 3 月 13 日宣布正式运营，是目前国内第二大电子商务平台。

依托于腾讯 QQ 超过 7.417 亿的庞大用户群以及 3.002 亿活跃用户的优势资源，拍拍网具备良好的发展基础。2006 年 9 月 12 日，拍拍网上线满一周年。通过短短一年时间的迅速成长，拍拍网已经与易趣、淘宝共同成为中国最有影响力的三大 C2C 平台。

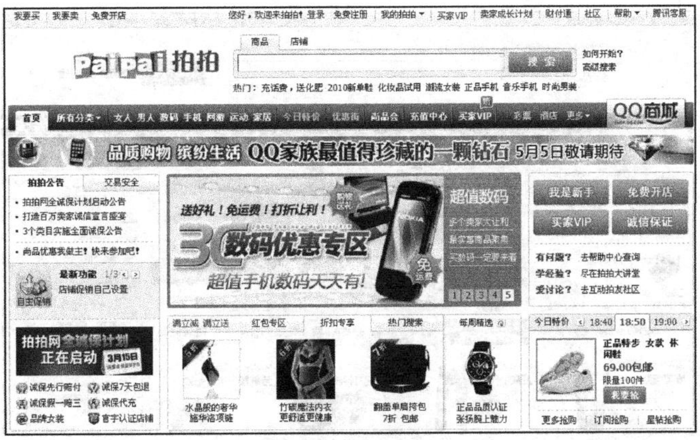

图 6-68　拍拍网

3. 易趣（http://www.eachnet.com/，其界面如图 6-69 所示）

易趣是全球最大的电子商务公司 eBay（Nasdaq：EBAY）和国内领先的门户网站、无线互联网公司 TOM 在线于 2006 年 12 月携手组建的一家合资公司。

1999 年 8 月，易趣在上海创立。2002 年，易趣与 eBay 结盟，更名为 eBay 易趣，并迅速发展成国内最大的在线交易社区。

2006 年 12 月，eBay 与 TOM 在线合作，通过整合双方优势，凭借 eBay 在中国的子公司 eBay 易趣在电子商务领域的全球经验以及国内活跃的庞大交易社区与 TOM 在线对本地市场的深刻理解推出为中国市场定制的在线交易平台。

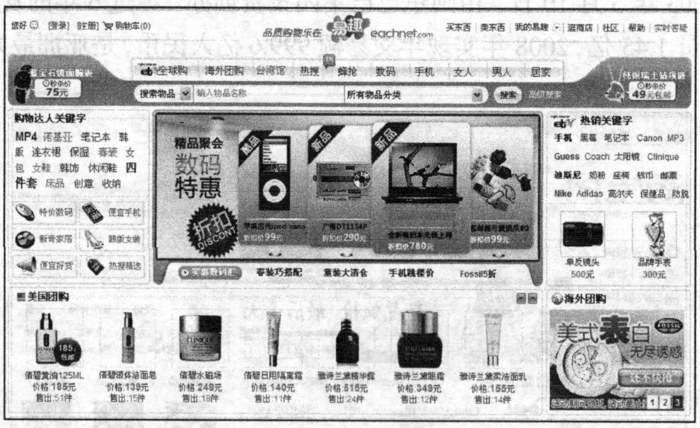

图 6-69　易趣网

4. 有啊网（http://youa.baidu.com，其界面如图 6-70 所示）

百度有啊是百度旗下电子商务交易平台，由全球最大的中文搜索引擎公司百度创办，致力为 2.21 亿中国网民提供一个“汇人气，聚财富”的高效网络商品交易平台。

秉承百度一贯以来的产品设计理念，百度有啊自设计伊始就始终以用户需求至上为准绳，通过对海量的网络交易分析、调研，在倾听和挖掘了各种交易需求后，对交易流程进行了特别的优化和处理，不仅让卖家入驻、管理和销售更加简易快捷，同时还做到了让买家浏览、比较、购买更加通畅。

依托全球最大的中文搜索引擎公司百度，基于其独有的搜索技术和强大社区资源，百度有啊突破性实现了网络交易和网络社区的无缝结合，以打造完美满足用户期望的体验式服务为宗旨，为庞大的中国互联网电子商务用户提供更贴心、更诚信的专属服务。

图 6-70　百度有啊网

第 7 章 Internet 常用工具软件

Internet 正变得越来越精彩，今天的 Internet 已不再是计算机人员和军事部门进行科研的领域，而是变成了一个开发和使用信息资源的覆盖全球的信息海洋。Internet 上信息内容无所不包：有学科技术的各种专业信息，也有与大众日常工作和生活息息相关的信息；有严肃主题的信息，也有体育、娱乐、旅游、消遣和奇闻逸事一类的信息；有历史档案信息，也有现实世界的信息；有知识性和教育性的信息，也有消息和新闻的传媒信息；有学术、教育、产业和文化方面的信息，也有经济、金融和商业信息等。信息的载体涉及几乎所有媒体，如文档、表格、图形、影像、声音以及它们的合成。信息容量小到几行字符，大到一个图书馆。信息分布在世界各地的计算机上，以各种可能的形式存在，如文件、数据库、公告牌、目录文档和超文本文档等。而且这些信息还在不断地更新和变化中。可以说，Internet 上是一个取之不尽用之不竭的大宝库。

Internet 已经成为当今社会最有用的工具，它正在悄悄改变着人们的生活方式。如何有效地使用 Internet 正成为人们的迫切需求，而借助一些常用的工具软件则可以让用户更加自由地畅游在 Internet 的海洋。

7.1 即时通信工具

7.1.1 即时通信简介

1. 什么是即时通信

即时通信（Instant Messaging，IM）是一个终端服务，允许两人或多人使用网络即时传递文字、图片、语音与视频的一种交流形式。

即时通信是一种使人们能在网上识别在线用户并与他们实时交换消息的技术，被很多人称为电子邮件发明以来最酷的在线通信方式，典型的 IM 是这样工作的：当好友列表中的某人在任何时候登录上线并试图通过计算机联系用户时，IM 系统会发一个消息提醒用户，然后用户能与好友建立一个聊天会话框并键入消息文字进行交流。IM 被认为比电子邮件和聊天室更具有自发性，甚至用户能在进行实时文本对话的同时一起进行 Web 冲浪。

在早期的即时通信程式中，使用者输入的每一个字元都会即时显示在双方的屏幕，且每一个字元的删除与修改都会即时显示出来。这种模式比起使用电子邮件更像是电话交谈。在现在的即时通信程式中，交谈中的另一方通常只会在本地端按下送出键后才会看到信息。

最早的即时通信形式是 19 世纪 70 年代早期的柏拉图系统（PLATO System），之后在 80 年代，

UNIX/Linux 的交谈即时信息被广泛地使用于工程师与学术界，90 年代即时通信更跨越了网际网路交流。1996 年 11 月，首个非 UNIX/Linux 版本的即时通信软件 ICQ 诞生，由于 ICQ 的简单易用迅速在网络上风靡，仅仅在 1998 年 ICQ 注册用户数就达到 1 200 万，最后被 AOL 看中以 2.87 亿美元的天价买走。由于 ICQ 的代表性，通常被作为同时第一款即时通信软件，目前 ICQ 有 1 亿多用户，主要市场在美洲和欧洲。

即时通信软件自 1996 年面世以来，特别是近几年的迅速发展，即时通信的功能日益丰富，逐渐集成了电子邮件、博客、音乐、电视、游戏和搜索等多种功能。现在，即时通信不再是一个单纯的聊天工具，它已经发展成集交流、资讯、娱乐、搜索、电子商务、办公协作和企业客户服务等为一体的综合化信息平台。

2. 主流的即时通信软件

目前，国内市场上主流的即时通信软件主要有 QQ、MSN、阿里旺旺、飞信、新浪 UC、网易泡泡、百度 hi 吧等，而 QQ 则占据即时通信市场的 8 成以上。

从用户对软件的粘性来看，QQ、MSN、阿里旺旺对用户忠诚度和粘性最强。QQ 由于其庞大的用户群和其附属产品完善开发，其用户基本不会流失，基本上其他即时通信软件的用户也同时是 QQ 的用户。而 MSN 则主要是涉外交流需要的用户群或者对洋品牌很在意的用户群在使用，涉外领域中由于微软的强力运作 MSN 的市场覆盖全球，是最广泛的国际交流的即时通信软件。阿里旺旺则是随着淘宝 B2C 和 C2C 的兴起而流行起来的一款即时通讯软件，其主要目的是购物用户和商家的交流，以及商家对自己商店的管理，由于淘宝占据了 B2C 和 C2C 绝大部分市场，用户一般来说不容易流失。

其他的即时通信软件都有各自的优点，但是由于 QQ 过于强大，如果腾讯公司运营没有出大的偏差，较长时间内 QQ 地位不会动摇。

7.1.2 即时通信软件 QQ

腾讯公司从 1999 年 2 月推出 OICQ Beta 版本，后来为了防止和 ICQ 的命名冲突更名为 QQ，因其系统合理的设计、良好的易用性、强大的功能、稳定高效的运行，赢得了用户的青睐。1999 年 11 月，QQ 用户注册数就突破 100 万，而到了 2007 年 9 月 21 日，QQ 注册用户达到 8.562 亿。2008 年后的注册用户数量没有见到统计结果，相信应该是一个天文数字。不仅注册人数多，而且活跃账号也多，根据 2010 年 3 月公布的腾讯 2009 年业绩报告显示，2009 年的活跃账户数量达到 5.229 亿。而且 QQ 的同时在线人数也屡创新高，2010 年 3 月 5 日竟然达到了 1 亿，如图 7-1 所示。

图 7-1 QQ 在线用户递增图

利用 QQ 的庞大用户群，腾讯公司大力在游戏娱乐、搜索引擎和电子商务领域发力，已经成为目前中国最有价值的 IT 公司。

1. QQ 的下载与安装

QQ 安装程序是一款免费软件，因此在各大站点都可以下载到。因为现在 QQ 号码盗窃程序很多，个别网站甚至专门制作带有盗号木马的 QQ 安装程序下载。为了用户的号码安全，建议最好到腾讯官方网站(http://www.qq.com)或大型正规的门户网站去下载。这里以腾讯 QQ2010 Beta2 版本作介绍。

（1）登录 QQ 官方网站下载

选择腾讯主页上的“QQ 软件”链接或者直接访问地址 http://im.qq.com，即可进入 QQ 软件下载栏目，如图 7-2 所示。

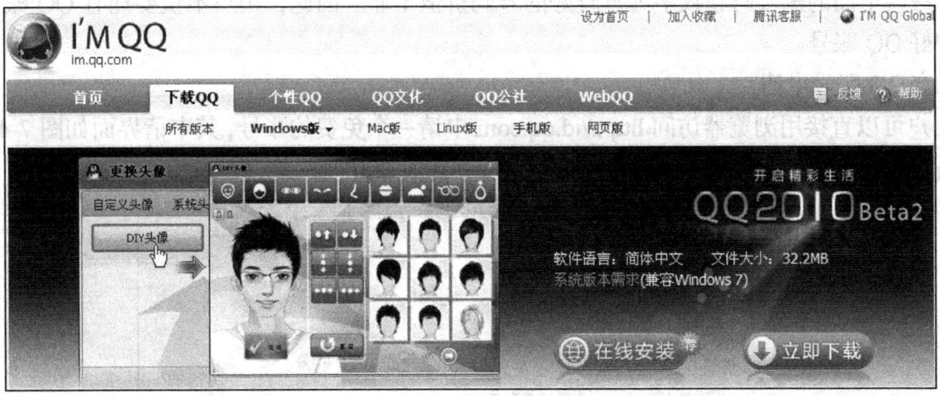

图 7-2　QQ 软件下载

（2）下载方式选择

单击如图 7-2 右边所示的“在线安装”或“立即下载”都可以进行安装，为了便于以后的维护建议将安装程序下载后再安装。单击“立即下载”即可下载软件。下载完成后双击下载后的可执行文件即可打开 QQ 的安装向导，整个 QQ 的安装过程较为简单，用户根据安装向导提示信息操作可以很快完成安装。

安装完成后，在用户桌面和开始菜单会出现 QQ 的企鹅头像快捷方式，只要双击桌面快捷方式或单击菜单的快捷方式（如图 7-3 所示）就可以启动 QQ 登录界面。默认情况下，QQ 会设置开机自动运行，这样每次计算机启动后 QQ 登录程序就会自动打开。

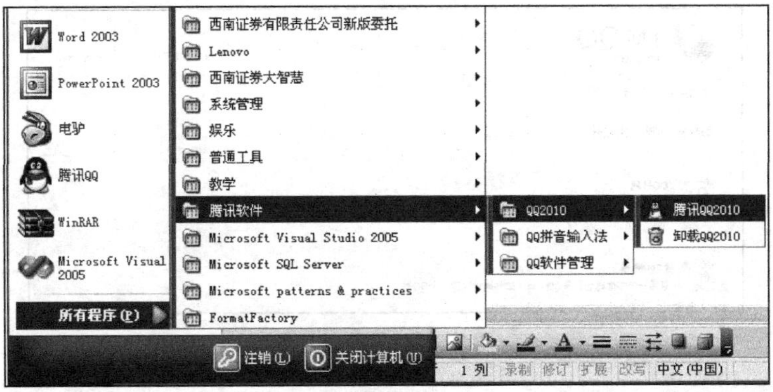

图 7-3　安装后 QQ 菜单

（3）手机 QQ

对于希望使用手机 QQ 的用户，首先要确定自己的手机支持 Java 功能（最好是智能机，性能好操作方便些）；其次还要开通网络服务（移动运营商一般都提供了一定流量的包月服务，足够用）。具备这两个条件的就可以使用手机 QQ 了。手机 QQ 的正常聊天信息发送只产生数据流量费用，不会产生短信费用。安装时建议用户先用计算机下载后再复制到手机上，节省流量费用。

由于手机的个体差异太大，这里不便详细介绍安装和使用，总的来说基本和计算机 QQ 类似，只是相应的功能都局限于手机性能，都进行了简化，因此可以参考本节的后续介绍。当遇到问题的时候可以用搜索引擎寻找具体机型的解决方法。

2. QQ 账号

QQ 账号是使用 QQ 的基本条件，由于 QQ 用户群体太过于庞大，QQ 号码也变成了一种身份标识，一些早期的短号码和数字寓意较好的号码价值不菲。因此，用户不仅要拥有 QQ 账号，还要保护好 QQ 账号。

（1）QQ 账号申请

用户可以直接用浏览器访问 http://id.qq.com/申请一个免费的账号，其申请界面如图 7-4 所示。为了防止恶意注册，腾讯规定在 24 小时内，同一 IP 只能申请一个。

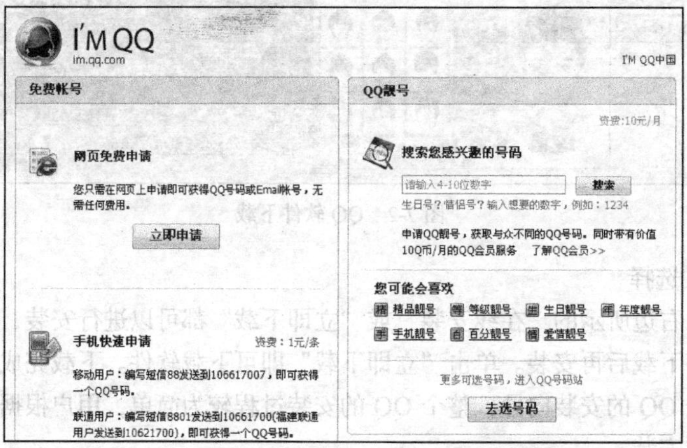

图 7-4　QQ 账号申请向导

由于特殊 QQ 号码的价值，腾讯将部分号码保存了，不能免费申请到，如果有需要可以选择购买靓号。以免费申请为例，单击“立即申请”按钮，打开如图 7-5 所示的界面。

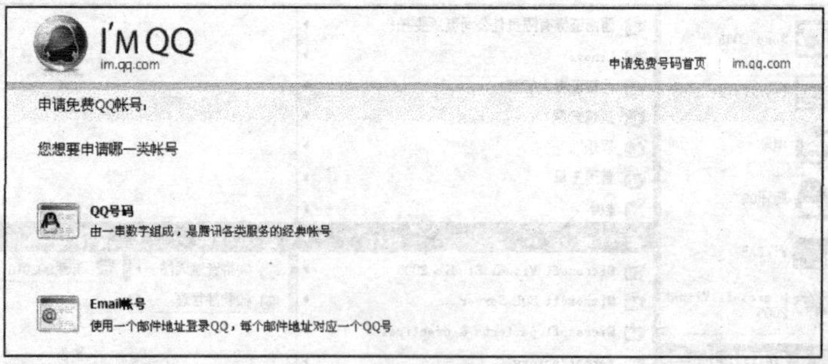

图 7-5　账号类型选择

QQ 账号目前有号码显示和邮件账号显示两种方式，由于现在 QQ 号码已经很长不便于记忆了，建议用户申请邮件账号类型的。邮件账号也是有 QQ 号码的，只是用邮件登录和显示而已，而且还可以设置为显示号码。此处选择邮件账号类型，打开如图 7-6 所示的界面。

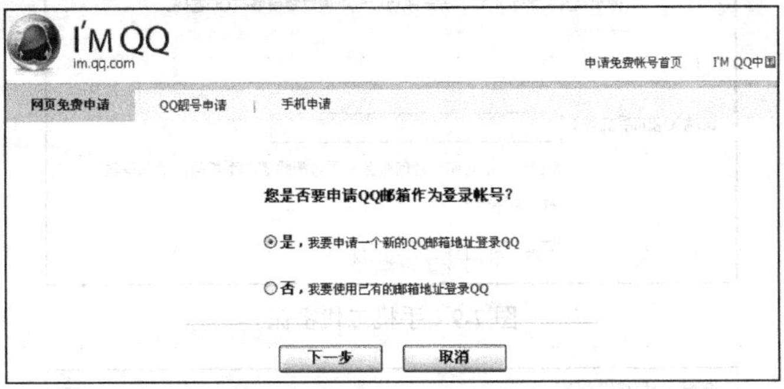

图 7-6　QQ 账号申请向导

这里用户也可以用以前的邮箱地址作为 QQ 登录方式，但是如果原来的邮箱地址不是 QQ 邮箱，为了达到最佳效果，建议直接申请一个新的邮箱。用户选择“是，我要申请一个新的 QQ 邮箱地址登录 QQ”，单击“下一步”按钮，打开如图 7-7 所示的界面，按照提示进行操作即可。

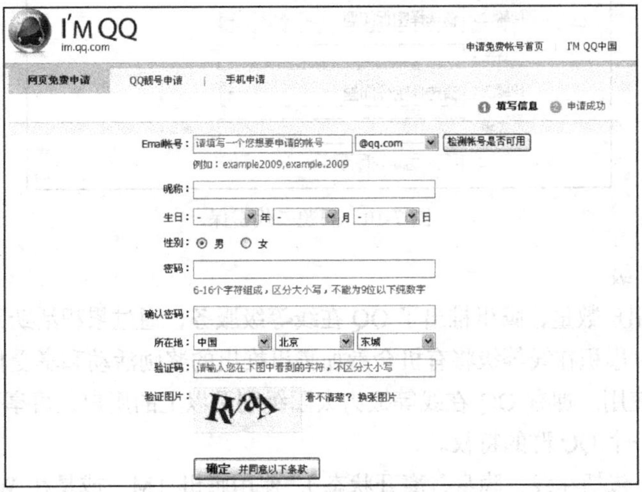

图 7-7　QQ 账号重要信息填写

申请成功后，QQ 会提醒用户设置二代密码保护，如图 7-8 所示。如果申请了二代密码保护，QQ 账号被别人盗号后，可以用它快速找回，重设新登录密码。用户可以根据自己的喜好选择“密保手机”或“密保问题”方式，其设置界面如图 7-9、图 7-10 所示。

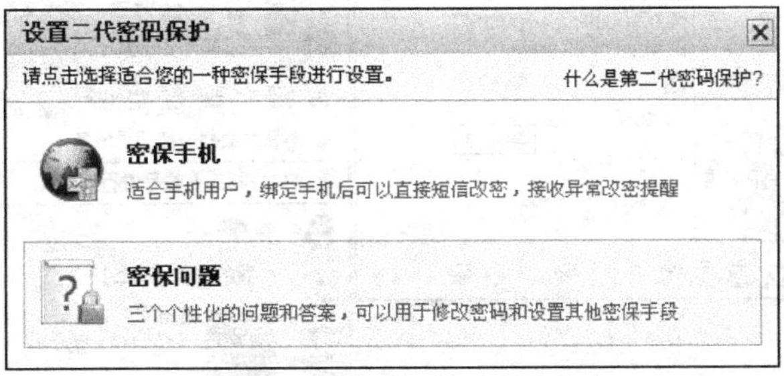

图 7-8　二代密保方式选择

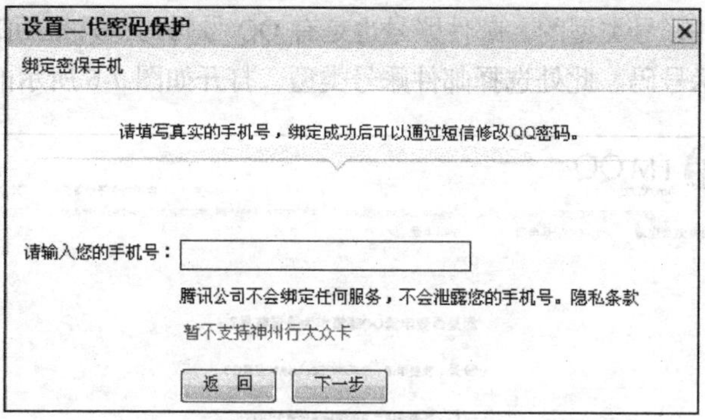

图 7-9　手机二代密保

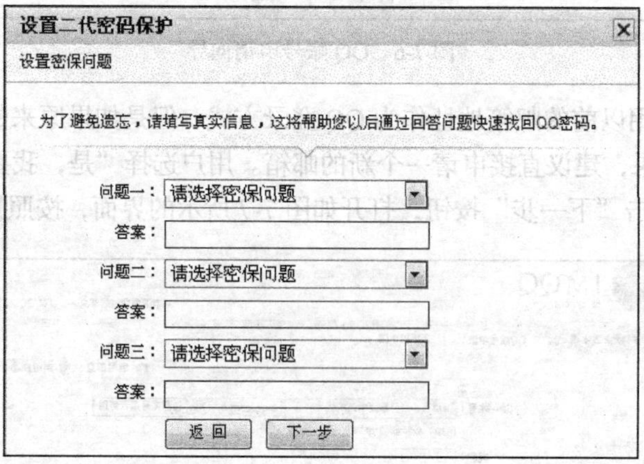

图 7-10　问题二代密保

（2）QQ 账号等级

为了提高在线用户数量，腾讯推出了 QQ 在线等级服务，通过累积活跃天数，用户就可以获取相应的 QQ 等级。累积在线等级将有机会参加腾讯推出的奖励活动和享受相关的优惠服务，而不影响正常的 QQ 使用。拥有 QQ 在线等级为太阳级别及以上的用户，可享受任意上传设置 QQ 自定义头像和建立一个 QQ 群的特权。

使用腾讯 QQ（包括在线、隐身、离开状态），使用腾讯 TM，或是在 WinCE 平台下用手机登录腾讯 QQ，均计入活跃天数。QQ 在线等级有太阳、月亮、星星 3 个图标标识。用户可以移动鼠标指针到自己的 QQ 头像或用户列表中的 QQ 好友头像上，将自动浮出提示信息框，可以显示该账号的在线等级，如图 7-11 所示。

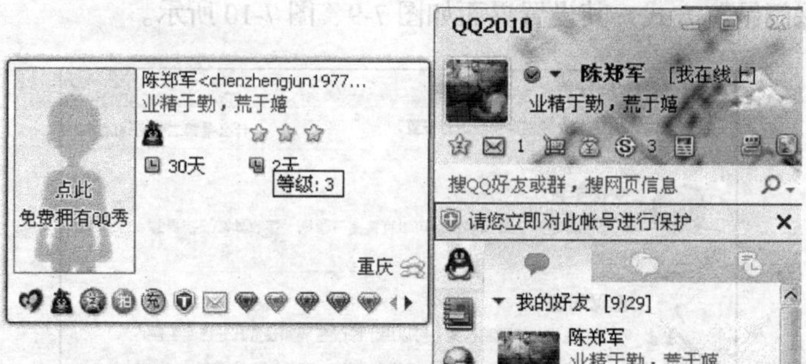

图 7-11　QQ 账号等级

“活跃天”指的是如果用户当天使用 QQ 超过一定的时间（大约 2 小时），腾讯就认为用户这一天是活跃的，会为其活跃天数加上一天，而累积这个天数就会提升用户的在线服务等级，如图 7-12 所示。

3. 登录 QQ

启动腾讯 QQ 后，会出现登录对话框，如图 7-13 所示。如果这台计算机上不是第一次使用 QQ，就可以直接单击“账号”输入框右侧的下拉按钮在下拉列表中选择曾经使用过的号码，然后输入对应密码，单击“登录”按钮就可以登录服务器了；如果这台计算机上是第一次使用 QQ，则需要自己输入 QQ 号码和密码登录服务器；如果还没有 QQ 号码，可以单击登录界面上的“注册新账号”去申请一个 QQ 号码；当然，如果用户还没有安装 QQ 可以直接访问 http://id.qq.com/ 申请一个（QQ 号码是免费的）。

等级	等级图标	原来需要的小时数	现需要天数
1	☆	20	5
2	☆☆	50	12
3	☆☆☆	90	21
4	☾	140	32
5	☾☆	200	45
6	☾☆☆	270	60
7	☾☆☆☆	350	77
8	☾☾	440	96
12	☾☾☾	900	192
16	☺	1520	320
32	☺☺	5600	1152
48	☺☺☺	12240	2496

图 7-12　QQ 账号等级升级条件

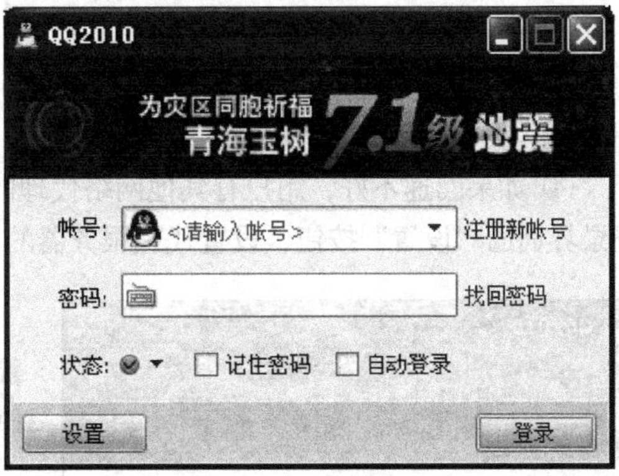

图 7-13　QQ 登录界面

登录界面还有几个选项可以定制符合自己喜好的登录方式。比如：用户是在自己独享的办公计算机或家里的计算机上使用，则可以选择“记住密码”或“自动登录”，当选择“自动登录”时会自动选中“记住密码”复选框。如果用户希望登录后不被打搅或不被误解，可以在登录时选择恰当的“方式”来实现。当然，如果用户所处的网络登录 QQ 服务器很慢，甚至还可以设置通过代理来连接服务器，实现较流畅的网络体验。

① 使用“记住密码”的好处是在一次登录后，下次再启动 QQ 时自动将这次登录的账号和密码帮用户填好。这种方式适合于有多个 QQ 账号用户使用，如果每个账号都是保存密码的，则直接单击账号输入框的选择箭头，选中每个账号都会自动出现相应账号的密码，直接单击“登录”按钮就可以登录 QQ 了，如图 7-14 所示。

② 使用“自动登录”则更为直接，启动 QQ 后，将不出现登录界面，而是直接用上次登录的 QQ 号码和密码登录 QQ，如果密码没有被修改则会直接登录成功。如果连续登录多个 QQ 账号，都选择自动登录，则只有最后一个账号自动登录。也就是说，这种方式只适合单个 QQ 号码的用户使用，如图 7-15 所示。

③ 登录状态即 QQ 登录后对其他用户显示出的状态。QQ2010 版本默认提供了 3 类 6 种登录状态，分别是“我在线上”、“Q 我吧”、“离开”、“忙碌”、“请勿打扰”、“隐身”。其中，“我在线上”和“Q 我吧”都表示用户处于可以接受聊天的状态，但是“Q 我吧”还有我正在线上聊天，欢迎来找我聊的意思。如果用户暂时不想被打搅，但是也希望有人找可以留言，就可以选择第二

类的 3 种方式："离开"、"忙碌"和"请勿打扰"，这 3 种方式都表示目前自己很忙或不在，不能立即回复其他好友的信息。如果用户只想悄悄登录 QQ，不希望被其他好友发现，可以选择最后一类，也是最后一种："隐身"。选择这种方式登录后用户能看到其他在线的好友，但是其他好友不能看到用户，当然用户也就不会被打搅到了，如图 7-16 所示。

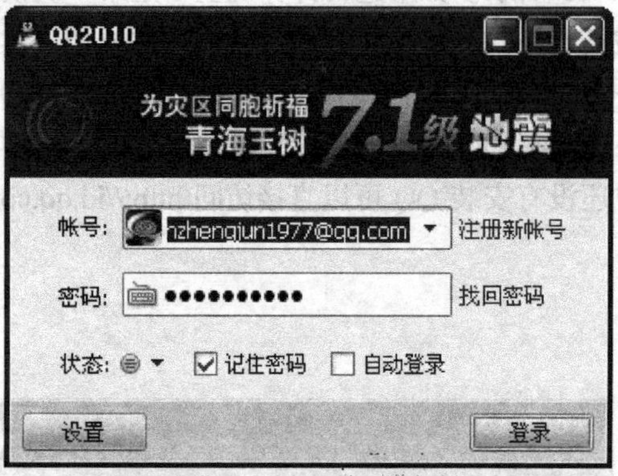

图 7-14　记住密码方式登录

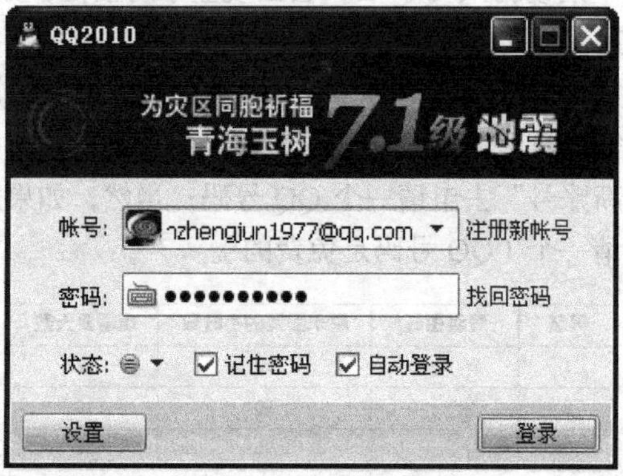

图 7-15　自动登录

④ 如果网速不好，用户有其他网络代理的信息（多数代理服务器是要收费的），则可以单击登录界面的"设置"按钮，设置代理服务器的信息，然后通过代理服务器登录，如图 7-17 所示。

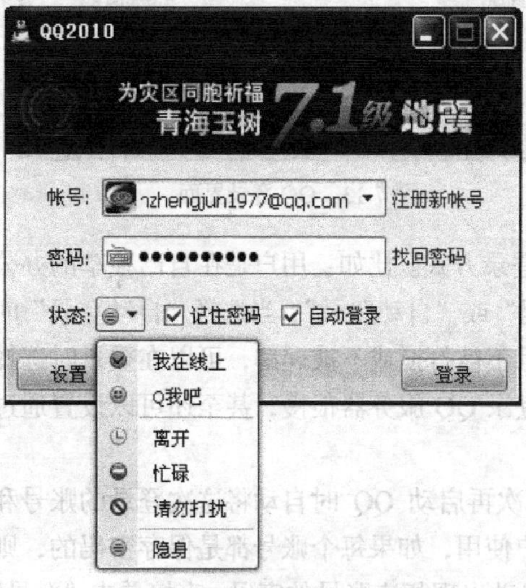

图 7-16　设置登录后的默认状态

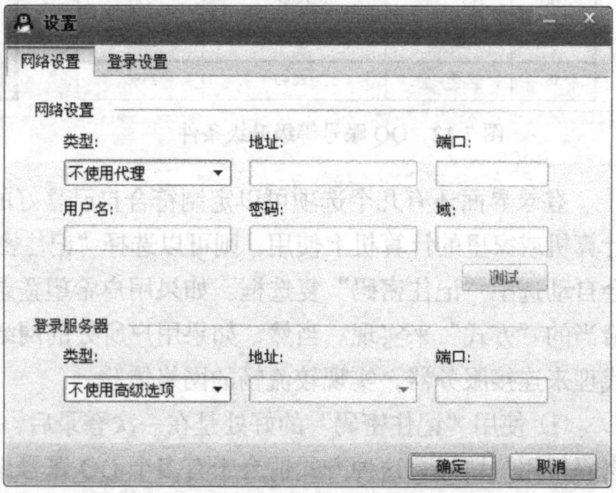

图 7-17　设置登录代理服务信息

4. 认识和配置 QQ

成功登录服务器后，QQ 自动访问服务器会将所有好友的资料下载到当前计算机上，如图 7-18 所示。

QQ 主界面可以分为以下 3 个部分来认识。

（1）QQ 头部信息

以好友列表上的搜索好友为界，上面部分即 QQ 头部信息部分。把鼠标指针移动到头像上面还可以看到 QQ 的账号等级等信息。这个部分主要实现用户个人资料、QQ 状态、个性签名、QQ 外观风格等功能的设置，也可以打开自己的 QQ 空间或收发 QQ 邮件，如图 7-19 所示。

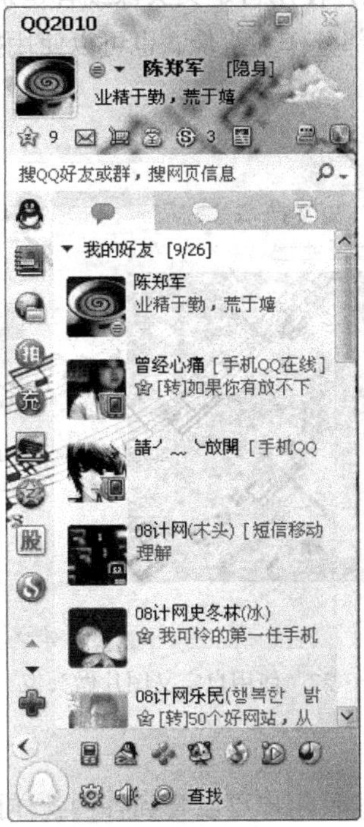

图 7-18　登录后 QQ

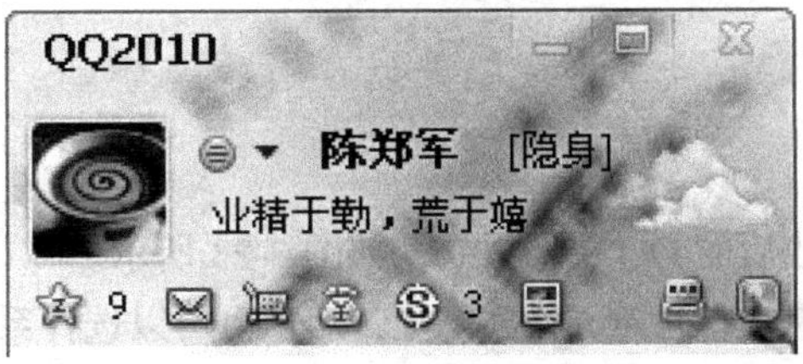

图 7-19　QQ 头部信息

单击头像即会弹出 QQ“我的资料”设置界面，通过这个界面可以设置个人的详细信息和这些信息的“隐私设置”，还能完成 QQ 的“系统设置”管理。其中，个人资料部分即个人的姓名、个性签名、性别和生日等信息，如图 7-20 所示。

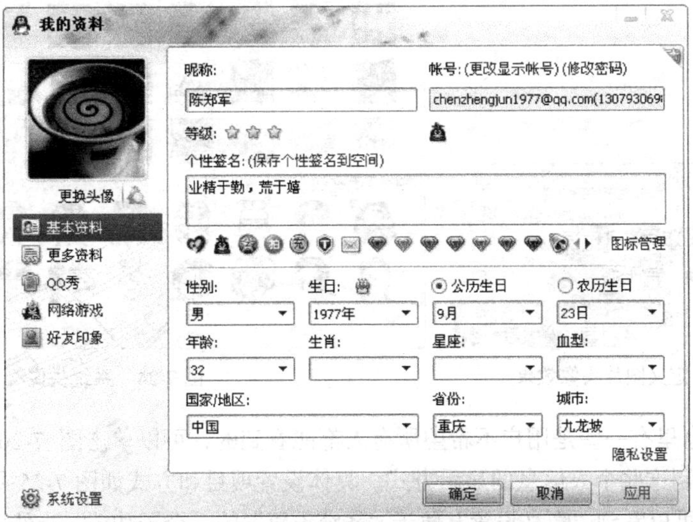

图 7-20　设置个人资料

在个人信息设置中，最常用的就是调整自己的 QQ 头像，每个人都希望设置一个有特色的头像，可以是卡通，可以是风景，也可以是自己的相片等。设置方法就是单击左上角的“更换头像”，弹出“更换头像”对话框。该对话框提供了 4 大类的头像更换方式，包括：自定义头像、系统头像、会员头像、QQ 秀头像，如图 7-21 所示，建议普通 QQ 用户使用自定义头像或者是系统头像。

自定义头像允许用户将本地磁盘上的图片裁切指定大小部分作为头像，也可以使用摄像头现场照一张来作为头像，如图 7-22 所示。

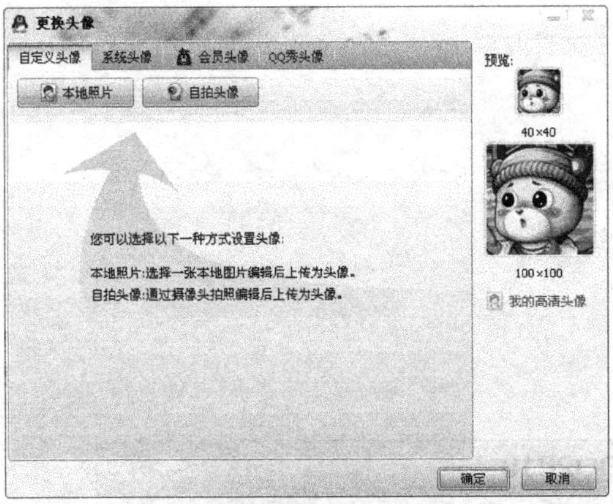

图 7-21　设置 QQ 头像

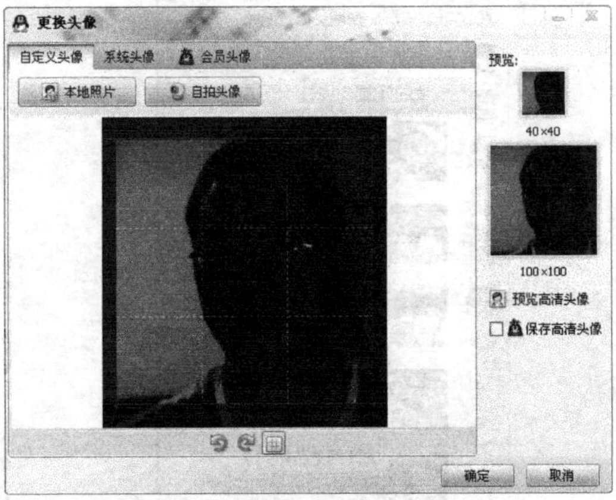

图 7-22　使用自定义图片做头像

更改后的 QQ 头像效果，如图 7-23 所示。

如果觉得自定义模式麻烦，用户也可以选择系统头像，这里用户可以看到各种各样预先设计好的头像，只要挑选一个自己喜欢的就可以了，如图 7-24 所示。

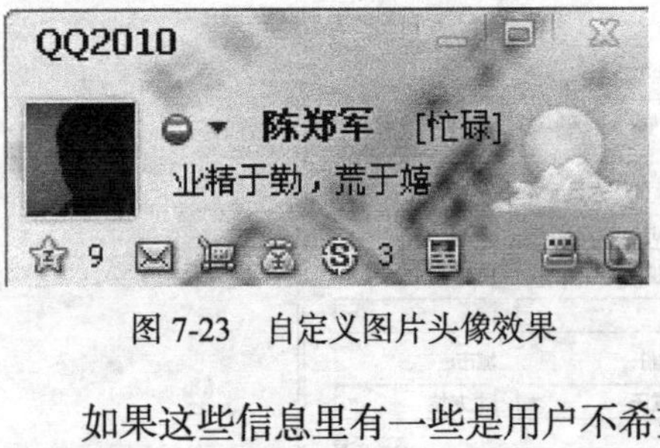

图 7-23　自定义图片头像效果

图 7-24　系统头像

如果这些信息里有一些是用户不希望所有人都能看到的，可以单击图 7-20 所示的右下角的“隐私设置”来定制这些个人信息的显示方式。具体设置项目和方式如图 7-25 所示。

在图 7-25 中可以看到“隐私设置”属于“系统设置”的一个子功能，当然，用户也可以在个人资料设置界面单击左下角的“系统设置”弹出该界面来进行配置，到后面用户会发现使用 QQ 的其他界面部分也能进入这个界面进行配置。由于该界面提供的配置功能很多，下面挑选其中较为常用和重要的给用户介绍。

① 基本设置主要是 QQ 的常规设置，包括登录设置、热键设置、声音设置等。这里最常用

的就是热键设置。所谓热键设置就是配置 QQ 使用时的一些快捷键。使用快捷键可以比使用鼠标操作更方便快捷（当然也因人而异）。默认情况下，QQ 已经配置了热键，如果觉得不适合自己，可以选中要更改的设置重新设置热键来替换。需要注意的是，如果有多个 QQ 账号同时使用，提取消息的热键必须定义成不相同的或者不设置热键。这样当多个账号都有消息来的时候使用热键才能判断是提取哪个账号的消息。QQ 热键设置界面如图 7-26 所示。

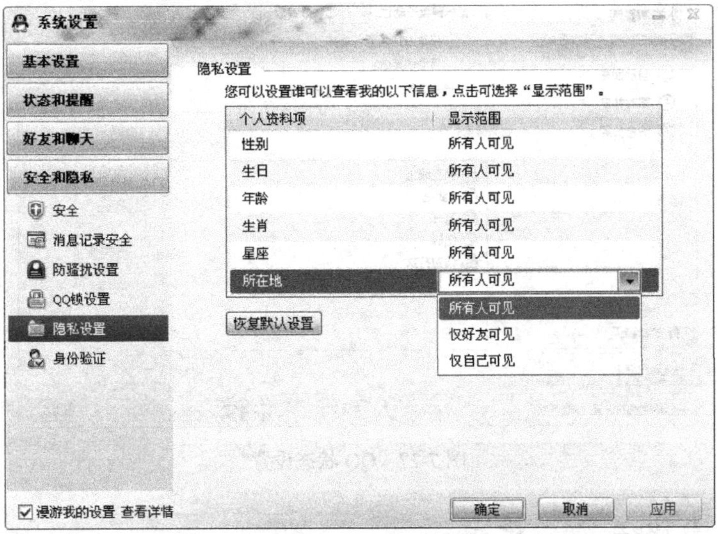

图 7-25　隐私设置

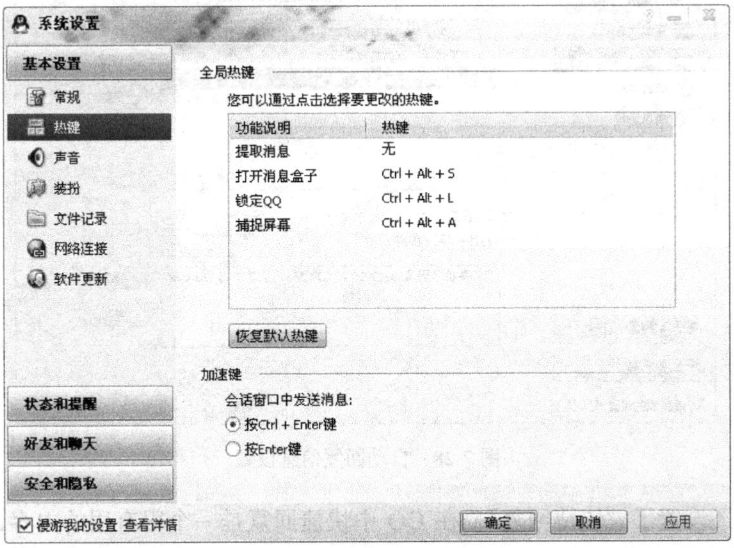

图 7-26　QQ 热键设置

② 状态和提醒主要是设置 QQ 可以有些什么样的在线状态、不便回复状态自动回复的信息内容以及一些自定义的提醒功能等。这个栏目最常用的就是设置在线状态和不在线状态。对于“在线状态”，主要是设置在线状态怎么自动切换成不在线状态和切换成哪种不在线状态。用户同时还可以对各种状态新增加一些名称。QQ 状态设置界面如图 7-27 所示。

“自动回复”主要是设置处于不便回复状态时的自动回复内容，用户可以修改默认的自动回复信息和增加自动回复信息。默认情况下，3 种离线状态自动回复的是第一条信息，如果要切换为别的，直接选中那个信息即可，例如，图 7-28 中选择了第三个消息，则会把第三条的内容自动回复出去。

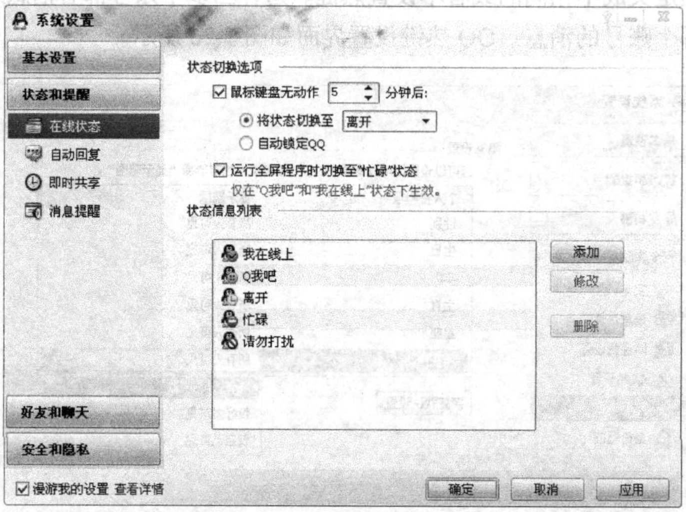

图 7-27　QQ 状态设置

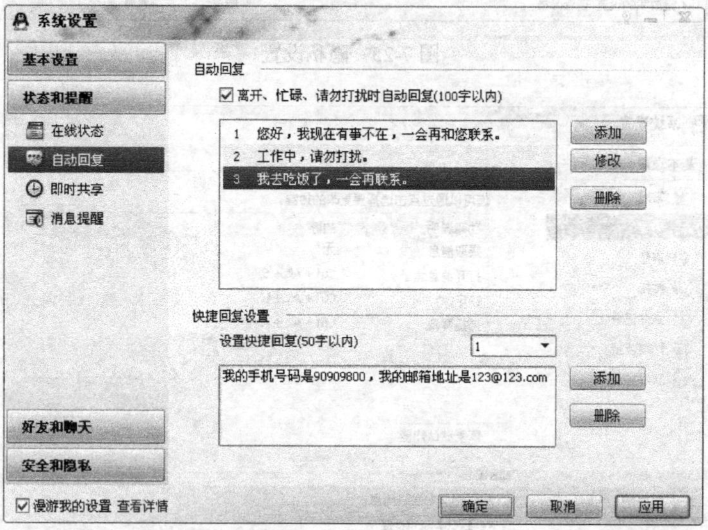

图 7-28　自动回复信息设置

图 7-28 中还设置了“快捷回复”，在 QQ 中快捷回复是一个很有用的内容，特别对于一些从事咨询业务的人员来说，很多时候的回复内容都是公式化的、客套的和固定的。这种情况下应用“快捷回复”非常有用，将大量的固定回复信息一条条地添加进快捷回复里并保存，以后一旦有需要回复的问题时，不用输入回复内容，只要直接单击“发送”按钮就会出现预定义的回复内容，选其中一个或连续选多个回复即可，选中的“快捷回复”消息立即被发给对方，如图 7-29 所示。

③ 好友和聊天栏目主要设置诸如接收文件保存位置（见图 7-30）、拍照图片保存位置和麦克风与摄像头的设置。通常情况下，这些设置都不需要调整，默认状态即可胜任。

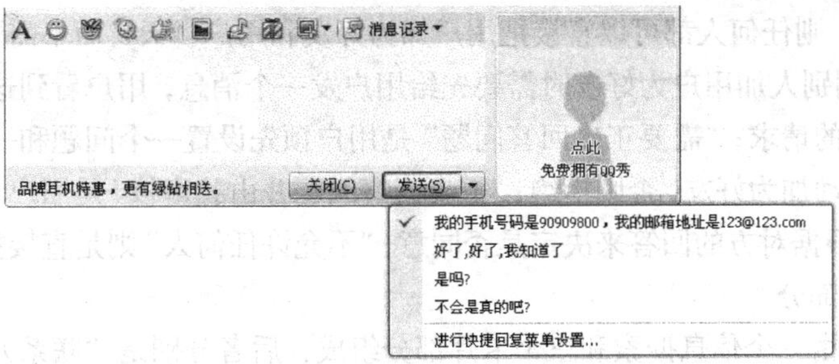

图 7-29　快捷回复效果

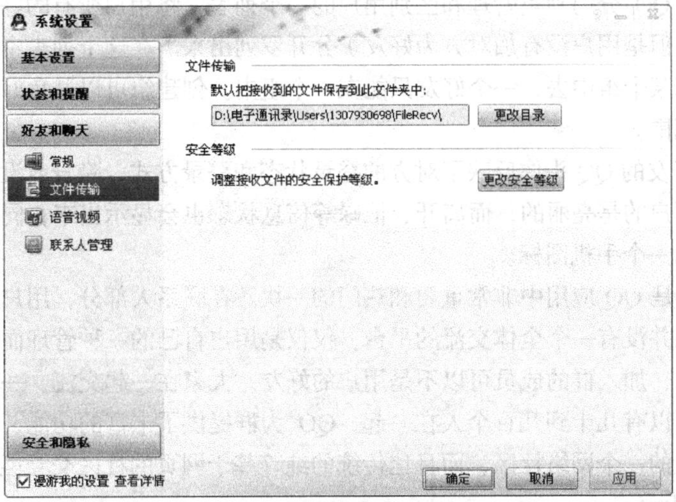

图 7-30　文件接收设置

④ 安全和隐私栏目主要是有关 QQ 安全和保护个人隐私的配置。其中，“安全”部分主要设置文件传输安全性；“消息记录安全”主要是针对诸如网吧一类公共用机场所的设置，可以让用户确定聊天记录是保存还是删除。而最常用的就是“身份验证”设置，如图 7-31 所示，这个项目设置取决于用户对网上交友的态度。

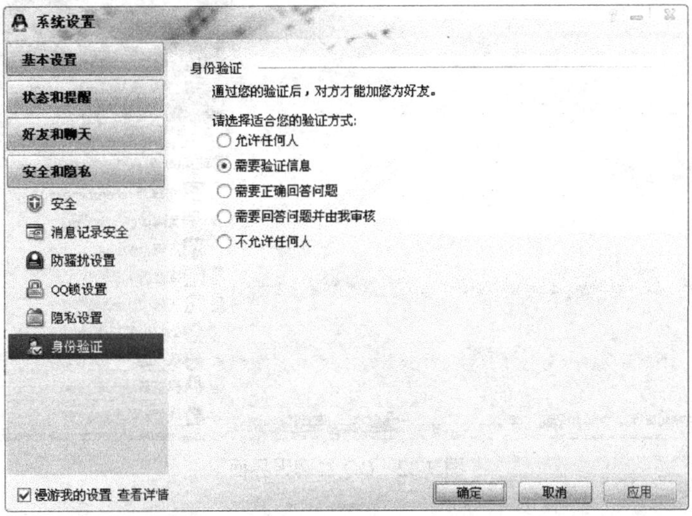

图 7-31　身份验证方式设置

“允许任何人”则任何人都可以直接把用户加为好友和用户聊天，而不需要得到用户的认可；“需要验证信息”则别人加用户为好友时需要先给用户发一个消息，用户看到这个消息后，可以同意也可以拒绝他人的请求；“需要正确回答问题”是用户预先设置一个问题和一个答案，当对方回答正确答案后就自动加为好友，否则拒绝；“需要回答问题并由我审核”是用户预先设置一个问题，对方回答后，用户根据对方的回答来决定是否同意；“不允许任何人”则是直接拒绝所有人的请求。

（2）用户列表部分

用户列表部分由一个信息搜索和三个卡片部分组成，后者分别是“联系人”、“群/讨论组”、“最近联系人”。

① 联系人是 QQ 分门别类管理和区别用户的一个列表，将用户所有的好友和陌生人（对方加了用户为好友，但是用户没有加对方为好友）分开罗列出来。在这个列表中可以建分组，然后将列表用户分配到某个组中去，一个好友只能在一个组内。创建组可以避免好友太多找人麻烦，使用组缩小查找范围。

在列表中，好友的 QQ 头像反映了对方的登录状态和登录方式，隐身或没有登录的用户头像是灰色的，在线用户的是亮丽的，而离开、忙碌等信息状态也会显示出来；同时，如果用户是手机登录的还会显示一个手机图标。

② 群/讨论组是 QQ 应用中非常重要和热门的一块。在联系人部分，用户虽然可以创建组，但是组内用户之间并没有一个全体交流的平台，仅仅是用户自己的一种管理而已。而群是一种全新的群体交流平台，加入群的成员可以不是用户的好友，大家在一起交流，一个人发言全体都可以看到。一个群可以有几十到几百个人在一起，QQ 为群提供了丰富的功能，可以这样说，一个群就是传统意义上的一个网络社区，而且比传统的纯粹基于网页的社区交互能力更强。QQ 群聊天界面如图 7-32 所示。

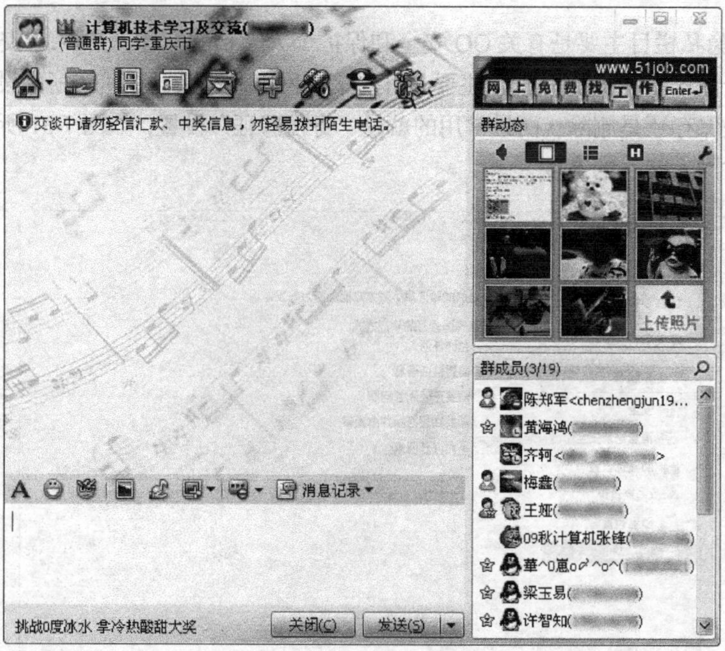

图 7-32　QQ 群聊天界面

目前，QQ 为群提供了群文字和图片聊天、群语音聊天、群共享、群论坛、群相册、群活动、群投票等，对于常用的群体活动功能需求几乎都支持。QQ 群主页空间如图 7-33 所示。

图 7-33　QQ 群主页空间

而讨论组则是群应用的一个简化。群人数很多的时候往往信息量极大，让人去看也不是，不看也不是。即便群内有几个好朋友也不好聊天，而好友之间通过 QQ 直接聊天又觉得没有群体的感觉，这个时候讨论组就派上用场了。讨论组创建界面如图 7-34 所示。

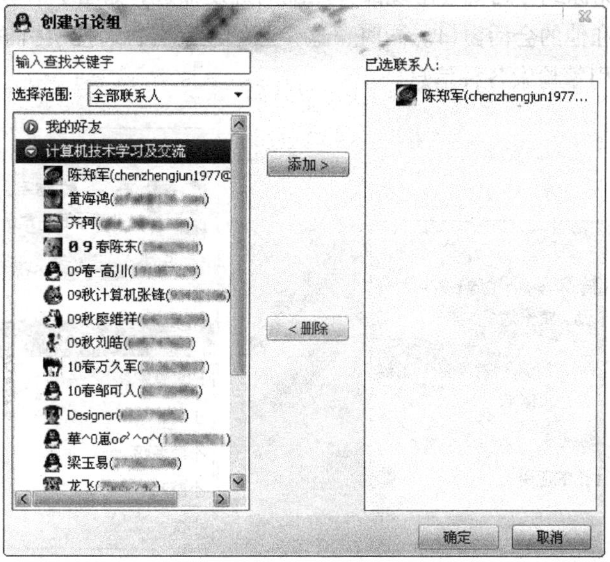

图 7-34　讨论组创建

讨论组能让用户将几个好友组织在一个讨论组（就像是临时群）里彼此都可以交流，而且全部都能看到，人少不会太杂。对于普通的 QQ 用户来说，讨论组可以无限创建，而群只能创建一个，还必须是达到一定级别的用户。讨论组界面如图 7-35 所示。

③ 最近联系人从 2009 年版本后能无限期保存最近联系的 200 个 QQ 用户或 QQ 群的信息。如果最近有陌生人和用户聊天过，但是几天后用户忘了他的号码，别急，用最近联系人可以帮助用户找到。只要最近和用户联系过的，基本上都可以通过最近联系人列表找到。最近联系人界面如图 7-36 所示。

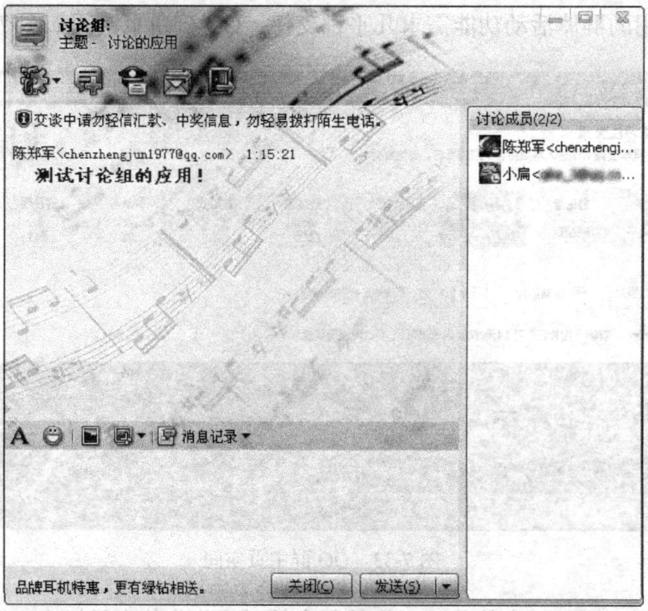

图 7-35　讨论组界面

④ 如果用户还需要更快的找到好友信息的方法，就推荐用搜索功能。直接在搜索文本框中单击鼠标，输入部分昵称或号码就会出现部分匹配的好友筛选，如图 7-37 所示，然后双击符合条件的头像就可以打开和他的会话窗口。同时，这个区域还具有普通搜索引擎的功能，可以打开腾讯新推的 SOSO 搜索引擎检索各种信息。

图 7-36　最近联系人界面

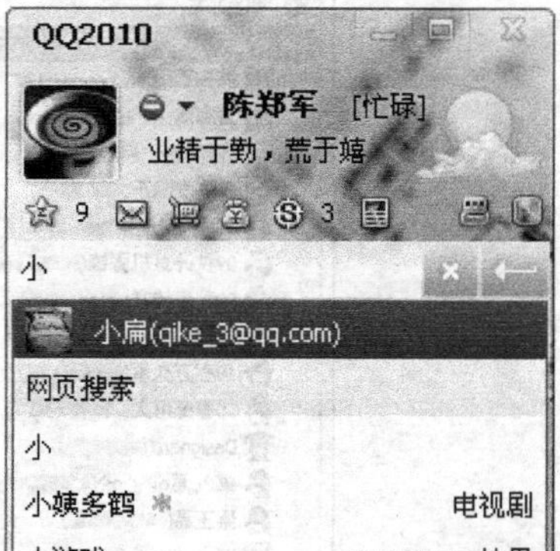

图 7-37　QQ 搜索功能

（3）边框条部分

在用户列表的左侧和下方都是 QQ 的边框功能条，上面有很多实用的功能，下面挑选实用的和常用的功能进行介绍。

① 添加好友。QQ 聊天的乐趣在于众多的好友，如果没有好友存在，QQ 应用也就没有多大价值了。如果用户要添加一些 QQ 用户作为好友，有两种常见方法。

一种是用户已经知道了对方的 QQ 账号，这时就可以直接发出申请。用户使用底边框上的“查找联系人”功能来实现，单击下边框上的按钮后选择“精确查找”，对方的账号可以是数字号码，也可以是邮箱类型。单击“查找”按钮后如果填写没有错误，则能快速准确地搜索出对方信息，如图 7-38 所示。

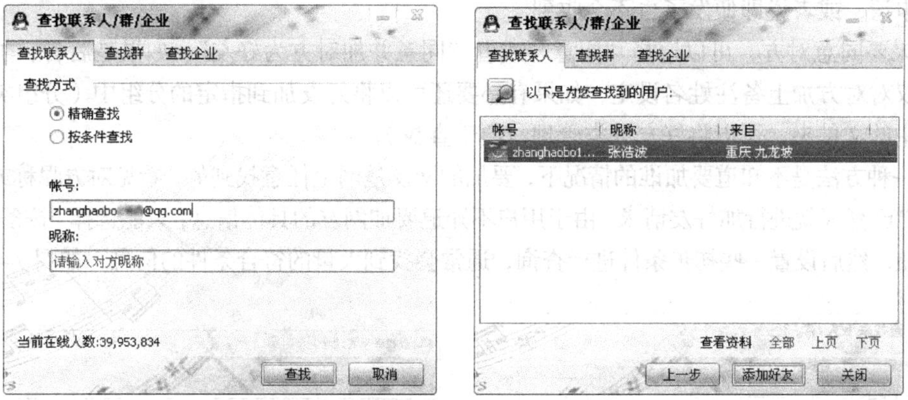

图 7-38 精确查找方式添加 QQ 好友

单击“添加好友”按钮，假设其账号的“身份验证”是“需要验证信息”，则会提示用户输入验证信息，发送验证信息后还需要等待对方的同意，如图 7-39 所示。

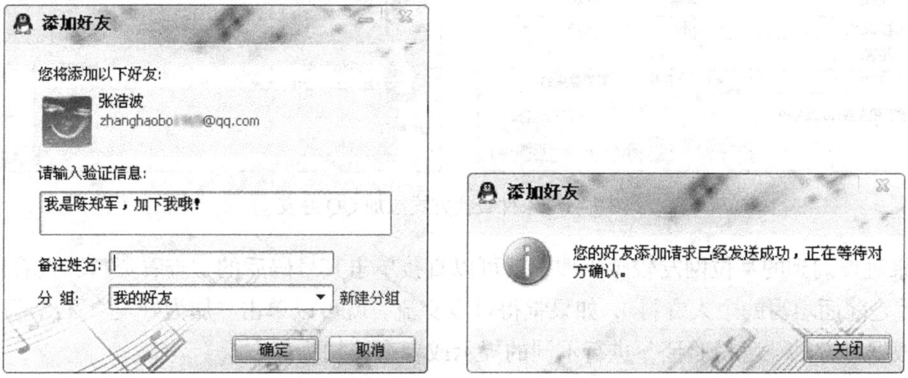

图 7-39 精确查找方式添加 QQ 好友

作为接收申请方用户，在对方发送添加 QQ 好友申请后会接收到如图 7-40 所示的信息。

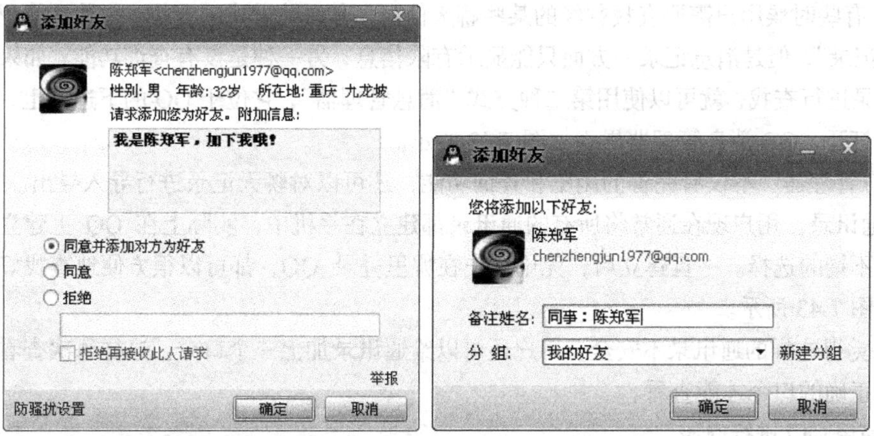

图 7-40 添加 QQ 好友

如果接收申请方不同意加为好友，可以直接选择拒绝，也可以附带上拒绝理由；如果拒绝后还是收到申请，可以选择“拒绝再接收此人请求”复选框，则对方以后不能对接收申请用户发出加好友申请，或者说即便发了也不会收到。

如果要同意对方，可以选择“同意”或者“同意并加对方为好友”，如果是后者，加为好友后，建议对对方加上备注姓名设定，如果有必要还可以将好友加到指定的分组中（分组类似资源管理器中的文件夹，可以将好友分类管理，便于查找）。

另一种方法是不知道要加谁的情况下，要加的网友是网上任意找到的，看见对方昵称或其他信息符合自己喜好就进行加好友请求。由于用户不知道要加网友的具体信息，只能选择“按条件查询”单选按钮，然后设置一些初步条件进行查询，通常会找到大量的符合条件的信息，如图 7-41 所示。

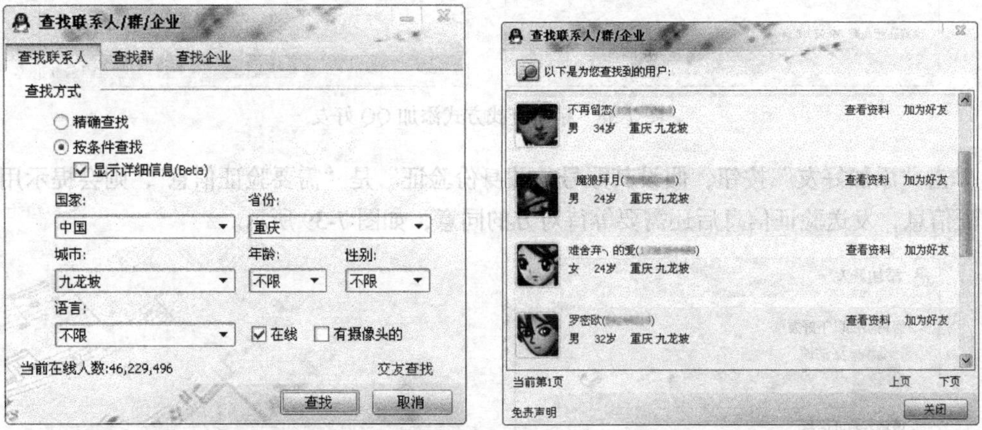

图 7-41 条件查找方式添加 QQ 好友

如果对查询到的某位网友较感兴趣，就可以直接单击其号码后的“查看资料”查看他的 QQ 资料（就是前面填写的个人资料），如果觉得可以交流，就可以单击“加为好友”发出请求，后续步骤就根据对方的“身份验证”进行不同的提示或者直接加为好友。

不仅可以加普通用户为好友，而且还可以申请加入群进行群体聊天，其申请加入的步骤和加普通好友类似，这里就不赘述了。

② 消息管理器。和网友聊天过程中，QQ 会把所有的聊天记录都保存下来（如果没有设置退出删除），有些时候用户需要查找曾经的某些聊天信息，有两种方式去查找。一种是使用聊天界面的“消息记录”，但是消息记录一方面只能显示有限信息，另一种是没有查询功能；如果对于大量的聊天记录进行查找，就可以使用第二种方式“消息管理器”，它位于 QQ 的下边框上，单击喇叭图标即可打开。QQ 消息管理器界面如图 7-42 所示。

“消息管理器”不仅有完善的浏览和查询功能，还可以对聊天记录进行导入导出。

③ 通讯录。用户现在通常将所有的通讯录都建立在手机中，实际上在 QQ 上建立通讯录也是一个很不错的选择。一旦建立后，无论用户在哪里登录 QQ，都可以很方便地查找好友的电话信息，如图 7-43 所示。

如果觉得这样的通讯录不安全，用户还可以给通讯录加上一个口令。这样每次查看时，用户必须输入正确的口令才能查看。

5. 使用 QQ 进行交流

完成好各种设置后，用户就可以进行网上聊天了。QQ 提供的聊天功能很多，灵活应用这些功能将给用户带来很大的便利。

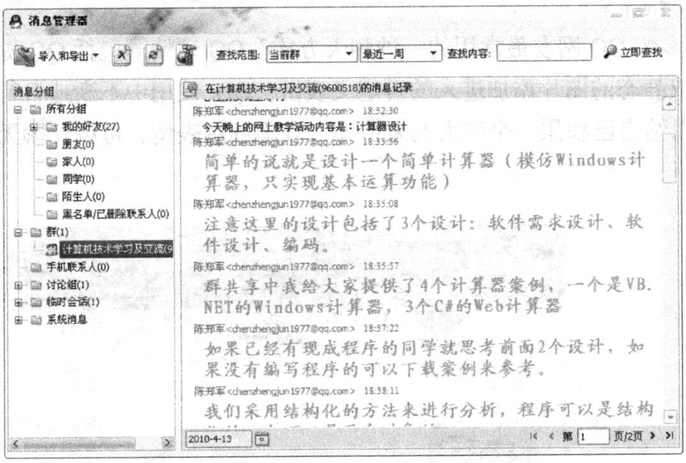

图 7-42　QQ 消息管理器

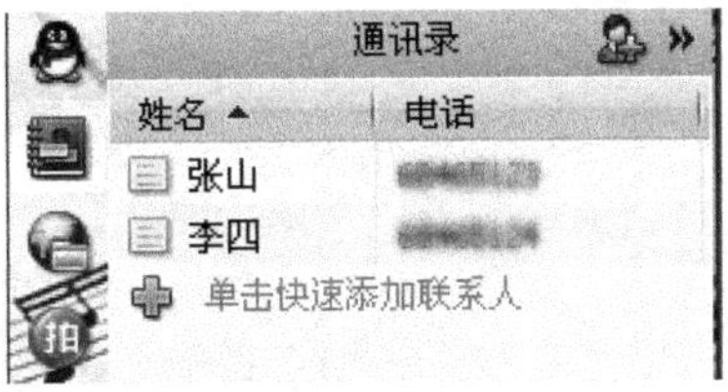

图 7-43　QQ 通讯录

（1）和好友的单人聊天

大多数时候用户和好友聊天都是采用这种方式，开始这种方式的方法常用的有两种：一种是双击对方的头像图标；另一种是在对方的头像图标处单击鼠标右键，再选择右键菜单的“发送即时信息”命令。无论用哪种方法，打开的聊天窗口都是相同的。其聊天界面如图 7-44 所示。

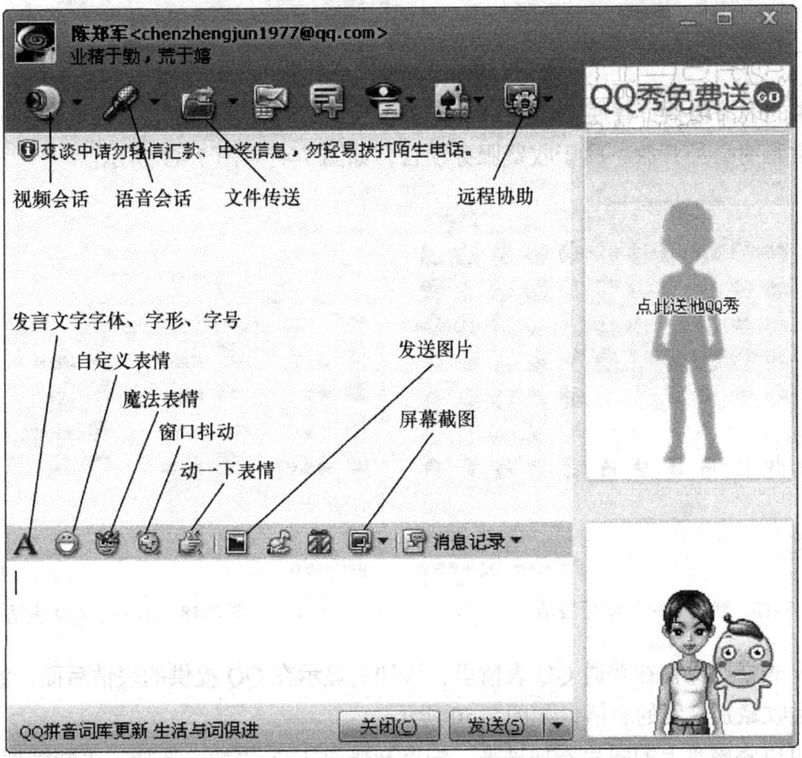

图 7-44　单对单聊天界面

通常用户直接打字即可进行聊天，如果用户想要让聊天更精彩，则可以灵活应用 QQ 聊天界面提供的各种功能。

① 文字。QQ 默认的文字的颜色和字体都很普通，为了体现个人特色，可以单击字体图标设置自己的聊天文字风格，如图 7-45 所示。

② QQ 表情。这个功能肯定是多数 QQ 网友最常用的一种聊天方式。QQ 表情既包括 QQ 提供的表情，也包括用户将一些动态或静态的图片添加进来的自定义表情。QQ 使用中不断地自行添加或者将网友发的表情收藏，可以给自己积累一个庞大的表情库。合理利用表情，可以让聊天更精彩，更生动，如图 7-46 所示。

图 7-45　聊天文本格式设置

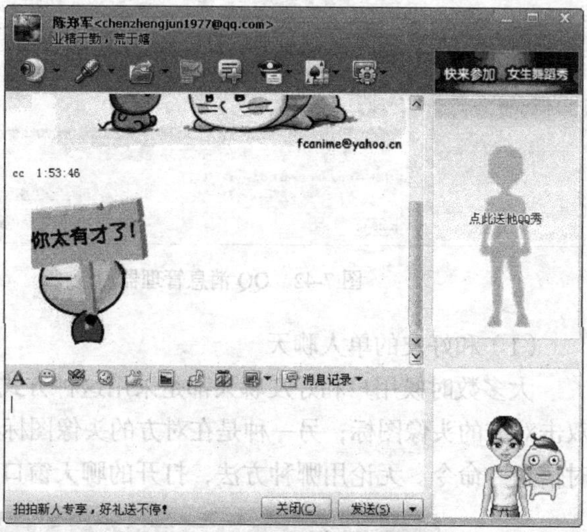

图 7-46　QQ 表情应用

QQ 提供的表情包括：普通 QQ 表情、动一下表情、魔法表情，其中前面两种是免费的，而魔法表情通常是对会员开放，属于收费服务项目，如图 7-47 ~ 图 7-49 所示。

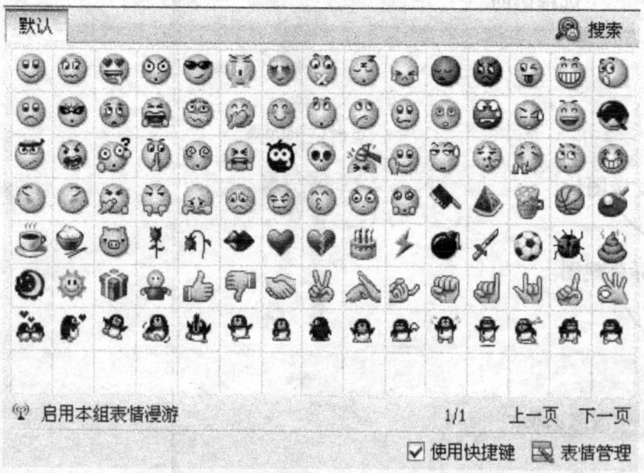

图 7-47　默认的简单动画表情

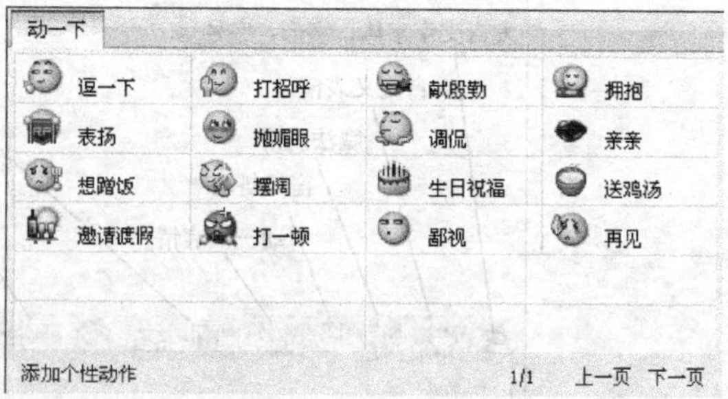

图 7-48　动一下 QQ 表情

而自定义表情则保存在普通 QQ 表情里，添加后显示在 QQ 提供的表情后面。添加 QQ 表情的常用方法是收藏别人发的表情，如图 7-50 所示。

用户也可以将磁盘上的图片添加进来，先点开普通 QQ 表情，选择“表情管理”，然后选择“添加”，添加过程如图 7-51 所示。

当用户有很多 QQ 表情后可以将它们导出提供给别人，也可以从网上下载表情进行导入。导出后将生成一个扩展名为 eif 的文件，用户也可以用这种方法将家里计算机的表情保存后发布到网络上共享给别人，如图 7-52 所示。

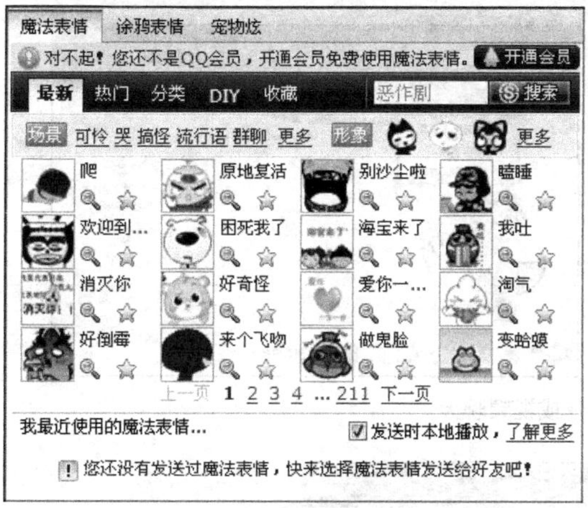

图 7-49 收费的魔法表情

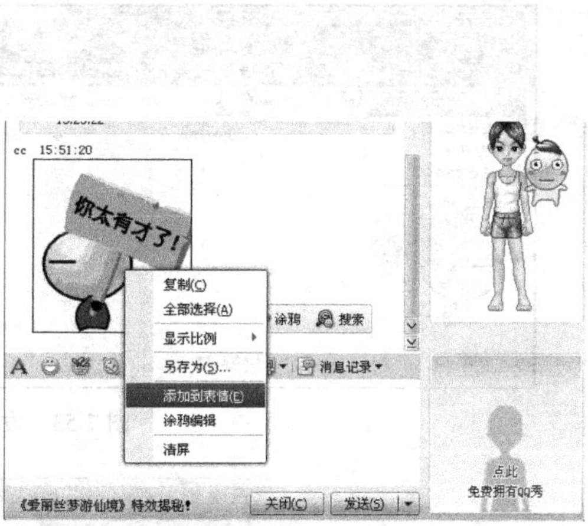

图 7-50 收藏别人发来的表情为自定义表情

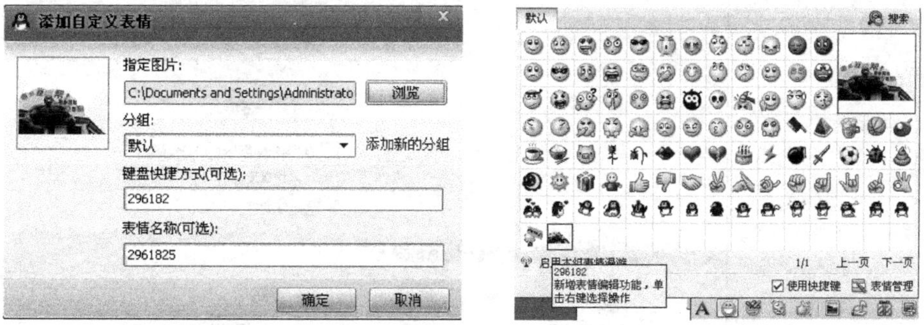

图 7-51 手动添加 QQ 自定义表情

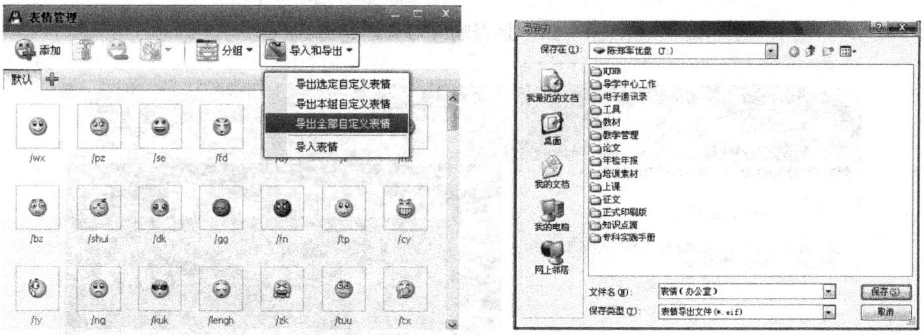

图 7-52 导出自定义 QQ 表情

③ 语音、视频聊天。有的时候文字和图片聊天可能会比较麻烦，而语音、视频聊天则更为简单方便，如图 7-53 ~ 图 7-55 所示。QQ 的语音聊天功能可以视为 IP 电话中的 PC to PC 应用，在现有网络环境下通话质量很好，如果配合视频应用，除了聊天外，也可以召开小型的远程视频会议。

如果进行视频聊天时双方都没有安装摄像头，则效果就是语音聊天。

如果不进行远程语音或视频聊天，也可以通过这两个功能给对方播放电影或 MP3 歌曲。

④ 传送资料。聊天中可以很方便地通过发送文件或发送文件夹（如果对方版本过低就无法

发送文件夹）的功能将自己的资料提供给好友，如图 7-56、图 7-57 所示。

图 7-53　发起语音或视频聊天

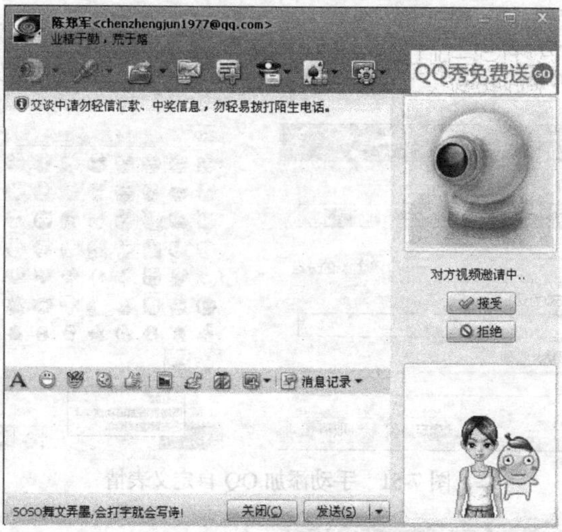

图 7-54　是否响应对方的邀请

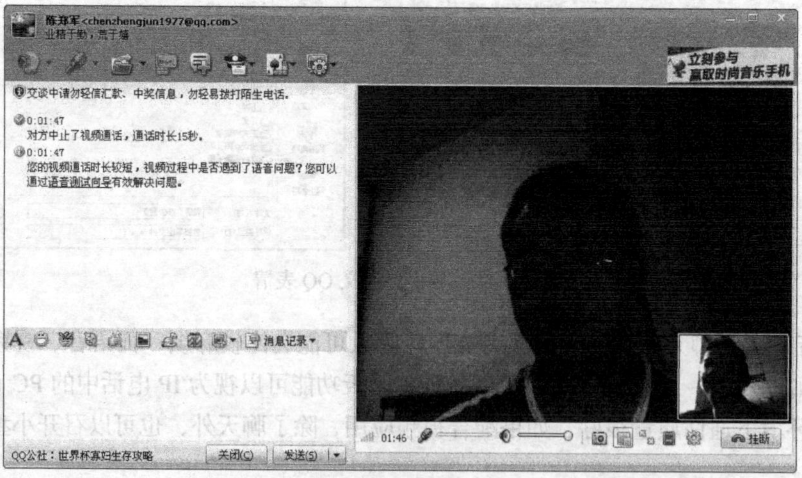

图 7-55　视频聊天效果图

如果发送文件时对方人不在，或者根本不在线，用户可以发送离线文件，如图 7-58 所示。离线文件发送成功后即便用户已经关掉自己的 QQ，对方以后都可以收到这个文件。

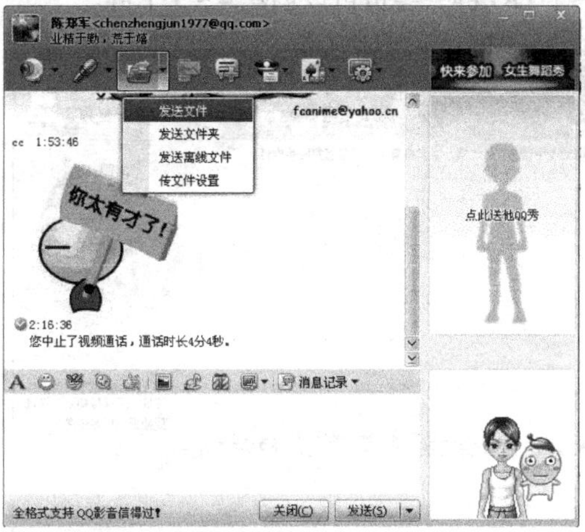

图 7-56　发送文件

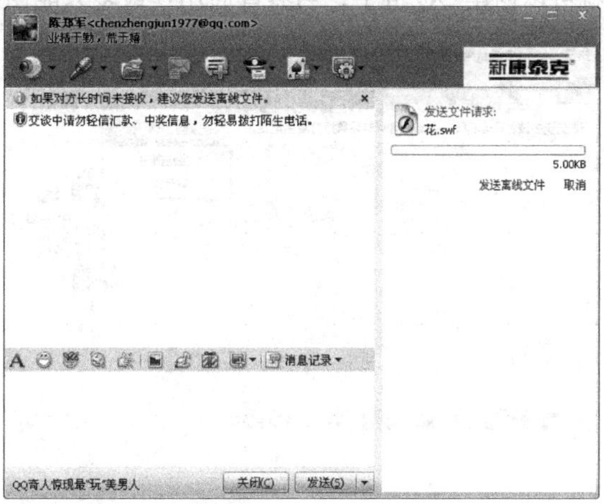

图 7-57　等待对方接收文件

对方看到文件信息或者离线文件信息后就可以通过“接收”或“另存为”将文件保存到自己的计算机上。“接收”与“另存为”差别是前者保存到 QQ 预定义的文件夹，后者是用户自己选择保存位置。如果同时接收到的文件很多，用户可以选择“全接收”或“全另存为”。图 7-59 所示为离线文件接收界面。

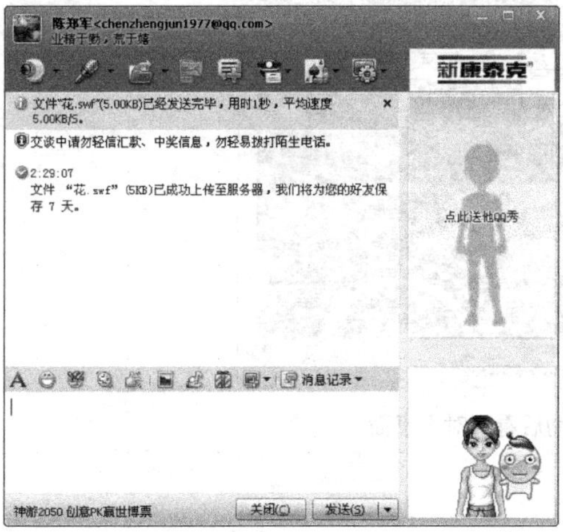

图 7-58　发送离线文件

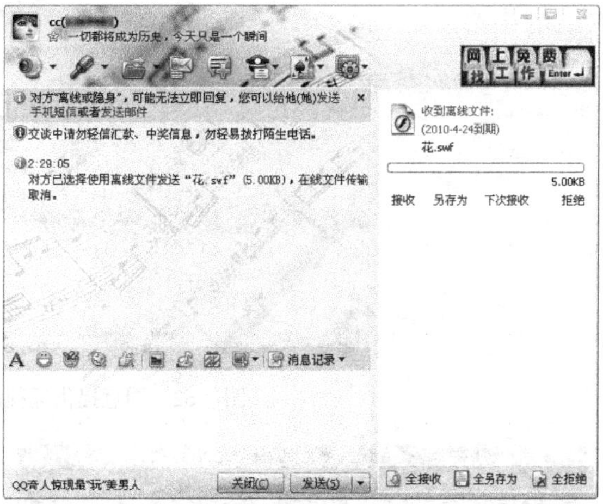

图 7-59　接收离线文件

⑤ 远程协助。远程协助是 QQ 提供的一个非常实用的功能，使用这个功能，远程的两个网友之间能互相帮助解决一些问题，对于远程教育也很有意义。比如，一个教师可以通过远程协助，控制学生在家里的计算机，解决其程序调试问题。在 QQ 远程协助里，协助请求和申请控制请求都由被协助方发出，被协助方也能随时中止这种控制，避免由于控制带来的网络安全隐患。

远程协助基本操作步骤如图 7-60 ~ 图 7-65 所示。

（2）QQ 群聊天

QQ 群是 QQ 提供的一个群体聊天工具，基本功能类似传统的 Web 聊天室，当然功能更强大，非常适合团体通信，广泛应用于办公、教学、业务交流等场合。

如果有 QQ 会员身份且月亮在线服务等级以上或者普通用户且太阳在线服务等级以上，用户就可以创建 QQ 群了，当然普通用户最多只能创建一个 QQ 群，会员可以创建 4 ~ 5 个群。

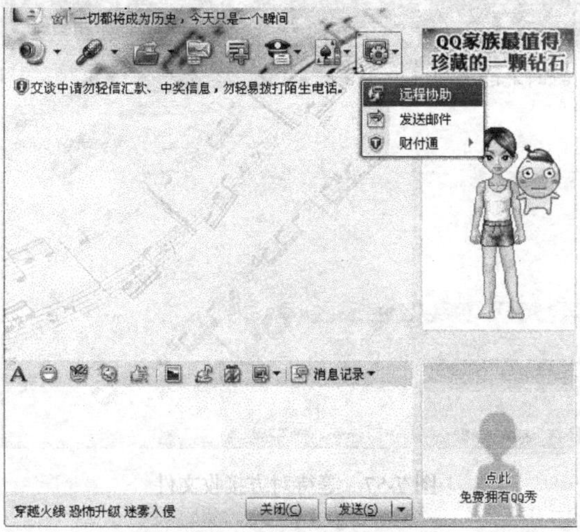

图 7-60　发起远程协助请求

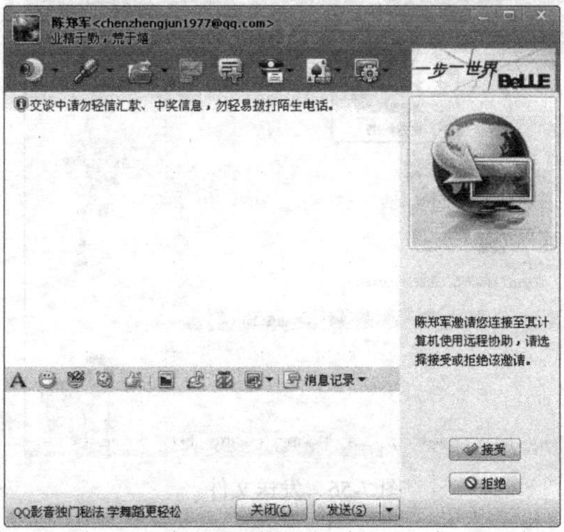

图 7-61　是否接受远程协助邀请

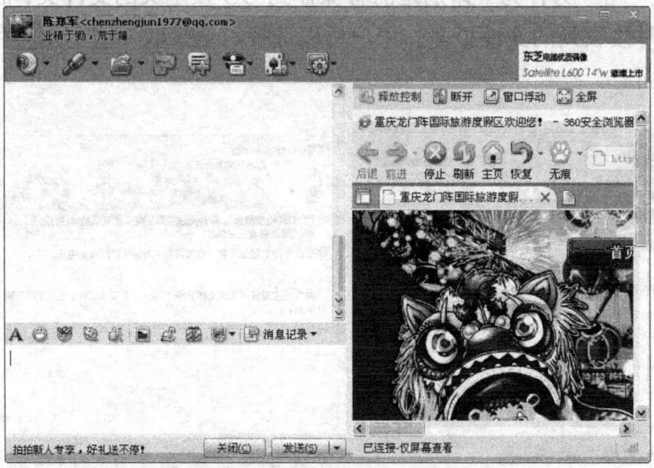

图 7-62　同意提供远程协助后看到对方桌面

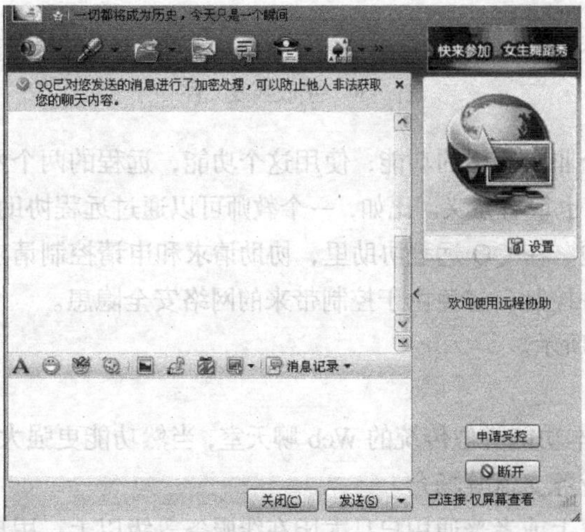

图 7-63　邀请方提出远程控制请求

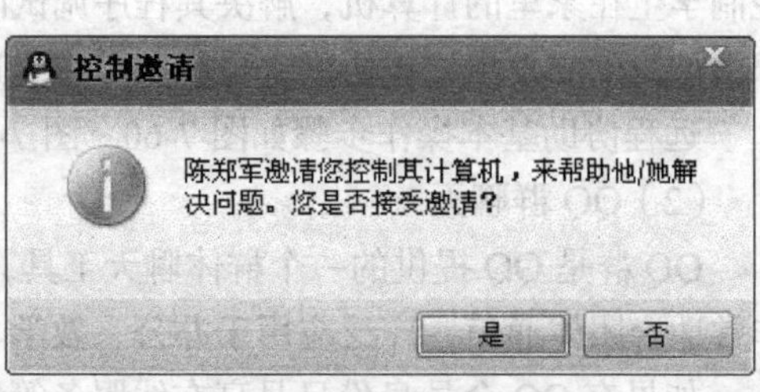

图 7-64　是否接受远程控制请求

① 创建 QQ 群步骤。拥有创建群条件的用户，选中 QQ 群栏目，在空白的区域单击鼠标右键，会弹出群使用菜单，如图 7-66 所示。

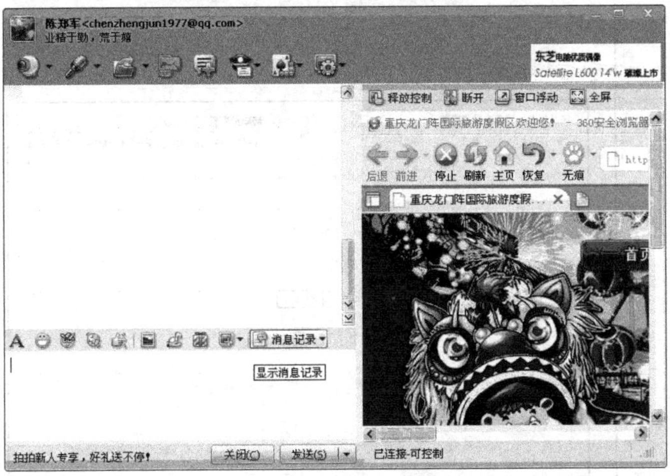

图 7-65 可见又可以操作的对方计算机桌面效果图

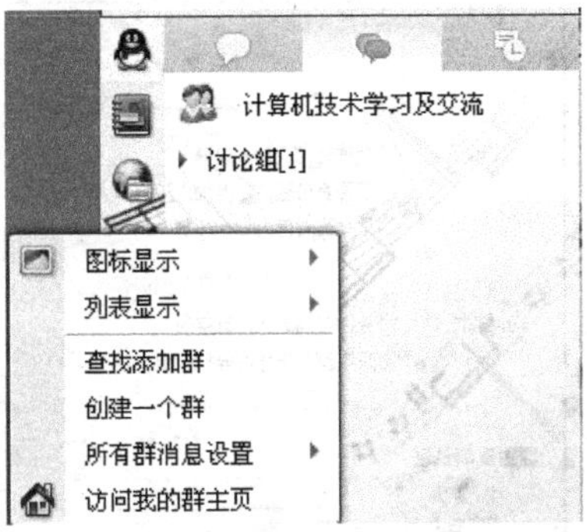

图 7-66 创建 QQ 群

如果用户已经加入了太多群，使得群栏目下没有空白地方可以单击，则单击栏目的下拉菜单，如图 7-67 所示。

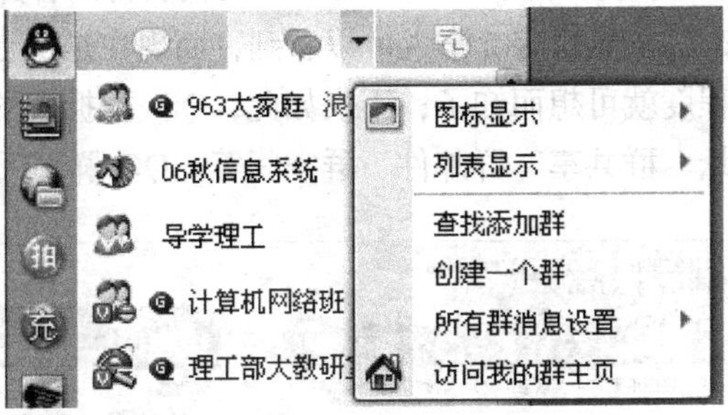

图 7-67 创建 QQ 群

选择菜单上的“创建一个群”即可弹出网页开始群的创建向导，如图 7-68 所示。

图 7-68 可以创建的 QQ 群类型选择

如果希望创建高级群或超级群，只能去付费成为会员。单击“创建普通群”按钮后即开始注册普通群的基本信息并添加群成员，如图 7-69、图 7-70 所示。

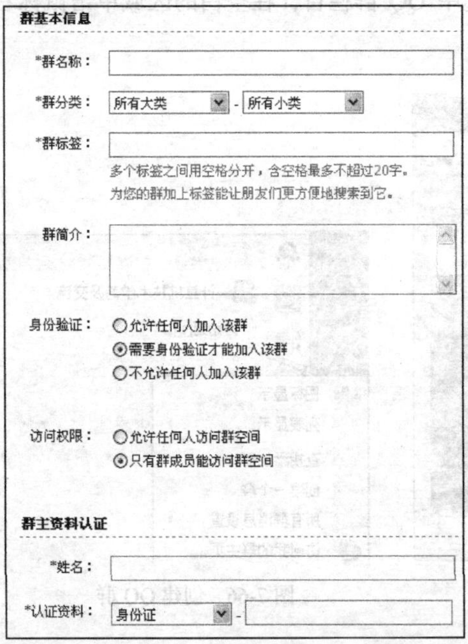

图 7-69　普通群创建信息填写

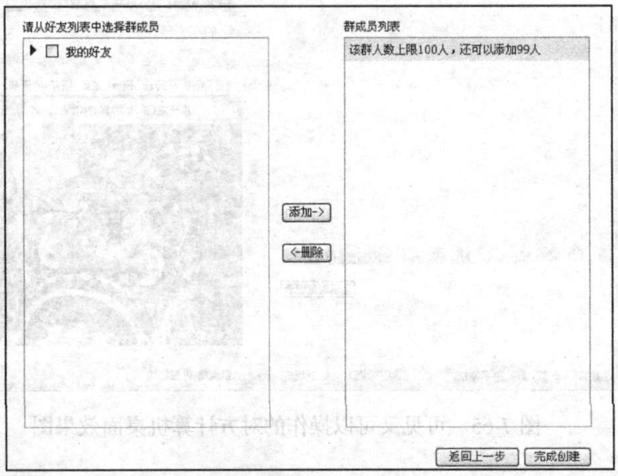

图 7-70　QQ 群成员添加

② 群聊天。从聊天方式来说，群聊天和单对单聊天就发言内容并没有太大区别，但是整个聊天环境就变化大了。原来的信息只有 2 个人可以看到，而现在是所有的群成员都可以看到，一个群体聊天时话题的丰富程度就可想而知了；不仅如此，QQ 群拥有的丰富的社区功能也让群聊天变得丰富多彩，如群论坛、群共享、群邮件、群空间等。QQ 群聊天界面如图 7-71 所示。

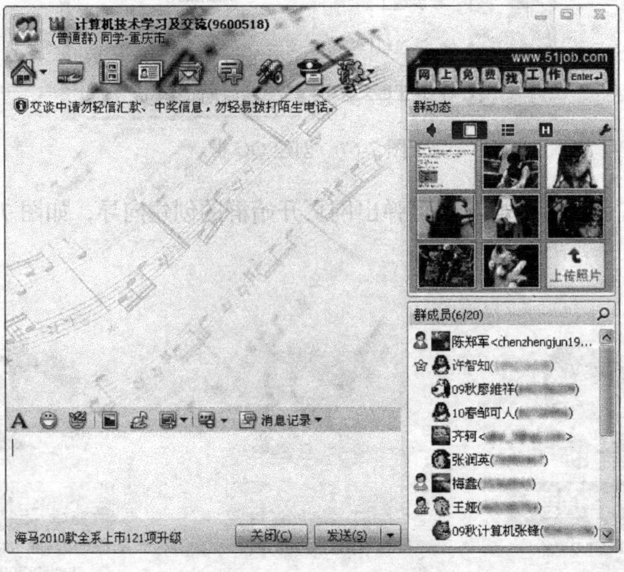

图 7-71　QQ 群聊天界面

群管理员随时可以邀请自己的好友到群中来，其他人则可以申请加入到群里，申请步骤取决于群的安全设置。

当群人数太多的时候也存在刷屏问题，大量的发言信息会让信息区不住地滚动，让群里小范围的聊天变得混乱，这个时候可以用讨论组来进行弥补，讨论组的使用前面已经介绍。

（3）QQ 空间交流

每个 QQ 用户都可以申请自己的 QQ 空间，简单地说，QQ 空间就是 QQ 为每个用户提供的一个博客。用户可以布置自己的空间，上传照片、收藏资料、留下心得体会，而其他用户可以通过 QQ 或者浏览器访问好友的空间、查看好友的信息、阅读好友的帖子、给好友留言等。也就是说，QQ 直接实现了即时交互，而 QQ 空间又提供了一种非即时的交互方式。

双击自己的头像就会打开自己的 QQ 空间，而对于其他用户的 QQ 空间要通过其个人资料才能查看。QQ 空间界面如图 7-72 所示。

图 7-72　QQ 空间

（4）QQ 邮件交流

QQ 将邮件服务和 QQ 软件进行了整合，收发邮件变得非常简单，同时因为 QQ 经常在线，一旦收到了其他人的邮件，QQ 还会进行提醒。QQ 邮件还对 QQ 的好友、好友分组、QQ 群用户等进行群邮件发送支持，在 QQ 环境下给使用 QQ 的好友发邮件变得简单好用，按这个趋势发展下去，腾讯可能会在不久的将来取代网易成为免费电子邮件服务第一大企业。

在好友 QQ 头像处单击鼠标右键就可以通过快捷菜单选择发送邮件。首先，用户需编辑 QQ 邮件，如图 7-73 所示；然后，在联系人中选择收件人，如图 7-74 所示；邮件发出后，对方会接到 QQ 邮件提示，如图 7-75 所示。

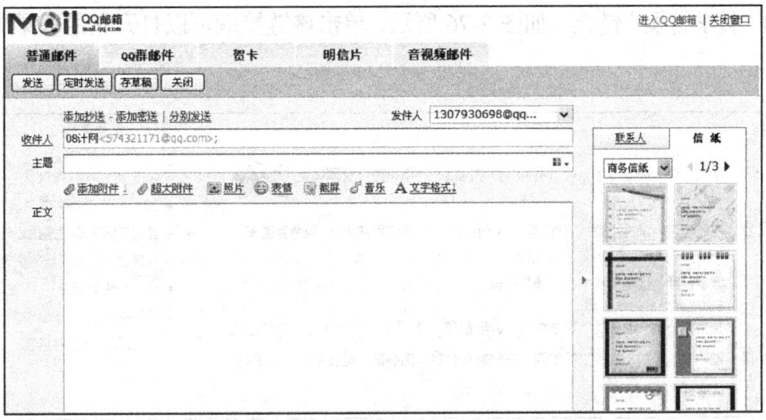

图 7-73　编辑 QQ 邮件

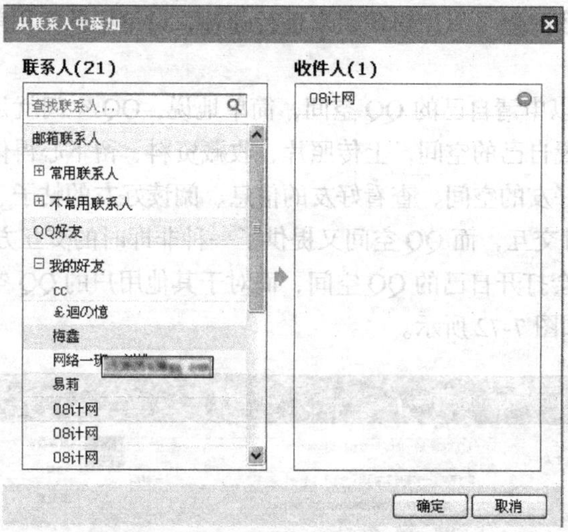

图 7-74　选择收件人

图 7-75　接收到 QQ 邮件提示

7.1.3　Web 聊天室

即时通信软件功能强大，但是有其明显缺点，首先软件需要下载安装，同时不同版本之间的用户聊天时，体验不同。而 Web 聊天室则因为其 B/S 模式的工作特点，具有一些即时通信软件所不具有的特点。

使用基于浏览器的聊天室的好处：不用安装软件，浏览器一般都是所有系统的默认安装组件，而且一般聊天室都不需要客户端进行配置。聊天室可以默认即采用一对多方式，便于交流。

重庆广播电视大学的在线答疑室就是通过 Web 聊天室来实现的，这里以它为例介绍 Web 聊天室的常规应用。首先打开重庆电大主页（http://www.cqdd.cq.cn/），在网页的中间位置找到“支持服务”，可以看到“教学答疑”链接，如图 7-76 所示，单击该链接就可以打开它的登录界面，如图 7-77 所示。

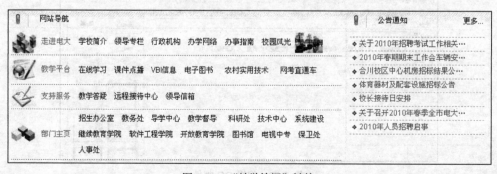

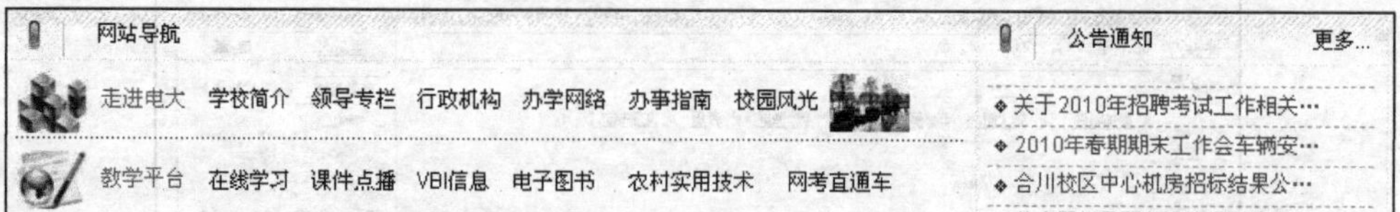

图 7-76　“教学答疑”链接

图 7-77　聊天室登录界面

首先注册一个账号（学生注册好就可以使用了，其他身份注册需要管理员认证），输入注册好的昵称和口令就可以登录重庆电大在线答疑室了，如图 7-78 所示。

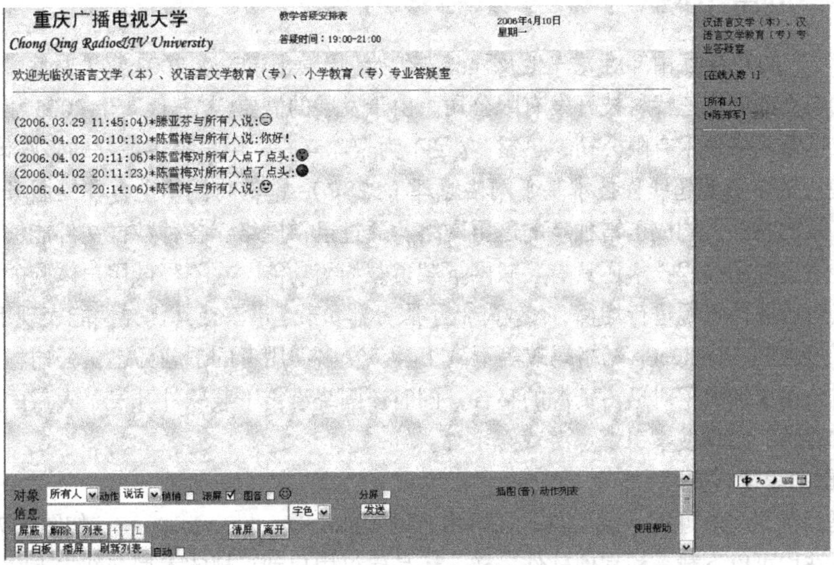

图 7-78　聊天室使用界面

用户登录后，就可以直接在发言文本框中输入自己要说的话，按回车键就可以发言了。如果没有指定私下聊天，则所有聊天内容都是公开的，所有在聊天室里的人都可以看到。如果要跟某个人聊天，可以在对象文本框中输入要发言的对象名称，也可以直接在右边用户列表中进行选择，单击选中的对象就可以自动填写发言对象。选了发言对象，并且选中私下聊天，则发言内容就只有用户和发言对象能看到。为了丰富发言的表达力还可以通过表情、字体、颜色来修饰发言内容。

一般来说，多数聊天室都不提供发图片和字号设置的功能，因为如果用户发大幅面的图片或字号太大，影响所有人视觉效果，整个聊天室显示信息量就很少，用户经常要使用滚动条。对于一些确实难以表达的内容可以通过“文件”功能将图片或文件先上传到服务器，然后分发给指定的用户。

在 Internet 上的基于网站的聊天室非常多，各个门户网站都有自己的聊天室。

7.2 下载工具

上网时，用户经常会将网上感兴趣的网页、图片、软件、音乐、电影等资源保存到本地计算机上，将远程服务器上的文件保存到本地计算机上的过程称为文件下载，简称下载（Download）。通过下载，用户可以将网上有用的资源保存下来，充实和丰富个人的学习和生活。

如果下载的文件较小数量也较少时，用户可以使用浏览器（如 IE）提供的下载支持功能：直接在要下载的目标地址处单击鼠标右键，在弹出的菜单中选择“目标另存为”命令来进行下载。这种方式非常简单，不需要安装别的软件就可以实现。但同时这种方式的缺点也是非常明显的：不能同时下载 3 个以上目标，且每个目标都要进行操作，是单线程的，速度慢、不支持断点下载等。

尽管现在很多浏览器（如 360 安全浏览器、FireFox 浏览器）改善了下载性能，提供了下载管理，也实现了诸如断点续传等应用，但是其下载功能和专业的下载工具相比还是有很多不足。下面以最广泛应用的迅雷和电驴为例介绍下载工具。

7.2.1 迅雷下载

“迅雷”于 2002 年底由邹胜龙先生及程浩先生始创于美国硅谷。2003 年 1 月底，创办者回国发展并正式成立深圳市三代科技开发有限公司。由于发展的需要，“三代”于 2005 年 5 月正式更名为深圳市迅雷网络技术有限公司，“迅雷”立足于为全球互联网用户提供最好的多媒体下载服务。

迅雷使用的多资源超线程技术基于网格原理（P2SP），能够将网络上存在的服务器和计算机资源进行有效的整合，构成迅雷独特的迅雷网络，通过迅雷网络，各种数据文件能够以最快速度进行传递。多资源超线程技术还具有互联网下载负载均衡功能，在不降低用户体验的前提下，迅雷网络可以对服务器资源进行均衡，有效降低了服务器负载。迅雷在其优异性能表现下迅速风行，逐步取代了过去的 Flashget、网络蚂蚁等下载工具。众多使用者的下载为迅雷公司积累了大量的资源，迅雷公司也加大了对迅雷资源的整合，同时还围绕迅雷下载软件开发了大量的周边应用，诸如：迅雷看看、狗狗搜索引擎、游戏娱乐等。

1. 迅雷的获得与安装

迅雷是目前最受欢迎的下载工具，在迅雷官网（http://www.xunlei.com/，如图 7-79 所示）和其他各大网站均可以下载。和其他软件一样，还是建议用户到正规的大型网站去下载，避免下载到一些捆绑了流氓软件或木马的安装程序从而危害系统安全。

图 7-79 迅雷网站首页

迅雷软件的安装过程非常简单，基本上按照提示按回车键即可，建议选择默认的典型。安装后迅雷会在桌面和程序菜单上放置快捷方式。

2. 迅雷的设置

双击迅雷的快捷方式或者单击下载链接都可以打开迅雷。为了较好地使用迅雷和保护自己的计算机，建议对其进行设置。选择迅雷的“工具”菜单，单击“配置”菜单项，即可打开迅雷的配置面板（工具栏面板上有配置面板的快捷方式），如图 7-80 所示，用户对迅雷的主要配置信息都是在这里完成的。

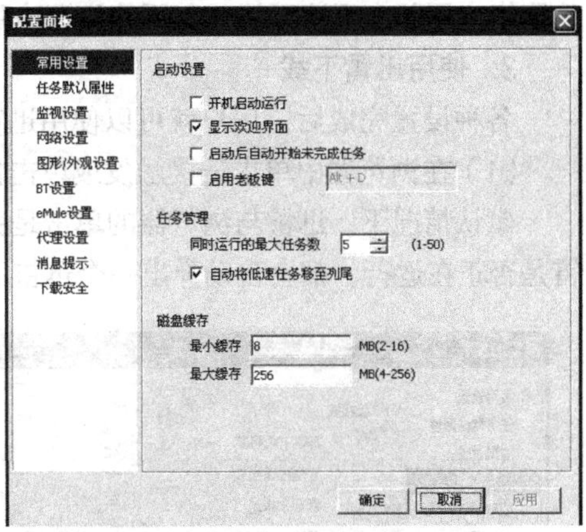

图 7-80 迅雷的配置面板

其多个配置信息中，常用的配置信息主要是前面 4 个。

① 配置迅雷的“常用设置”。这个配置部分，可以设定迅雷的同时下载任务数和缓存信息。推荐用户采用默认值，特别是磁盘缓存建议不要怕其占用内存多而改小，较大的磁盘缓存能更好地保护用户的硬盘。而同时下载的任务太多也会加大硬盘的工作量，不利于硬盘保护。

对于在工作单位进行下载的用户可以设置“老板键”，使用该键可以快速地将迅雷隐藏起来，任务栏和托盘都看不到（当然也建议更改快捷键，万一老板也是熟手呢），再次使用该快捷键就又可以弹出迅雷界面。

② 配置迅雷的“任务默认属性”。建议用户在 C 盘以外盘符根目录建立一个如“E:\\TDDown”，然后重新设定默认存储目录。不要将有很多文件的目录作为下载目录。迅雷下载时会自动上传正在下载的文件，而且所在文件夹的其他文件也可能被上传（P2P 的基本思想，人人为我，我为人人，每个迅雷都是客户端，每个迅雷都是服务器）。对于已经下载好的文件，就可以剪切到其他目录保存了。而不选择 C 盘的原因是频繁的读写会产生磁盘文件碎片，影响操作系统的性能。其保存位置和线程数设置如图 7-81 所示。

对于下载线程数，保持默认即可；对于部分网站限制了单线程下载的，临时将这里修改为 1 即可。

③ 配置迅雷的“监视设置”。迅雷下载通常都是对网页上提供的资源链接进行下载，“监视设置”可以设置监视方式和监视范围，如图 7-82 所示。

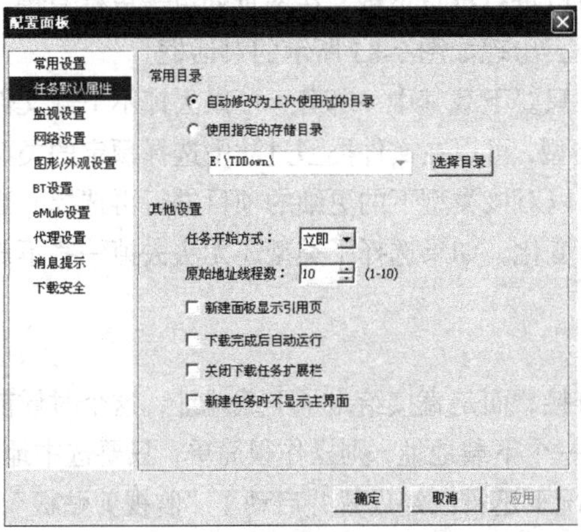

图 7-81 配置保存位置和线程数

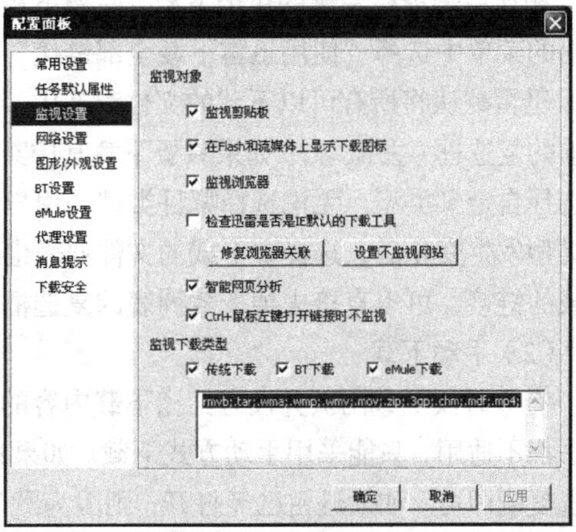

图 7-82 配置下载监视

如果有一些资源希望通过迅雷下载，但是又不是迅雷默认的监视类型的，可以直接在多行文本框中录入，比如：增加 FLV 视频监视功能，用户可以在监视内容的最后输入“*.flv;”，这样当网页上有这样的资源时，迅雷可以帮用户扫描出来。

④ 配置迅雷的“网络设置”。建议用户选中自定义模式，根据自己网络情况设置最大上传速度和最大下载速度。如果不进行设置用户会发现当进行下载时，迅雷会将网络资源占用一空，其他网络应用基本无法开展。其网络资源占用情况配置如图 7-83 所示。

3. 使用迅雷下载

各种设置完成后，用户就可以使用迅雷下载各种资源了。常用的下载方式有以下 4 种。

（1）在浏览器中单击链接触发或单击鼠标右键通过菜单选择下载

默认情况下，迅雷与浏览器的单击是关联的，如果在浏览器中单击了一个下载地址，不管迅雷是否正在运行，都会自动弹出一个迅雷下载窗口，如图 7-84 所示。

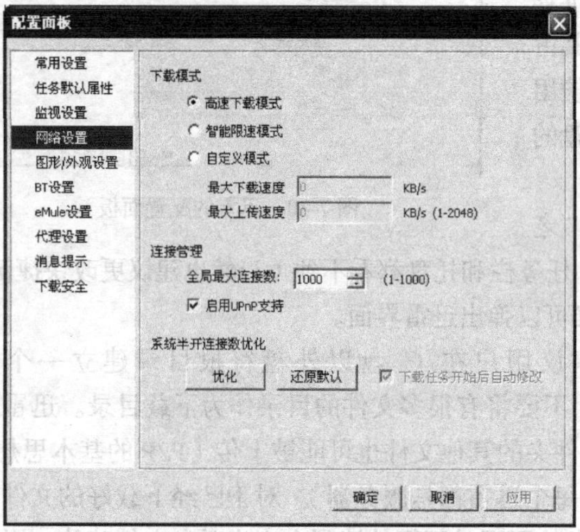

图 7-83　配置网络资源占用情况

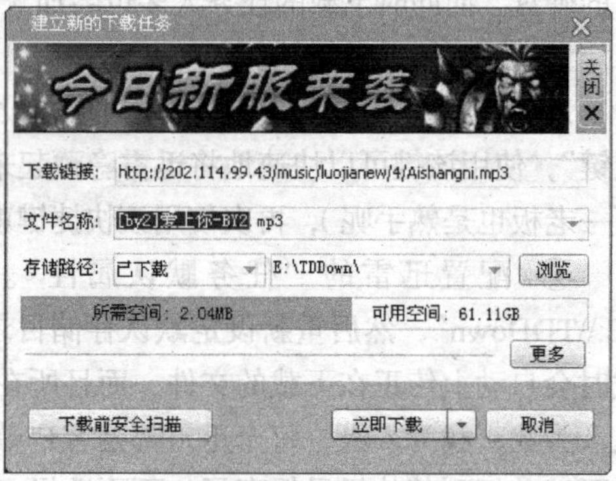

图 7-84　迅雷下载窗口

而对于网页链接，在该链接处单击鼠标右键后，通过菜单选择“使用迅雷下载”命令也会弹出同样的迅雷下载窗口。用户在保存时还可以更改文件名称和保存位置，单击“立即下载”按钮就开始文件下载了。

相比单击鼠标左键的单个下载，右键下载还可以进行批量下载。在网页处单击鼠标右键，在弹出的菜单中选择“使用迅雷下载全部链接”命令，出现如图 7-85 所示的对话框。

迅雷默认将所有可以下载的文件都选中。如果只要下载其中一部分，可以去掉不下载文件地址前的复选框（去掉勾）；如果只要下载其中某些类型，可以在文件类型过滤中选择预定的类型或者选择自定义类型。无论选择哪种类型，用户都可以对该类型下的更细的项目进行再选择。当过滤类型发生变化后，选择要下载的文件列表也跟随变化。如果选择了类型还无法去掉一些不需要下载的链接，可以直接去掉下载列表的复选框。

（2）手动下载

有些时候下载网页并没有给出下载内容的超链接，而是直接给出了下载地址，这个时候前述方法都不适用，只能采用手动方式下载。如果只有一个下载地址，则操作很简单，只要选中地址，再选复制即可。如果迅雷已经打开，则因为默认情况下迅雷已经设置并启动了“监视剪贴板”，就会自动弹出下载任务对话框。如果没有开启迅雷或迅雷没有开启“监视剪贴板”，则需要手动创建下载任务（使用迅雷主界面面板或者托盘图标，如图 7-86 所示）。

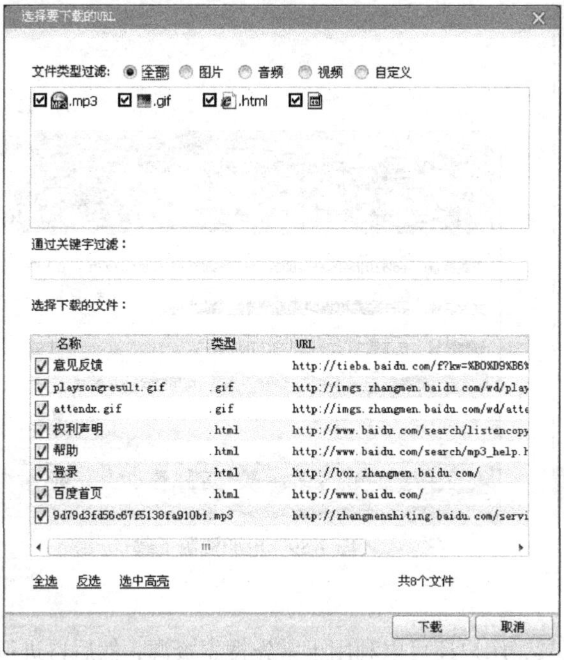

图 7-85　迅雷下载全部链接界面

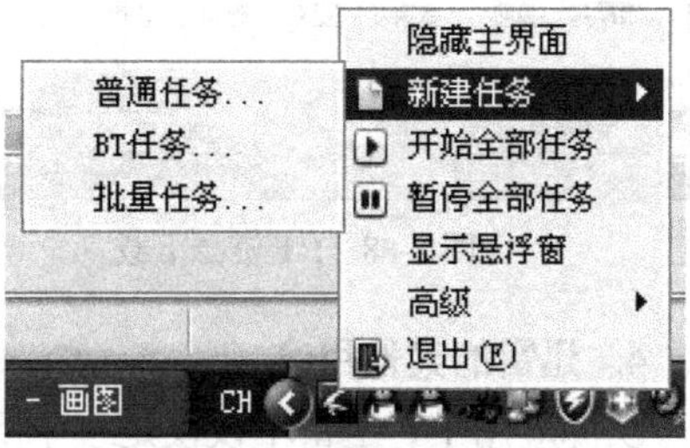

图 7-86　添加下载任务

如果网站给出的是一个连续的下载地址，比如，有一系列 MP3 可以下载，地址范围为“http://192.168.1.168/1.mp3 ~ http://192.168.1.168/100.mp3”，共 100 个下载内容，则直接在迅雷中选择“添加成批任务”，弹出如图 7-87 所示的配置界面。

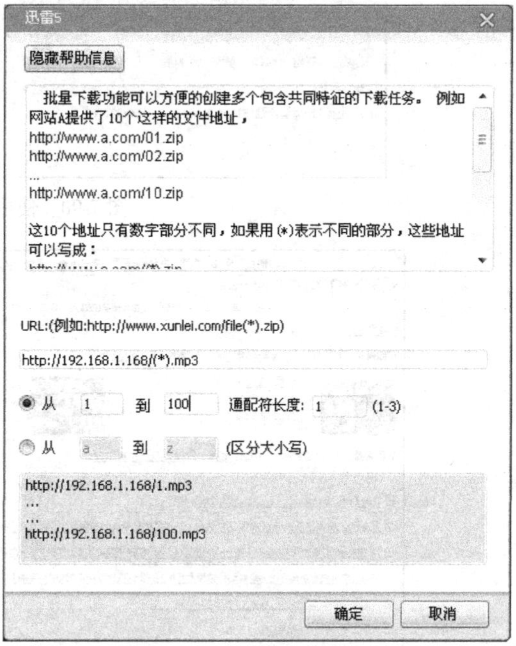

图 7-87　配置批量下载

在 URL 后填写一个下载地址，注意将要改变的部分用（*）代替，并且要设置开始值和结束值，并且还要指明通配符的长度（最短的长度，如果设为 2 则长度不够 2 的要前面补 0，以此类推），因为在这个例子中是从 1 到 100，所以长度设成 1（如果设 2，则表示 01，02 ~ 100；设为 3，则表示 001，002 ~ 100）。如果具体应用中不是数字还可以使用字母，方法类似。

（3）BT 资源下载

BT 下载时迅雷首先下载一个扩展名为“.torrent”的文件，然后迅雷会打开这个文件并询问是否下载该文件中链接的文件。BT 资源下载如图 7-88 所示。

（4）电驴资源下载

迅雷也能下载电驴通过网站发布的资源，比如，打开网址“http://www.verycd.com/”，选择一个电驴资源后可以使用迅雷下载，如图 7-89 所示。

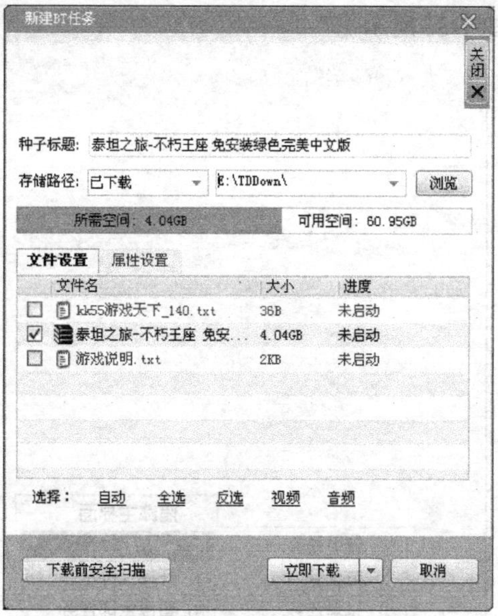

图 7-88　BT 资源下载

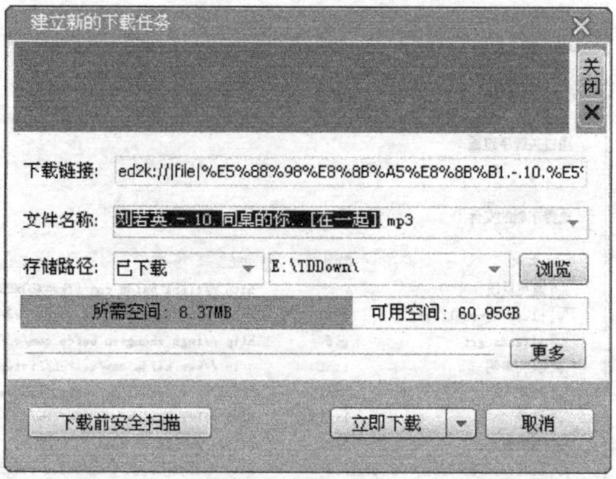

图 7-89　电驴资源下载

4. 迅雷的其他用途

实际应用中，迅雷不仅仅是一个下载工具，用户还可以利用迅雷先搜索资源，然后再进行下载。迅雷和狗狗搜索引擎进行了整合，因为迅雷资源数据库信息大量来源于用户使用迅雷下载的资源信息，使用这个搜索引擎搜索一些下载资源命中率很高，特别是检索视频资源，如图 7-90、图 7-91 所示。

图 7-90　使用迅雷搜索下载资源

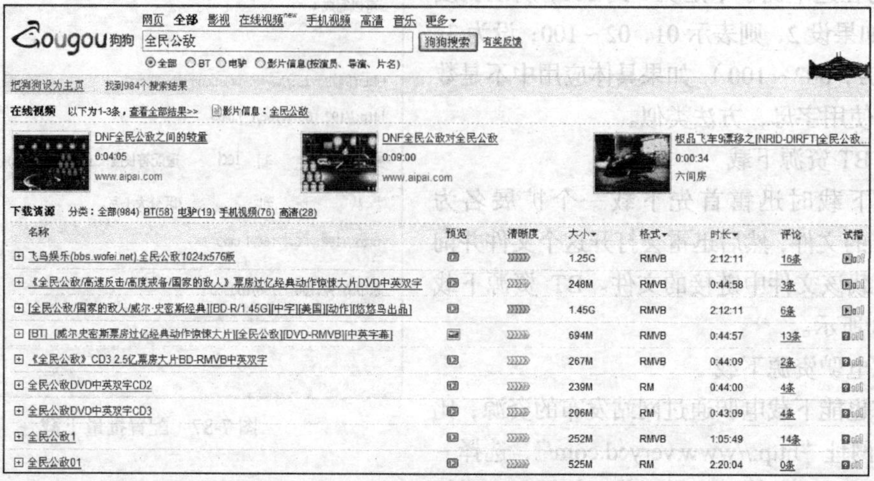

图 7-91　搜索出的视频资源

迅雷在下载电影的过程中，如果安装了迅雷官方推出的迅雷看看就可以边看边下载。

7.2.2 电驴下载

国内说的电驴是指 VeryCD 平台的下载工具，其来源是德国的 eMule，翻译应为“电骡”，但是 VeryCD 则因为广告宣传的缘故坚持叫做“电驴”，受此影响都称 eMule 为电驴。

1. 电驴的发展简介

P2P，全称为“Peer-to-Peer”，即对等互连网络技术（点对点网络技术），它让用户可以直接连接到其他用户的计算机，进行文件共享与交换，简单地说，P2P 直接将人们联系起来，让人们通过互联网直接交互。此外，P2P 在深度搜索、分布计算、协同工作等方面也大有前途。

P2P 改变了互联网过去那种单一以门户网站为中心的大型网状结构，它重新给予了非中心化结构中网络用户应有的权力，即网络应用的核心从中央服务器向网络边缘的终端设备扩散：服务器到服务器、服务器到 PC、PC 到 PC、PC 到 WAP 手机……所有网络结点上的设备都可以建立 P2P 对话。这使人们在 Internet 上的共享行为被提到了一个更高的层次。

随着 P2P 技术的研究，一批 P2P 软件应运而生，比如 BT 下载等，将 P2P 技术直接推广到用户面前。但是实际应用中，人们在利用 P2P 软件的时候大多只愿“获取”，而不愿“共享”，P2P 的发展遇到了意识的发展瓶颈。不过，一头“驴”很快改变了游戏规则，它就是后来鼎鼎大名的 eDonkey（翻译为“电驴”）。eDonkey 网络，由美国 MetaMachine 公司开发，是一种文件分享网络，最初用于共享音乐、电影和软件。与多数文件共享网络一样，它是分布式的；文件基于点对点原理传输，而不是由中枢服务器提供。客户端程序连接到 ED2K 网络来共享文件。而 ED2K 服务器作为一个通信中心，帮助用户在 ED2K 网络内查找文件。eDonkey 采用了以“分散式杂凑表”为诉求的 Neonet 技术，改变了 P2P 网络上的搜索方式，理论上可以更有效率地搜索更多的计算机，以及更容易找出少见的文件。这种技术已经使 eDonkey 网络很快超过了所有 P2P 技术前辈，成为互联网上应用最普遍的文件共享网络。

它的客户端和服务端可以工作于 Windows、Macintosh、Linux、UNIX 等操作系统。任何人都可以作为服务器加入这个网络。由于服务器经常变化，客户端会经常更新它的服务器列表。eDonkey 网络客户端用混合 MD4 摘要算法检查来识别文件。这使 eDonkey 网络可以将不同文件名的同一文件成功识别为一个文件，并使同一文件名的不同文件得以区分。对大于 9.28MB 的文件，它在下载完成前将其分割，这将加速大型文件的发送。

eDonkey 采用“多源文件传输协议”（the Multisource File Transfer Protocol，MFTP），它的索引服务器并不是集中在一起的，而是各人私有的，遍布全世界，每一个人都可以运行电驴服务器，同时共享的文件索引为被称为“ED2K-quicklink”的连接，文件前缀“ED2K://”。每个文件都用 MD5-Hash 的超链接标示，这使得该文件独一无二，并且在整个网络上都可以追踪得到。eDonkey 可以通过检索分段从多个用户那里下载文件，最终将下载的文件片断拼成整个文件。而且，只要用户得到了一个文件片段，系统就会把这个片断共享给大家，尽管通过选项的设置用户可以对上传速度做一些控制，但用户无法关闭它。同时，在协议中，定义了一系列传输、压缩和打包的标准，甚至还定义了一套积分的标准，用户上传的数据量越大，积分越高，下载的速度也越快。

2002 年 5 月 13 日，一个叫 Merkur 的德国人不满意 eDonkey 2000 客户端并且坚信自己能做出更出色的 P2P 软件，于是便着手开发。凝聚一批原本在其他领域有出色发挥的程序员，eMule 工程就此诞生，目标是将 eDonkey 的优点及精华保留下来，并加入新的功能以及使图形界面变得更好。eMule 并不是 eDonkey 的升级版，因为 eMule 和电驴制作商没有一点关系，只是破解并使用了 ED2K 协议，更有很多协议扩展，它的独到之处在于开源。eMule 同时也提供了很多 eDonkey 所没有的功能，比如：可以自动搜索网络中的服务器、保留搜索结果、连接用户交换服务器地址和文件、优先下载便于预览的文件头尾部分等，这些都使得 eMule 使用起来更加便利，也让它得到了电骡的美誉。

2005 年，MetaMachine 公司因与美国唱片工业协会的官司败诉，eDonkey 被美国联邦最高法院判为非法并且永久停止开发。而由欧洲黑客和爱好者们破解 ED2K 协议开发的 MLDonkey、电骡 eMule 等客户端却普及开来，现在最流行的 ED2K 客户端是 eMule。感谢创立者 Merkur 和那些参与过 eMule 开发的无私的高手，他们用自己的业余时间为用户创造了 eMule，让最好的 P2P 共享主义网络得以继续延续，而这一切仅仅是为了快乐和知识，而不是为了金钱。

2. VeryCD 简介

VeryCD.com 是中国大陆的一个 ED2K 资源分享网站，于 2003 年由黄一孟、戴云杰等人创立。2005 年 6 月，上海维西网络科技有限公司成立之后，VeryCD.com 由公司人员维护。一般认为，VeryCD.com 是中国大陆浏览量最大的资源分享网站之一，也是一个执行 Web 2.0 理念的站点。

VeryCD 使用 eMule 作为基本共享客户端，使用 VeryCD 版的电驴（eMule）搜索、下载资源都是免费的。VeryCD 的目标与使命是通过开放的技术构建全球最庞大、最便捷、最人性化的资源分享网络。它由网站社区操控，由网友提供资源。VeryCD 已经成为国内媒体资源最丰富的网站之一，网站域名为：http://www.verycd.com/，其界面如图 7-92 所示。

图 7-92　VeryCD 首页

VeryCD 的发展离不开电驴软件，两者之间相辅相成。VeryCD 网站在网络中名声日盛，也促使了电驴软件的更进一步普及，以致部分新用户分不清除电驴和 VeryCD 网站两者之间的区别。最初建站之时，站长黄一孟将国外的开源软件 eMule 引进国内，中文称之为“电骡”，并在原版的基础上作了部分修改，特别是针对国内用户内网占多数的情况做了优化，发布了 VeryCD eMule Mod。论坛中的资源都是通过 eMule 这个软件发布和共享的，网友下载也是使用此软件。当时另一个流行的 ED2K 协议软件是 eDonkey 2000，其中文翻译是“电驴”，但在版权压力下宣告终结；而部分中文用户将 eMule 俗称为“电驴”，VeryCD 网站和 eMule 资深用户均觉使用“电骡”来称呼 eMule 更为合适，并在论坛中鼓励用户使用电骡的名字，甚至在较长一段时间中在论坛后台程序直接将“电驴”替换为“电骡”，然而用户还是习惯性地使用电驴的称呼，特别是大部分的新用户都更习惯使用电驴的名字，后来就不再强制称呼问题，再后来 VeryCD 官方也随大众而使用“电驴”这一名字，并在后来的新修改版 easyMule 中直接使用“电驴”这个名字。为了符合大多数用户的习惯，本节后续内容中的“电驴”都指 easyMule 软件。

3. 电驴软件的安装与配置

要使用电驴下载，首先用户要下载电驴的安装程序，并完成安装。安装程序可以从 VeryCD 官方网站或其他门户网站获取。安装过程中建议安装到 C 盘以外的其他盘符，因为电驴下载过程中会在其安装目录中的 Incoming 文件夹中进行文件下载拼装，只有下载完成的才移动到输出文件夹，因此频繁读写容易产生文件碎片，会影响操作系统的性能。除了路径指定外，电驴其他安装过程基本都是一路按回车键即可。

对于已经安装好的电驴，为了其更好地工作，用户也需要对它进行设置。启动电驴后单击电驴“搜索”卡片后的下拉箭头，会出现一个下拉菜单，选择“选项”菜单项，如图 7-93 所示即可弹出电驴配置界面。

图 7-93　电驴主界面

① 配置电驴的下载缓存，如图 7-94 所示。大的下载缓存可以减少读写硬盘的次数，减少硬盘损害的风险。

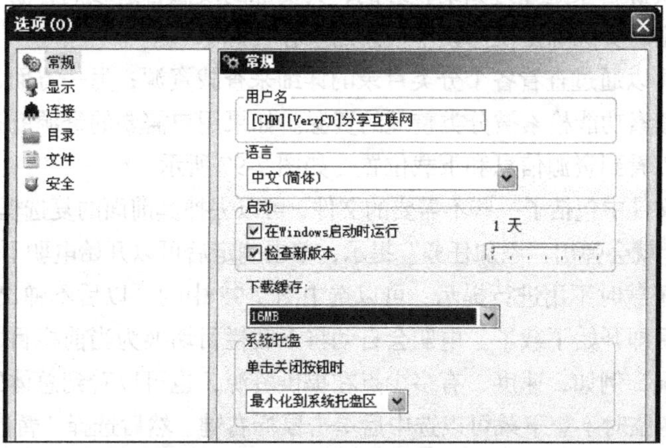

图 7-94　电驴的配置界面

② 配置电驴的上传和下载速度，如图 7-95 所示。建议根据自己网速的情况配置电驴的上传和下载的速度，这样可以使下载的同时还能进行其他的使用网络操作，例如，打开 IE 看新闻、写博客等。

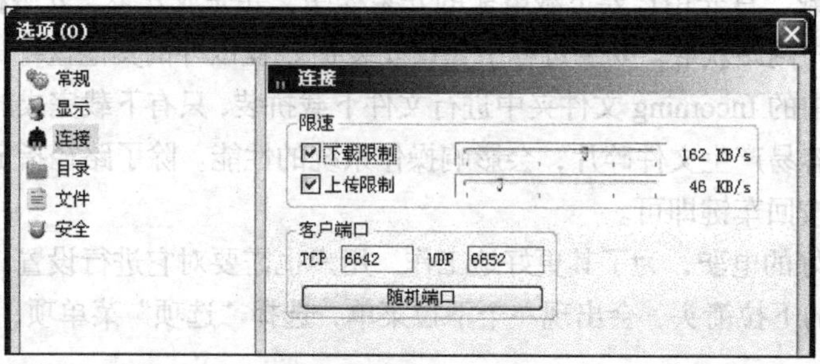

图 7-95　网络资源占用情况配置

③ 配置电驴的保存目录，如图 7-96 所示。下载完成后的文件会自动存放到该目录。该目录和电驴目录下的 Incoming 目录都会被自动共享到电驴网络中，因此不要将自己的重要数据放到此文件夹下。

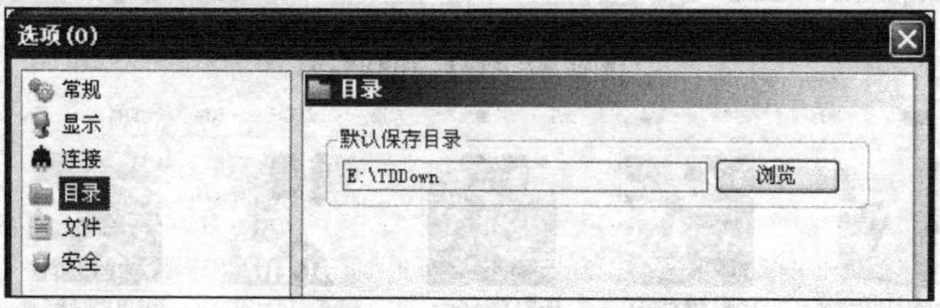

图 7-96　下载完成资源保存位置

4. 使用电驴下载

安装了电驴后，无论在哪里，只要访问到电驴资源都会自动打开电驴进行下载。一般情况下，用户在 VeryCD 上和在电驴上都可以查找资源进行下载，而且因为电驴集成了 VeryCD 网站的访问，两者的访问效果基本相同。但是电驴因为既是客户端又是服务器，还具有 VeryCD 网站所不具有的用户共享资料检索功能。后续的案例各种操作都在电驴中进行。

（1）推荐资源下载

电驴内预备的资源目录是经过归纳整理的，其资源的质量普遍较高，而且都可以下载。并且一般作为分类封面上的资源都是使用频率最高的推荐资源。

一方面，用户可以通过查看各个分类目录的详细来查找资源；另一方面，用户还可以直接借助电驴 VeryCD 的搜索功能检索被分类整理的资源。如果用户需要的资源就在封面，则直接单击对应资源名称就可以看到资源信息和下载位置，如图 7-97 所示。

如果选中资源文件中包括了一些不需要的文件，可以去掉其前面的复选框，然后再单击“下载选中的文件”按钮，就会弹出“添加任务”提示，单击确定后可以开始电驴下载，如图 7-98 所示。

如果希望以后下载时不用进行提示，可以选中图 7-98 中的“以后不弹出此对话框”复选框，单击“确定”按钮后即开始下载了。电驴会自动将下载栏目切换为当前栏目，用户可以看到各种资源下载的具体情况，例如，速度、有多少点在提供资源，也可以看到总体的下载速度和上传速度等。如果部分资源临时不想下载可以选中后单击鼠标右键，然后选择“暂停”或“停止”命令，以后都可以继续下载。两者差别是暂停的资源下次重新打开电驴时会自动开始下载，而停止的必须手动重新选“继续”进行下载。如果某个资源明确不要了，可以直接选择删除，正在进行下载的资源被删除时，其产生的临时文件也会被删除，而不仅仅是删除任务，因此电驴没有像其他软件一样的回收站。电驴下载资源界面如图 7-99 所示。

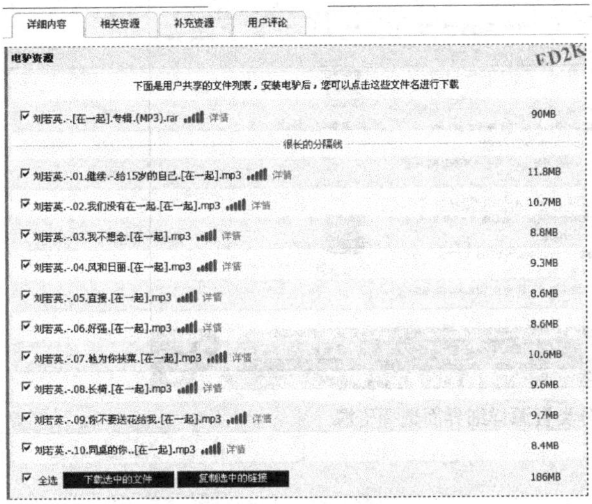

图 7-97 电驴资源下载处信息

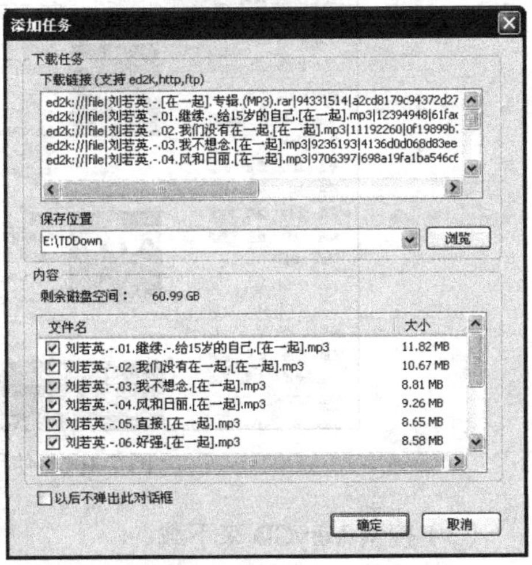

图 7-98 下载提示信息

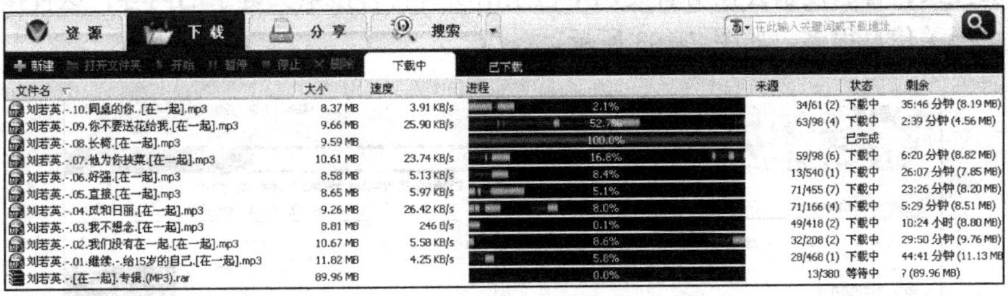

图 7-99 电驴下载资源情况

下载完成的资源集中显示在“已下载”选项卡中，如图 7-100 所示，用户可以从已下载的界面去打开或者访问资源，也可以打开资源管理器去访问。

在已下载界面上，可以选中资源单击鼠标右键，然后选择需要的命令，如图 7-101 所示。

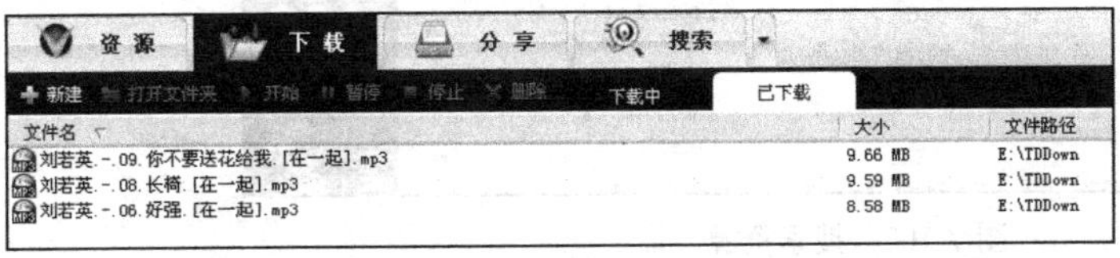

图 7-100 已下载资源

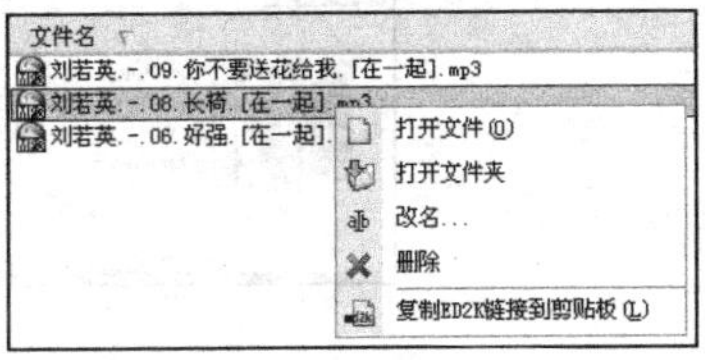

图 7-101 访问已下载资源

（2）分类资源下载

如果需要的资源没有在推荐封页上，可以直接打开其所在分类，如果还没有在分类的封面上，可以查看分类的更多资源，如图 7-102 所示。

在分类资源详细页面上可以通过左边的分类进行筛选，也可以通过右上的筛选选项进行过滤。更多资源页面提供了更为详细的分类、过滤、排序功能，特别适合没有明确下载目的的用户应用。

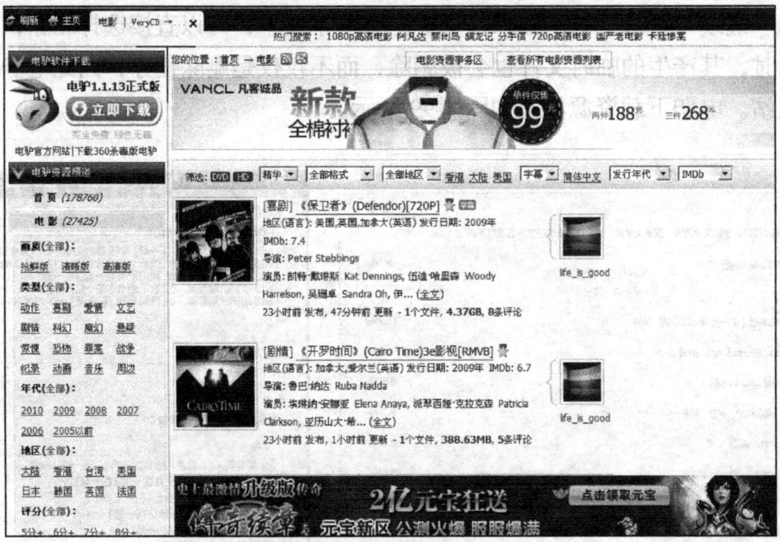

图 7-102　使用分类资源详细界面选择资源

（3）搜索 VeryCD 来下载

如果以上方式不能找到需要的资源就可以使用“搜索”功能。VeryCD 的搜索功能包括普通搜索和高级搜索，普通搜索会在所有类别中检索出所有符合搜索关键字的内容，这种搜索的结果相对庞大，无关信息很多，如图 7-103 所示。

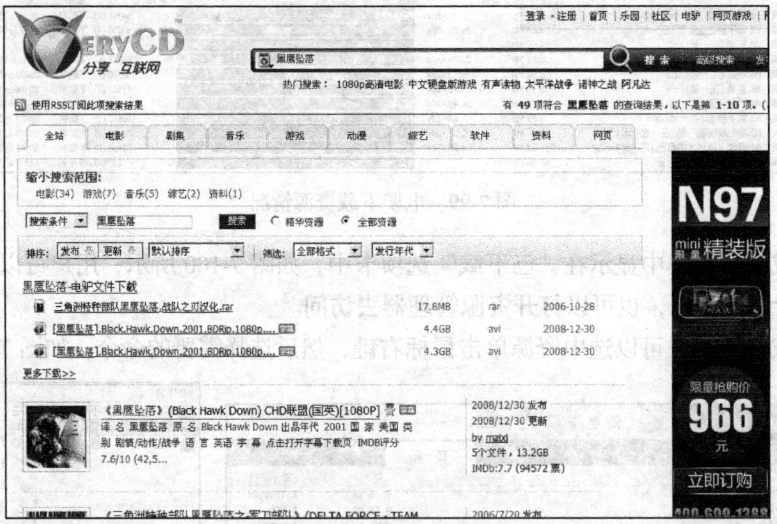

图 7-103　搜索资源

如果希望搜索结果更精确，可以使用高级搜索来进行详细条件查询，如图 7-104 所示。

如果高级搜索也没有提供精确的结果，可以利用搜索结果的“缩小范围”选项进行进一步的过滤，如图 7-105 所示。

用户在搜索结果中选择一个感觉较好的链接打开，电驴就会在新页面中显示这个资源的详细信息，然后就可以和其他资源一样进行下载了。

（4）搜索用户共享资源来下载

电驴是典型的 P2P 应用，用户除了可以下载其分类整理后的资源，还可以到其他用户计算机中搜索资源。在电驴应用中，每个用户都默认共享了下载目标文件夹，如果用户愿意还可以共享更多的文件资源。电驴资源的广受欢迎也正是由于众多用户的无私贡献才有今天这个局面。

图 7-104 电驴高级搜索

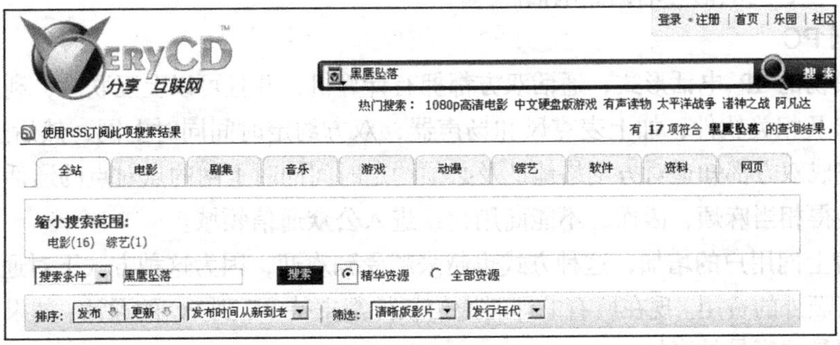

图 7-105 电驴普通搜索结果浓缩

实际应用中也发现大量恶意的资源被发布，这类资源安全性较差。如果使用这种方法搜索资源，尽量不要下载一些可执行文件。如果要搜索这类未经整理的资源，单击电驴的“搜索”大栏目图标，然后在搜索范围处选择“KAD 网络”，如图 7-106 所示。

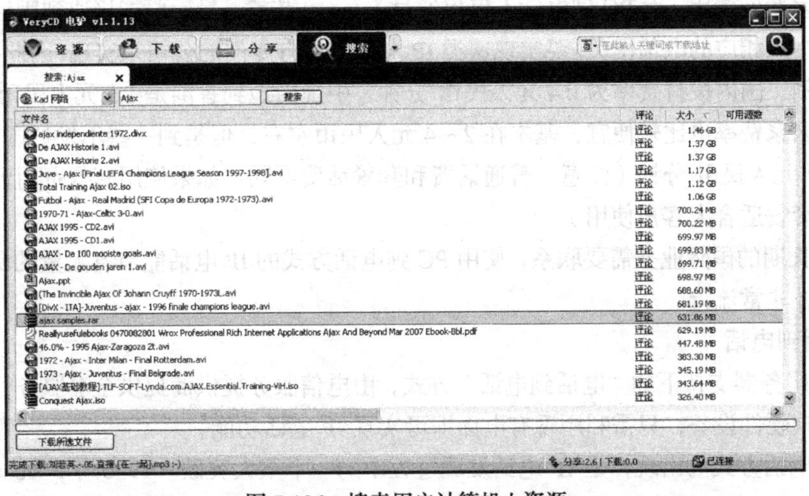

图 7-106 搜索用户计算机上资源

KAD 是 Kademlia 的简称，Kademlia 是 P2P 重叠网络传输协议，以构建分布式的 P2P 计算机网络，是一种基于异或运算的 P2P 信息系统。它制定了网络的结构及规范了节点间通讯和交换资讯的方式。与 ED2K 网络的不同在于，KAD 网络让用户省去了从服务器寻找用户源的步骤，可以直接找寻到合适的用户源，进行文件传输。

找到合适的资源后，双击资源即可选择进行下载。

7.3 IP 网络电话

7.3.1 IP 电话的分类

IP 电话是按国际互联网协议规定的网络技术内容开通的电话业务，中文翻译为网络电话或互联网电话，简单来说就是通过 Internet 进行实时的语音传输服务。它是利用国际互联网 Internet 为语音传输的媒介，从而实现语音通信的一种全新的通信技术。目前，IP 电话可以分为 3 种类型，即 PC 到 PC、 PC 到电话、电话到电话。

1. PC 到 PC

这也是最初的 IP 电话形式，通话双方都拥有计算机，并且可以上互联网，利用双方的计算机安装好声卡及相关软件，加上麦克风和扬声器，双方约定时间同时上网，然后进行通话。PC 到 PC 只能完成双方都知道对方网络地址及必须约定时间同时上网的点对点的通话，在普通的商务领域中就显得相当麻烦，因而，不能商用化或进入公众通信领域。

但是随着上网用户的增加，这种方式也越来越受到欢迎，因为这种方式下对通话双方来说，不会产生任何额外的费用。现在所有的即时通信软件都支持 PC 到 PC 的通话，如果网络质量好甚至视频通话都是很容易的事情。

2. PC 到电话

在通话时，一方利用上网的 PC 和专用软件，通过 IP 电话服务器拨到对方电话机上，Skype 就是支持这种 IP 电话的代表，而且 Skype 也支持 PC 到 PC 的免费 IP 电话。

PC 到电话通话的实现过程与 PC 到 PC 原理不同，后者全部数据都通过 Internet 进行传输，因此不会产生额外费用，而 PC 到电话不仅仅通过 Internet 传输，最后要能接通到固话或移动通信网络中必须进入相应的电信网关。要实现这类 IP 电话必须有专门的公司来实现，因此要产生费用。以 Skype 为例，国内拨打费率为 0.4 元人民币/分钟，中国内地到香港是 1.5 元人民币/分钟，到其他主要发达国家费率也比较便宜，基本在 2~4 元人民币左右，但是到一些不发达国家费率较高，最高可达 10 元人民币/分钟（注意，普通话费和套餐话费不同，如果使用套餐费用可以降到几分钱一分钟，套餐适合大客户使用）。

如果有长期的国际业务需要联系，使用 PC 到电话方式的 IP 电话能节省大量的费用，目前这种方式在国外非常流行。

3. 电话到电话

IP 电话服务器支持下的“电话到电话”方式，由电信服务提供商提供全套服务，通话双方不需增加任何软硬件设备，只需利用现有电话即可实现 IP 电话功能。

电话到电话方式的出现，是 IP 电话发展过程中的一个重大突破。1996 年，VocalTec 公司推出了“网关”服务器，它负责将 Internet 和企业 Intranet 等数据网络与公用电话网连接起来，这样

Internet 电话就能通过网关从计算机传送到对方的电话机，也可以在两端都安装网关，实现从一方的电话机向另一方的电话机传送 Internet 电话，而费用仅为本地的电话费加上很少的服务费。

IP 电话的“电话到电话”方式目前已经是很成熟的应用。国内电信、联通、移动都有其相应的 IP 电话业务。

4. IP 电话的优点

相对于传统的电话业务，IP 电话有以下优点。

① 能够更加有效地利用网络资源。由于 IP 电话采用分组交换技术，实现信道的复用，并且采用了高效的语音压缩技术，大大降低了营运商的经营成本。

② 可以提供更为廉价的服务。对于企业用户来说，通过 IP 网关来传送长途电话和传真，能够有效地降低企业成本。

③ 减少设备投资。公司可以在原来只可以传送数据的网络上获得增值的语音传送服务，而无需再租用或者购买单独的用于语音上的设备和线路，大大降低了企业购买和维护设备的费用。

由于 IP 电话的前景美好，目前世界上数据网络通信领域的领先厂商均在紧锣密鼓地开发这方面的产品。

7.3.2 IP 电话软件

目前，可以实际在网络上使用的 IP 电话应用软件有许多种，它们各自的功能也有所不同，下面以最具代表性的 Skype 为例作介绍。

1. Skype 软件的获取和安装

软件可以到各大门户网站去下载，也可以去 Skype 中文官方网站（http://skype.tom.com/）去下载，如图 7-107 所示。目前，Skype 产品很多，有软件，有硬件，软件包括 PC 到电话、手机到电话，以下载 PC 到电话的为例。

图 7-107 Skype 软件获取

Skype 的安装很简单，一直单击下一步就可以完成。

2. 注册 Skype 账号

第一次运行 Skype 时会提醒用户注册 Skype 账号，账号信息很重要，以后用户购买预付话费就是充值到账号里的。注册账号如图 7-108 ~ 图 7-110 所示。

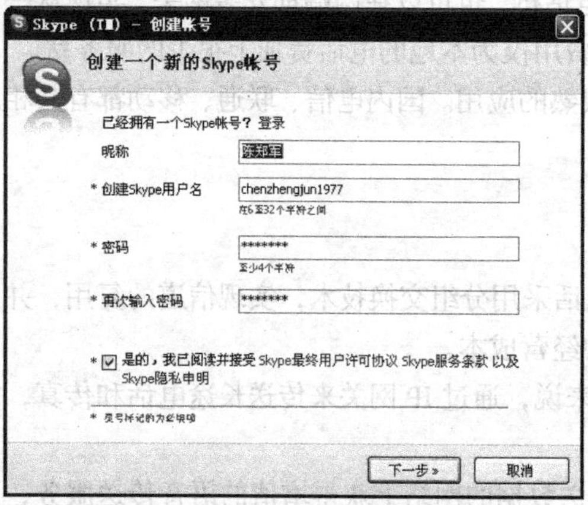

图 7-108　注册 Skype 账号

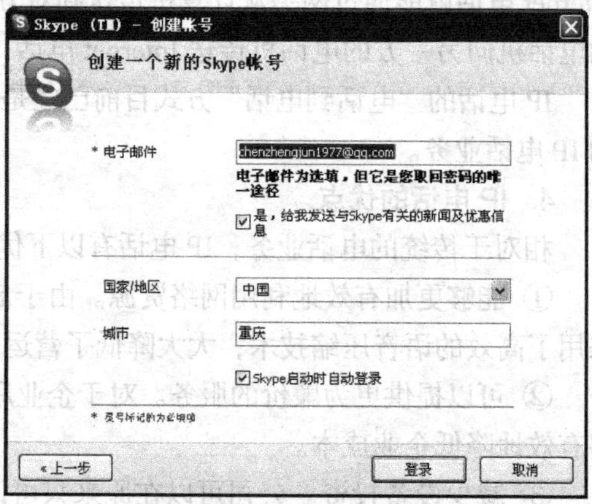

图 7-109　注册 Skype 账号

3. 使用 Skype 进行 PC 到 PC 通话

Skype 支持 PC 到 PC 的免费 IP 电话，也支持付费的 PC 到电话的 IP 电话。如果要使用 PC 到 PC 服务，用户需要首先添加联系人，即把其他使用 Skype 的用户需要联系的人加为好友。不同于 QQ 之类软件，Skype 添加联系人不需要对方确认就可以添加，添加成功后就可以和联系人进行语音聊天了。

添加好友步骤如下。

① 单击“新建”按钮，选择“新建联系人”命令，输入联系人的账号信息，然后单击“查找”按钮即可把符合的用户信息都找出来，如图 7-111 所示。

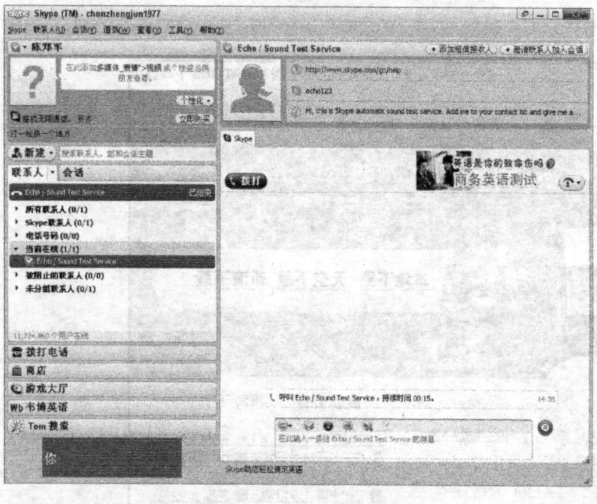

图 7-110　Skype 主界面

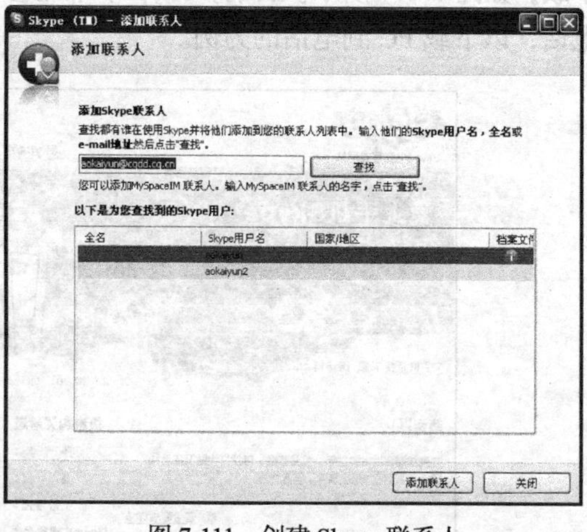

图 7-111　创建 Skype 联系人

添加联系人时最好给对方留一个自己的身份信息，如图 7-112 所示，不然对方可能将用户列为阻止对象。

添加成功后，新联系人信息会显示到主界面联系人目录下面，用户可以通过这种方式将常用的联系人都添加进来，如图 7-113 所示。

用户可以选中联系人单击鼠标右键，然后在弹出的菜单中选择“通话”命令或者直接单击左边的“拨打”按钮都可以进行远程语音对话，如图 7-114 所示。如果对方不在线，用户也可以给对方发送信息留言，当对方上线后就可以收到，如图 7-115 所示。

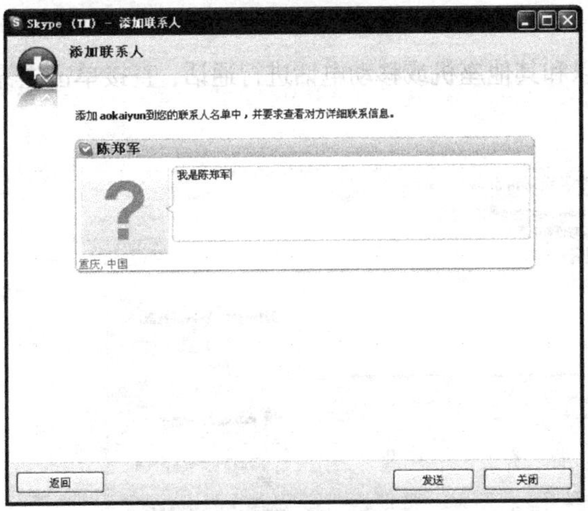

图 7-112　给联系人留言

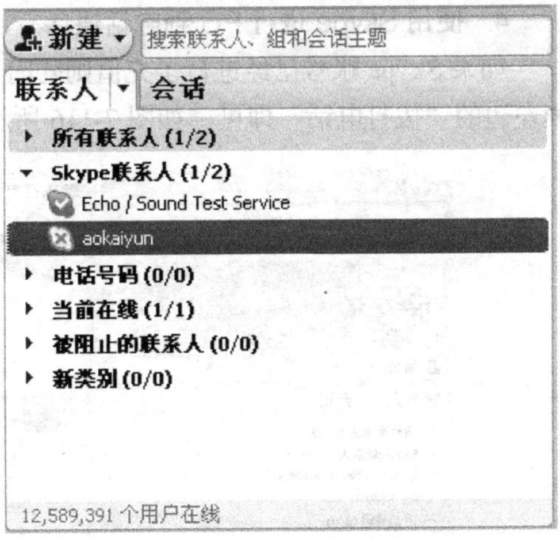

图 7-113　添加好的联系人效果

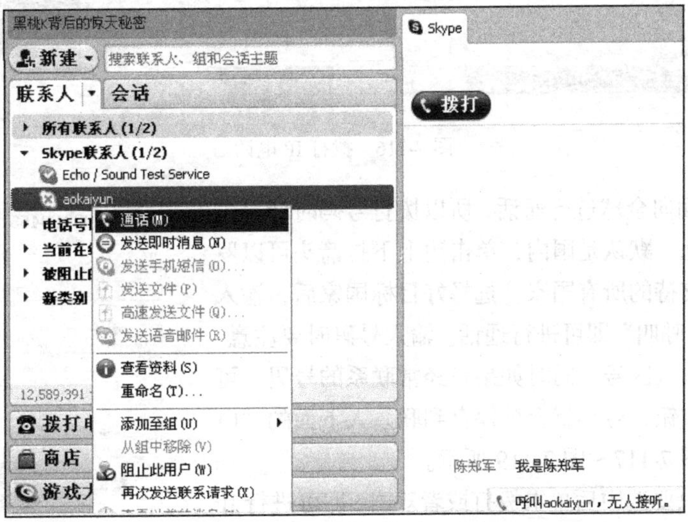

图 7-114　和联系人语音联系

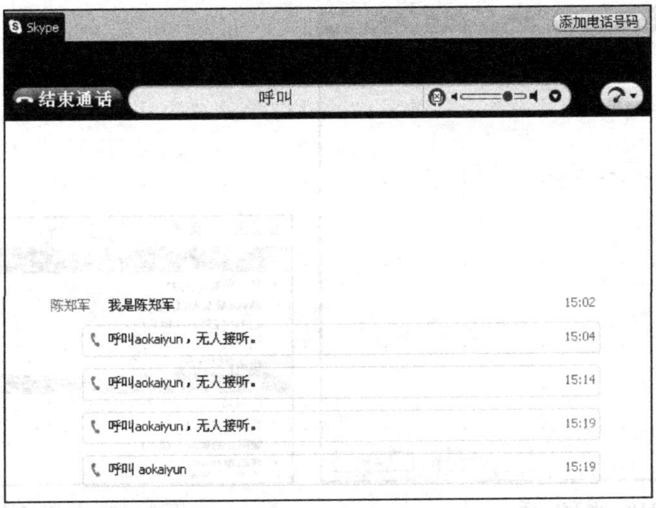

图 7-115　呼叫联系人

4. 使用 Skype 进行 PC 到电话通话

如果 Skype 账号已经进行了充值则随时可以和其他座机或移动电话进行通话，直接单击主界面左边的“拨打电话”即可，如图 7-116 所示。

图 7-116　拨打 IP 电话

图 7-117　保存联系电话

因为 Skype 面向全球进行通话，所以拨打号码时请首先选择拨打的目的地，默认是国内，单击边上下拉箭头可以罗列出目前 Skype 支持的所有国家。选择好目标国家后，输入电话号码，单击“呼叫”即可进行通话。输入号码时要注意，如果是座机需要输入区号，同时如果是经常联系的号码，可以单击“保存”按钮，号码就会被保存到联系人下面的“电话号码”中，如图 7-117～图 7-119 所示。

以后使用时只要选中后单击拨打或者双击，即可进行 IP 电话拨打。

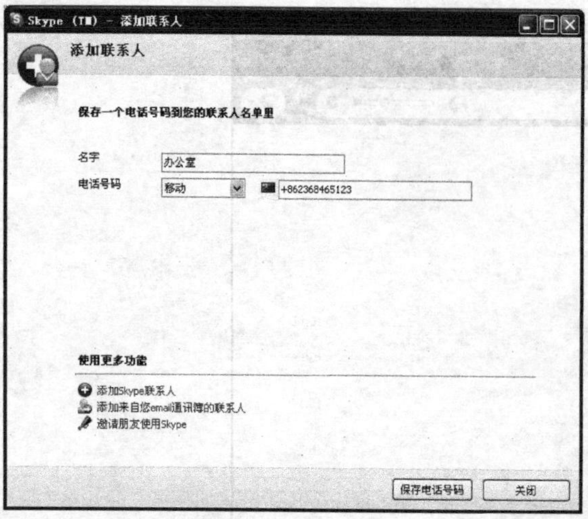

图 7-118　保存电话

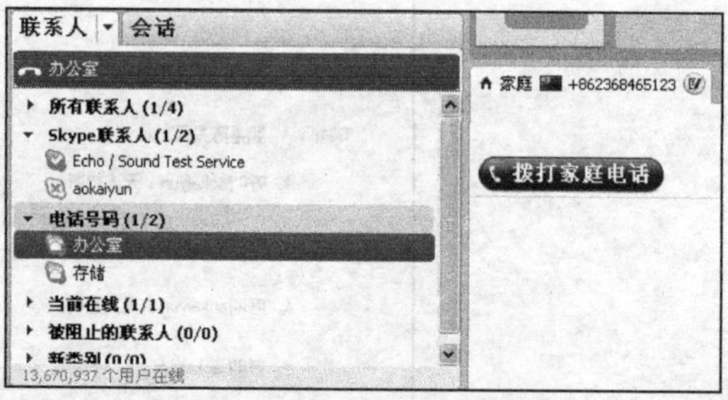

图 7-119　保存好的电话号码

7.4　网络安全工具

网络安全是指网络系统的硬件、软件及其系统中的数据受到保护，不因偶然的或者恶意的原因而遭受到破坏、更改、泄露，系统连续可靠正常地运行，网络服务不中断。网络安全从其本质上来讲就是网络上的信息安全。随着用户的娱乐、学习、工作等越来越多地使用互联网，用户的网络信息的重要性也越来越高，必须要有相应的工具来保障用户的网络信息安全。

7.4.1　杀毒软件

杀毒软件，也称反病毒软件或防毒软件，是用于消除计算机病毒、特洛伊木马和恶意软件的一类软件。杀毒软件通常集成监控识别、病毒扫描和清除与自动升级等功能，有的杀毒软件还带有数据恢复等功能，是计算机防御系统（包含杀毒软件、防火墙、特洛伊木马和其他恶意软件的查杀程序、入侵预防系统等）的重要组成部分。

杀毒软件安装后虽然占用了不少资源，但是带来的好处更大，简单来说，既能防止被恶意程序伤害，也可以避免由于中了病毒后对网络上其他人的攻击。由于杀毒软件的排他性，一台计算机最好只安装一种杀毒软件。

目前，国内市场上较为知名的杀毒软件主要有如下几种。

1. 360 杀毒软件

360 杀毒本是后起之秀，之所以排在第一，主要是它对杀毒软件市场带来了巨大的变革，正是奇虎公司近年来的努力，其他品牌杀毒软件的价格才变得平易近人的。不仅仅如此，作为一款承诺终身不收费的软件，其杀毒能力在计算机报组织的评测中居然仅仅次于卡巴斯基，超过了多数的杀毒软件，不可小视。尽管 360 杀毒在防火墙功能方面还有不足，但是搭配其兄弟软件“360 安全卫士”、“360 保险箱”后性能十分完备，足以胜任多数的应用场合。据奇虎官方数据显示，目前国内 360 杀毒软件用户已经接近 2 亿。360 杀毒软件界面如图 7-120 所示。

2. 瑞星杀毒软件

国产杀毒软件的龙头老大（至少从销售方面来看是这样的），其监控能力是十分强大的，但同时占用系统资源较大。瑞星杀毒软件的防火墙能力也较弱，不过搭配瑞星防火墙后就可以弥补这个不足了。瑞星杀毒软件界面如图 7-121 所示。

图 7-120　360 杀毒软件界面

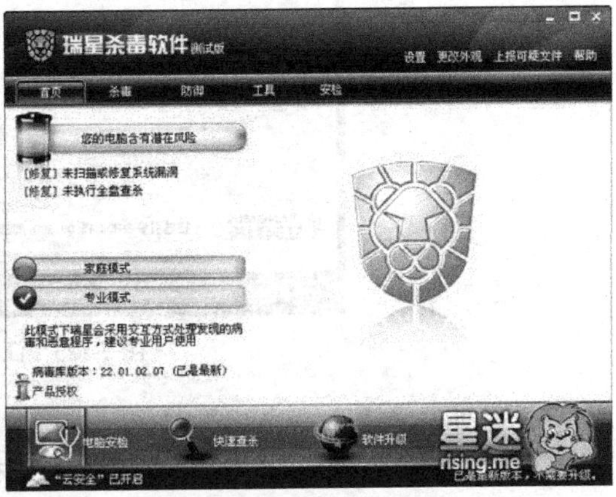

图 7-121　瑞星杀毒软件界面

3. 金山杀毒软件

金山毒霸（Kingsoft Anti-Virus）是金山软件股份有限公司研制开发的高智能反病毒软件，融合了启发式搜索、代码分析、虚拟机查毒等经业界证明成熟可靠的反病毒技术，使其在查杀病毒种类、查杀病毒速度、未知病毒防治等多方面达到世界先进水平，同时金山毒霸具有病毒防火墙实时监控、压缩文件查毒、查杀电子邮件病毒等多项先进的功能，紧随世界反病毒技术的发展，为个人用户和企事业单位提供完善的反病毒解决方案。金山杀毒软件界面如图 7-122 所示。

图 7-122　金山杀毒软件界面

4. 江民杀毒软件

江民杀毒软件是国内最早的杀毒软件品牌之一，曾经一度占据国内 80%以上的市场，由于重技术轻市场江民杀毒从 2008 年开始就落后于瑞星和金山了。尽管如此，江民杀毒软件一直以杀毒能力强著称。江民杀毒软件界面如图 7-123 所示。

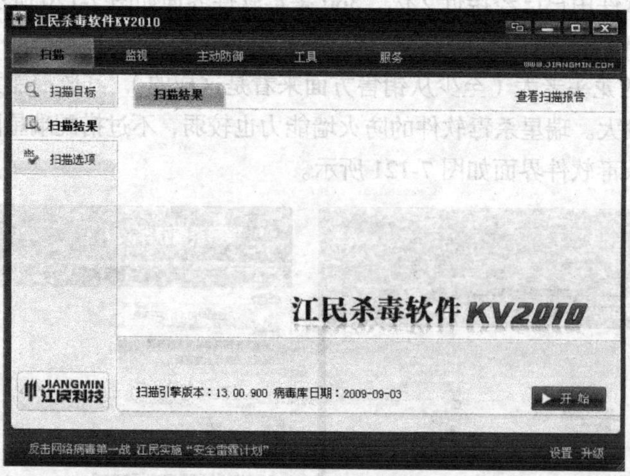

图 7-123　江民杀毒软件界面

5. 国外杀毒软件

目前，在国内较有影响力的国外杀毒软件有卡巴斯基、Nod32、Macfee、Norton 等。其中前面两个都是由奇虎公司引入中国，并通过半年免费杀毒形式推广。而 Macfee、Norton 则是随着美国的操作系统、办公软件一起较早进入中国市场的杀毒软件。这些软件在世界杀毒软件排名中都处于顶尖位置，功能强大。

7.4.2 其他安全软件

除了杀毒软件以外，用户的计算机系统还需要一些辅助的安全工具，来增加系统的安全性，典型的有防火墙、软件助手等。

1. 360 安全卫士

360 安全卫士是奇虎公司推出的软件，是目前功能最强、效果最好、最受用户欢迎的上网必备安全软件。由于使用方便，用户口碑好，目前 3 亿中国网民中，首选安装 360 的已超过 2.5 亿。360 安全卫士拥有木马查杀、恶意软件清理、漏洞补丁修复、计算机全面体检等多种功能。360 安全卫士运用云安全技术，在杀木马、防盗号、保护网银和游戏的账号密码安全、防止计算机变肉鸡等方面表现出色，被誉为"防范木马的第一选择"。如果再结合 360 安全浏览器，则系统安全性可以更高。360 安全卫士主界面如图 7-124 所示。

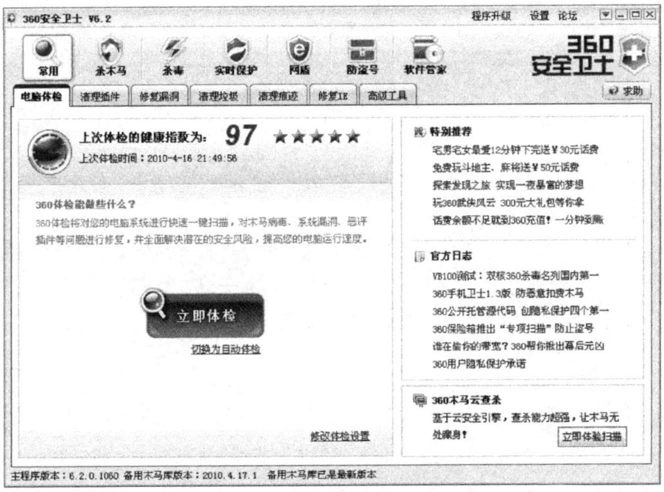

图 7-124 360 安全卫士主界面

和 360 安全卫士类似的产品有瑞星卡卡、金山钢铁卫士、QQ 医生、鲁大师等，它们都各有特色。用户可以结合自己的喜好选择其中一款作为自己计算机的辅助安全工具。

2. 天网防火墙

天网防火墙是由广州众达天网技术有限公司研发制作给个人计算机使用的网络安全程序工具。天网防火墙是国内外针对个人用户最好的中文软件防火墙之一，它能帮用户拦截一些来历不明、有害敌意访问或攻击行为。如果安装的杀毒软件本身已经带有防火墙功能就不建议再安装其他防火墙。天网个人防火墙主界面如图 7-125 所示。

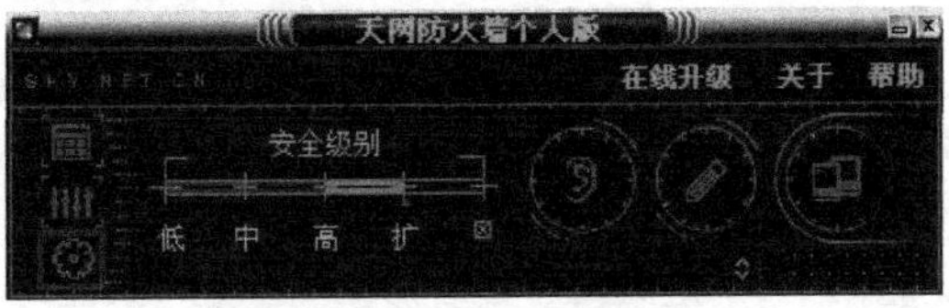

图 7-125 天网个人防火墙主界面

和天网防火墙类似的有瑞星防火墙、金山网镖、ZoneAlarm 等。由于防火墙具有很强的管理性，安装多个防火墙肯定会导致相互的控制冲突，只要安装一个就可以了。防火墙具有一定的操作技能和计算机专业知识要求，对于计算机操作不熟练的用户不建议安装防火墙。